"十三五"高等职业教育规划教材

电工技能实用教程

杨志友　唐志珍　主　编
肖振兴　申毅恒　刘裕舸　姚明阳　副主编

中国铁道出版社有限公司
CHINA RAILWAY PUBLISHING HOUSE CO., LTD.

内容简介

本书分为三篇:第一篇电工作业基本知识,包括电气安全通识,电工常用仪表、低压电器设备及元器件两部分,主要内容包括供配电与安全用电知识,电气安全工作要求和措施,触电与触电急救,防火、防爆、防雷及防静电,电工常用仪表的使用,低压电器设备,电动机与变压器、电子元器件的识别和检测;第二篇实际操作,包括电工工具使用及导线连接实训、照明电路及度量仪表安装实训、电动机控制电路安装实训、电子电路的安装与调试实训、机床电气控制电路故障排查实训等内容;第三篇试题库,包含低压电工作业理论考试题库、电工初级考试题库、电工中级考试题库。

本书适合作为高职高专院校学生的实训教材,也可作为用电安全通识教育的职业培训教材,可供电工技术人员作为日常的参考资料。

图书在版编目(CIP)数据

电工技能实用教程/杨志友,唐志珍主编.—北京:中国铁道出版社,2018.9(2024.1重印)
"十三五"高等职业教育规划教材
ISBN 978-7-113-24861-1

Ⅰ.①电… Ⅱ.①杨… ②唐… Ⅲ.①电工技术-高等职业教育-教材 Ⅳ.①TM

中国版本图书馆 CIP 数据核字(2018)第 186201 号

书　　名:电工技能实用教程
作　　者:杨志友　唐志珍

策　　划:王春霞　　　**编辑部电话**:(010)63551006
责任编辑:王春霞　绳　超
封面设计:付　巍
封面制作:刘　颖
责任校对:张玉华
责任印制:樊启鹏

出版发行:中国铁道出版社有限公司(100054,北京市西城区右安门西街 8 号)
网　　址:http://www.tdpress.com/51eds/
印　　刷:三河市宏盛印务有限公司
版　　次:2018 年 9 月第 1 版　2024 年 1 月第 7 次印刷
开　　本:787 mm×1 092 mm　1/16　**印张**:20　**字数**:509 千
书　　号:ISBN 978-7-113-24861-1
定　　价:52.00 元

PREFACE

前　言

电工作业是国家规定要求持证上岗和就业准入控制的技术工种之一。国家生产安全监督管理局规定：特种作业人员必须接受与本工种相适应的、专门的安全技术培训，经安全技术理论考试和实际操作技能考核合格，取得特种作业操作证后，方可上岗作业。人力资源和社会保障部《关于在职业培训工作中贯彻落实<中共中央国务院关于深化教育教学改革全面推进素质教育的决定>的若干意见》中指出："进一步加大推行职业资格证书制度的力度，逐步实现职业资格证书与学业证书并重，职业资格证书制度与国家就业制度相衔接；逐步建立起与国家职业资格相对应的，从初级、中级、高级直至技师、高级技师的职业资格体系，并使之成为劳动者终身学习体系的重要组成部分。"

高等职业院校需要建立以就业为导向的新型人才培养模式。目前很多院校的供用电技术、车辆、城市轨道交通控制等机电类专业，电气自动化技术、自动控制技术等机电一体化专业，通信、信号、计算机通信、电子信息工程技术、应用电子技术等弱电相关专业都开设有相关课程，对学生进行用电安全理论学习和实际操作技能培训，使学生具备从事电工作业及电气电子工作的高素质劳动者和中高级专门人才所必需的电工理论和操作技能，并参加国家职业资格鉴定考试，以取得电工职业资格证书。一些教学理念先进的职业院校已经把用电安全教育作为通识教育，在全院各专业普遍开设安全用电教育课程。

本书从职业能力培养的角度出发，不仅满足职业技能培训和特种作业考证的需要，还涵盖了国家职业技能鉴定电工初级、中级考核所要求掌握的内容，对参加低压电工作业考证培训和电工初级、中级职业资格考证培训的学生具有很强的实用性。学生通过学习，除能够掌握从事电工作业及电气电子工作所必需的电工作业知识和操作技能外，还可参加国家职业资格鉴定考试，以取得职业资格证书。

本书从学生已学知识出发，结合考证要求，合理选择教学内容，将考证要求贯穿在知识学习和技能训练中。注重理论结合实际，丰富的插图也给使用者学习带来了方便，适合作为高职高专院校学生的实训教材，也可作为用电安全通识教育的职业培训教材。

随着国家经济的高速发展，对受过专业培训的高素质电气技术人员的需求将大大增加。本书的内容除可供参加电工职业资格鉴定考试的人员学习使用外，也可作为电工技术人员平时工作中的实用参考资料。

本书由柳州铁道职业技术学院杨志友、唐志珍任主编，肖振兴、申毅恒、刘裕舸和姚明阳任副主编。在编写过程中，编者参考了很多出版社出版的图书，也得到了中国铁路南宁局集团有限公司职业技能鉴定指导站和安全监督室专家们的大力支持和帮助，在此表示真诚的感谢！

由于编者水平和编写时间的限制，书中存在疏漏和不当之处恳请使用者斧正，深表谢意！

编 者

2018年6月

CONTENTS | 目录

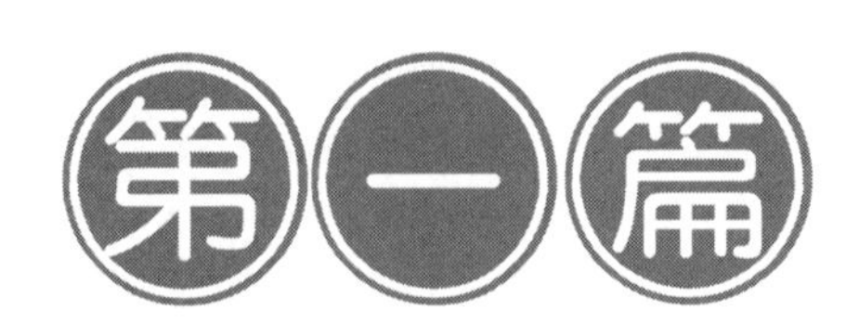

电工作业基本知识

第一部分　电气安全通识

第一章　供配电与安全用电知识

在现代化的今天，电已经应用到生产和生活的方方面面。电能是最基本的、不可替代的能源。电能的生产和变换、传输和分配、使用和控制都比较方便。

供电与配电是电能的生产和使用中的两个相互紧密结合、不可分割的环节。本章介绍有关电能的产生、输送、分配与安全用电方面的知识。

在发电厂中，发电机由汽轮机、水轮机或柴油机带动，再由发电机转换成电能。为了经济地传输和分配电能，采用变压器将电压升高，把电能送到各用电地区，然后再经过变压器降压的方法向用户提供电能。

图 1-1-1 为动力系统整体结构示意图，可以看出电力系统是动力系统的一部分。电力系统就是由各种电压的电力线路将发电厂、变电所和电力用户联系起来的发电、变电、输电、配电和用电的整体，它包括发电机、变压器、架空线路和电缆线路、配电装置及各类用电设备。

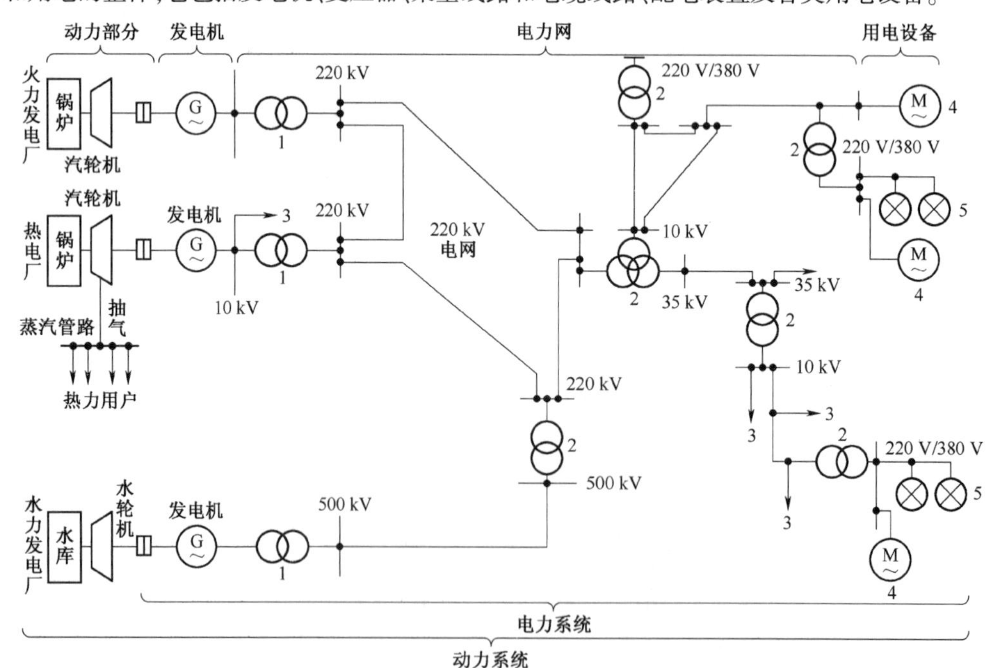

图 1-1-1　动力系统整体结构示意图

1—升压变压器；2—降压变压器；3—负荷；4—电动机；5—电灯

第一节　电能的产生、输送和分配

一、电能的产生

电能是由其他形式的能源转化而来的,发电厂是电力系统的中心环节。我国大多数发电厂是利用火力发电,第二是水力发电,少部分是原子能、天然气、风力、太阳能发电。目前处在试验阶段的有热核发电、海浪发电、潮汐发电、燃料电池技术、植物电池、垃圾发电、地热发电等。

大型发电厂通常建在燃料资源丰富的地方或者在水力资源丰富的地方,往往距离用电中心地区很远,必须用高压输电线路进行远距离输电。这就需要各种升压、降压变电所和输配电线路。

二、输电与配电

电能由发电厂升压后,经远距离高压输电线将电力传输到城市和农村。电能到达城市后,经变电站将几十万至几百万伏的超高压降至几千伏电压后,配送到工厂、企业、小区及居民住宅处的变配电室,再由变配电室将几千伏的电压变成三相 380 V 或单相 220 V 电压输送到工厂车间和居民住宅,如图 1-1-2 所示。

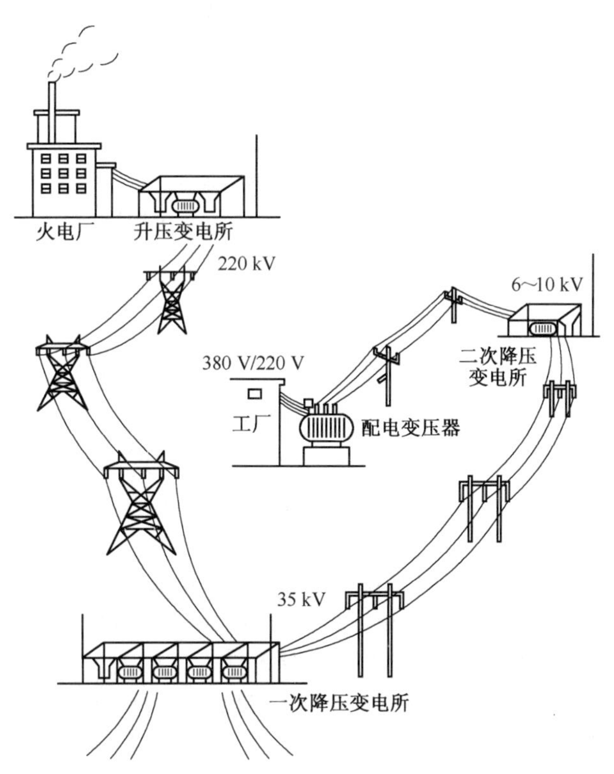

图 1-1-2　从发电厂到电力用户的输电与配电过程示意图

在各个发电厂、变电所和电力用户之间,用不同电压的电力线路将它们连接起来,这些不同电压的电力线路和变电所的组合,称为电力网,利用电力网将电能安全和经济地输送、分配给用户。

电力网按其在电力系统中的作用不同,可分为供电网和配电网。供电网是电力系统中的主网,又称网架,电压通常在 35 kV 以上。供电网的作用是将电能从电源输送到供、配电中心,然后从供、配电中心再引到配电网。配电网的作用是把电能由电源侧引向用户变电所,把电能分配给配电所和用户,电压通常在 10 kV 以下。

高压输电可有效减少输电电流,从而减少电能消耗。送电距离越远,要求输电线的电压越高。我国高压供电的额定电压为 10 kV、35 kV、63 kV、110 kV、220 kV、330 kV、500 kV,发电厂直配供电可采用 3 kV、6 kV 的额定电压值。输送电能通常采用三相三线制交流输电方式。

三、工业和民用供电系统接线方式

在三相交流电力系统中,作为供电电源的发电机和变压器的三相绕组是对称的,送出的电是对称的三相正弦交流电(频率相同,有效值相等,相位互差 120°)。发电厂发出的交流电电压频率为 50 Hz,这个频率称为工业用电频率,简称“工频”。电压等级有 10. 5 kV、13. 8 kV、15. 75 kV 和 18 kV,工频的频率偏差一般不得超过±0. 5 Hz。

发电机和变压器的三相绕组的接法通常采用星形联结方式,就是将三相绕组的三个末端连在一起,形成一个中性点,用 O 表示。从三相绕组的三个始端 U、V、W 引出三根导线作为电源线,称为相线或端线,俗称火线;从中性点引出一根导线,与三根相线分别形成单相供电回路,这根导线称为中性线(N),如图 1-1-3 所示。以这种方式供电的系统称为三相四线制系统。

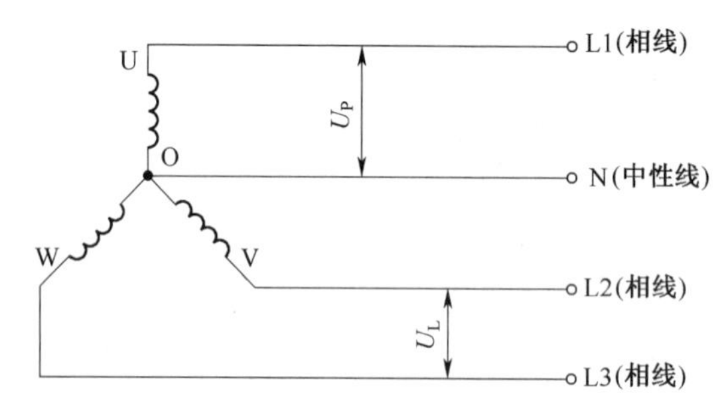

图 1-1-3　三相四线制系统

相线与中性线之间的电压称为相电压,用 U_P 表示;相线与相线之间的电压称为线电压,用 U_L 表示。我国低压供电电源的额定电压(指的是线电压有效值)为 380 V,相电压为 220 V。

电力系统中的所有电气设备,都是在一定的电压和频率下工作的。额定电压是电气设备长时间工作时所适用的最佳电压。电压高了容易烧坏设备;电压低了,设备不正常工作,例如灯泡发光不正常,电动机不正常运转。各种电气设备在额定电压下运行时,其技术性能和经济性最佳。如果负载的额定电压不等于电源电压时,必须用变压器变换电压,或者利用电路分压使负载承受的电压等于其额定工作电压。

在三相四线制供电系统中,要根据负载的额定电压确定负载到电源的连接方式。额定电压为 220 V 的单相负载(如电灯),应接在相线与中性线之间;额定电压为 380 V 的单相负载,则应接在相线与相线之间。对于额定电压为 380 V 的三相负载(如三相异步电动机),则必须要与三根电源相线相接,如图 1-1-4 所示。

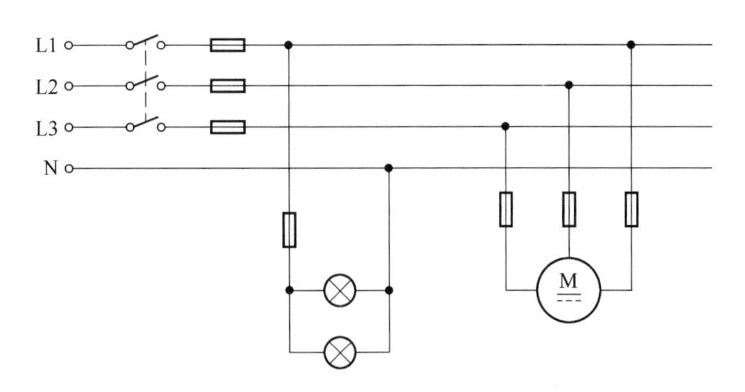

图 1-1-4　三相四线制系统中负载的连接

当发电机(或变压器)的绕组接成星形接法不引出中性线时,就成为三相三线制系统,如图 1-1-5 所示,这种接法只能提供一种电压,即线电压。

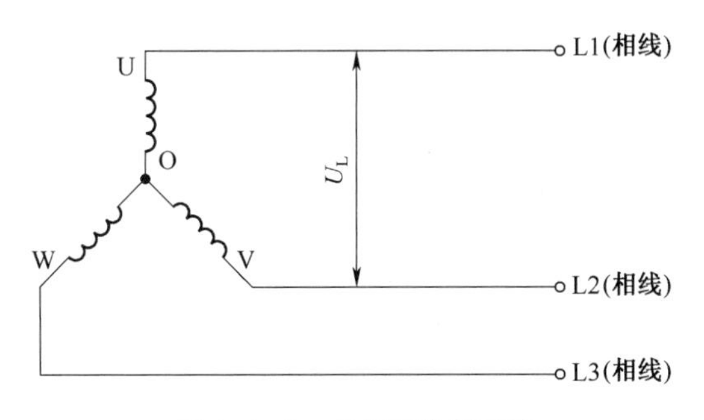

图 1-1-5　三相三线制系统

第二节　低压供电系统

一、低压供电系统分类

根据现行的国家标准《低压配电设计规范》(GB 50054—2011),低压供电系统有三种接地形式,即 IT 系统、TT 系统、TN 系统。第一个字母表示电源端与地的关系:I 表示电源端所有带电部分不接地或有一点通过阻抗接地;T 表示电源变压器中性点直接接地,即 I 表示不接地,T 表示接地。第二个字母表示负载(电气装置的外露可导电部分)与地的关系: T 表示电气接地(此接地点在电气上独立于电源端的接地点);N 表示电气接零,即电气装置的外露可导电部分与电源端接地点有直接的电气连接。下面分别对 IT 系统、TT 系统、TN 系统进行介绍。

1. IT 系统

IT 系统就是电源中性点不接地(对地绝缘),或经高阻抗接地,用电设备外露可导电部分(如金属外壳)直接接地的系统,即 IT 系统就是三相三线制供电系统中的保护接地系统。IT 系统接线图如图 1-1-6 所示。

保护接地是指在电源中性点不接地的供电系统中,为了保护电气设备和线路,并防止电气设备外露的不带电导体意外带电造成危险,将电气设备的金属外壳、构架等与深埋在地下并与大地接触良好的接地装置(接地体)进行可靠电气连接的做法。图 1-1-7 所示为

IT 系统中采取保护接地措施的电动机接地示意图。采用保护接地后,可使人体触及漏电设备外壳时的接触电压明显降低,因而大大减轻了触电的危险。

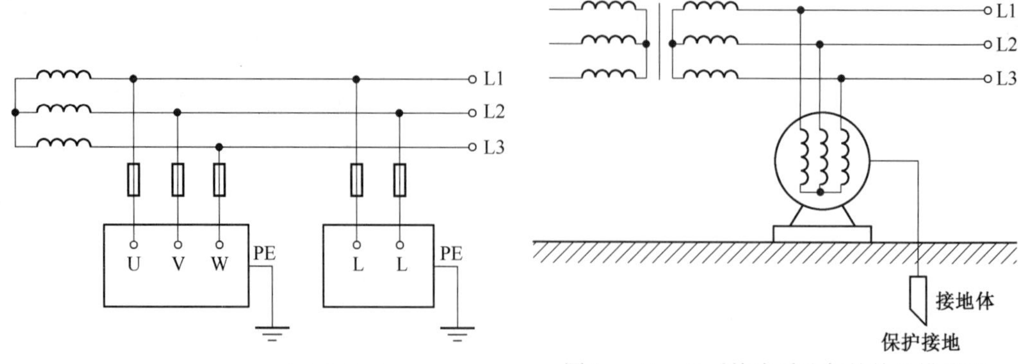

图 1-1-6 IT 系统接线图

图 1-1-7 IT 系统中采取保护接地措施的电动机接地示意图

保护接地是电源中性点不接地低压系统的主要安全措施。保护接地的作用是当设备金属外壳意外带电时,将其对地电压限制在规定的安全范围内,消除或减小电击的危险(见图 1-1-8、图 1-1-9)。保护接地还能消除感应电的危险。一般低压系统中,电源容量大于或等于 100 kV · A,保护接地电阻应小于 4 Ω;电源容量小于 100 kV · A,保护接地电阻应小于或等于 10 Ω。

在中性点不接地电网中,由于绝缘破坏或其他原因而可能呈现危险电压的金属部分,都应采取保护接地措施。

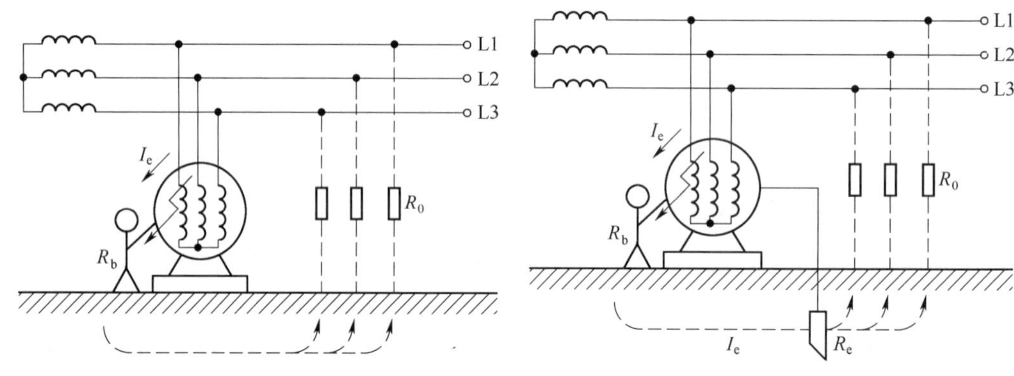

图 1-1-8 没有保护接地时的触电危险

图 1-1-9 有保护接地时避免触电危险

2. TT 系统

TT 系统的电源中性点直接接地;用电设备的金属外壳亦直接接地,且与电源中性点的接地无关,即三相四线制供电系统中的保护接地系统。TT 系统接线图如图 1-1-10 所示。

在三相四线制配电系统中,将电力系统变压器低压侧中性点直接或经特殊设备与地作金属连接,以达到电路或设备运行要求,这种接地称为工作接地(见图 1-1-10)。接地后的中性点称为零点,中性线称为零线。一般情况下变压器工作接地电阻为 4 Ω。而设备外露可导电部分的接地称为保护接地。TT 系统中,这两个接地必须是相互独立的。设备接地可以是每一设备都有各自独立的接地装置,也可以若干设备共用一个接地装置。可以看出,保护接地装置在电气上与低压供电系统的中性点直接接地无关。

如果用电设备无接地保护(见图 1-1-11),当人触及设备带电外壳,就会有一定的危险性。假设有设备金属外壳连接到某一相线时，如人体电阻 1 700 Ω，人体触及漏电的设备外壳时，加于人体的电压为 220 V，工作接地电阻为 4 Ω，流过人体的电流为 $I=\frac{220}{1\ 700+4}$ A = 0.129 A = 129 mA，超过安全电流。或者说由于工作接地电阻很小，设备外壳带有接近电源相电压的故障对地电压，电击危险很大，需要通过保护装置迅速切断电源。

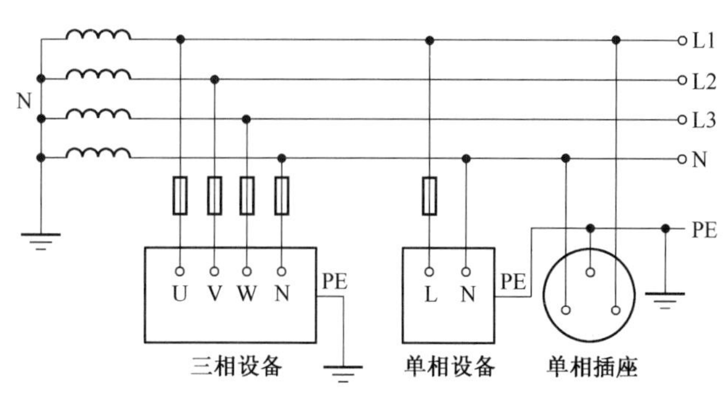

图 1-1-10　TT 系统接线图

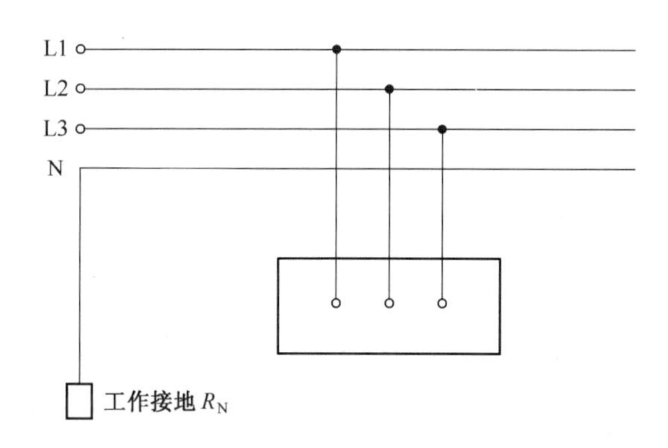

图 1-1-11　三相四线制供电系统中设备未采取保护接地时

TT 供电系统采取保护接地措施后，比无保护接地对减小触电的危险有一定作用，但措施不可靠，当人体触及漏电的外壳时仍然有可能触电。所以，采用 TT 系统必须装设剩余电流保护装置或其他保护装置将故障持续时间限制在允许范围内。

3. TN 系统

TN 系统在变压器或发电机中性点直接接地的 380 V/220 V 三相四线制低压电网中，将正常运行时不带电的用电设备的外露可导电部分（金属外壳）经公共的保护线与电源的中性点直接电气连接，即三相四线制供电系统中的保护接零系统。

TN 系统的电源中性点直接接地，并有中性线引出。按其保护线是否与工作零线分开而划分为 TN-C 系统、TN-S 系统和 TN-C-S 系统三种。第三、第四个字母表示中性线（N）与保护线（PE）是否共用，C 表示共用，S 表示不共用。

目前 TN 系统相关标准规定：当配线采用多相导线时，其相线的颜色应易于区分，相线与零线（中性线 N）的颜色应不同，同一建筑物、构筑物内的导线，其颜色选择应统一；保护地线（PE 线）应采用黄绿颜色相间的绝缘导线；零线宜采用淡蓝色的绝缘导线。

由于运行和安全的需要，我国的 380 V/220 V 低压供配电系统广泛采用电源中性点直接接地的运行方式（即工作接地），同时还引出中性线 N 和保护线 PE，形成三相五线制系统。

(1)TN-C系统。图1-1-12所示为TN-C系统(三相四线制)接线图,TN-C系统是电源系统有一点直接接地,装置的外露导电部分用保护线与该点连接,整个系统的中性线(N线)与保护线(PE线)是合一(共用)的系统。保护线与中性线共用的这根线称为保护中性线,即PEN线,所有设备的外露可导电部分均与PEN线相连。

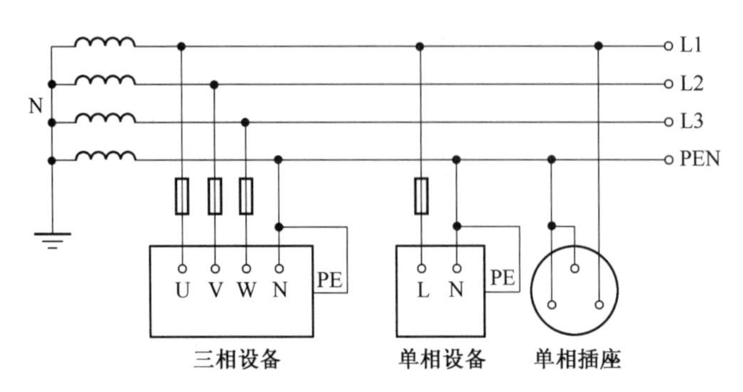

图1-1-12　TN-C系统(三相四线制)接线图

TN-C系统的优点是节省了一条导线,缺点是三相负载不平衡或保护中性线断开时会使所有用电设备的金属外壳都带上危险电压。

TN-C系统在三相负载不平衡时,PEN线中有电流通过。如PEN线断线,在断线点后的设备外壳上,由于负载中性点偏移,可能出现危险电压。更为严重的是,如果断线点后某一设备发生“碰壳”故障,开关保护装置不及时动作,将致使断线点后所有采用保护接零的设备机壳都长时间带有相电压。故TN-C系统只适合专业用户使用,用于无爆炸危险和安全条件较好的场所。

(2)TN-S系统。TN-S系统就是三相五线制,该系统的N线和PE线是分开的,从变压器起就用五线供电。在三相五线制系统中,如果电源中性点直接接地,电气设备的外露导电部分用保护线与电源中性点连接的供电系统,国际上称为TN-S系统。显然,由于N线和PE线的功能不同,作用各异,自电源中性点后,N线与PE线之间以及它们对地之间均须加以绝缘,如图1-1-13所示。

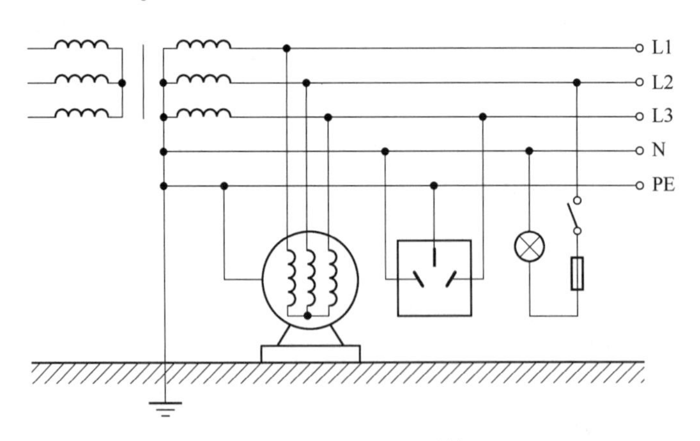

图1-1-13　TN-S系统

TN-S系统有专用保护零线,所有设备的外露可导电部分只与PE线相连,即保护零线(PE线)与工作零线(中性线N)是完全分开的。N线的作用仅仅是用来通过单相负载电流、三相不平衡电流,故称为工作零线。中性线应该经过漏电保护装置。而保护零线 PE 是为保障人身安全,防止发生触电事故设置的专用线,专门通过单相短路电流和漏电电流,起触电保护作用的是保护零线。

TN-S 系统的优点:一旦中性线断线,只影响用电设备不能正常工作,而不会导致在断线后的设备外壳出现危险电压。即使负荷电流在零线上产生较大的电位差,与 PE 线相连的设备外壳上仍能保持零电位,而不至于出现危险电压。

由于 PE 线在正常情况下没有电流通过,因此 TN-S 系统的安全性能最好。有爆炸危险环境、火灾危险性大的环境及其他安全要求高的场所应采用 TN-S 系统,厂内低压配电的场所及民用楼房也应采用 TN-S 系统。

(3)TN-C-S 系统。TN-C-S 系统是电源系统有一点直接接地,用电装置的外露导电部分用保护线与该点连接的系统(见图 1-1-14)。系统中有一部分中性线与保护线是合一的。这种系统前面部分是 TN-C 系统(即 N 线和 PE 线是合一的),后面部分是 TN-S 系统(即 N 线和 PE 线是分开的,分开后不允许再合并)。

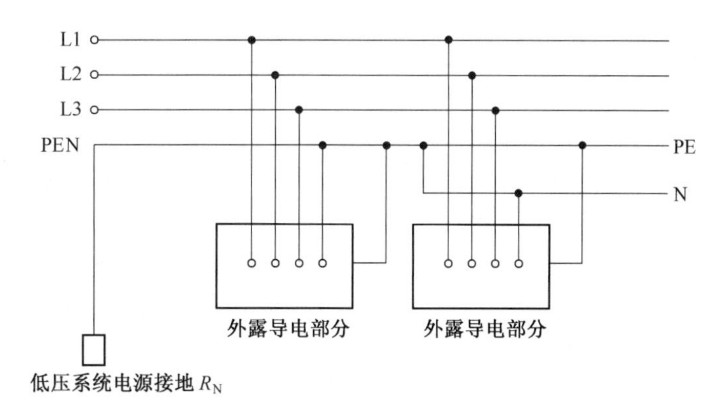

图 1-1-14 TN-C-S 系统

因此,这种系统兼有 TN-C 系统和 TN-S 系统的特点,保护性能介于两者之间。厂区设有变电站和低电进线的车间可采用 TN-C-S 系统。

4. TN 系统和 TT 系统的正确选用

(1)在同一个配电网络中,只能采用一种保护方式,要么采用保护接零,要么采用保护接地,不能一部分设备采用保护接零方式,另一部分采用保护接地方式,即一般不允许 TN 系统和 TT 系统的混合运行方式。

混装引起安全隐患的分析:当接地设备的相线碰到金属外壳时,该设备和零线(包括所有接零设备)将带有对地电压 $U_E = \frac{R_A}{R_A + R_N}U$ 和 $U_{PE} = \frac{R_N}{R_A + R_N}U$,即所有保护接零设备的金属外壳都带电,而且两个电压都能给人致命打击,危险性很大。而且由于故障电流是不太大的接地电流,一般的过电流保护装置不能实现速断。

(2)保护接地的接地电阻应符合规程规定。一般 380 V/220 V 系统要求接地电阻为 4 Ω,容量在 100 kV · A 以下时,可放宽至不大于 10 Ω。

(3)重复接地是指零线上除工作接地以外的其他点的再次接地。在 TN 系统中,保护中性导体上一处或多处通过接地装置与大地再次连接的接地就是重复接地,是为了保护导体在故障时尽量接近大地的电位。

PE线或PEN线重复接地的作用：

①重复接地可以降低漏电设备外壳的对地电压，减轻开关保护装置动作前触电的危险。

②在PE线和PEN线断线的情况下，重复接地可以降低断线点后面碰壳故障时PE线和PEN线的对地电压，减轻零线断线时的触电危险。

③缩短碰壳或接地短路持续时间。

④可以降低电网一相接地故障时，非故障相的对地电压。

⑤重复接地还能改善架空线的防雷性能。

当工作接地电阻不大于4 Ω时，每一重复接地装置的重复接地电阻不大于10 Ω；在工作接地电阻允许为不大于10 Ω的场合，每一重复接地装置的重复接地电阻不应大于30 Ω，重复接地点不得少于三处。

(4)采用保护接零，其工作接地必须可靠，接地电阻值必须符合要求（一般要求不大于4 Ω）。保护接零必须有可靠的短路保护装置配合。因为保护接零的保护原理是借助保护地线PE将碰壳的故障电流扩大为短路电流，从而迫使电路的短路保护装置迅速动作而切断电源，使触电者尽快脱离电源。因此，保护装置具有兼顾保护设备及人身安全的双重功能。

(5)保护地线和保护零线的截面积必须符合要求。应考虑保护接零系统对相零回路阻抗的要求、通过保护零线的电流和机械强度。一般要求TN系统的保护地线或保护零线截面的额定电流不应小于相线截面的额定电流的一半。

(6)保护地线和保护零线的连接和安装必须符合规程规定。设备与保护地线或保护零线之间的连接处应牢固可靠，接触良好。应接在专用接地螺栓上，加弹簧垫圈，采用自然接地体，对连接不可靠的地方要另加跨接线。所有电气设备的保护地线或保护零线均应以并联的方式接在零线干线上，严禁串联。禁止在保护地线或保护零线上安装熔断器或单独的断流开关。有保护接零要求的单相移动式用电设备，应使用三孔插座供电。

(7)采用保护接零时，零线是否装设熔断器和开关，应符合如下规定：

①零线干线不允许装设开关和熔断器。

②同时作为供电和保护用时，原则上不允许在零线上设熔断器和开关。

③各设备保护零线上不允许串联，应各自与零线干线直接连接。

④线路电源开关应使用双刀开关，以保护相线和零线同时切断和接通。

5. 接地装置的安装与检测

1)接地装置的安装由接地体和接地线组成

接地装置由接地体和接地线组成。接地装置宜采用钢材，接地装置的导体截面应满足热稳定和机械强度的要求。接地体顶面埋没深度不应小于0.6 m，角钢及钢管接地体应垂直配置。除接地体外，接地体的引出线应做防腐处理；使用镀锌扁钢时，引出线的螺栓连接部分应补刷防腐漆。为减少相邻接地体的屏蔽作用，垂直接地体的间距不应小于其长度的2倍，水平接地体的间距应根据设计规定，不宜小于5 m。接地体与建筑物的距离不宜小于15 m。电气装置的每个接地部分应以单独的接地线与接地干线连接。

接地线的连接应采用焊接，焊接必须牢固，无虚焊；接至电气设备的接地线应用螺栓连接；有色金属接地线不能采用焊接时，可用螺栓连接。螺栓连接的接触面应按要求做表面处理。

接地线的连接应采用搭接焊，其焊接长度必须为扁钢宽度的2倍（且至少三个棱边焊接),圆钢直径的6倍。

2)接地电阻的测量

常用的接地电阻测量方法主要有接地电阻测量仪法和电流-电压表法两种。

接地装置的接地电阻受外界条件影响容易发生变化,因此对接地电阻要定期进行测量,以检查其可靠性。工业企业接地电阻每两年测定一次;对防爆、化工、医院等行业要每年检测一次,一般在雨季前或土壤干燥季节测量。

对于中性点直接接地与非直接接地的低压电气设备,要求并联运行电气设备的总容量为100 kV·A以上时,接地电阻不大于4 Ω;对于并联运行电气设备的总容量不超过100 kV·A时,接地电阻不大于10 Ω。在电阻系数较高的土壤(如岩石、砂质及长期冰冻的土壤)中,要满足规定的接地电阻是有困难的,为降低接地电阻,可采取下列措施:采用电阻系数较低的土代替原有电阻系数较高的土壤;一般换掉接地体上部1/3长度,周围0.5 m以内的土壤。

第三节　安全电压、安全距离、屏护及安全标志

一、安全电压

采用安全电压是小型电气设备或小容量电气电路的安全措施。假设人体电阻基本确定,根据欧姆定律,电压越大,电流也就越大。因此,安全电压就是把可能加在人身上的电压限制在某一范围内,使得在这种电压下,通过人体的电流不超过允许范围。安全电压与人体的电阻存在一定的关系。从人身安全的角度考虑,人体电阻一般按1 700 Ω计算。由于人体允许电流取30 mA,因此人体允许持续接触的安全电压 U_{saf} = 30 mA×1 700 Ω≈50 V。

GB 3805—2008《特低电压(ELV)限值》定义:为防止触电事故而采用的由特定电源供电的电压系列,这个电压的上限值,在正常和故障情况下,任何两导体间或任一导体与地之间均不得超过交流(50~500 Hz)有效值50 V。我国规定工频有效值的安全电压额定值为42 V、36 V、24 V、12 V和6 V,空载上限值为50 V、43 V、29 V、15 V、8 V,直流电压上限值为120 V。表1-1-1为安全电压等级标准。

表1-1-1　安全电压等级标准

安全电压(交流有效值)		选用举例
额定值/V	空载上限值/V	
42	50	在触电危险的场所实验手持的电动工具
36	43	在潮湿场所,如矿井及多导电粉尘环境所使用的行灯
24	29	可使某些具有人体可能偶然触及的带电体的设备选用
12	15	
6	8	

安全电压的选用:为了防止因触电而造成的人身直接伤害,在一些容易触电和有触电危险的特殊场所必须采取特定电源供电的电压系列。根据我国国家标准规定,凡手提照明灯、危险环境下的携带式电动工具,高度不足(室内1.8 m,室内潮湿场所2.5 m,室外3 m)的一般照明灯,如果没有特殊安全结构或安全措施,应采用42 V或36 V安全电压;金属容

器内、隧道内、矿井内等工作地点狭窄、行动不便，以及周围有大面积接地导体的环境，应采用 24 V 或 12 V 安全电压；在特别潮湿的场所，导电良好的地面、锅炉或金属容器内工作的照明电源电压不得大于 12 V；6 V 安全电压用于水下作业场所。

当电气设备采用 24 V 以上的安全电压时，必须采用直接接触电击的防护措施。例如 36 V 行灯的握持部位应采用橡胶绝缘柄。

安全电压的电源应符合下列条件：

(1)安全电压必须由双绕组变压器降压获得，而不可由自耦变压器或电阻分压器获得。

(2)工作在安全电压下的电路，必须与其他电气系统和任何无关的可导电部分实行电气上的隔离。

(3)安全变压器的铁芯和外壳均应接地，以防止一、二次绕组间绝缘击穿时，高压窜入低压回路引起触电危险。此外，还应在高、低压回路中装设熔断器作为短路保护。

二、安全距离(间距)

间距措施就是在带电体与地面之间、带电体与带电体之间、带电体与其他设备之间保持一定的安全距离的措施。为了防止人体触及或接近带电体造成触电事故，避免车辆或其他器具碰撞或过分接近带电体造成事故；为了防止过电压放电造成火灾和各种电气短路事故，同时为了操作方便，在带电体与地面之间、带电体与其他设施和设备之间、带电体与带电体之间均需保证留有一定的安全距离。具体情况见表 1-1-2～表 1-1-4。

表 1-1-2　导线与建筑物的最小安全距离

线路电压/kV	<1	10	35
垂直距离/m	2.5	3.0	4.0
水平距离/m	1.0	1.5	3.0

表 1-1-3　导线与树木的最小安全距离

线路电压/kV	<1	10	35
垂直距离/m	1.0	1.5	3.0
水平距离/m	1.0	2.0	

安全距离的大小取决于电压的高低、设备类型、环境条件和安装方式等因素，架空线路的间距须考虑气温、风力、覆冰和环境条件的影响。线路间距、设备间距、检修间距都应符合有关规程的要求和安装标准；配电装置的布置应考虑设备搬运、检修、操作和试验方便；在维护检修中，人体及所带工具与带电体必须保持足够的安全距离。低压工作中，人体或其所带的工具与带电体之间的距离不应小于 0.1 m。

表 1-1-4　在高压无遮拦操作中，人体或其所带工具与带电体之间的最小安全距离

电压/kV	<10	20～35	35
一般情况下/m	0.7	1.0	
用绝缘杆操作时/m	0.4	0.6	
在线路上工作时，人与邻近带电体的距离/m	1.0		2.5
使用火焰时，火焰与导线的距离/m	1.5		3.0

10 kV 架空线路经过居民区时与地面(或水面)的最小距离为6.5 m;常用开关设备安装高度为1.3~1.5 m;明装插座离地面高度应为1.3~1.5 m;暗装插座离地距离为0.2~0.3 m;在低压操作中,人体或其携带工具与带电体之间的最小距离不应小于0.1 m。

三、屏护措施(即遮拦和阻挡)

屏护措施是指在供电、用电和维修过程中,为防止触电事故而采用遮拦、护罩、护盖、箱匣等,把带电体同外界隔绝开来,以防止人身触电,杜绝不安全因素的措施。屏护主要应用于不便于绝缘或绝缘不足以保护人身安全的场所。

1. 屏护的作用

(1)防止工作人员意外碰触或过分接近带电体,如遮栏、栅栏、保护网、围墙等。

(2)作为检修部位与带电体的距离小于安全距离时的隔离措施,如绝缘隔板。

(3)保护电气设备不受机械损伤,如低压电器的箱、盒、盖、罩、挡板等。

电器开关的可动部分一般不能使用绝缘,所以需要屏护。高压设备不论是否有绝缘,均应采取屏护或其他防止接近的措施。

除防止触电的作用之外,有的屏护装置还起到了防止电弧伤人、防止弧光短路或便于检修工作的作用。屏护装置有永久性屏护装置,如配电装置的遮栏、开关的罩盖、变压器护栏、箱匣、较低母线的防护网等,也有临时性屏护装置,如检修中使用的临时遮栏、临时电气设备的屏护装置等;有固定屏护装置,也有移动屏护装置,如防止行人通过的栅栏、随天车移动的天车滑触线屏护装置等。

2. 屏护装置的安全条件

(1)屏护装置应有足够的尺寸和安装距离,屏护装置不能接触带电体。

(2)屏护装置所用的材料应有足够的机械强度和良好的耐火性能,金属屏护装置必须可靠接地或接零。

(3)遮栏、栅栏等屏护装置必须有明显的带电标识和危险警示牌。

(4)必要时,应配置声光报警信号和联锁装置。

四、安全色与安全标志

1. 安全色

安全色是表达安全信息含义的颜色,表示禁止、警告、指令、提示等信息。国家规定的安全色有红、蓝、黄、绿四种颜色。红色表示禁止、停止,如停止按钮、仪表运行极限用红色;蓝色表示指令、必须遵守、强制执行的规定,如“必须戴安全帽”;黄色表示注意、警告,如“当心触电”“注意安全”;绿色表示允许、通行、安全状态,如“在此工作”“已接地”等。

为使安全色更加醒目的反衬色称为对比色。国家规定的对比色是黑白两种颜色。安全色与其对应的对比色是:红—白、黄—黑、蓝—白、绿—白。

黑色用于安全标志的文字、图形符号和警告标志的几何图形;白色用于安全标志红、蓝、绿色的背景色,也可用于安全标志的文字和图形符号。

在电气上用黄、绿、红三色分别代表 L1、L2、L3 三个相序;涂成红色的电器外壳表示其外壳有电;灰色的电器外壳表示其外壳接地或接零;线路上蓝色代表工作零线;明敷接地扁钢或圆钢涂黑色;用黄绿双色绝缘导线代表保护零线。直流电中,红色代表正极,蓝色代表负极,信号和警告回路用白色,保护中性线(PEN)为竖条间隔淡蓝色。

2. 安全标志

安全标志是提醒人员注意或按标志上注明的要求去执行,保障人身和设施安全的重要措施。安全标志一般设置在光线充足、醒目、稍高于视线的位置。

对于隐蔽工程(如埋地电缆),在地面上要有标志桩或依靠永久性建筑悬挂标志牌,注明工程位置。

对于容易被人忽视的电气部位,如封闭的架线槽、设备上的电气盒,要用红漆画上电气箭头。

另外,在电气工作中还常用标志牌,以提醒工作人员不得接近带电部分、不得随意改变刀闸的位置等。

移动使用的标志牌要用硬质绝缘材料制成,上面有明显标志,均应根据规定使用。其相关信息见表1-1-5。

表1-1-5 移动使用的标志牌相关信息

类型	名称	悬挂处所	尺寸/(mm×mm)	底色和字色
禁止类	禁止合闸 有人工作	一经合闸即可送电到施工设备的开关和刀闸操作手柄上	200×100 80×50	白底红字
	禁止合闸 线路有人工作	一经合闸即可送电到施工设备的开关和刀闸操作手柄上	200×100 80×50	红底白字
	禁止攀登 高压危险	运行中变压器的梯子上、工作人员上下的铁架附近可能上下的另外铁架上	250×200	白底红字黑边
警告类	止步,高压危险	工作地点临近带电设备的遮拦、室外工作地点附近带电设备的构架横梁上,禁止通行的过道上,高压试验地点,有红色箭头	250×200	白底黑字红边
允许类	从此上下	工作人员上下的铁架梯子上	250×250	绿底,中间有直径210 mm的白圆圈,黑字在白圆圈中
提示类	在此工作	室内和室外工作地点或施工设备上	250×250	绿底,黑字在白圆圈中
	已接地	看不到接地线的工作设备上	200×100	绿底黑字

在有触电危险的处所或容易产生误判断、误操作的地方,以及存在不安全因素的现场,设置醒目的文字或图形标志,提示人们识别、警惕危险因素,对防止人们偶然触及或过分接近带电体而触电具有重要作用。

第四节 绝 缘 防 护

电气设备不论结构多么复杂,都由导电体和绝缘体两个基本部分构成。绝缘防护就是用绝缘材料把带电导体封护或隔离起来。良好的绝缘是设备和线路正常运行的必要保证,同时也是防止直接接触电击的重要措施。

电工技术所指的电工绝缘材料的电阻率一般在10^9 Ω · m以上。常用的绝缘材料有陶瓷、玻璃、云母、橡胶、木材、胶木、塑料、布、聚酯漆、纸和矿物油等。

绝缘材料的绝缘电阻是指加于绝缘材料的直流电压与流经绝缘材料的电流(泄漏电流)之比。绝缘电阻是最基本的绝缘性能指标。足够大的绝缘电阻能把泄漏电流限制在很小的范围内,防止漏电造成的触电事故。

很多绝缘材料在强电场作用下绝缘性能会遭到破坏,甚至丧失绝缘性能。把在强电场作用下绝缘材料丧失绝缘性能的现象称为电击穿。击穿时的电压称为击穿电压。气体绝缘材料在击穿电压消失后,绝缘性能还能恢复;液体绝缘材料多次击穿后,将严重降低绝缘性能;固体绝缘材料绝缘击穿后,就再也不能恢复绝缘性能。

绝缘材料的绝缘性能除了因为击穿而破坏外,自然老化、电化学损伤、机械损伤、潮湿、腐蚀、热老化等也会降低其绝缘性能或导致绝缘破坏。电气设备的绝缘应符合其相应的电压等级、环境条件和使用条件。电气设备的绝缘不得受潮,表面不得有粉尘、纤维或其他污物,不得有裂纹或放电痕迹,表面光泽不得减退,不得有脆裂、破损,弹性不得消失,运行时不得有异味。

绝缘材料按照设备在正常条件下允许的最高工作温度分为若干等级,称为耐热等级。

设备或线路的绝缘必须与所采用的电压等级相符合,还必须与周围的环境和运行条件相适应。不同线路或设备对绝缘电阻有不同的要求。新装和大修后的低压电力线路和照明线路,要求绝缘电阻不低于 0.5 MΩ;运行中的线路可降低到每伏工作电压 1 000 Ω(即每千伏不小于 1 MΩ);携带式电气设备的绝缘电阻不低于 2 MΩ。

对电气线路或设备采取双重绝缘、加强绝缘或对组合电气设备采用共同绝缘的措施。

绝缘电阻通常用兆欧表(俗称“摇表”)测定。

第五节 漏电保护

一、漏电保护的意义

漏电保护的意义一是在电气设备(或线路)发生漏电或接地故障时,能在人尚未触及之前就把电源切断;二是当人体触及带电体时,能在 0.1 s 内切断电源,从而减轻电流对人体的伤害程度。此外,还可以防止漏电引起的火灾事故。漏电保护作为防止低压触电伤亡事故的后备保护,已被广泛地应用在低压配电系统中。

为了保证在故障情况下人身和设备的安全,应尽量装设漏电保护装置。它可以在设备及线路漏电时通过保护装置的检测机构取得异常信号,经中间机构转换和传递,然后促使执行机构动作,自动切断电源来起保护作用。漏电保护装置可以防止设备漏电引起的触电、火灾和爆炸事故。它广泛应用于低压电网,也可用于高压电网。当漏电保护装置与自动开关组装在一起时,就成为漏电自动开关。这种开关同时具备短路、过载、欠电压、失电压和漏电等多种保护功能。

二、漏电保护的原理和漏电保护装置选用

当设备漏电时,通常出现两种异常现象:三相电流的平衡遭到破坏,出现零序电流;某些正常状态下不带电的金属部分出现对地电压。漏电保护装置就是通过检测机构取得这两种异常信号,通过一些机构断开电源。漏电保护装置的种类很多,按照反映信号的种类,可分为电压型漏电保护装置和电流型漏电保护装置。电压型漏电保护装置以电压信号作

为漏电检测信号，多用于设备外壳漏电的保护，其主要参数是动作时间和动作电压；电流型漏电保护装置以电流信号作为漏电检测信号，其主要参数是动作时间和动作电流。以防止人身触电为目的漏电保护装置，应该选用高灵敏度快速型（动作电流为 30 mA）。

电流型漏电保护装置又可分为单相双极式、三相三极式和三相四极式三类。应根据供电方式选用漏电保护器类型。

（1）由单相 220 V 电源供电的电气设备应选用二极（双极）二线式或单极二线式漏电保护器。

（2）三相三线式 380 V 电源供电的电气设备，应选用三极式漏电保护器。

（3）三相四线式 380 V 电源供电的电气设备，或单相设备与三相设备共用的电路，应选用三极四线式、四极四线式漏电保护器。

在居民住宅及其他单相电路，应用最广泛的就是单相双极式电流型漏电保护器，其动作原理图如图 1-1-15 所示。

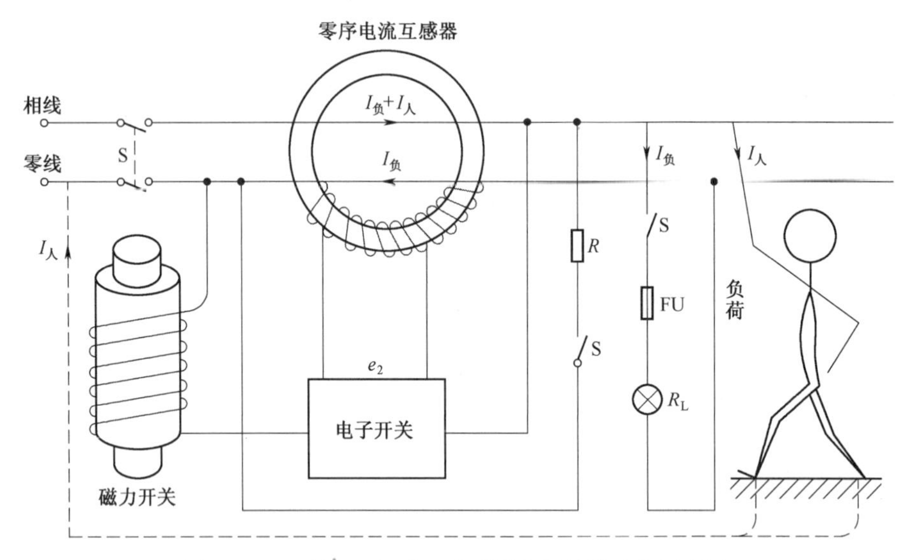

图 1-1-15　单相双极式电流型漏电保护器动作原理图

线路和设备正常运行时，流过相线和零线的电流相等，穿过互感器铁芯的电流在任何时刻全等于穿过铁芯返回的电流，铁芯内无交变磁通，电子开关没有输入漏电信号而不导通，磁力开关线圈无电流，不跳闸，电路正常工作。当有人在相线触电或相线漏电（包括漏电触电）时，线路就对地产生漏电电流，流过相线的电流大于零线电流，零序电流互感器铁芯中有交变磁通，二次线圈就产生漏电信号输送至电子开关输入端，促使电子开关导通，于是磁力开关得电，产生吸力，拉闸断电，完成人身触电或漏电触电的保护。

第六节　其他防护技术

一、电气隔离

电气隔离就是将电源与用电回路做电气上的隔离，即将用电的分支电路与整个电气系统隔离，使之成为一个在电气上被隔离的、独立的不接地安全系统，以防止在裸露导体故障带电情况下发生间接触电危险。

普通双绕组变压器的一、二次侧所连接的电路之间是绝缘的。因此,双绕组变压器的一、二次侧所连接的电路处于电气隔离状态。虽然变压器的一、二次绕组之间没有直接的电气连接,但通过其磁路中的磁通变化,一次绕组的电能就可以传输给二次绕组。这就是变压器的工作原理,也是其一、二次绕组之间存在电气隔离的原理。

电气隔离的作用主要是减少两个不同的电路之间的相互干扰。例如,某个实际电路工作的环境较差,容易造成接地等故障。如果不采用电气隔离,直接与供电电源连接,一旦该电路出现接地现象,整个电网就可能受其影响而不能正常工作。采用电气隔离后,该电路接地时就不会影响整个电网的工作,同时还可通过绝缘监测装置检测该电路对地的绝缘状况,一旦该电路接地,可以及时发出警报,提醒管理人员及时维修或处理,避免保护装置跳闸停电的现象发生。

隔离变压器要根据电源和实际设备的电压等级选定,若实际设备与电源电压等级相同,可以采用电压比为 1 的变压器。但是必须注意,隔离变压器不能采用自耦变压器(因为自耦变压器的一、二次绕组之间本身就存在直接的电气联系,也就是说是不绝缘的,因此不能用来作为电气隔离用)。对于安全性能要求较高的场合,可以采用专门的隔离变压器。

电气隔离的一般安全要求主要有:

(1)电气隔离的回路,其电压不得超过 500 V 交流有效值。

(2)使用隔离变压器供电时,隔离变压器必须具有加强绝缘的结构,其温升和绝缘电阻要求与安全隔离变压器相同。

(3)被隔离回路的带电部分保持独立,严禁与其他电气回路、保护导体或大地有任何电气连接。应有防止被隔离回路发生故障接地及窜入其他电气回路的措施。

(4)软导线电缆中易受机械损伤的部分的全长均应是可见的。

(5)被隔离回路应尽量采用独立的布线系统。

(6)隔离变压器的二次侧线路电压过高或线路过长都会降低回路对地绝缘水平。因此,必须限制二次侧电压和二次侧线路长度,按照规定,当电压为 220 V 时,布线系统的长度不应超过 500 m;当电压为 500 V 时,布线系统的长度不应超过 200 m。

二、等电位联结

等电位联结(见图 1-1-16)是将建筑物中各电气装置和其他装置外露的金属及可导电部分与人工或自然接地体同保护导体连接起来,以达到减少电位差的目的的联结。等电位联结有总等电位联结、辅助等电位联结和局部等电位联结。

总等电位联结(MEB):总等电位联结作用于全建筑物,它在一定程度上可降低建筑物内间接接触电击的接触电压和不同金属部件间的电位差,并消除自建筑物外经电气线路和各种金属管道引入的危险故障电压的危害。

住宅楼做总等电位联结后,可防止 TN 系统电源线路中的 PE 线和 PEN 线传导引入故障电压导致电击事故,同时可减少电位差、电弧、电火花发生的概率,避免接地故障引起的电气火灾事故和人身电击事故;同时也是防雷安全所必需的。因此,在建筑物的每一电源进线处,一般设有总等电位联结端子板,由总等电位联结端子板与进入建筑物的金属管道和金属结构构件进行连接。

辅助等电位联结(SEB):在导电部分间,用导线直接连通,使其电位相等或相近,称为辅助等电位联结。

局部等电位联结(LEB):在一局部场所范围内将各可导电部分连通,称为局部等电位联结。

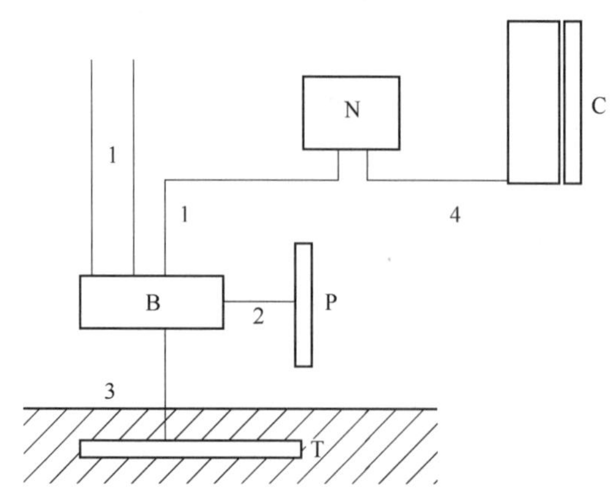

图 1-1-16　等电位联结

B—总等电位联结(接地)端子板;P—金属水管干线等可连接的自然导体;T—接地体;
N—装置外露导电部分;C—装置外的接零导体;
1—保护地线;2—总等电位联结线;3—接地线;4—辅助等电位联结线

等电位联结的作用:降低等电位联结影响区域内的可能接触电压、降低等电位联结影响区域外侵入的危险电压和实现等电位环境等。

三、不导电环境

不导电环境是指地板和墙壁都用不导电材料制成的用电场所。为防止在场所内出现危险的接触电压,不导电环境应符合如下的安全要求:

(1)地板和墙壁每一点的电阻:500 V 及以下者不应小于 50 kΩ;500 V 以上者不应小于 100 kΩ。

(2)保持间距或设置屏障,使得在电气设备工作绝缘失效的情况下,人体也不可能同时触及不同电位的导体。

(3)为了维持不导电的特征,场所内不得设置保护零线或保护地线,并应有防止场所内高电位引出场所外和场所外低电位引入场所内的措施。

(4)场所的不导电性能应具有永久性特征,不应因受潮或设备的变动等原因使安全水平降低。

防范触电的措施有:安全电压、屏护、安全标志、安全距离、绝缘防护、保护接地、保护接零、漏电保护及其他防护技术。按照人体触电的方式可以分为直接接触触电的防范技术、间接接触触电的防范技术和通用电击防范技术。直接接触触电的防范技术有绝缘、屏护、间距,间接接触触电的防范技术有保护接地(IT、TT 系统)、保护接零(TN 系统),通用电击防范技术有安全电压、漏电保护、电气隔离等。

第二章 电气安全工作要求和措施

第一节 电气安全工作基本要求

一、建立健全规章制度

在电气工程的设计、施工、安装、运行、维护和配置安全防护装置时,要严格遵守国家规定、标准和法规,并符合现场的特定安全要求。应根据不同工种建立各种安全操作规程,建立健全运行管理制度和维护检修制度。合理的规章制度是人们从长期生产实践中总结出来的,是保证安全生产的有效措施。

安全操作规程、电气安装规程、运行管理规程和维护检修制度等都与电气安全有直接关系。安装电气线路和电气设备时,必须严格遵循安装操作规程;在电气设备上操作时,必须遵守安全操作规程、事故分析制度和安全用具使用保管制度等。

二、加强安全教育

要使工作人员认识到安全用电的重要性,懂得电气安全的基本知识,掌握安全用电的基本方法。新工作人员要经过总部、分部、工作小组三级安全教育。

必须持有电气作业人员操作证方准上岗从事电气作业,严禁非电工从事电气作业。独立工作的电工要懂得电气装置的安装、使用、维护、检修过程中的安全要求;熟知电工安全操作规程;会扑灭电气火灾的方法;掌握触电急救的技能;遵守职业纪律和职业道德,忠于职业责任,遵守职业纪律,团结协作。做好安全供用电工作,还必须通过考试取得合格证。

定期对电气操作人员进行安全技术培训和考核,宣传国家、地方、行业的最新安全技术要求和规定。不断提高安全生产意识和安全操作技能,杜绝违章指挥和违章操作。

三、配备管理机构和管理人员

建立相应的管理机构,安排专人负责电气安全管理工作。专职管理人员应具有电工知识和电气安全知识,根据实际情况制定安全措施。企业动力部门(设备部门)或安技部门应有专职或兼职技术人员负责电气安全级技术管理、电气资料管理和定期的电气安全检查。用电部门要经常开展隐患自检,对查出的问题要制订整改计划。

四、进行电气安全检查

电气安全检查的内容有:电气设备的绝缘是否有损坏,绝缘电阻是否合格,设备裸露带电部分是否有防护设施以及防护设施是否完善;保护接零、保护接地是否正确可靠;保护设施是否符合要求,制度是否适应要求等。

五、组织事故分析,建立安全资料

深入现场,进行事故分析,能吸取教训。根据分析结果,制定预防措施。

建立安全资料档案。安全技术资料是分析安全问题,制定安全措施,做好安全工作的重要依据,必须重视。

第二节　保证安全的组织措施

一、工作票制度

在电气设备上工作,要填写工作票或按命令执行,通过工作票明确安全职责、工作许可、工作间断、转移和终结手续,并作为资料存档。

第一种工作票:高压设备上工作需要停电或部分停电的;高压室内的二次接线和照明灯回路上的工作,需要将高压设备停电或采取安全措施的要填写第一种工作票。工作票内容包括责任人、工作人、签发人、操作内容、操作结果、有效期等内容。

第一种工作票　　　　　　　　编号:

---

1. 工作责任人(监护人):________
   班组:________
2. 工作班人员:________共____人
3. 计划内容和工作地点:________
4. 计划工作时间:自________年____月____日____时____分
   至________年____月____日____时____分
5. 安全措施:

下列由工作票签发人________填写	下列由工作许可人(值班员)________填写
应拉开关和刀闸,包括填写前已拉开关和刀闸(注明编号)	已拉开关和刀闸(注明编号)
应装接地线(注明地点)	已装接地线(注明接地线编号和装设地点)
应设遮栏,应挂标示牌	已设遮栏,已挂标示牌(注明地点)
	工作地点保留带电部分和补充安全措施
工作票签发人签名: 收到工作票时间:________年____月____日 ____时____分 值班负责人签名:________	工作许可人签名: 值班负责人签名:

值班长签名:________

6. 许可开始工作时间:________年____月____日____时____分
   工作许可人(值班员)签名:________　工作负责人签名:________
7. 工作负责人变动:

原工作负责人________离去,变更为________为工作负责人。

变更时间:________年____月____日____时____分

工作结束时间:________年____月____日____时____分

工作票签发人签名:________

8. 工作票延期,有效期延长到:________年____月____日____时____分

工作负责人签名:________

值班长或值班负责人签名:________

9. 工作结束:工作班人员已全部撤离,现场已清理完毕。

全部工作于________年____月____日____时____分结束,接地线共____组已拆除。

工作负责人签名:________　工作许可人签名:________

值班员负责人签名:________

10. 备注:____________________________

第二种工作票:带电作业和在带电设备外壳上的工作,在控制盘和低压配电盘、配电箱、电源干线上的工作;在二次接线回路上工作;无须将高压设备停电的工作等,应填写第二种工作票。

第二种工作票　　　　　　　　编号:

---

1. 工作责任人(监护人):________

班组:________________________

工作班人员:____

2. 工作任务:____________________________________

3. 计划工作时间:自________年____月____日____时____分

至________年____月____日____时____分

4. 工作条件(停电或不停电):________________________________

5. 注意事项(安全措施):____

工作票签发人签名:________

6. 许可开始工作时间:________年____月____日____时____分

工作许可人(值班员)签名:________________________

工作负责人签名:________________________

7. 工作结束时间:________年____月____日____时____分

工作许可人(值班员)签名:________________

工作负责人签名:________________

8. 备注:____

第一种和第二种工作票以外的其他工作均可按口头命令或电话命令执行。

工作票一式两份,一份保存在工作地点,由工作负责人收执,另一份由值班员收执,按执移交。在无人值班的设备上工作时,第二份工作票由工作许可人收执。

工作票必须由专人签发,一个工作负责人只能发一张工作票。工作票签发人必须熟悉工作人员的技术水平,熟悉设备情况,熟悉电气安全作业规程。工作许可人不得签发工作票。认真执行工作票制度是防止人身触电事故的基本措施,是确保检修安全的重要环节。

二、工作许可制度

在电气设备上进行工作,必须得到工作许可人的许可。未经许可,不准擅自进行工作。

工作签发人由车间(分场)或工区(所)熟悉人员技术水平、设备情况、安全工作规程的生产领导人或技术人员担任。

三、工作监护制度

完成工作许可手续后,工作负责人(监护人)应向工作班人员交代现场安全措施、带电部位和其他注意事项。工作负责人必须始终在工作现场,对工作班人员的安全认真监护,及时纠正违反安全规程的操作。

四、工作间断、转移和终结制度

工作间断时,工作班人员应从工作现场撤出,所有安全措施保持不动,工作票由工作负责人执存。每日收工,将工作票交回值班员。次日复工时,应征得值班员许可,取回工作票,工作负责人必须首先重新检查安全措施,确定符合工作票的要求后,方可工作。

全部工作完毕后,工作班人员应清扫、整理现场。工作负责人检查完毕在工作票上填写工作结束时间,经双方签名后,工作票才填写完成。已结束的工作票保存三个月。

第三节 保证安全的技术措施

在全部停电或部分停电的电气设备上工作,必须完成停电、验电、装设接地线、悬挂标示牌和装设遮栏后,才能开始工作。

一、停电

工作地点必须停电的设备如下:

(1)待检修的设备。

(2)与工作人员进行工作中正常活动范围的距离小于规定安全距离的设备。

(3)在无安全遮栏的设备上进行工作时,操作者离设备的距离小于规定值时,设备必须停电。

(4)带电部分在工作人员后面或两侧无可靠安全措施的设备。

二、验电

必须用电压等级合适而且合格的验电器。应先在有电设备上进行试验,以确认验电器良好。在检修设备的进出线两侧分别验电。高压验电必须戴绝缘手套。

三、装设接地线

验证无电压后,应立即将检验设备接地并三相短路,以防突然来电对工作人员造成危险,同时使设备断开部分的剩余电荷因接地而放尽。

四、悬挂标示牌和装设遮栏

如果线路上有人工作,应在线路开关和刀闸操作把手上悬挂“禁止合闸,线路有人工作!”的标示牌,在室内高压设备上工作,应在工作地点两旁间隔和对面间隔的遮栏上及禁止通行的过道上悬挂“止步,高压危险!”的标示牌。在室外高压设备上工作,应在工作地点四周用绳子做好围栏,围栏上悬挂适当数量的“止步,高压危险!”的标示牌。

在部分停电的设备工作，安全距离小于《设备不停电时的安全距离》规定的数值而未停电的，应装设临时遮栏。临时遮栏可用干燥木材、橡胶或其他坚韧绝缘材料制成，装设应牢固，并悬挂“止步，高压危险！”的标示牌。

五、日常电气安全工作要求

(1)正确选用和安装电气设备的导线、开关、保护装置。

(2)电气设备正常不带电的金属外壳、框架，应采取保护接地(接零)措施。

(3)电气设备和线路要保持合格的绝缘、屏护、间距要求。

(4)合理配置和使用各种安全用具、仪表和防护用品。对特殊专用安全用具要定期进行安全试验，要有合格证。

(5)积极推广和优先使用带有漏电保护器的开关。

(6)在采用接零保护的供电系统，要实行三相五线制供电方式。

(7)手持电动工具应有专人管理，经常检查安全可靠性。应尽量选用Ⅱ类和Ⅲ类手持电动工具。

(8)电气设备和线路周围，应留有一定操作和检修场地。易燃、易爆物品应远离电气设备。

(9)室外电气设备应有防雨措施。

(10)电气标志(警示牌、标志桩、信号灯)设置完好。

第四节　倒闸操作安全要求

倒闸操作主要是指拉开或合上断路器或隔离开关，拉开或合上直流操作回路，拆除和装设临时接地线及检查设备绝缘等。倒闸操作直接改变电气设备的运行方式，是一项重要而又复杂的工作，如果发生错误操作，就会导致发生事故或危及人身安全。

发电厂、变电所电气设备倒闸操作的主要工作内容有：电力线路的停送电操作、电力变压器的停送电操作、发电机的启动、并列和解列操作、网络的合环与解环、母线接线方式的改变(即倒换母线的操作)、中性点接地的改变和消弧线圈的调整、继电保护和自动装置使用状态改变及接地线的安装与拆装等。

为保证电气设备的安全运行，在倒闸过程中必须落实好组织措施和技术措施，认真执行倒闸操作票制度。

一、倒闸操作的基本要求

(1)变电所的倒闸操作必须填写操作票。

(2)倒闸操作必须有两人同时进行，一人监护，一人操作，特别重要和复杂的倒闸操作，应由电气负责人监护。

(3)高压操作应戴绝缘手套，室外操作应穿绝缘鞋、戴绝缘手套。

(4)如逢雨、雪、大雾天气在室外操作，无特殊装置的绝缘棒及绝缘夹钳禁止使用，雷电时禁止室外操作。

(5)装卸高压保险时，应戴防护眼镜和绝缘手套，必要时使用绝缘钳并站在绝缘垫或绝缘台上操作。

二、倒闸操作的安全要求

1. 操作票的执行

(1)填写好的操作票,必须与系统接线图或模拟盘核对,经核实无误后,由值班人签字。

(2)操作前首先核对将要操作设备的名称、编号和位置,操作时由监护人读票,操作人应复诵一遍,监护人认为复诵正确,即发出"对"或"操作"的命令,操作人方可操作。每操作完一项,立即在本操作项目前做"√"的标记。

(3)操作时要严格按照操作票的顺序进行,严禁漏操作或重复操作。

(4)全部操作完成后,填写终了时间,并做好"已执行"的标记。

(5)操作中发生疑问时,应停止操作,立即向值班调度员(下令人)或站长报告,弄清后再继续操作,不可擅改操作票。

2. 操作监督

操作监护就是由专人监护操作人操作的正确性和人身安全,一旦发生错误操作或危及人身安全时,能及时给予纠正和制止。

3. 送电操作要求

(1)明确工作票或调度指令的要求,核对将要送电的设备,认真填写操作票。

(2)按操作票的顺序进行预演,或与系统接线图进行核对。

(3)根据操作需要,穿戴好防护用具。

(4)按照操作票的要求在监护人的监护下,拆除临时遮栏、临时接地线及标示牌等设施,由电源侧向负荷侧逐级进行合闸送电操作,严禁带地线合闸。

4. 停电操作要求

(1)明确工作票或调度指令的要求;核对将要停电的设备,认真填写操作票。

(2)按操作票的顺序进行预演,或与系统接线图进行核对。

(3)根据操作需要,穿戴好防护用具。

(4)按照操作票的要求在监护人的监护下,由负荷侧向电源侧逐级拉闸操作,严禁带负荷拉刀闸。

(5)停电后验电时,应用合格有效的验电器,按规定在停电的线路或设备上进行验电。确认无电后再采取接挂临时接地线、设遮栏、挂标示牌等安全措施。

第五节　电工安全操作规程

一、普通操作规程

(1)从事电气工作的人员,必须身体无严重缺陷。经有关部门培训考试鉴定合格,持有国家劳动安全监察部门认可的《电工操作上岗证》才能进行电气操作。

(2)必须熟练掌握触电急救方法。

(3)电气操作人员应思想集中,电气线路在未经验电确定无电前,应一律视为"有电"。

(4)工作前应详细检查自己所用工具是否安全可靠,穿戴好必需的防护用品,以防工作时发生意外。

(5)电工对车床、仪表、设施、灯光及电路检修时,应根据车型和线路设置正确操作,避免因电路漏电、断路、短路现象引起高温着火,确保车床、仪表、设施工作正常,准确,灯光明亮,接触良好。

(6)局部照明必须用36 V及以下的安全电压,在特别潮湿的现场和金属封闭容器内,用12 V电压,不准使用单线圈降压,变压器的一次线不得长于2 m。

(7)行灯变压器的外壳,必须有牢固可靠的接地(接零)保护,严禁在接地(接零)线路上接熔断器和开关,更不准以工作零线代替保护零线。

(8)在同一电网中,不准某些设备采用接零保护而另一些设备采用接地保护,接零保护和接地保护在设备和设备之间不准串联。

(9)设备与电器安装完成后,必须经过检测试运行,方向正确后方可交付使用。

(10)安装临时线路时,必须按照有关规定与标准敷设,使用期不能超过一个月,需长期使用的设备,应及时敷设正式线路。临时线路不用时,需及时拆除。

(11)维修线路要采取必要的措施,在开关手把上或线路上悬挂“有人工作,禁止合闸”的警告牌,防止他人中途送电。送电前必须认真检查是否符合要求并和有关人员联系好,方能送电。

(12)在大的工程安装和分散的检修中,要有专人负责指挥。工作前要交代相关安全及应采取的措施、工作范围以及应注意事项。调试前要清点人数、工具和清理现场,在不少于两人对线路进行调试并确认人、物无遗漏时方能试送电。

(13)在特殊情况下,不能停电作业时,须经负责人批准,并在有经验的电工监护下,采取安全措施方可工作,严禁带负荷接线和断线。

(14)使用测电笔时要注意测试电压范围,禁止超范围使用,电工人员一般使用的电笔,只许在500 V以下电压使用。

(15)工作中所有拆除的导线要处理好,带电线头包好,以防发生触电。

(16)所用导线及熔丝,其容量大小必须合乎规定标准,选择开关时必须大于所控制设备的总容量。

(17)遇有雷雨天气时,在户外线路上和引入室内的架空引入线上及连接的刀闸上,工作人员应停电工作。

(18)工作完毕后,必须拆除临时地线,并检查是否有工具等物漏忘在电杆上。

(19)发生火警时,应立即切断电源,用四氯化碳粉质灭火器或黄砂扑救。

(20)工作结束后,必须全部工作人员撤离工作地段,拆除警告牌,所有材料、工具、仪表等随之撤离,原有防护装置随时安装好。

(21)在登高作业时,必须有人监护,工作前先检查安全带、脚扣、梯子、高凳等有无损坏,发现有安全隐患问题时要立即解决,梯子的角度要放得适当,触地端要采取防滑措施,高凳中间要有拉绳,不准人站在梯子上移动梯子,更不准站在高凳的最上一层工作。

(22)登杆作业时,要先检查杆底部,如腐朽过甚要采取适当的补救措施,在杆上所用的工具和物料,要用绳提,禁止投递;杆下监护人要戴安全帽并应在3 m以外;登杆作业不能穿过下栅带电导线到上栅工作,特殊情况时,必须有可靠的安全措施方可进行。

二、倒闸操作规程

(1)高压双电源用户,作倒闸操作,必须事先与供电局联系,取得同意或供电局通知后,按规定时间进行,不得私自随意倒闸。

(2)倒闸操作必须先送合空闲的一路,再停止原来一路,以免用户受影响。

(3)发生故障未查明原因,不得进行倒闸操作。

(4)两个倒闸开关,在每次操作后均应立即上锁,同时挂警告牌。

(5)倒闸操作必须由两人进行(一人操作、一人监护)。

三、变配电设备安全检修规程

(1)电工人员接到停电通知后,拉下有关刀闸开关,收下熔断器,并在操作把手上加锁,同时挂警告牌;对尚无停电的设备周围加放保护遮拦。

(2)高低压断电后,在工作前必须首先进行验电。

(3)高压验电时,应使用相应高压等级的验电器,验电时,必须穿戴试验合格的高压绝缘手套,先在带电设备上试验,确实好用后,方能用其进行验电。

(4)验电工作应在施工设备进出线两侧进行。规定室外配电设备的验电工作,应在干燥天气进行。

(5)在验明确实无电后,将施工设备接地并将三相短路,以防止突然来电对操作人员的伤害。

(6)应在施工设备各可能送电的方面皆装接地线;对于双回路供电单位,在检修某一母线刀闸或隔离开关、负荷开关时,不但同时将两母线刀闸拉开,而且应该在施工刀闸两端都同时挂接地线。

(7)装设接地线应先行接地,后挂接地线,拆接地线时其顺序与此相反。

(8)接地线应挂在工作人员随时可见的地方,并在接地线处挂“有人工作”警告牌,工作监护人应经常巡查接地线是否保持完好。

(9)特别强调:必须把施工设备各方面的开关完全断开,拉开刀闸或隔离开关,使各方面至少有一个明显的断开点,禁止在只经断开油开关的设备上工作,同时必须注意由低压侧经过变压器高压侧反送电的可能。因此,必须把与施工设备有关的变压器从高低压两侧同时断开。

(10)工作中如遇中间停顿后再复工时,应重新检查所有安全措施,一切正常后,方可重新开始工作。全部人员离开现场时,室内应上锁,室外应派人看守。

四、案例分析

案例一 某建筑工地新安装了一台搅拌机,上午电工接上线就走了,下午工地开始使用搅拌机,发现转向错了,工地负责人(不是电工)说:“这事简单,把两根线一倒就行了。”于是他把三相闸刀开关拉下,伸手去抓开关电源侧的导线,结果手握导线触电死亡。

事故原因分析:

(1)非电工禁止进行电工作业,工地负责人属违章行为。

(2)在操作前要进行验电,而该负责人未弄清是否有电的情况下就用手去抓开关的电源侧,这种不安全行为是事故发生的直接原因。刀闸开关虽然拉下,但是其电源侧仍然有电,处于不安全状态。

(3)工地没有能够严格制定执行电工作业制度及安全操作规程,员工缺乏电气知识,该建筑企业的安全教育培训工作没有真正落到实处。

事故教训:在触电死亡的人员中,有许多不是电工,不懂电气安全常识却去为电气设备接线、维修、操作电气设备,导致触电事故。

防范措施:

(1)要严格执行电气安全规程,不是电工不许安装、维修电气设备。

(2)要开展全员电气安全教育。

案例二　××××年×月,陈某上班后清理场地,由于电焊机接地线绝缘损坏,使外壳带电,从而使与其在电气上连成一体的工作台带电。当陈某将焊好的钢模板卸下来时,手与工作台接触,随即发生事故,将陈某送往医院,经抢救无效后死亡。

事故原因分析:

(1)接地线过长,致使其绝缘损坏,外壳带电,所以造成单相触电事故。

(2)电气安全设施管理不严,缺乏对电焊机的定期检查。

事故教训:在使用电气设施、设备的时候一定要严格遵守安全制度和电气设施、设备的安全操作规程。

防范措施:

(1)接地、接零线要完好,并经常进行检查。

(2)电气设备损坏时要及时进行维修。

第三章 触电与触电急救

第一节 触电事故种类和触电方式

当人体接触带电体或者通过其他导电途径(导体或电弧)触及带电体时,就有一定的电流通过人体,造成人体受伤或死亡,这种现象称为触电。触电事故是由电流形式的能量造成的事故,电流对人体的伤害过程很复杂,有电击、电伤和电磁场伤害。一般把触电事故分为电击和电伤两种。

一、电击

电击是指电流流过人体,造成对人体内部组织或器官的伤害。当电流流过人体时,会破坏人体心脏、肺及神经系统的正常功能,造成血液循环系统、呼吸系统、中枢神经系统等发生变化,机能紊乱,严重时会导致休克乃至死亡。

电击使人致死的原因有三个方面:第一是流过心脏的电流过大、持续时间过长,引起心室纤维性颤动乃至死亡;第二是因电流作用使人产生窒息而死亡;第三是因电流作用使心脏停止跳动而死亡。研究表明,心室纤维性颤动致死是最根本、占比例最大的原因。

电击是触电事故中后果最严重的一种,按照发生电击时电气设备的状态,电击可以分为直接接触电击和间接接触电击;按照人体触及带电体的方式和电流通过人体的路径,电击触电可以分为单相触电、两相触电和跨步电压触电。

1. 单相触电

单相触电是指在地面上或其他接地导线上,人体某一部位触及一相带电体时,电流通过人体流入大地的现象。大部分触电事故是单相触电事故。一般情况下,接地电网比不接地电网的单相触电危险性大。

图 1-1-17 为电源中性点接地系统的单相触电示意图。当人体碰触带电设备时,一相电流通过人体及大地构成闭合回路,由于人体电阻比中性点接地电阻大很多,所以加在人体的电压接近相电压 220 V,或者说人体处于相电压的作用下,危险性很大。

设人体电阻为 1 700 Ω,接地电阻为 4 Ω,通过人体的电流约为 129 mA,远远超过安全电流 30 mA。如果穿上绝缘鞋或站在绝缘垫上,通过人体电流就会很小。

图 1-1-18 为电源中性点不接地系统的单相触电示意图。人体触电时,触电电流从电源通过线路对地绝缘电阻、大地和人体构成闭合回路。通过人体的电流取决于人体电阻与输电线对地绝缘电阻的大小。虽然线路对地绝缘电阻比人体电阻大,可以起到限制电流的作用,但线路对地绝缘电阻因环境条件而异,而且线路同时存在对地电容,触电电流仍然可能危害生命。若输电线绝缘良好,绝缘电阻较大,这种触电对人体的危害性就比较小。

对于高压带电体,人体虽未直接接触,但由于超过安全距离,带电体可能产生电弧,通过人体向大地放电,造成单相接地,引起触电事故,也属于单相触电。

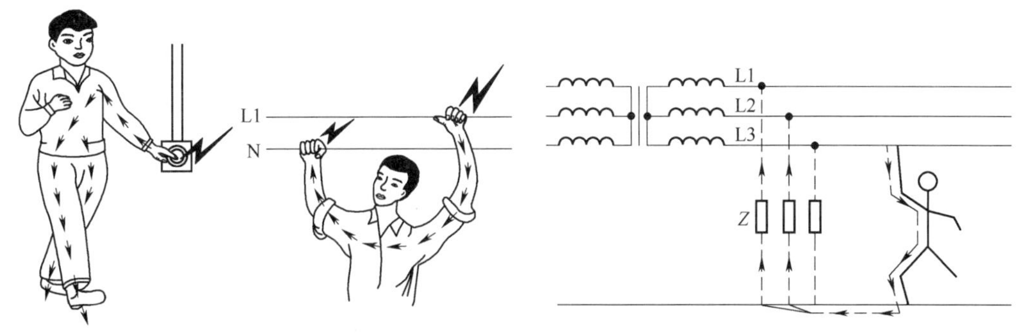

图 1-1-17　电源中性点接地系统的单相触电示意图

图 1-1-18　电源中性点不接地系统的单相触电示意图

2. 两相触电

两相触电是指人体同时触及两相带电体的触电事故，如图 1-1-19 所示。这种情况下，人体承受电源线电压，触电电流直接以人体为回路，通过人体的电流是单相触电电流的$\sqrt{3}$倍，而且电流通常流过心脏，危险性比单相触电大得多。因此，不论电网的中性点是否接地，也不论人是否站在绝缘物上，这种触电情况都非常危险。两相触电比单相触电更危险，但一般发生的概率比较小。

3. 跨步电压触电

当电气设备发生碰壳故障、导线断裂落地或线路绝缘击穿而导致单相接地故障时，电流便经接地体或导线落地点呈半球形向地中流散，在接地点周围土壤中产生电压降，在地表面形成以接地点为中心的径向电位差分布。人在接地点周围行走时，两脚之间（一般按 0.8 m 计算）出现电位差，即跨步电压。离接地点越近，跨步电压越高。跨步电压较大时人体就会触电，由此引起的触电事故称为跨步电压触电，如图 1-1-20 所示。

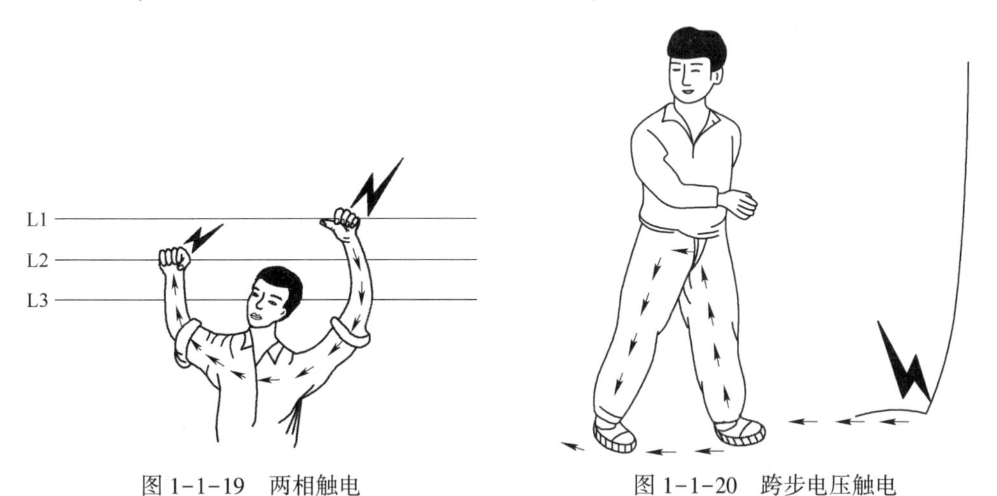

图 1-1-19　两相触电

图 1-1-20　跨步电压触电

跨步电压的大小与接地线路电压高低、人的跨步大小及人在地面的位置有关。在电流入地点周围的土壤中和地表面各点具有不同的电位分布，研究表明，在电流入地点电位最高，随着离此点的距离增大，地面电位呈先急后缓的趋势下降。10 m 处电位已下降至 8%，在 20 m 以外，可认为该电位为零，一般认为此时不会发生跨步电压触电。

高压故障接地处，或有大电流流过的接地装置附近都可能出现较高的跨步电压。因此，在检查高压设备的接地故障时，室内不得接近故障点 4 m 以内，室外不得接近故障点 8 m以内，若进入上述范围，工作人员必须穿绝缘鞋。

二、电伤

电伤是指由于电流的热效应、化学效应或机械效应对人体的外表造成的局部伤害。有电灼伤、电烙印、皮肤金属化、机械性损伤和电光眼等。对于高于 1 000 V 以上的高压电气设备，当人体过分接近它时，高压电可将空气电离，然后通过空气进入人体，此时还伴有高压电弧，能把人烧伤。

1. 电灼伤

电灼伤一般分电流灼伤和电弧灼伤两种。电流灼伤发生在高压触电事故时电流流过的人体皮肤进出口处。一般进口处比出口处灼伤严重。电流灼伤的面积较小，但深度大，灼伤处呈现黄色或褐黑色，并可累及皮下组织、肌腱、肌肉及血管，甚至使骨骼呈现碳化状态，一般需要治疗的时间较长。

当发生带负荷误拉、合隔离开关及带地线合隔离开关时，所产生的强烈电弧都可能引起电弧灼伤，其情况与火焰烧伤相似，会使皮肤发红、起泡，组织烧焦、坏死。

2. 电烙印

电烙印是在人体与带电体接触的部位处，在皮肤表面留下与所接触带电体形状相似的斑痕。电烙印边缘明显，皮肤失去原有弹性和色泽，颜色呈灰黄色。有时在触电后，电烙印并不立即出现，而在相隔一段时间后才出现。电烙印一般造成不发炎或化脓，但往往造成局部麻木，表皮坏死，失去知觉。

3. 皮肤金属化

皮肤金属化是由于高温电弧使周围金属熔化、蒸发并飞溅渗透皮肤表面形成的伤害。皮肤金属化以后，表面粗糙、坚硬。金属化后的皮肤经过一段时间后方能自行脱离，对身体机能不会造成不良的后果。

实际上，电流作用于人体时，对人体也有其他一些伤害，如电光眼等，电伤在不很严重的情况下，一般没有致命危险。

第二节　电流对人体的伤害

电流通过人体时破坏人体内部细胞组织的正常工作，主要表现为生物学效应。电流作用还包括热效应、化学效应和机械效应。

一、伤害程度与电流的关系

电击伤害的严重程度取决于通过人体电流的大小、电流持续时间、电流的频率、电流通过人体的途径以及人体的健康状况等因素，当人体中通过的工频交流电流超过 50 mA 且通电时间超过 1 s 时，就可能造成生命危险。

1. 伤害程度与电流大小的关系

人体接触的电压越高，流经人体的电流越大；通过人体的电流越大，人体的生理反应越明显，对人体的伤害就越重，引起心室颤动所用的时间也越短，致命的危险性也就越大。按照工频交流电通过人体时人体所呈现的不同状态，可将预期通过人体的电流划分为三个级别：

(1)感知电流。在一定的概率下,通过人体引起人产生感觉的最小电流(有效值)称为该概率下的感知电流。在50%概率下,成年男性平均感知电流的有效值大约为1.1 mA,成年女性大约为0.7 mA。

感知电流一般不会对人体造成伤害,但当接触时间长,感觉增强,反应变大,可能导致坠落等间接事故。

(2)摆脱电流。在一定的概率下,人触电后能自主摆脱带电体的最大电流称为该概率下的摆脱电流,范围一般为6~16 mA。在摆脱概率为99.5%时,男性的摆脱电流平均为9 mA,女性为6 mA,儿童较成人小。摆脱电流的能力是随触电时间的延长而减弱的。一旦触电后,不能摆脱电源,引起的后果是比较严重的,所以可以认为摆脱电流是有较大危险的界限。

(3)致命电流。通过人体引起心室颤动的最小电流是短时间作用危及生命的电流,称为致命电流。电击致命的主要原因是电流引起心室颤动,引起心室颤动的电流一般在数百毫安以上。

一般情况下可以把摆脱电流作为流经人体的允许电流(男性为9 mA,女性为6 mA),在线路或设备安装有防止触电的速断保护的情况下,人体的允许电流可按30 mA考虑。30 mA以上的电流有一定危险;50 mA以上可引起心室颤动,危险性大;100 mA的电流可导致死亡。

2. 伤害程度与电流持续时间的关系

电流对人体的伤害与流过人体电流的持续时间有密切的关系。电流持续时间越长,其对应的导致心室颤动的电流值越小,对人体的危害越严重。这是因为时间越长,体内积累的外能量越多,人体电阻因出汗及电流对人体组织的电解作用而变小,使伤害程度进一步增加;另外,人的心脏每收缩和舒张一次,中间约有0.2 s的间隙,此时心脏对电流最敏感,显然,电流持续时间越长,重合这段危险期的概率就越大,即使电流很小(几十毫安),也会引起心室颤动,危险性也就越大。一般认为,工频电流15~20 mA以下及直流50 mA以下,对人体是安全的,但如果电流流过人体的持续时间很长,即使电流小到8~10 mA,也可能使人致命。因此,一旦发生触电事故,要尽可能快地使触电者脱离电源。

3. 伤害程度与电流途经的关系

电流通过心脏时会引起心室颤动,较大的电流会导致心脏停止跳动,血液循环中断,所以危险性最大;电流通过头部会严重损伤大脑,严重的会使人昏迷甚至死亡;电流通过脊髓会导致肢体瘫痪;电流通过中枢神经有关部分,会引起中枢神经系统强烈失调而致残。

研究结果证明,左手至前胸是最危险的电流途径。此外,右手至前胸、单手至单脚、单手至双脚、双手至双脚等也是很危险的电流途径。电流从左脚至右脚这一电流路径危险性小,但人体可能因摔倒而导致电流通过全身或造成其他二次事故。

4. 伤害程度与电流种类的关系

电流种类不同,对人体的伤害程度也不一样。当接通或断开瞬间,人体对直流电的平均感知电流约2 mA,300 mA以上的直流电将可能导致不能摆脱带电体;电流持续时间超过心脏搏动周期时,直流室颤电流为交流电流的数倍;电流持续时间200 ms以下时,直流室颤电流与交流电流大致相同。

不同频率的交流电流对人体的影响也不相同,50~60 Hz的交流电流对人体的伤害最严重,这是因为此频率与心脏跳动的频率接近的缘故,低于或高于此频率的电流对人体的伤害程度要显著减轻。当电压在250~300 V以内时,触及频率为50 Hz的交流电流,比触及相同电压的直流电流的危险性大3~4倍。但是高频率的电流通常以电弧的形式出现,因此有灼伤人体的危险。频率在20 kHz以上的交流小电流,对人体已无危害,所以在医学上用于理疗。

5. 伤害程度与人体电阻大小的关系

人体触电时,流过人体的电流在接触电压一定时由人体的电阻决定,人体电阻越小,流过的电流则越大,人体所遭受的伤害也越大。人体的不同部分(如皮肤、血液、肌肉细胞组织及结合部等)对电流呈现出一定的阻抗,即人体电阻。人体电阻大小不是固定不变的,它取决于许多因素,如接触电压、电流途径、持续时间、接触面积、温度、压力、皮肤厚薄及完好程度、潮湿度、脏污程度等。总的来讲,人体电阻由体内电阻和表皮电阻组成。

体内电阻是指电流流过人体时,人体内部器官呈现的电阻。它的数值主要决定于电流的通路。当电流流过人体内不同部位时,体内电阻呈现的数值也不同。电阻最大的通路是从一只手到另一只手,或从一只手到另一只脚或到双脚,这两种电阻基本相同;电流流过人体其他部位时,呈现的体内电阻都小于此两种电阻。表皮电阻指电流流过人体时,两个不同触电部位皮肤上的电极和皮下导电细胞之间的电阻之和。

表皮电阻随外界条件不同而在较大范围内变化。当电流、电压、电流频率及持续时间、接触压力、接触面积、温度增加时,表皮电阻会下降;当皮肤受伤甚至破裂时,表皮电阻会随之下降,甚至降为零。可见,人体电阻是一个变化范围较大,且决定于许多因素的变量,只有在特定条件下才能测定。一般情况下,人体电阻可按1 000~2 000 Ω估算;在安全程度要求较高的场合,人体电阻可按不受外界因素影响的体内电阻(500 Ω)来考虑。

当人体电阻一定时,作用于人体电压越高,则流过人体的电流越大,其危险性也越大。实际通过人体电流的大小并不与作用于人体的电压成正比,随着作用于人体电压的升高,人体电阻会下降,导致流过人体的电流迅速增加,对人体的伤害也就更加严重。

二、触电规律

根据对触电事故的分析统计,从触电事故的发生率看,有如下一些特点:

(1)触电事故具有明显的季节性。每年二、三季度事故较多,6~9月最为集中。主要原因是天气炎热,人体多汗,衣服单薄,触电危险性较大;天气多雨潮湿,地面导电性增加,容易构成电击电流回路;农忙时节用电增多,加上电气设备绝缘电阻降低,易引发触电事故。

(2)低压触电多于高压触电,主要是低压电气设备使用的人多,由于缺乏电气安全知识或不注意用电安全所致。

(3)携带式和移动式电气设备以及电气连接部位触电事故多。

(4)错误操作和违章作业造成的触电事故多。

综上所述,缺乏电气安全知识、违章操作、电气设备质量不合格或维修不善,执行安全制度不力等,都会造成触电事故,只有在实践中不断总结规律,吸取教训,完善安全设施,加强安全宣传教育,严格执行安全制度,才能避免触电事故的发生,保障生命财产安全。

第三节　触电急救

发现有人触电,首先要使触电者迅速脱离电源;然后根据触电者具体情况,采取相应的急救措施。

一、脱离电源的方法

1. 脱离低压电源的方法

(1)拉闸断电。若能及时拉下开关或拔下插头时,应立即采用此法切断电源。

(2)切断电源线。若无法及时在开关或插头上切断电源时,用有绝缘手柄的钢丝钳、木柄干燥的铁锹、斧头等切断电线。三相电源线要一相一相地切断,以免造成电源线间的短路;在切断护套线时注意防止短路弧光伤人。

(3)用绝缘物品脱离电源。当电线搭接在触电者身上或被压在身下时,可用干燥的衣服、手套、木棒等绝缘物作为工具,挑开电线或拉开触电者,使触电者脱离电源。

2. 脱离高压电源的方法

(1)拉闸停电。对于高压触电事故,救护人员应带上绝缘手套,穿上绝缘鞋,使用相应电压等级的绝缘工具拉开电源开关。在高压配电室内,立即拉开断路器;在高压配电室外,立即通知值班人员紧急停电。

(2)短路法。无法通知值班人员断电时,可采用抛掷金属导体的方法使线路短路,迫使保护装置动作而切断电源。高空抛掷要注意防火,抛掷点应尽量远离触电者。

3. 脱离跨步电压的方法

可以按照上述方法脱离电源,也可采用把触电者拖成身体与触电半径垂直的办法,即救护人穿绝缘鞋或单脚着地跳到触电者身边,紧靠触电者头或脚把他拖成躺在等电位地面上,即可就地静养或进行抢救。

脱离电源的注意事项:救护人员要判明情况,做好自身防护,既要救人,也要注意保护自己;注意与触电者绝缘(跨步电压触电救护除外),避免自身触电;救护人员可站在绝缘垫或干木板上进行救护;触电者未脱离电源之前,不得直接用手触及触电者而且最好用一只手进行救护;当触电者处在高处的情况下,应考虑触电者解脱电源后可能会从高处坠落,在触电者脱离电源的同时,要防止二次摔伤事故,采取防摔措施;如果是夜间抢救,要及时解决临时照明,以避免延误抢救时机。

二、现场急救

当触电者脱离电源以后,必须用看(胸腹部是否有起伏)、听(是否有呼吸)、试(用手指轻试喉结旁凹陷处有颈动脉的搏动,判断是否有心跳)的方法(见图 1-1-21),迅速判断触电程度的轻重,立即组织现场救护工作,同时通知医生前来抢救。

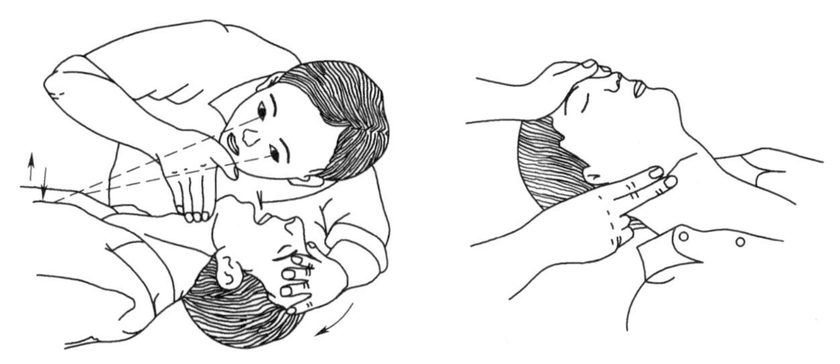

图 1-1-21　看、听、试判断触电程度的轻重

根据初步检查结果及触电者身体状况立即采取相应的急救措施,具体操作如下:

(1)如果触电者神志清醒,有些心慌无力,四肢发麻,或昏迷后已经苏醒,应使之就地安静休息,保持冷静,解除恐惧,严密观察,暂时不要走动,以免加重心脏负担,并及时请医生检查诊治。

(2)如果触电者已神志不清,但有呼吸,心脏还在跳动,则应使之就地平躺,解开妨碍呼吸的衣扣、腰带,确保气道通畅。特别要注意触电者的呼吸、心跳状况,同时也要注意保暖和保持空气新鲜。注意不要摇动触电者的头部呼叫。

(3)如果触电者失去知觉,停止呼吸(或呼吸不规律),但心脏还有跳动,应在畅通气道后立即采用口对口或口对鼻人工呼吸法。

(4)如果触电者有呼吸而心脏停止跳动(或心跳不规律),应采用胸外心脏按压法进行抢救。

(5)如果触电者伤势非常严重,呼吸和心跳都已停止,通常应对触电者立即就地采用口对口或口对鼻人工呼吸法和胸外心脏按压法进行抢救。必要时,应根据具体情况采用摇臂压胸呼吸法或俯卧压背呼吸法进行抢救。

有些触电者必须经较长时间的抢救方能苏醒,救护人员要有耐心,抢救工作必须持续不断地进行,即使在送往医院的途中也不应停止。

三、心肺复苏法

心肺复苏法有三项基本措施:畅通气道、口对口(鼻)人工呼吸法和胸外心脏按压法。

1. 畅通气道

(1)迅速松开触电者的衣扣、裤带或其他妨碍呼吸的装饰物,使其胸部能自由扩张以利于呼吸,减少吹气阻力。

(2)把触电者放平(仰卧),脚部垫高些,听听有无呼吸,把头部侧向一边,清除触电者口腔中的血块、唾液或口沫等污物,并取下假牙等物,防止异物堵塞气道。

用一只手托在触电者颈后,将其头部尽量往后仰,以免舌根后坠堵塞气道,使触电者鼻孔朝天,打开呼吸道。如图 1-1-22 所示,图 1-1-22(a)头部充分后仰,呼吸道畅通,图 1-1-22(b)头部后仰不够,舌头堵住呼吸道。

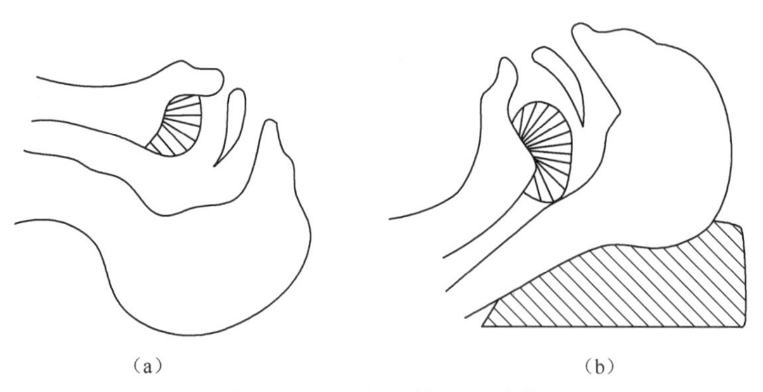

图 1-1-22 呼吸道畅通的姿势

2. 口对口(鼻)人工呼吸法

如图 1-1-23(a)所示,救护人员捏紧触电者鼻孔,深深吸气(800~1 200 mL)后再大口向触电者口中均匀吹气两次,观察其胸部是否膨胀(保证不漏气),为时约 2 s。吹气完毕后救护人员应立即离开触电者的嘴巴,放松触电者的鼻子,使触电者自已呼气,为时约 3 s。触电者呼气完后，救护人员紧接着口对口吹气，持续进行抢救。吹气时，看触电者胸部有无起伏。坚持5 min循环一次。如图1-1-23(b)所示，吹气时如遇较大阻力，可能是头部后仰不够，应及时纠正。为使触电者头部后仰，可于其颈部下方垫适量厚度的物品，但严禁用枕头或其他物品垫在触电者头下，因为头部抬高前倾会阻塞气道，还会使施行胸外按压时流向脑部的血量减少。

(a) 贴紧捏鼻吹气　　(b) 放松呼气

图1-1-23　口对口人工呼吸法

如果触电者牙关紧闭，口无法张开时，可以口对鼻吹气，注意将触电者嘴巴闭紧，防止漏气。对儿童进行人工呼吸时，吹气量要减少。

3. 胸外心脏按压法

胸外心脏按压的作用是当心跳停止，用人工的方法建立被动血液循环。有节律地按压胸骨下半部，使胸腔压力改变，间接压迫心脏使血液循环。按压时使血液流出心脏，放松时心脏舒张使血液流入心脏。

实施胸外心脏按压时要保证触电者仰卧，头部往后仰，后背着地处的地面必须平整牢固，如硬地或木板之类。

(1)救护人员位于触电者的一侧，最好是跪跨在触电者腰臀部位置，两手相叠，两臂伸直，右手掌根放在触电者心窝稍高一点的位置，大约胸骨下1/3~1/2处，掌心贴紧胸部，手掌根部即为压迫点(定位方法可归纳为：沿着肋骨向上摸、遇到剑突放二指、手掌靠在指上方、掌心应在中线上)，左手掌覆压在右手背上，即“当胸放手掌，中指对凹膛”，如图1-1-24(a)所示。

(2)救护人员向触电者的胸部垂直用力向下压，压出心脏里的血液。下压时应以髋关节为支点用力，而不是以腕关节或肘关节用力，如图1-1-24(b)所示。按压后，掌根迅速放松，但手掌不要离开胸部，让触电者胸部自动复原，心脏扩张，血液又回到心脏来。以100次/min的频率，节奏均匀地反复按压，按压与放松的时间相等，如图1-1-24(c)所示。

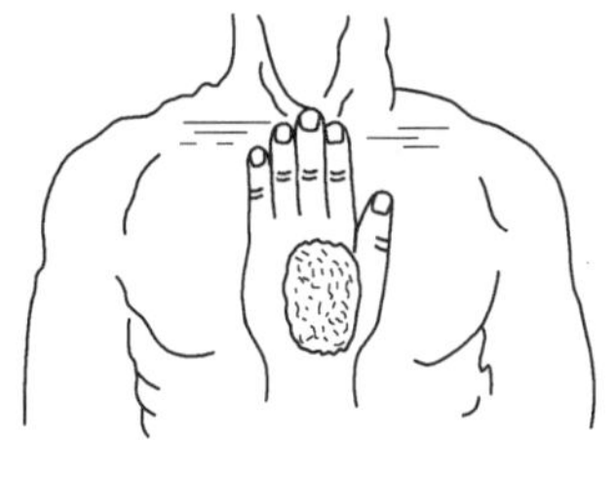

(a) 正确压点

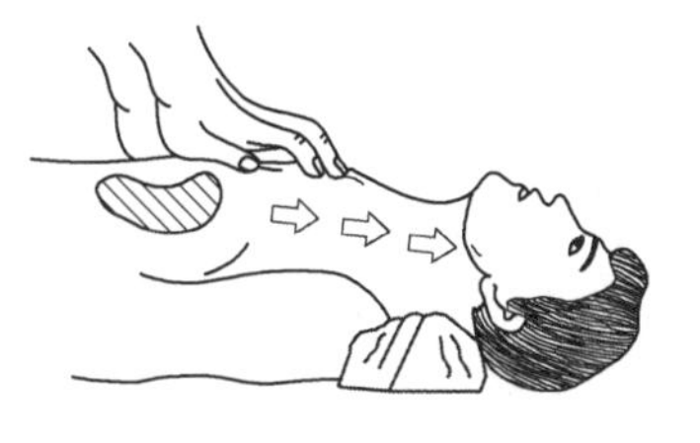

(b) 向下按压图

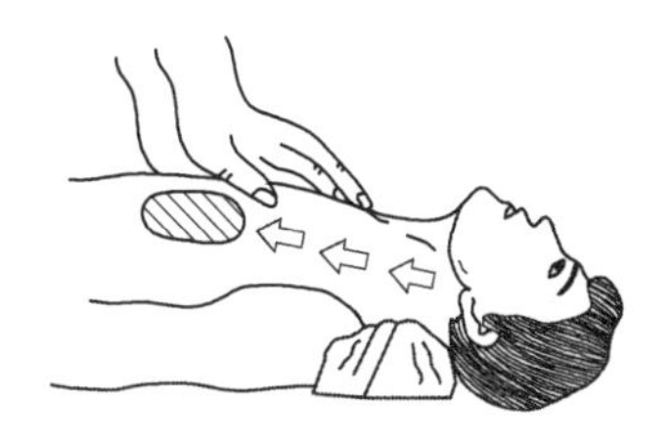

(c) 放松回流

图1-1-24　胸外心脏按压法

对成人应压陷4~5 cm,按压频率为100次/min;10岁以上儿童用一只手按压,压下3 cm,儿童和老人压陷深度要浅一些,可只用两只手指按压,压下约2 cm,按压频率加快(120次/min)。

正确按压法可概括为:跪在一侧、两手相叠、掌贴压点,身稍前倾,两臂伸直、垂直下压、均匀用力、压后即松,成人压下4~5 cm,每分钟压100次。

按照上述要求反复地对触电者的心脏进行按压和放松。按压与放松的动作要有节奏。救护人员在按压时,切忌用力过猛,以防造成触电者内伤,但也不可用力过小,而使按压无效。

注意对心跳和呼吸都停止的触电者,要同时采用人工呼吸法和胸外心脏按压法进行急救。如果现场只有一人进行抢救时,救护人员可以跪在触电者肩膀侧面,先吹气2次,然后按压心脏30次,再吹气2次,按此2∶30比例持续不断进行抢救(新国际标准),每做5个循环检查一次是否恢复自主心跳和呼吸,如图1-1-25(a)所示。如果由两人合作进行抢救,则一人吹气2次后,另一人立即按压心脏30次,反复进行(新国际标准)。但按压只可在换气时进行,在吹气时应将其胸部放松,吹气时不能按压(气吹不进),如图1-1-25(b)所示。

(a) 单人操作法　　(b) 双人操作法

图1-1-25　对心跳和呼吸均停止的触电者的急救

如果采用摇臂压胸呼吸法,具体操作步骤如下:

(1)将触电者脸朝上仰卧,肩押下垫一柔软物品,使头部后仰拉出舌头。

(2)救护人员在触电者头前跪立,两手分别握住触电者手腕上方,使其两臂弯曲压在前胸两侧。救护人员上身抬起,手臂伸直,以全身重量压下,形成呼气;然后撤身,顺势将触电者两臂向上拉直引向其头部形成吸气。如图1-1-26所示,频率为14~16次/min。

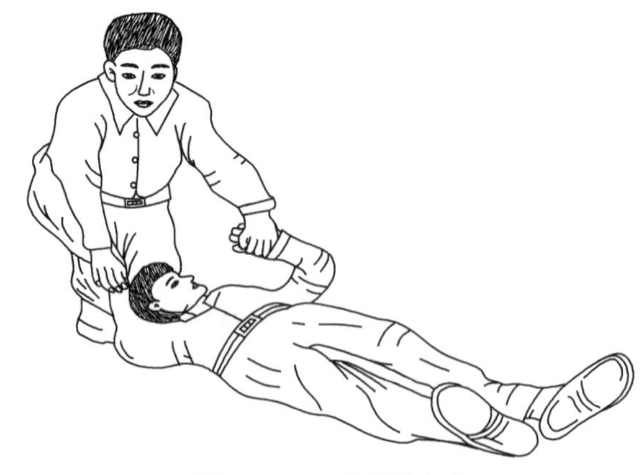

图1-1-26　摇臂压胸法

(3)压胸时不要有冲击力,两手关节不要弯曲,压胸深度要看对象,对小孩不要用力过猛。

对触电后溺水、肚内饱胀的触电者宜采用俯卧压背法,具体操作方法如下:

(1)使触电者背向上俯卧,一只手臂弯曲枕在头下,脸侧向一面;另一只手臂顺头旁伸直,救护人员面向触电者头部,两腿跨在触电者臀部两侧,四手指并拢向下,两手掌分别压在触电者后背偏下两侧,小手指触及最下肋骨位置上,如图 1-1-27 所示。

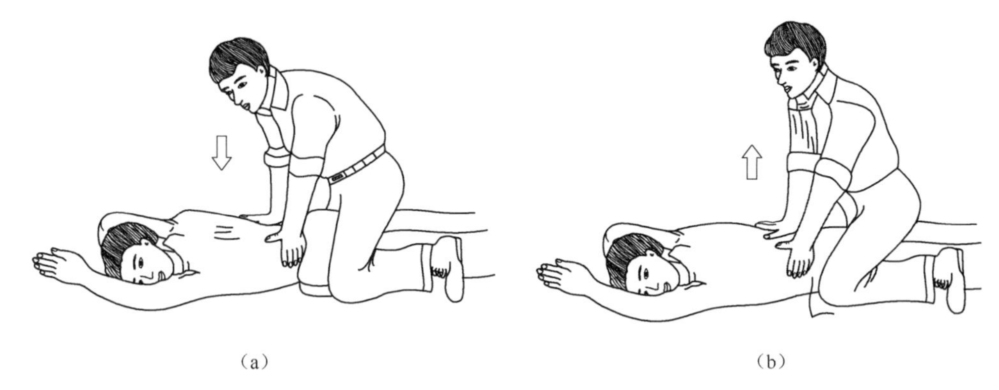

(a)　(b)

图 1-1-27　俯卧压背法

(2)救护人员身体向下方倾斜,手臂伸直以全身重量通过两掌下压,形成呼气;然后救护人员身体后仰,手臂放松(但双手掌不要离开)形成吸气。向前压的速度要快,向后收缩的速度可稍慢,反复进行,频率为 13~18 次/min。

(3)触电后溺水,可将触电者面部朝下平放在木板上,木板向前倾斜 10°左右,触电者腹部垫放柔软的垫物(如枕头等),这样,压背时会迫使触电者将吸入腹内的水吐出。

心肺复苏对触电者进行抢救的原则是:要立即、就地、正确、持续抢救。抢救过程中要注意观察触电者的变化:如恢复呼吸则停止吹气,如恢复心跳则停止按压心脏,否则会使心脏停搏;如心跳呼吸都恢复,则可暂停抢救,但仍要密切注意呼吸、脉搏的变化,随时有再次骤停的可能;如心跳呼吸虽未恢复,但皮肤转红润、瞳孔由大变小,则说明抢救已收到效果,要继续抢救。只有出现尸斑、身体僵冷、瞳孔完全放大,经医生确定真正死亡,才可停止抢救。

四、急救注意事项

急救时应注意下列事项:

(1)进行人工呼吸和急救前,应迅速将触电者衣扣、领带、裤带等解开,清除口腔内假牙、异物、黏液等,保持呼吸道畅通。

(2)对于孕妇、年老体弱或肋骨有伤者,不宜采用俯卧压背法;有手臂骨折者不宜采用仰卧压背法;不要使触电者直接躺在潮湿或冰冷地面上急救;对于与触电同时发生的外伤,应分情况酌情处理。

(3)人工呼吸和急救应连续进行,换人时节奏要一致。如果触电者有微弱自主呼吸时,人工呼吸还要继续进行,但应和触电者的自主呼吸节奏一致,直到呼吸正常为止。

(4)抢救触电者应迅速而持久地进行,在没有确定触电者确已死亡的情况下,不要轻易放弃,以免错过机会。

(5)一般情况下,禁止给触电者注射强心针。触电者一开始往往以“假死”的状态出现,在现场抢救时,单凭救护人员的主观判断很难确切地肯定触电者的心脏是否完全停止跳动。实践证明,听不到触电者心音并不一定是心律都完全停止了跳动,除部分触电者有心室纤颤的心电图改变外,尚有少数低微慢的窦性心率。此时,如果认为触电者心跳停止而注射了强心针,就会加重触电者的心室纤维性颤动,从而加速了触电者的死亡。

(6)救护人员要有耐心,抢救工作必须持续不断地进行,即使在送往医院的途中也不应停止。有些触电者必须经较长时间的抢救方能苏醒。

第四章 防火、防爆、防雷及防静电

第一节 电气防火、防爆安全要求

一、引发电气火灾和爆炸的原因

电气火灾是指由电气原因引发燃烧而造成的灾害。以短路、过载、漏电为代表的几乎所有电气故障都能导致火灾。设备自身缺陷、施工安装不当、电气接触不良、雷击静电引起的高温、电弧和电火花都是导致电气火灾的原因。易燃、易爆物在电弧或电火花作用下极易引起电气火灾或爆炸，应注意妥善存放。

1. 电气线路和设备过热

由于短路、过载、接触不良、散热不良、铁芯发热、机械摩擦等原因都会使电气线路和电气设备整体或局部温度升高，从而引爆易爆物质或引燃易燃物质而发生电气爆炸和火灾。

(1)短路。设备或线路发生短路故障时，短路电流可达正常电流的几倍甚至几十倍，产生的热量(正比于电流的二次方)使温度上升急剧上升，超过自身和周围可燃物的燃点引起燃烧，从而导致火灾。造成短路的原因主要有绝缘损坏、电路年久失修、疏忽大意、操作失误及设备安装不合格等。

(2)过载。选用线路或设备不合理，线路的负载电流量超过了导线额定的安全载流量，电气设备长期超载(超过额定负载能力)，会引起线路或设备过热而导致火灾。

(3)接触不良。导线接头连接不牢或不紧密、动触点压力不够、接线螺钉松动、导电结合面锈蚀等使接触电阻增加，使接触部位过热，温度升高过快，也会引起线路或设备过热而导致火灾。

(4)散热不良。大功率设备缺少通风散热设施或通风散热设施损坏，造成过热而导致火灾。

(5)铁芯发热。铁芯绝缘不够、硅钢片绝缘破坏、长时间过电压使磁滞损耗和涡流损耗增加，使铁芯发热，热量积累容易使设备过热。

2. 电火花和电弧

电气电路和电气设备发生短路或接地故障、绝缘子闪络、接头松脱、电刷冒火、过电压放电、熔断器熔体熔断、大容量开关操作、继电器触点的开闭、接触器触点的分合等都会产生电火花和电弧。电火花温度可达数千摄氏度，电火花和电弧不仅可以直接引燃或引爆易燃、易爆物质，电弧还会导致金属熔化、飞溅而构成引燃可燃物品的火源。

3. 静电放电

静电是普遍存在的物理现象。两物体之间互相摩擦可产生静电(即所谓摩擦起电)；处在静电场内的金属物体上会感应静电(即所谓静电感应)；施加过电压的绝缘体中会残留静电。有时对地绝缘的导体或绝缘体上会积累大量的电荷而具有数千伏乃至数万伏的高电压,足以击穿空气间隙而发生火花放电。

电气设备使用时不注意安全要求也是引起火灾和爆炸的原因之一。生产和生活的各个场所广泛存在着易燃、易爆物质,如石油液化气、煤气、天然气、汽油、柴油、酒精、棉、麻、化纤织物、木材、塑料等。另外,一些设备本身可能会产生易燃、易爆物质,如设备的绝缘油在电弧作用下分解和气化,喷出大量的油雾和可燃气体,酸性电池排出氢气并形成爆炸性混合物等。一旦这些易燃、易爆环境遇到电气设备和线路故障导致的火源,便会立刻着火燃烧。

通常把电气设备正常工作时或正常操作过程中产生的火花称为工作火花,如开关或接触器开合时产生的火花、插销插拔时产生的火花。事故火花是指线路或设备发生故障时出现的火花,如发生短路时产生的火花、静电火花、熔丝熔断时产生的火花等。

二、电气防火安全要求

(1)电气设备的额定功率要大于负载的功率,导线的截面允许电流要大于负载电流。

(2)电气设备的安装要符合安全距离,不同极性的带电部件之间要有合理的电气间隙。

(3)电气设备的绝缘要符合安全要求,电线、电缆绝缘层厚度要符合有关规定,开关、插座、接线盒及其面板等所用绝缘材料要有阻燃性。

(4)加强电气设备的维护工作,不可卸的接头及活动触头要接触良好,避免松动。

三、电气防火、防爆措施

发生火灾和爆炸必须具备两个条件:一是环境中存在有足够数量和浓度的可燃易爆物质;二是有引燃或引爆的能源。因此,电气防火、防爆措施应着力于排除上述危险源和火源。

1. 排除可燃易爆物质

具体措施:一是保持良好的通风,二是加强存在有可燃易爆物质的生产设备、容器、管道和阀门等的密封。

2. 排除电气火源

(1)正常运行时能够产生火花、电弧和危险高温的非防爆电气装置应安装在危险场所之外。

(2)在危险场所,应尽量不用或少用携带式电气设备。

(3)在危险场所,应根据危险场所的类别合理选用电气设备的类型并严格按规范安装和使用。

(4)危险场所的电气线路应适应防火、防爆的要求,在爆炸危险场所,绝缘导线应穿钢管配线,严禁明敷等。

3. 在土建方面的防火、防爆措施

采用耐火材料建筑;充油设备间应保持防火间距;装设储油和排油设施以阻止火势蔓延;把爆炸性环境限制在一定范围内,如采用隔墙法等。

4. 常用电气设备本身的防火、防爆措施

(1)在进行爆炸性环境的电力设计时,应尽量把电气设备,特别是正常运行时发生火花的设备,布置在危险性较小或非爆炸性环境中。火灾危险环境中的表面温度较高的设备,应远离可燃物。

(2)在满足工艺生产及安全的前提下,应尽量减少防爆电气设备使用量。火灾危险环

境下不宜使用电热器具,非用不可时应用非燃烧材料进行隔离。

(3)防爆电气设备应有防爆合格证。

(4)少用携带式电气设备。

5. 消除和防止静电火花

静电放电产生的火花是引燃引爆的火源。消除静电放电的技术措施有两种:第一种基于控制静电的产生,第二种基于防止静电的积累。具体方法有工艺控制、静电接地、增湿、加入静电添加剂、利用静电中和器和静电屏蔽等。

四、电气火灾的扑救

电气火灾是电路短路、过载、接触电阻增大、设备绝缘老化、电路产生火花或电弧,以及操作人员或维护人员违反规程而造成的。它会造成严重的设备损坏及人员伤亡事故,给国家带来极大的损失。因此,在电气设备管理和电气操作中,每个从事电气工作的人员都要严格遵守电气防火规程,不可疏忽大意。

电气火灾有两个不同于其他火灾的特点:其一是着火的电气设备可能是带电的,扑救时要防止人员触电;其二是充油电气设备着火后可能发生喷油或爆炸,造成火势蔓延。因此,在进行电气灭火时应根据起火场所和电气装置的具体情况,采取必要的安全措施。

1. 电气火灾扑救的安全措施

扑救电气火灾是一项比较危险的作业,灭火指挥员要全盘考虑火灾现场的情况,做好各项安全防护措施,在确保安全的前提下组织实施扑救工作。

(1)先断电后灭火。

(2)带电灭火要穿戴防护用具。带电灭火时,灭火人员应当穿着绝缘鞋,防止脚腿部位接触带电体;要戴绝缘手套,防止手直接与带电体接触;有条件时灭火人员应穿均压服,穿戴均压服时一定要把帽子、袜子、手套、胶鞋之间用铜丝和铜扣连接好,使其相互连成整体;保持最小安全距离(最小安全距离指人体通过漏泄电流<1 mA 时应保持的最小距离)。在实施带电灭火时,灭火人员以及所使用的消防器材装备要与带电部分保持足够的距离,电压越高,距离越大。要避免人体与带电体接触。

(3)充油电气设备的灭火要求:变压器、油断路器等充油电气设备着火时,有较大的危险性,如只是设备外部着火,且火势较小,可用除泡沫灭火器带电扑救;如火势较大,应立即切断电源进行扑救。

2. 常用灭火器的使用

(1)消防栓的使用。消防栓可用来扑灭油类、变压器和多油开关等电气设备的火灾。使用时,打开消防栓的门,卸下消防栓出水口上的堵头,接上水带,再接上喷雾水枪,最后打开消防栓的水闸即可使用。

(2)二氧化碳灭火器的使用。这种灭火剂不导电,可扑救电气、精密仪器、油类和酸类火灾,不能扑救钾、钠、镁、铝等物质的火灾。使用时,应接近着火地点,保持 3 m 距离(手枪式),一手拿好喇叭筒,对着火源,另一手打开开关。应注意:当空气中二氧化碳含量达到10%时,会使人感到窒息,所以使用时一定要打开门窗,保证通风。

(3)干粉灭火器的使用。这种灭火剂不导电,可扑救电气设备的火灾,但不宜扑救旋转电动机的火灾,可扑救石油产品、油漆、有机溶剂、天然气及其设备的火灾。使用时,手拿着灭火器,距火区 3~4 m 处,拔去保险销,一手紧握喷嘴对准火焰的根部,另一手紧握提环,将顶针压下,干粉灭火器内就会喷出大量干粉气流。

(4)1211灭火器的使用。这种灭火剂不导电,可扑救油类、电气设备和化工化纤原料等引起的火灾。规格为1 kg的这种灭火器喷射时间为6~8 s,射程为2~3 m。使用时,拔下铅封或横销,用力压下压把即可。

(5)泡沫器灭火器的使用。这种灭火剂可用于扑救油类或其他易燃液体的火灾,不能扑救忌水和带电物体的火灾。规格为10 L的这种灭火器喷射时间为60 s,射程为8 m。使用时,将灭火器倒过来,稍加摇动或打开开关,药剂便马上喷出。

3. 发生电气火灾时的扑救方法

(1)电气设备发生火灾,首先要立即切断电源,然后再进行灭火,并立即拨打119火警电话报警,向公安消防部门求助。扑救电气火灾时应注意避免触电危险,为此要及时切断电源,通知电力部门派人到现场指导和监护扑救工作。

(2)选择使用电气灭火。在扑救尚未确定断电的电气火灾时,应选择适当的灭火器和灭火装置;否则,有可能造成触电事故和更大危害,如使用普通水枪射出的直流水柱或泡沫灭火器射出的导电泡沫会破坏绝缘。

(3)若无法切断电源,应立即采取带电灭火的方法,选用二氧化碳、四氯化碳、1211、干粉灭火器等不导电的灭火剂灭火。灭火器和人体与10 kV及以下的带电体要保持0.7 m以上的安全距离;与35 kV及以下的带电体保持1 m以上的安全距离。灭火中要同时确保安全和防止火势蔓延。注意,带电灭火必须有人监护。

(4)用水枪灭火时应使用喷雾水枪,同时要采取安全措施,穿绝缘鞋,戴绝缘手套,水枪喷嘴应可靠接地。带电灭火时使用喷雾水枪比较安全。原因是这种水枪通过水柱的泄漏电流较小。用喷雾水枪灭电气火灾时,水枪喷嘴与带电体的距离可参考以下数据:

①10 kV及以下者不小于0.7 m。

②35 kV以下者不小于1 m。

③110 kV及以下者不小于3 m。

④220 kV不应小于5 m。

(5)用四氯化碳灭火器灭火时,灭火人员应站在上风侧,以防中毒;灭火后要注意空间通风。使用二氧化碳灭火器灭火时,当其浓度达85%时,人就会感到呼吸困难,要注意防止窒息。灭火人员应站在上风位置进行灭火,当发现有毒烟雾时,应立即戴上防毒面罩。凡工厂转动设备和电气设备或器件着火,不准使用泡沫灭火器和砂土灭火。

(6)若火灾发生在夜间,应准备足够的照明和消防用电。

(7)室内着火时,千万不要急于打开门窗,以防止空气流通而加大火势。只有做好充分灭火准备后,才可有选择地打开门窗。

(8)当灭火人员身上着火时,可就地打滚或撕脱衣服;尽量不采用灭火器直接向灭火人员身上喷射,而应使用湿麻袋、湿棉布或湿棉被将灭火人员覆盖。

4. 使用灭火器扑灭电气火灾时的注意事项

(1)对于初起的电气火灾,可使用二氧化碳灭火器、四氯化碳灭火器、1211灭火器或干粉灭火器等。这些灭火器中的灭火剂是非导电物质,可用于带电灭火。不能直接用水或泡沫灭火器灭火,因水和泡沫都是导电物质。

(2)对转动着的电动机等的火灾,为防止设备的轴承、轴等变形,可用二氧化碳、四氯化碳、1211或喷雾水流扑救。但不能用砂子和干粉扑救,以防砂、粉落入电动机内。

(3)对配电装置如变压器、油浸式互感器等的火灾,宜使用干式灭火机(器)扑救。只有在不得已时,才可使用干砂直接投向电气设备。

(4)对带电设备的火灾,勿使用泡沫灭火器扑救,因为这种灭火方法会有触电危险,且会损坏电气设备。

(5)对地面上变压器油等燃料的灭火,可使用干砂或泡沫灭火器喷射,但不可用消防水龙头的水冲浇。

(6)当溢在变压器盖顶上的变压器油着火时,应开启变压器下部的放油阀排油,使油面下降至低于燃火处。

(7)对于电力电缆的火灾,可使用干砂和干土覆盖,但不能使用水或泡沫灭火器扑救。

(8)对架空线路等空中设施灭火时,要注意人体与带电体之间的仰角不宜超过45°,防止导线跌落时伤人。

五、电气火灾的防护

电气火灾的防护措施主要致力于消除隐患、提高用电安全,具体措施可从以下几方面着手。

1. 正确设计用电设备

(1)对正常运行条件下可能产生电热效应的设备要采取隔热等结构,并注重耐热、防火材料的使用。

(2)按规程要求,设置包括短路、过载、漏电等完备的电气保护,并校验其动作的灵敏性和可靠性。对电气设备和线路正确设置接地或接零保护;为防雷电,应安装避雷器及接地装置。

(3)设计选择电气设备应考虑使用环境和条件。例如,恶劣的自然环境和有导电尘埃的地方应选择有抗绝缘老化功能的产品,或增加相应的措施;对易燃、易爆场所,则必须使用防爆电气产品。

2. 正确安装用电设备

因安装不符合规程规定,造成电气火灾的情况为数较多。容易引发电气火灾的设备的安装应符合以下规定:

(1)当固定式设备的表面温度能够引燃邻近物料时,应将其安装在能承受这种温度且具有低热度的物料之上或之中;或用低导热的物料将其与邻近的易燃物料隔开;或选择安装位置与邻近易燃物之间保持足够的安全距离,以便热量顺利扩散。

(2)对于在正常工作中能够产生电弧或火花的电气设备,应使用灭弧材料将其全部隔离起来;或将其与可能被引燃的物料用耐弧材料隔开;或与可能引起火灾的物料之间保持足够的距离,以便安全消弧。

(3)安装和使用有局部热聚焦或热集中的电气设备时,在局部热聚焦或热集中方向与易燃物料必须保持足够的距离以防引燃。

(4)电气设备周围的防护屏障材料,必须能承受电气设备产生的高温(包括故障情况下)。应根据具体情况选择不可燃、阻燃材料或在可燃性材料表面喷涂防火涂料。

3. 正确使用用电设备

为了避免由于电气设备使用不当造成的电气火灾,应做到以下几点,按设备使用说明书的规定进行操作。一些典型电气设备的操作应符合下面的要求:

(1)带冷却或加热辅助系统的电气设备,开机前先开辅助系统,再开主机。

(2)电加热设备用后要随手断电。

(3)意外停电时,应及时关断设备的电源开关,恢复供电后再重新开启。对无人照管的设备必须装配停电时自动分闸、来电时人工合闸的停电保护装置,以防恢复供电时用电设备持续运转,发生意外事故。

(4)严格执行停送电操作规程,杜绝诸如隔离开关带负载拉闸等错误操作。

(5)一般情况下,电气设备不得带故障或超载运行。

(6)电加热设备或其他大功率设备应设温度保护。

六、火灾逃生安全常识

发现火灾后的第一件事就是要迅速打电话报警,我国火警电话号码是"119"。报警时要简明扼要地把发生火灾的确切地址、单位、起火部位、燃烧物和着火程度说清楚。

当火灾发生后,若判断已经无法扑灭时,应该立即逃生。特别是在人员集中的较封闭的厂房、车间、工棚内发生火灾和在公共场所(如影剧院、宾馆、办公大楼、高层集体宿舍等)发生火灾时,更要尽快逃离火区。

火场逃生,要注意以下几点:

(1)不要惊慌,要尽可能做到沉着、冷静,不要大吵大叫,不要互相拥挤。

(2)正确判断火源、火势和蔓延方向,以便选择合适的逃离路线。

(3)回忆和判断安全出口的方向、位置(平时要养成良好的习惯,每到一个新场所,先要观察安全通道、安全出口的位置,以防不测时,正确逃生),以便能在最短时间内找到安全出口。

(4)要有互相友爱精神,听从指挥,有秩序地撤离火场。

(5)在逃生时,必须采取措施。因为火灾现场浓烟是有毒的,而且浓烟在室内的上方集聚,越低的地方越安全。逃生者要就地将衣服、帽子、手帕等物弄湿,捂住自己的嘴、鼻,防止烟气呛入或毒气中毒,采用低姿或爬行的方法逃离。

(6)无法逃离火场时,要选择相对安全的地方。火若是从楼道方向蔓延的,可以关紧房门,向门上泼水降温,设法呼救,等待救助。注意,不要鲁莽行事,造成其他伤害。

(7)遇到火灾时,千万不要乘电梯。

第二节 防雷常识

雷电是大气中的雷云放电现象。雷云是产生雷电的基本条件,随着电荷的积累,雷云的电位逐渐升高。当带有不同电荷的雷云或雷云同地面凸出物相互接近到一定距离时,将会发生激烈放电,出现强烈闪光。同时由于放电时温度升高,空气受热急剧膨胀,发生强烈的爆炸轰鸣声,这就是我们所见所闻的"电闪雷鸣"。

一、雷电的种类

按照雷电的危害方式分类,雷电可以分为直击雷、感应雷、球雷和雷电浸入波。

(1)直击雷。大气中带有电荷的雷云对地电压可高达几亿伏。当雷云同地面凸出物之间的电场强度达到空气击穿的强度时,会发生激烈放电,出现闪电和雷鸣的现象称为直击雷。每一次放电过程分为先导放电、主放电和余光三个阶段。先导放电是雷云向大地发展的不太明亮一种放电,当先导放电接近大地时,立即发生从大地向雷云发展的极明亮的主放电,主放电有微弱余光。

(2)感应雷。感应雷分静电感应和电磁感应两种,又称雷电感应或感应过电压。

静电感应是由于雷云接近地面，在架空线或地面凸出物顶部感应出大量的异性电荷而引起的。在雷云与其他部位或其他雷云放电后，架空线和地面凸出物顶部的电荷失去束缚，以雷电波的形式沿线路或地面凸出物高速传播。

电磁感应是由雷击后巨大的雷电流在周围空间产生迅速变化的强磁场引起的，这种强磁场能使周围的金属导体产生很高的感应电压。

(3)球雷。球形雷简称球雷。球雷表现为一团发红光或发白光的带静电的光亮火球。球雷直径一般为 10~30 cm。在雷雨季节，球雷常沿着地面滚动或在空气中飘荡，能够通过烟囱、门窗或很小的缝隙进入房内，有时又能从原路返回。大多数球雷消失时，伴有爆炸，会造成建筑物和设备等的损坏以及人畜伤亡事故。

(4)雷电浸入波。雷电浸入波是由于雷击在架空线或空中的金属管道上产生的冲击电压沿架空线或管道的两个方向迅速传播的行进电波。雷电侵入波在架空线上传播速度为 300 m/μs，在电缆中为 150 m/μs。

也有把雷电按照形状分类的，可分为线形雷、片形雷和球形雷。

二、雷电的危害

1. 雷电的破坏作用

雷电的破坏作用很大，有电性质的破坏作用、热性质的破坏作用和机械性质的破坏作用三个方面，表现形式为雷击。

雷电产生的数十万至百万伏的冲击电压可能毁坏电气设备的绝缘。绝缘损坏引起的短路火花和雷电的放电火花可能引起火灾和爆炸事故，如果烧断电线，劈裂电杆，造成大面积、长时间停电。电气设备的绝缘损坏会造成高压串入低压，导致触电伤亡事故。巨大的雷电流流入地下，在流入点周围产生强电场，可能引起跨步电压触电；雷电流通过导体，在极短的时间内转换成大量的热能，使金属熔化、飞溅而引起火灾或爆炸。如果雷击发生在易燃、易爆物上，就极易引起火灾和爆炸事故。

巨大的雷电流通过被击物时，瞬间产生大量的热，使被击物内部的水分或其他液体急剧汽化，剧烈膨胀为大量气体，致使被击物破坏或爆炸。此外，雷击产生的静电作用力、电磁力和雷击时的气浪也有很大的破坏作用。

2. 雷击的主要对象

(1)雷击区的形成首先与地理条件有关。山区和平原相比，山区有利于雷云的形成和发展，易受雷击。

(2)雷云对地放电地点与地质结构有密切关系。不同性质的岩石分界地带、地质结构的断层地带、地下金属矿床或局部导电良好的地带都容易受到雷击。雷电对电阻率小的土壤有明显选择性，所以在沼泽、低洼地区、河岸、地下水出口处、山坡与稻田水交界处常遭受雷击。

(3)雷云对地的放电途径总是朝着电场强度最大的方向推进，地面上有较高的尖顶建筑物或铁塔时，由于尖顶处有较大的电场强度而易受雷击。分布于农村的房屋、凉亭和大树等，虽然不高，但由于它们孤立于旷野中，也往往成为雷击的对象。

(4)从工厂烟囱中冒出的热气常有大量导电微粒和游离子气团，比空气容易导电，所以烟囱较易受雷击。

(5)一般建筑物受雷击的部位为屋角、檐角和屋脊等。

三、防雷装置

防止直击雷害的办法是装设避雷针、避雷线、避雷网和避雷带等。完整的防雷装置是由接闪器、接地引下线和接地装置三个部分构成的，所不同的只是接闪器的形状各异而分别给予针、线、网、带的名称。避雷针的工作原理是由于其接闪器（针）比被保护物高出许多，又和大地有良好的连接，雷云与尖端之间的电场最强。因此，雷云总是朝着针放电，或者说雷击总是被引向避雷针，雷电流经接地引下线和接地装置泄入大地，从而避免被保护物受雷击。避雷针主要用来保护露天的变配电设备和建筑物；避雷线主要用来保护电力线路；避雷网和避雷带主要用来保护建筑物；避雷器主要用来保护电力设备。

1. 接闪器

避雷针、避雷线、避雷网、避雷带均可作为接闪器。

接闪器所用材料的尺寸应能满足机械强度和耐腐蚀的要求，要有足够的热稳定性，承受雷电流的热破坏作用。接闪器的保护范围可根据模拟实验及运行经验确定。由于雷电放电途径受很多因素的影响，要想保证被保护物绝对不遭受到雷击是很不容易的。一般要求保护范围内被击中的概率在1/1 000以下即可。

1）避雷针

避雷针的作用是将雷云放电的通路由原来可能向被保护物体发展的方向，吸引到避雷针本身，由它及与它相连的引下线和接地装置将雷电流泄放到大地中去，使被保护物体免受直接雷击。所以，避雷针实际上是引雷针，它把雷电波引来入地，从而保护其他物体。避雷针一般用镀锌圆钢或镀锌焊接钢管制成，避雷针下端要经引下线与接地装置焊接相连。

2）避雷网和避雷带

避雷网和避雷带可以采用镀锌圆钢或扁钢。圆钢直径不得小于8 mm；扁钢厚度不得小于4 mm，截面积不得小于48 mm^2。装设在烟囱上方时，圆钢直径不得小于12 mm；扁钢厚度不得小于4 mm，截面积不得小于100 mm^2。

2. 避雷器

避雷器用来防止雷电产生的大气过电压（即高电位）沿线路侵入变、配电所或其他建筑物内，危害被保护设备的绝缘。避雷器应与被保护设备并联，如图1-1-28所示。

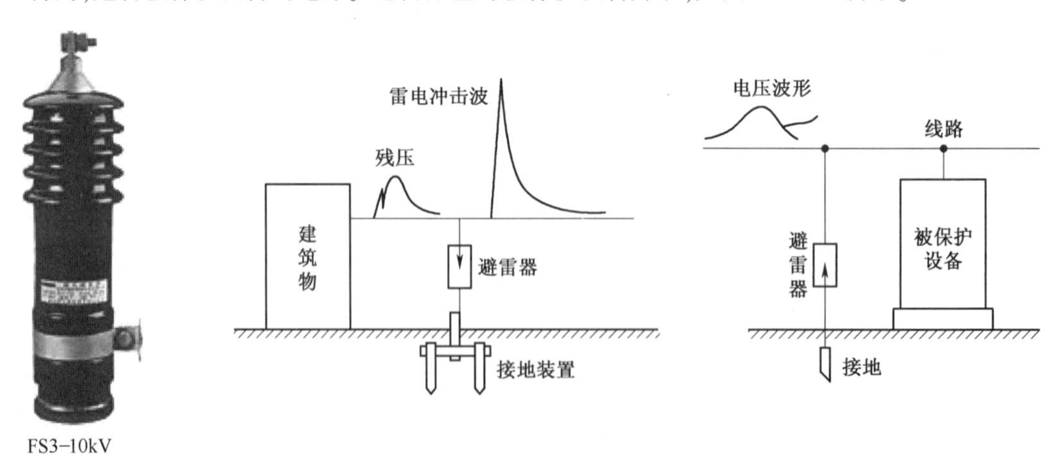

图1-1-28　避雷器及避雷器安装

当线路上出现危及设备绝缘的过电压时，避雷器对地放电，从而保护设备的绝缘。

避雷器的型式有阀型避雷器、氧化锌避雷器和保护间隙等，用于保护电力设备，防止高电压冲击波侵入。

1）阀型避雷器

高压阀型避雷器和低压阀型避雷器都由火花间隙和阀电阻片组成，装在密封的磁套管内。在正常情况下，火花间隙阻止线路工频电流通过。阀电阻片由陶料粘固起来的电工用金刚砂（碳化硅）颗粒组成，具有非线性特性，正常电压时，阀片的电阻很大；过电压时，阀片的电阻变得很小，因此，当线路上出现过电压时，阀型避雷器的火花间隙被击穿，雷电流通过阀片电阻向大地泄放。而当过电压消失，线路上恢复工频电压时，阀片便呈现很大的电阻，使火花间隙绝缘迅速恢复，从而保证线路恢复正常运行，从而起到保护变电设备的作用。

低压阀型避雷器中串联的火花间隙和阀片少；电压升高时，制作阀型避雷器时串联的火花间隙和阀片也随之增多。

2）氧化锌避雷器

氧化锌避雷器由具有非线性伏安特性的氧化锌电阻片组装而成。在正常工作电压下，具有极高的电阻而呈绝缘状态；在雷电过电压作用下，则呈现低电阻状态，泄放雷电流，使与避雷器并联的电气设备的残压，被抑制在设备绝缘安全值以下，待有害的过电压消失后，迅速恢复高电阻而呈绝缘状态，从而有效地保护了被保护电器设备的绝缘性能，免受过电压的损害。

氧化锌避雷器与阀型避雷器相比，具有动作迅速、通流容量大、残压低、无续流、对大气过电压和操作过电压都起保护作用、结构简单、可靠性高、寿命长、维护简便等优点。

在 10 kV 系统中，氧化锌避雷器较多地并联在真空开关上，以便限制截流过电压。

由于氧化锌避雷器长期并联在带电的母线上，必然会长期通过泄漏电流，使其发热，甚至导致爆炸。因此，有的工厂已经开始生产带间隙的氧化锌避雷器，这样可以有效地消除泄漏电流。

3）保护间隙

保护间隙是最简单经济的防雷设备。它的结构十分简单，成本低，维护方便，但保护性能差，灭弧能力弱，容易造成接地或短路故障，引起线路开关跳闸或熔断器熔断，造成停电。所以对装有保护间隙的线路，一般要求装设自动重合闸装置（ZCH）或自动重合熔断器与它配合，以提高供电可靠性。

角型间隙的一个电极接线路，另一个电极接地。为了防止间隙被外物（如鼠、鸟、树枝等）短接而发生接地，在其接地引下线中通常再串联一个辅助间隙，使主间隙被外物短接，也不致造成接地短路事故。

保护电力变压器的角型间隙，一般都应装在高压熔断器的内侧，即靠近变压器的一边。这样，在间隙放电时熔断器能迅速熔断，以减少变电所线路断路器的跳闸次数，并缩小停电范围。

保护间隙在运行中，应加强维护检查，特别要注意其间隙是否烧毁，间隙距离有无变动，接地是否完好等。

3. 引下线

防雷装置的引下线应满足机械强度、耐腐蚀和热稳定的要求。一般采用圆钢或扁钢，其尺寸和腐蚀要求与避雷带相同。如用钢绞线，其截面积不应小于 25 mm^2。

引下线应沿建筑物外墙敷设，并经短途径接地；建筑有特殊要求时，可以暗设，但截面应加大一级。建筑物的金属构件(如消防梯等)可用作引下线,但所有金属构件之间均应连成电气通路。

4. 接地装置

接地装置是防雷装置的重要组成部分,作用是向大地泄放雷电流,限制防雷装置的对地电压,使之不致过高。

防雷接地装置与一般接地装置的要求基本相同,但所用材料的最小尺寸应稍大于其他接地装置的最小尺寸。除独立避雷针外,在接地电阻满足要求的前提下,防雷接地装置可以和其他接地装置共用。

为了防止跨步电压伤人,防直击雷接地装置距建筑物出入口和人行道的距离不应小于3 m,距电气设备接地装置要求在5 m以上。其工频接地电阻一般不大于10 Ω,如果防雷接地与保护接地合用接地装置时,接地电阻不应大于1 Ω。

四、防雷措施

1. 架空线路的防雷措施

1)设避雷线

装设避雷线是一种很有效的防雷措施。由于避雷线造价高,只在60 kV及以上的架空线路上才沿全线装设避雷线;在35 kV及以下的架空线路上一般只在进出变电所的一段线路上装设。

2)提高线路本身的绝缘水平

在架空线路上,采用木横担、瓷横担或高一级的绝缘子,以提高线路的防雷性能。

3)用三角形顶线作为保护线

由于3~10 kV线路通常是中性点不接地的,因此,如在三角形排列的顶线绝缘子上装以保护间隙,在雷击时,顶线承受雷击,保护间隙被击穿,对地泄放雷电流,从而保护了下面的两根导线,一般也不会引起线路跳闸。

4)装设自动重合闸装置或自重合熔断器

线路上因雷击放电而产生的短路是由电弧引起的,线路断路器跳闸后,电弧就熄灭了。如果采用一次自动重合闸装置,使开关经0.5 s或更长一些时间自动合闸,电弧一般不会复燃,从而能恢复供电。也可在线路上装设自重合熔断器。

5)装设避雷器和保护间隙

用来保护线路上个别绝缘最薄弱的部分,包括个别特别高的杆塔、带拉线的杆塔、木杆线路中的个别金属杆塔或个别铁横担电杆以及线路的交叉跨越处等。

2. 变、配电所的防雷措施

1)装设避雷针

变、配电所应装设防避直击雷保护装置,用来保护整个变、配电所的电气设备、架构、建筑物等,使之免遭直接雷击。避雷针是最有效的措施之一。可单独立杆,也可利用户外配电装置的架构或投光灯的杆塔,但变压器的门型构架不能用来装设避雷针,以免雷击产生的过电压对变压器放电。避雷针与配电装置的空间距离不得小于5 m。

2)高压侧装设阀型避雷器或保护间隙

主要用来保护主变压器,以免高电位沿高压线路侵入变电所。要求避雷器或保护间隙应尽量靠近变压器安装,其接地线应与变压器低压中性点及金属外壳连在一起接地。

3)低压侧装设阀型避雷器或保护间隙

主要在多雷区使用,以防止雷电波由低压侧侵入而击穿变压器的绝缘。当变压器低压侧中性点不接地时,其中性点也应加装避雷器或保护间隙。

3. 建筑物的防雷措施

1)建筑物的防雷分类

建筑物按其对防雷的要求,可分为三类。第一类建筑物:在建筑物中制造、使用或储存大量爆炸物资者;在正常情况下能形成爆炸性混合物,因电火花会发生爆炸,引起巨大破坏和人身伤亡。第二类建筑物:在正常情况下能形成爆炸性混合物,因电火花会发生爆炸,但不致引起巨大破坏和人身伤亡;只在发生生产事故时,才能形成爆炸性混合物,因电火花会发生爆炸,引起巨大破坏和人身伤亡。储存易燃气体和液体的大型密闭储罐也属于这一类。第三类建筑物:凡不属于第一、二类建筑物而需要作防雷保护者。机械加工车间、民用建筑、烟囱、水塔及存有少量金属包装的易燃、易爆物品的房屋等,都属此类。

2)建筑物的防雷措施

对各类建筑物的防雷措施,在有关设计技术规范和手册中有规定,可参考。这里只简单介绍第三类建筑物的防雷措施。

(1)对直击雷的防护措施。据试验表明,建筑物的雷击部位与屋顶坡度部位有关。屋面遭受雷击的可能性极小。

设计时,应对建筑物屋顶的实际情况加以分析,确定最易遭受雷击的部位,然后在这些部位装设避雷针或避雷带(网),进行重点保护。

对第三类建筑物,避雷针(或避雷带、避雷网)的接地电阻 $R_d \leqslant 30\ \Omega$。如为钢筋混凝土屋面,可利用其钢筋作为防雷装置,钢筋直径不得小于 4 mm。每座建筑物至少有两根接地引下线。第三类建筑物两根引下线间距离为 30~40 m,引下线距墙面为 15 mm,引下线支持卡之间距离为 1.5~2 m,断接卡子距地面 1.5 m。

(2)对高电位侵入的防护措施。在进户线墙上安装保护间隙,或者将瓷瓶的铁脚接地,接地电阻 $R_d<20\ \Omega$。允许与防护直击雷的接地装置连接在一起。第三类建筑物(非金属屋顶)的防护措施示意图如图 1-1-29 所示。

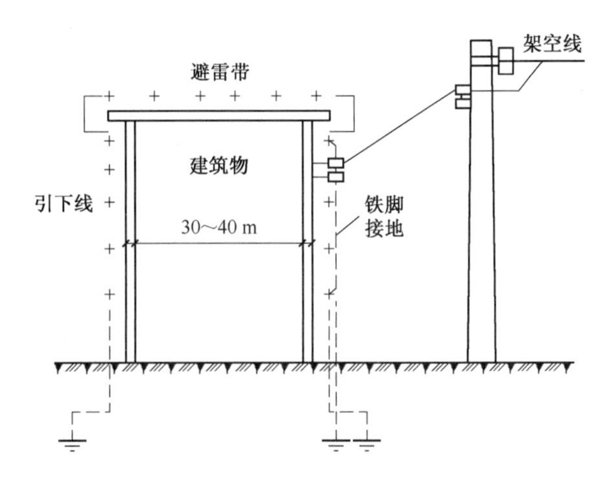

图 1-1-29　第三类建筑物的防护措施示意图

4. 人身防雷措施

雷暴时,雷云直接对人体放电,雷电流流入地下产生的对地电压以及二次放电都可能对人体造成电击,因此,在雷雨天,非工作需要,应尽量不在户外或野外逗留;必须在户外或野外逗留或工作时,最好穿塑料等不浸水的雨衣;如有条件,可进入宽大金属构架或有防雷设施的建筑物、汽车或船只内;依靠有建筑物或高大树木屏蔽的街道躲避时,应离开墙壁和树干 8 m 以外。

(1)野外遇着雷电时,不要站在高大树木下,也不要接触或靠近避雷针或高大的金属物体,应寻找屋顶下有较大空间的房屋避雨,如无合适场所避雨,可双脚并拢蹲下,应将手中握持的金属物体抛弃。打雷时,不要在河边、洼地等潮湿的地方停留,不要在河水中游泳。

应尽量离开小山、小丘或隆起的道路,离开海滨、湖滨、河边、水池,离开铁丝网、金属晒衣绳以及旗杆、烟囱、宝塔、没有防雷保护的小建筑物或其他设施。

(2)雷电时,禁止在室外变电所进户线上进行检修作业或试验。室内人员最好远离电线、无线电天线以及与其相连的设备 1.5 m 以外。

(3)电子设备的外接天线应有可靠的防雷措施。在雷雨季节不要使用室外天线,以免将雷电引入电视机等电子设备,造成电视机等电子设备爆炸及人身被雷击事故。

雷暴时,在户内应注意防止雷电侵入波的危害。应离开照明线(包括动力线)、电话线、广播线、收音机和电视机电源线、引入室内的收音机和电视机天线及与其相连的各种导体,以防止这些线路或导体对人体第二次放电。调查资料表明,70% 以上户内对人体二次放电的事故发生在距导体 1 m 的范围以内。

第三节 防 静 电

静电是相对静止的电荷。静电现象很常见,如干燥的秋天衣物之间的摩擦可能产生较多的静电,人碰触到会有短时电击的感受。雷电、电容器残留电荷、摩擦带电等都是常见的带电现象。人们已经对静电现象、静电的利用以及静电的危害进行了较多的研究,静电喷漆、静电除尘、静电植绒、静电复印等都是利用由外加能源产生的高压静电场进行工作的。

工业生产中产生的静电可能造成多种危害。当静电电压很高时,容易发生静电火花。静电的特点是电压很高,但能量不大,一般不至于有生命危险。静电的危害是容易在易燃、易爆场所中引起火灾和爆炸,直接危及生命财产安全。

一、静电的产生

物质是由分子组成的,分子是由原子组成的,原子是由原子核和核外电子组成的。不同物质的原子核束缚电子的能力不同,这种束缚能力用逸出功来衡量。两种物质表面接触或相互摩擦后,逸出功小(容易失去电子)的物质失去电子而带正电,逸出功大的物质得到电子而带负电,产生带电现象,即产生了静电。一般认为,两种接触的物质相距小于 25×10^{-8} cm 时,即会发生电子转移,从而产生静电。两种物质摩擦时,增加接触面积,并且不断地接触与分离,可产生较多的静电。纤维和织物在生产加工和使用过程中,由于接触面间的摩擦也很容易产生静电。

静电带电序列就是把不同物质按照得失电子的难易程度,亦即按照起电性质的不同排列起来。静电带电序列如下:

序列一:(+)玻璃—有机玻璃—头发—尼龙—羊毛—人造纤维—丝绸—醋酸人造丝—

人造毛混纺—滤纸—黑橡胶—涤纶—维尼纶—聚苯乙烯—聚丙烯—聚乙烯—聚氯乙烯—聚四氟乙烯(-)

序列二:(+)石棉—玻璃—云母—羊毛—毛皮—铅—铬—铜—镍—银—金—铂(-)。

两种物质紧密接触或发生摩擦时,排在静电带电序列前面的那种物质带正电,排在静电带电序列后面的那种物质带负电。例如,玻璃和丝绸摩擦时,玻璃带正电,丝绸带负电。在同等接触摩擦条件下,在带电序列中两种物质相距的位置越远,则逸出功差别越大,产生的电荷越多,静电电压也越高。即相同的接触和摩擦条件下,玻璃和丝绸摩擦时产生的静电电压比玻璃和头发摩擦时产生的静电电压高。产生静电的原理不但适用于固体物质,对于液体和气体物质也是适用的。

二、影响静电产生的因素

(1)物质种类。相互接触的两种物体材质不同时,起电强弱就不同。在静电序列中相隔较远的两种物质相接触产生的接触电位差较大。所以对接触起电的物料,应该尽量选用在带电序列中位置相邻近的,可减少静电荷的产生。

(2)杂质。一般情况下,混入杂质有增加静电的趋向。但当杂质的加入降低了原有材料的电阻率时,则有利于静电的泄漏。

(3)表面状态。表面粗糙,使静电增加;表面受氧化,也使静电增加。

(4)接触特征。接触面积增大、接触压力增大都可使静电增加。

(5)分离速度。分离速度越高,产生的静电越强。产生的静电电荷量大致与分离速度的二次方成正比。

(6)带电历程。带电历程会改变物体表面特性,从而改变带电特征。一般情况下,初次或初期带电较强,重复性或持续性带电较弱。

产生静电电荷量的多少与生产物料的性质和用量大小、摩擦力大小和摩擦长度、液体和气体的分离或喷射强度、粉体粒度等因素有关,还与静电的消散条件有关。

比较容易产生静电的生产工艺过程有:

(1)摩擦带电。固体物质大面积的摩擦,如纸张与辊轴摩擦,传动带与带轮或辊轴摩擦等;固体物质在挤出、过滤时,与管道、过滤器等发生摩擦,如塑料的挤出等。

(2)流动带电。高电阻液体在管道中流动且流速超过 1 m/s 时;液体喷出管口时;液体注入容器发生冲击、冲刷或飞溅时等。

(3)喷出带电。液化气体或压缩气体在管道中流动和由管口喷出时,如从气瓶放出压缩气体、喷漆等。

(4)剥离带电。固体物质在压力下接触而后分离,如塑料压制、上光等,或互相紧密结合的物体在剥离时引起电荷分离而产生静电。

另外,固体物质的粉碎、研磨、悬浮粉尘的高速运动,在混合器中搅拌各种高电阻物质,如纺织品的涂胶过程等过程都容易产生静电。

三、静电的危害

静电电量虽然不大,但因其电压很高而容易发生放电,产生静电火花,有引燃、引爆、电击、妨碍生产等多方面的危害。静电的危害方式有以下三种类型:

1. 爆炸和火灾

爆炸和火灾是静电最大的危害。在具有可燃液体的作业场所(如油品装运场所等),可能由静电火花放出的能量超出爆炸性混合物的最小引燃能量,引起爆炸和火灾;在具有爆炸性粉尘或爆炸性气体、蒸气的场所(如氧气、氢气、煤粉、面粉、乙炔等),浓度达到混合物爆炸的极限,可能由静电火花引起爆炸和火灾。

2. 电击

由于静电造成的电击可能发生在人体接近带静电物质的时候,也可能发生在带静电荷的人体(人体所带静电可高达上万伏)接近接地体的时候,电击程度与静电的能量有关,能量越大,电击越严重。带静电体的电容越大或电压越高,则电击程度越严重。

由于生产工艺过程中产生的静电能量较小,所以由此引起的电击不致直接致命。但人可能因电击坠落摔倒,或触碰机械设备,引起二次伤害。另外,静电电击还能引起操作人员产生恐怖的感觉,造成精神紧张,影响工作。

3. 妨碍生产

在某些生产过程中,如不清除静电,将会妨碍生产或降低产品质量。

例如,静电使粉体吸附于设备上,影响粉体的过滤和输送;在纺织行业,静电使纤维缠结、吸附尘土,降低纺织品质量;在印刷行业,静电使纸线不齐、不能分开,影响印刷速度和印刷质量;静电火花使胶片感光,降低胶片质量;静电还可能引起电子元件的误动作等。

四、消除静电危害的措施

静电引起爆炸和火灾的充分和必要条件如下:

(1)周围和空间必须有可燃物的存在。

(2)具有产生和积累静电的条件。

(3)静电积累到足够高的电压后,发生局部放电,产生静电火花。

(4)静电火花的能量大于或等于可燃物的最小点火能量。

消除静电危害的措施方法:加速工艺过程中的泄漏或中和,限制静电的积累使其不超过安全限度;控制工艺过程,限制静电的产生,使其不超过安全限度等。

泄漏法就是采取接地、增湿、加入抗静电剂等措施,使已经产生的静电电荷泄漏和消散,避免静电的积累。

中和法是采用静电中和器或其他方式产生与原有静电电荷性质相反的电荷,使已经产生的静电电荷得到中和而消除,避免静电累积。

工艺控制法是在材料选择、工艺控制和设备结构等方面采取措施,控制静电的产生,使其不超过危险程度。很多工厂为防止静电对人体造成危害,规定工作人员穿着抗静电工作服和工作鞋,采取通风、除尘等措施,这些都有利于防止静电的危害。

第二部分　电工常用仪表、低压电器设备及元器件

第五章　电工常用仪表的使用

第一节　万　用　表

万用表又称多用表、三用表、复用表，是一种多功能、多量程的测量仪表。一般万用表可测量直流电流、直流电压、交流电压、直流电阻和音频电平等，有的还可以测量交流电流、电容量、电感量及半导体的一些参数。

常用的万用表有指针式和数字式两种。指针式万用表由表头、测量电路及转换开关三个主要部分组成。数字万用表具有灵敏度高、准确度高、显示清晰、过载能力强、便于携带、使用更简单和直接读取数值等优点。

一、指针式万用表

指针式万用表由表头、测量电路及转换开关三个主要部分组成，如图 1-2-1 所示。

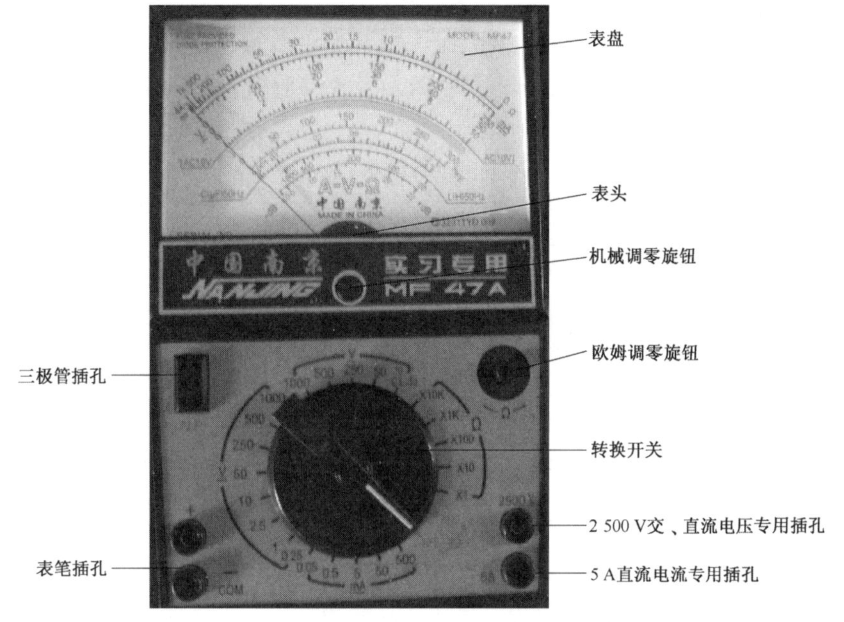

图 1-2-1　MF47 型指针式万用表面板结构图

1. 表头

万用表的主要性能指标基本上取决于表头的性能。表头的灵敏度是指表头指针满刻度偏转时流过表头的直流电流值,这个值越小,表头的灵敏度越高。测电压时的内阻越大,其性能就越好。表头上主要有七条弧形刻度线,如图 1-2-2 所示。它们的功能如下:

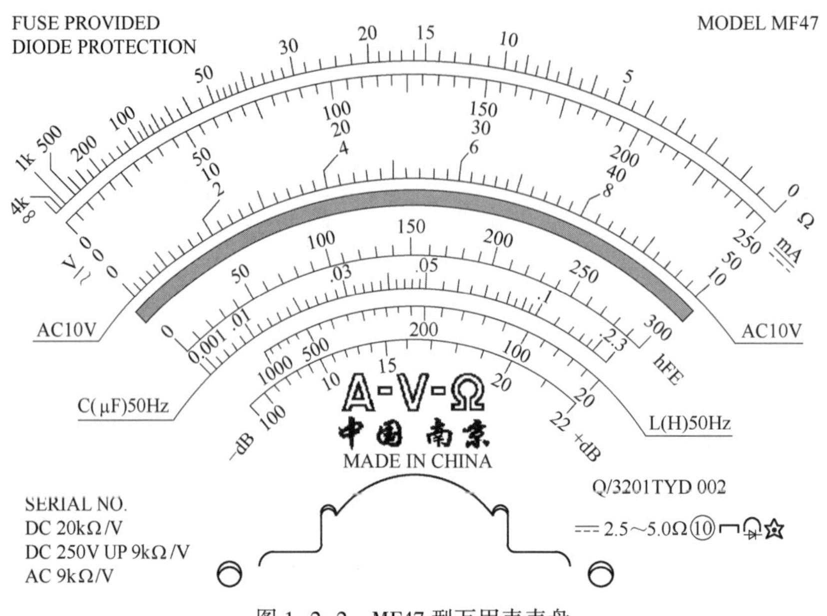

图 1-2-2 MF47 型万用表表盘

最上边第一条是欧姆刻度线,指示的是电阻值,当转换开关置于欧姆挡时,即读此条刻度线;第二条是电压、电流刻度线,指示的是交、直流电压和直流电流值,当转换开关置于交、直流电压或直流电流挡,量程在除交流 10 V 以外的其他位置时,即读此条刻度线;第三条是交流 10 V 电压专用刻度线,指示的是交流不超过 10 V 的电压值,当转换开关置于交、直流电压挡,量程在交流 10 V 时,即读此条刻度线;第四条是三极管放大倍数刻度线,指示的是三极管放大倍数;第五条是电容刻度线,指示的是电容容量值;第六条是电感刻度线,指示的是电感值;第七条是电平刻度线,指示的是音频电平值。此外,表盘上还附有一些符号、字母和数字,其含义见表 1-2-1。

表 1-2-1 符号含义

符 号	含 义	符 号	含 义
≂	表示交、直流	⌒▷|	表示磁电系整流式有机械反作用力的仪表
⎓ 2.5	表示测直流量时,其准确度等级为 2.5 级	☆6	表示绝缘强度试验电压为 6 kV
~5.0	表示测交流量时,准确度等级为 5 级	⊓	表示水平放置
Ω⑩	表示测电阻时,准确度等级为 10 级	A-V-Ω	表示可测量电流、电压及电阻
DC 20 kΩ/V	表示直流挡的灵敏度为 20 kΩ/V	DC 250 V UP 9 kΩ/V	表示直流 250 V 以上挡的灵敏度为 9 kΩ/V
AC 9 kΩ/V	表示交流挡的灵敏度为 9 kΩ/V		

2. 测量电路

测量电路是用来把各种被测量信号转换到适合表头测量的微小直流电流的电路。它由电阻、半导体元件表笔插孔（端子）、表笔及电池组成，如图1-2-3所示。

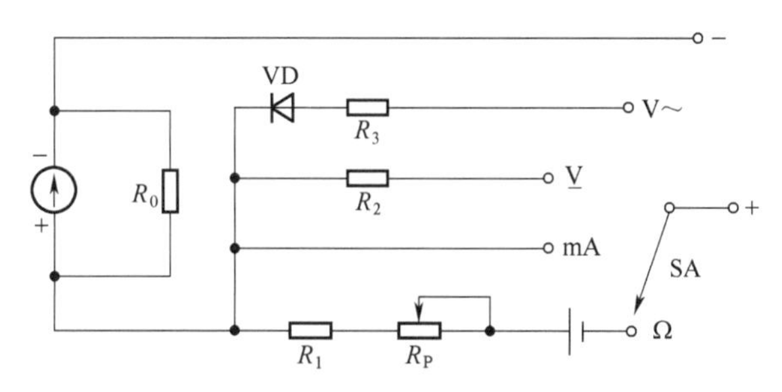

图1-2-3　万用表最简单的测量原理

3. 转换开关

转换开关的作用是用来选择各种不同的测量电路，以满足不同种类和不同量程的测量要求。

二、万用表的使用

使用万用表首先要熟悉表盘上各符号的意义及转换开关置于各个不同功能挡的主要作用。测量之前检查万用表指针是否指在最左边0 V（对于欧姆挡是无穷大）的位置，若不指零，则要进行机械调零。方法是缓慢调节机械调零旋钮，使万用表指针指在最左边0 V（对于欧姆挡是无穷大）的位置。

根据被测量的种类及大小，选择表笔插孔的位置。选择转换开关的挡位、倍率及量程，找出对应的刻度线。

1. 测电压

测量电压（或电流）时要正确选择量程，如果用小量程去测量大电压，则会有烧表的危险；如果用大量程去测量小电压，则指针偏转太小，无法读数。量程的选择应尽量使指针偏转到满刻度的2/3左右。如果事先不清楚被测电压的大小时，应先选择最高量程挡，然后逐渐减小到合适的量程。

（1）交流电压的测量。将万用表右边的转换开关置于交、直流电压挡，左边的转换开关置于交流电压的合适量程上，万用表两表笔和被测电路或负载并联即可。

测量值的读数方法如下：

$$测量值=指针指示数值\times\frac{量程}{满偏数值}$$

（2）直流电压的测量。将万用表右边的转换开关置于交、直流电压挡，左边的转换开关置于直流电压的合适量程上，且“+”表笔（红表笔）接到被测电路的高电位端，“-”表笔（黑表笔）接到被测电路的低电位端，即让电流从万用表“+”表笔流入，从“-”表笔流出。若表笔接反，表头指针会反方向偏转，容易撞弯指针。

2. 测电流

测量直流电流时，将万用表的一个转换开关置于直流电流挡，另一个转换开关置于合适的量程上，电流的量程选择和读数方法与电压的一样。测量时应先断开电路，然后按照电流从“+”到“-”的方向，将万用表串联到被测电路中，即电流从红表笔流入，从黑表笔流出。如果误将万用表与负载并联，则因表头的内阻很小，会造成短路而烧毁仪表的后果。

3. 测电阻

用万用表测量电阻时,按下列方法操作:

(1)选择合适的倍率挡:万用表欧姆挡的刻度线是不均匀的,所以倍率挡的选择应使指针停留在刻度线较稀的部分为宜,且指针越接近刻度尺的中间,读数越准确。测量电阻时,先任意选择一倍率,如测量电阻较大,应选择大倍率挡;如测量电阻较小,应选择小倍率挡。一般情况下,应使指针指在刻度尺满刻度的 1/3~2/3 之间。

(2)欧姆调零:测量电阻之前,应将两个表笔短接,同时调节"欧姆调零旋钮",使指针刚好指在欧姆刻度线右边的零位。如果指针不能调到零位,说明电池电压不足或仪表内部有问题。并且每换一次倍率挡,都要再次进行欧姆调零,以保证测量准确。

(3)读数:表头的读数乘以倍率,就是所测电阻的电阻值。

4. 注意事项

(1)在测电流、电压时,应将表取下之后换量程,不能带电换量程。

(2)选择量程时,要先选大的,后选小的,尽量使被测值接近于量程。

(3)测电阻时,不能带电测量。因为测电阻时,万用表由内部电池供电,如果带电测量,则相当于接入一个额外的电源,可能损坏表头。

(4)用完后,应将转换开关拨到交流电压最大挡位或空挡上,也有的万用表有 OFF,转换开关拨到 OFF 即为关闭。

三、数字万用表

数字式测量仪表因其精度高、性能稳定、功能全、读数快捷等优点,已有取代指针式仪表的趋势。与指针式仪表相比,数字式仪表具有灵敏度高、准确度高、显示清晰、过载能力强、便于携带、使用更简单和直接读数值等优点。下面以 DT-830 型数字万用表为例(见图 1-2-4),简单介绍其使用方法和注意事项。

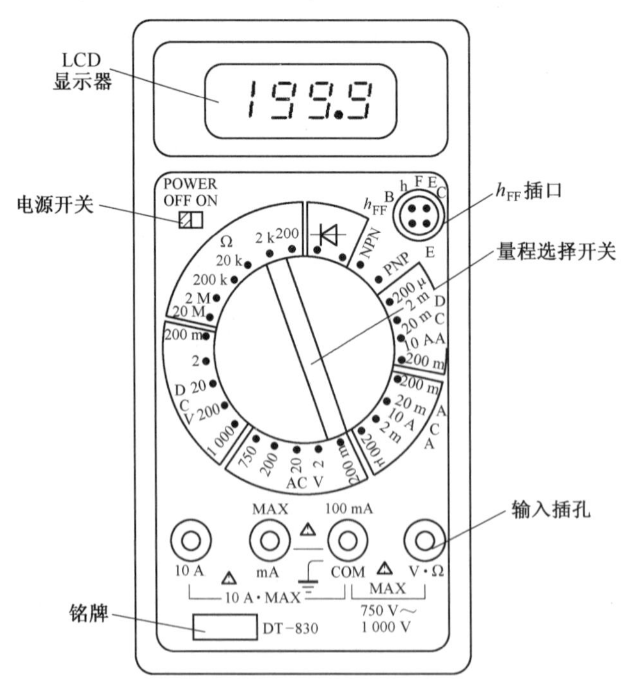

图 1-2-4　DT-830 型数字万用表面板结构图

使用万用表之前，应认真阅读使用说明书，熟悉电源开关、量程开关、插孔、特殊插口的作用。将电源开关置于 ON 位置，才可进行测量。

1. 交直流电压的测量

根据需要，将量程开关拨至 DCV（直流）或 ACV（交流）的合适量程，红表笔插入 V/Ω 插孔，黑表笔插入 COM 插孔，并将表笔与被测电路并联，读数即可显示。

2. 交直流电流的测量

将量程开关拨至 DCA（直流）或 ACA（交流）的合适量程，红表笔插入 mA 插孔（小于 200 mA 时）或 10 A 插孔（大于 200 mA 时），黑表笔插入 COM 孔，并将万用表串联在被测电路中即可。测量直流量时，数字万用表能自动显示极性。

3. 电阻的测量

将量程开关拨至欧姆挡的合适量程，红表笔插入 V/Ω 插孔，黑表笔插入 COM 插孔。如果被测电阻值超出所选择量程的最大值，万用表将显示“1”，这时应选择更高的量程。测量晶体管、电解电容器等有极性的元器件时，必须注意表笔的极性。

4. 注意事项

（1）如果无法预先估计被测电压或电流的大小，则应先拨至最高量程挡测量一次，再根据具体情况逐渐把量程减小到合适的位置。测量完毕，应将量程开关拨到最高电压挡，并关闭电源。

（2）被测量大小超过量程时，仪表仅在最高位显示数字“1”，其他位均消失，这时应选择更高的量程。

（3）测量电压时，应将数字万用表与被测电路并联；测电流时，应与被测电路串联；测直流时不必考虑正、负极性，如果电流从 COM 插孔流入万用表，则会在测量值前面显示负号。

（4）当误用交流电压挡去测量直流电压，或者误用直流电压挡去测量交流电压时，显示屏将显示“000”或低位上的数字出现跳动现象。

（5）禁止在测量高电压（220 V 以上）或大电流（0.5 A 以上）时换量程，以防止产生电弧而烧毁开关触点。

（6）当显示+-、BATT 或 LOW BAT 时，表示电池电压低于工作电压，应更换表内电池。

第二节　兆　欧　表

兆欧表俗称摇表，是用来测量被测设备的绝缘电阻和高值电阻的仪表。它由一个手摇发电机、表头和三个接线柱（L—线路端、E—接地端、G—屏蔽端）组成，如图 1-2-5 所示。

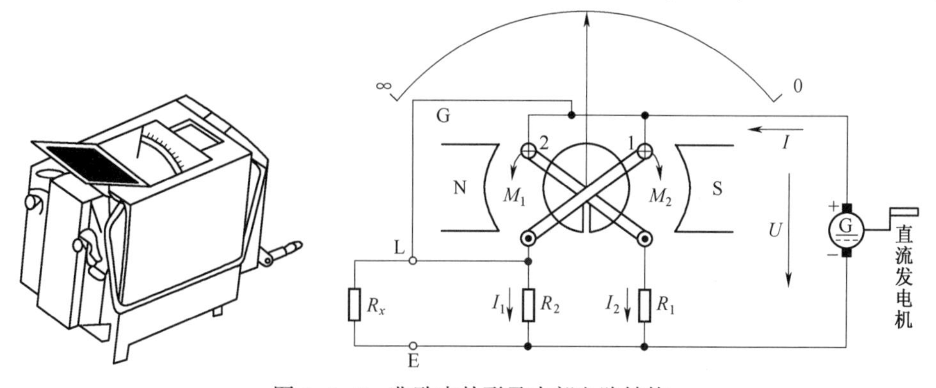

图 1-2-5　兆欧表外形及内部电路结构

一、兆欧表的选用原则

1. 额定电压等级的选择

一般情况下，额定电压在 500 V 以下的设备，应选用 500 V 或 1 000 V 的兆欧表；额定电压在 500 V 以上的设备，选用 1 000~2 500 V 的兆欧表。

2. 电阻量程范围的选择

兆欧表的表盘刻度线上有两个小黑点，小黑点之间的区域为准确测量区域，所以在选表时应使被测设备的绝缘电阻值在准确测量区域内。

二、兆欧表的使用

(1)切断电源，将被测设备与线路断开；对设备和线路进行放电，放电方法是将测量时使用的地线与被测设备外壳短接一下即可，对大电容设备要进行电阻(灯泡)放电。

(2)校表(校无穷和校零)。测量前将兆欧表进行一次开路和短路试验，检查兆欧表是否良好。方法是将两接线柱 L 和 E 开路，一只手按住兆欧表，另一只手按顺时针方向摇动手柄，摇动的速度应由慢而快，至 120 r/min 左右的转速，匀速摇动手柄，指针应指在∞，这时停止摇动手柄。再把两接线柱短接，轻摇半圈，指针应指在 0 处(注意指针指到 0 时，应即刻停止摇动手柄，否则会损坏兆欧表)。符合上述条件者即良好，否则不能使用。

(3)测量绝缘电阻时，一般只用 L 和 E 端，但在测量电缆对地的绝缘电阻或被测设备的漏电流较严重时，就要使用 G 端，并将 G 端接屏蔽层或外壳。线路接好后，可按顺时针方向摇动手柄，摇动的速度应由慢而快，当转速达到 120 r/min 左右时(ZC-25 型)，保持匀速转动，1 min 后读数，并且要边摇边读数，不能停下来读数。

(4)拆线放电。读数完毕，应一边慢摇手柄，一边拆线。测量结束，将被测设备放电，不是兆欧表放电。

三、注意事项

(1)禁止在雷电时或高压设备附近测绝缘电阻，只能在设备不带电，也没有感应电荷的情况下测量。

(2)摇测过程中，被测设备上不能有人工作。

(3)兆欧表线不能绞在一起，要分开。

(4)兆欧表未停止转动之前或被测设备未放电之前，严禁用手触及。拆线时，也不要触及引线的金属部分。

(5)测量结束时，对于大电容设备要放电。

(6)要定期校验其准确度。

第三节　钳形电流表

钳形电流表是一种用于测量正在运行的电气线路的电流大小的仪表，其特点是可以在不断电的情况下测量负载电流。

一、结构及原理

钳形电流表实质上是由电流互感器、钳形扳手和整流式磁电系仪表所组成的，如图 1-2-6 所示。

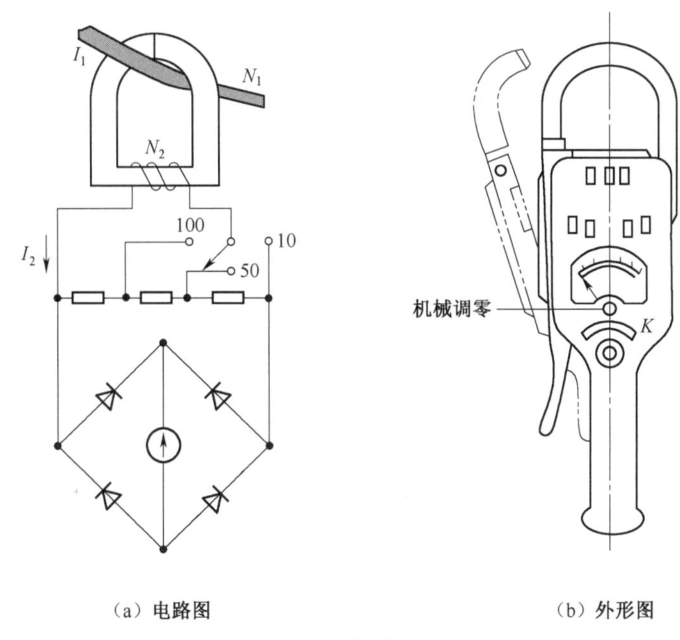

图 1-2-6　钳形电流表

二、使用方法

（1）根据被测电流的种类和线路电压，选择合适的钳形电流表。测量前要进行机械调零，检查钳口表面清洁，钳口闭合时应紧密无缝隙。

（2）选择合适的量程，在不知负载大小的情况下，先选大量程，后选小量程或按照被测设备铭牌值估算。

（3）当使用最小量程测量，其读数还不明显时，可将被测导线在钳口中绕几匝，匝数要以钳口中央的匝数为准，被测导线中的电流等于钳形电流表示数除以所绕匝数。

（4）测量时，应使被测导线处在钳口的中央，并使钳口闭合紧密，以减少误差，如图 1-2-7所示。

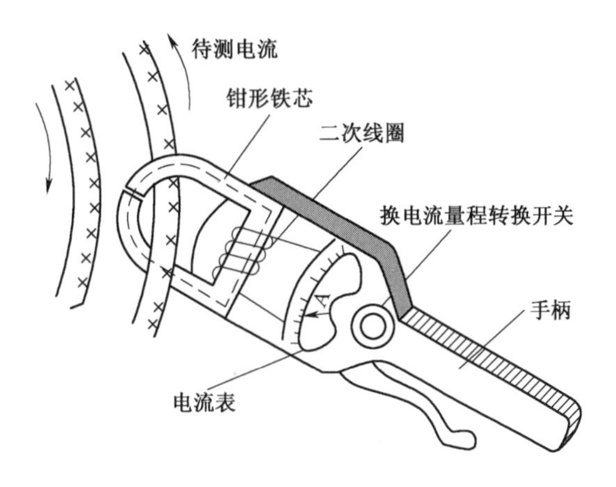

图 1-2-7　钳形电流表外形及测量电流的方法

（5）测量完后，要将转换开关放在最大量程处。

三、注意事项

(1)被测电路的电压要低于钳形电流表的额定电压。

(2)测量时注意保持与带电部分的安全距离,避免发生触电事故。测量高压线路的电流时,要戴绝缘手套,穿绝缘鞋,并站在绝缘垫上。

(3)钳口要闭合紧密,且不能带电换量程。

第四节 接地电阻测量仪

接地电阻测量仪(俗称“接地兆欧表”)是专门用于直接测量接地电阻的便携式仪表。在电气设备中,为了防止绝缘击穿和漏电造成设备外壳带电,危及人身及设备的安全,一般都要求将设备外壳进行接地。例如,发电机、变压器的中性点接地,仪用互感器的二次侧接地,避雷装置的接地等。如果接地电阻不符合标准要求,不仅不能保证安全,反而会因为对安全措施的错觉而形成事故隐患。因此,必须定期检测接地电阻。

一、结构及原理

接地电阻测量仪主要手摇发电机、电流互感器、电位器、检流计等部分组成。主要附件有三条测量导线和两支测量电极(接地探测针)。接地电阻测量仪有 C2、P2、P1、C1 四个接线端子或 E、P、C 三个接线端子两种类型。测量时,在离被测接地体一定的距离向地下打入电流极和电压极;将 C2、P2 端并联后或将 E 端接于被测接地体,P1 端或 P 端接于电压极,C1 端或 C 端接于电流极;选好倍率,以 120 r/min 左右的转速不停地摇动手柄,同时调节电位器旋钮至仪表指针稳定地指在中心位置时,可以从刻度盘读数;将读数乘以倍率即得被测接地电阻值。

其测量原理如图 1-2-8 所示。

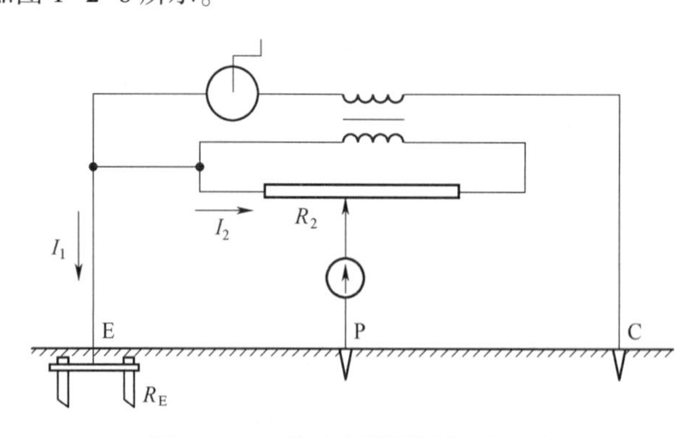

图 1-2-8 接地电阻测量仪原理图

测量时,电流 I_1 流过被测接地体、电流 I_2 流过仪表内的电位器,平衡时(指针指向零位时),等式 $I_1R_E=I_2R_2$ 成立。由此,可求得被测接地电阻为

$$R_E=\frac{I_2}{I_1}R_2=\frac{N_1}{N_2}R_2=K_1R_2$$

显然,被测电阻 R_E 与电位器电阻 R_2 保持一定的比例关系,可以由仪表直接读出被测接地电阻值。

二、注意事项

(1)先检查接地电阻测量仪及其附件是否完好。测量时要先做一下短路校零实验,以检验仪表的误差。

(2)对于与配电网有导电性连接的接地装置,测量前必须将与接地电阻相连的配电网断开,以保证测量的准确性,并防止将测量电源反馈到配电网上造成其他设备的损坏。

(3)正确接线。外部接线图如图1-2-9所示。

(4)接好线后,水平放置仪表,并选择适当的倍率,以提高测量精度。随后,即可开始测量。

(5)测量连线应避免与邻近的架空线平行,防止感应电压的危险。

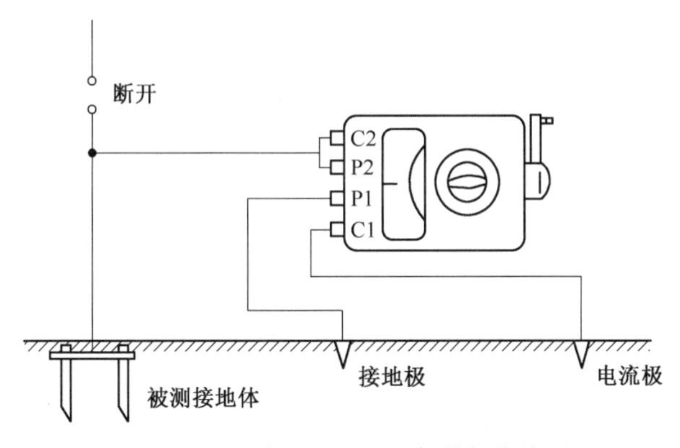

图1-2-9　接地电阻测量仪外部接线图

(6)测量距离应选择适当,以提高测量的准确性。如测量电极直线排列,对于单一垂直接地体或占地面积很小的复合接地体,电流极与被测接地体之间的距离可取40 m,电压极与被测接地体之间的距离可取20 m;对于占地面积较大的网络接地体,电流极与被测接地体之间的距离可取为接地网对角线的2~3倍,电压极与被测接地体之间的距离可取为电流极与被测接地体之间距离的50%~60%。

(7)测量电极的排列应避免与地下金属管道平行,以保证测量结果的真实性。

(8)雨天一般不应测量接地电阻,雷雨天不得测量防雷装置的接地电阻。

(9)如被测接地电阻很小,且测量连接线较长,应将C1与P2分开,分别引出连线接向被测接地体,以减小测量误差。

第五节　电　能　表

电能表俗称"电度表",用于计量负载消耗的或电源发出的电能。分为单相有功电能表、三相四线制有功电能表和电子式电能表。

一、结构及原理

电能表的基本结构主要包括测量机构和辅助部件。测量机构是电能测量的核心部分,由驱动元件、转动元件、制动元件、轴承、计度器和调整装置组成。驱动元件由电压元件和电流元件组成,用来将交变的电压和电流转变为交变磁通,切割转盘形成驱动力矩,使转盘转动。制动力矩由磁钢形成,磁钢产生磁通,被转动着的转盘切割转盘中的感应电流,相互作用形成制动力矩从而阻止转盘加速转动。

简单地说,单相有功电能表(即单相电能表)由接线端子、电流线圈、电压线圈、计量转盘、计数器构成,只要电流线圈通过电流,同时电压线圈加有电压,转盘就受到电磁力而转动。

二、机械式单相有功电能表的接法

1. 单相有功电能表的接线

单相有功电能表共有五个接线端子,其中有两个接线端子在表的内部用连片短接,所以单相有功电能表的外接端子有四个,即1、2、3、4号端子,如图1-2-10所示。

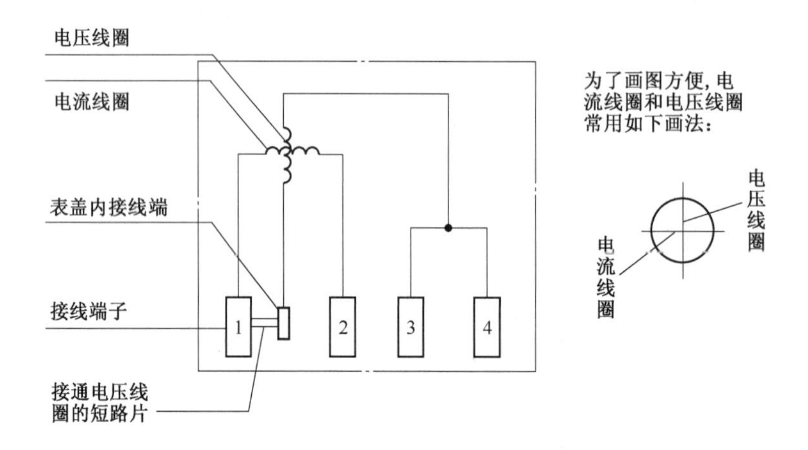

图1-2-10 单相有功电能表的接线端

由于电能表的型号不同,各类型的表在铅封盖内都有端子的接线图。接线一般有两种:多数是1、3接进线,2、4接出线(见图1-2-10)。无论何种接法,相线必须接入电能表的电流线圈的端子。有些电能表的接线特殊,具体的接线方法要参照接线端子盖板上的接线图进行连接。

2. 直接接入法与经互感器接入法

如果负载的功率在电能表允许的范围内,即流过电能表电流线圈的电流不至于导致线圈烧毁,那么就可以采用直接接入法。直接接入法如图1-2-11所示。

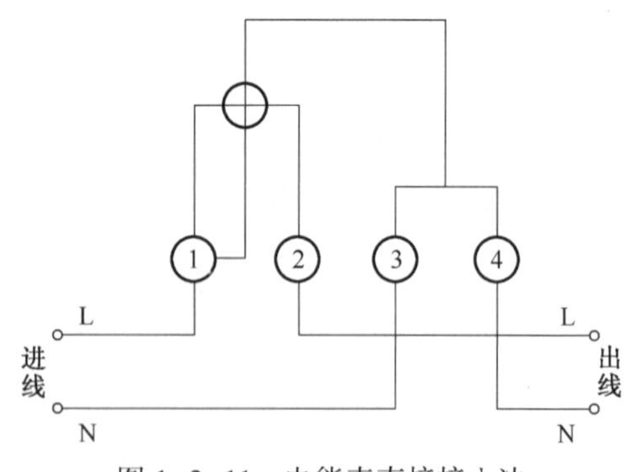

图1-2-11 电能表直接接入法

在用单相电能表测量大电流的单相电路的用电量时,应使用电流互感器进行电流变换,电流互感器接电能表的电流线圈。接法有两种:

(1)单相电能表内5和1端未断开时的接法。由于表内短接片没有断开,所以互感器的K2端子禁止接地,如图1-2-12所示。

(2)单相电能表内5和1端短接片已断开时的接法。由于表内短接片已断开,所以互感器的K2端子应该接地。同时,电压线圈应该接于电源两端,如图1-2-13所示。

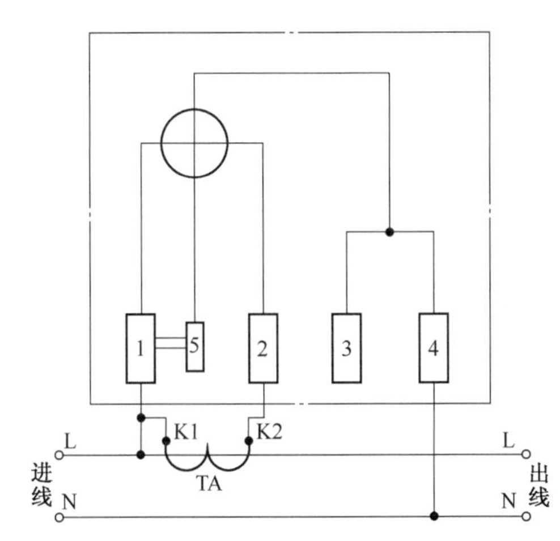

图 1-2-12　电流互感器不接地时的连接

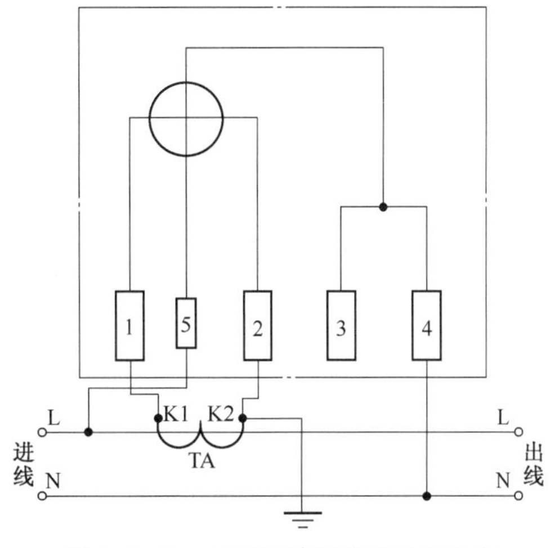

图 1-2-13　电流互感器接地时的连接

三、机械式三相四线制有功电能表的接法

1. 直接接入法

如果负载的功率在电能表允许的范围内,就可以采用直接接入法接入三相四线制有功电能表,如图 1-2-14 所示。

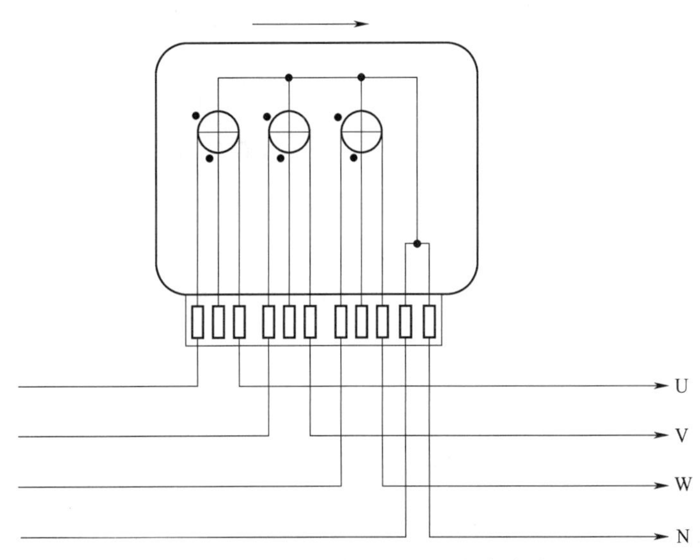

图 1-2-14　三相四线制有功电能表直接接入法

2. 经互感器接入法

三相四线制有功电能表测量大电流的三相电路的用电量时,因为线路流过的电流很大,如 300~500 A,不可能采用直接接入法,应使用电流互感器进行电流变换,将大电流变换成小电流,即电能表能承受的电流,然后再进行计量,如图 1-2-15 所示。

机械式三相四线制有功电能表的实物接线图如图 1-2-16 所示,电能表 2、5、8 端子分别接 A、B、C 三相电源,1、3 接 A 相互感器,4、6 接 B 相互感器,7、9 接 C 相互感器,10、11 接零线。

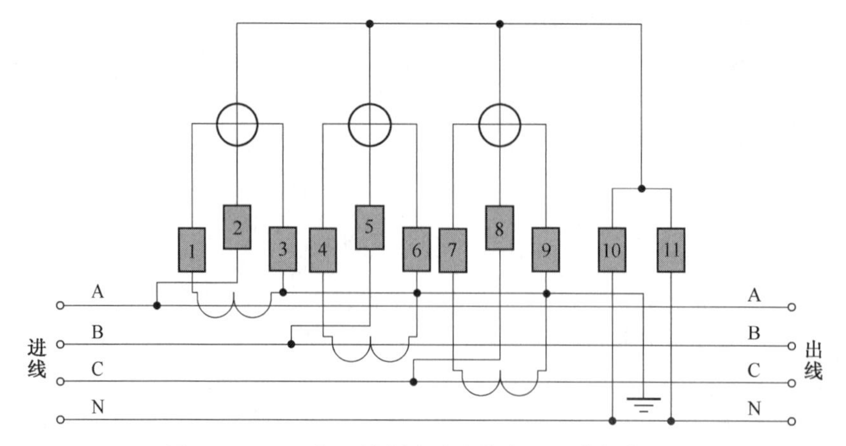

图 1-2-15　三相四线制有功电能表经互感器接入法

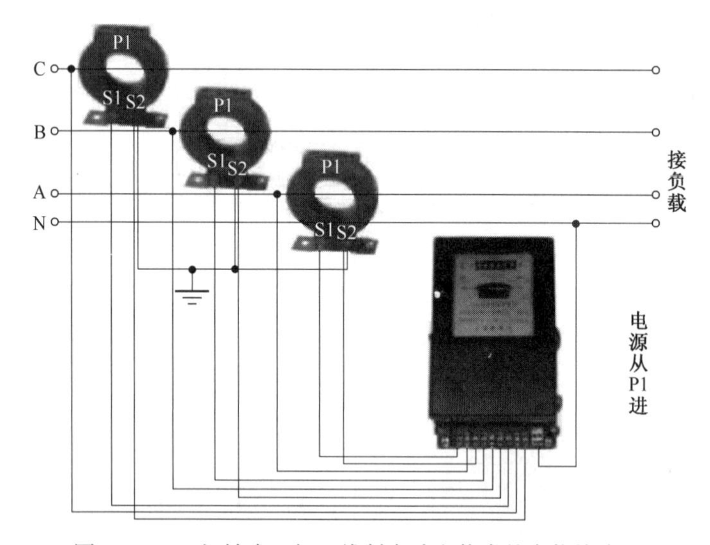

图 1-2-16　机械式三相四线制有功电能表的实物接线图

四、电能表主要参数和读数方法

1. 主要参数

(1)基本电流和额定最大电流。基本电流是确定电能表有关特性的电流值,额定最大电流是仪表能满足其制造标准规定的准确度的最大电流值。如 5(20)A 即表示电能表的基本电流为 5 A,额定最大电流为 20 A,对于三相电能表还应在前面乘以相数,如 3×5(20) A。

(2)参比电压。参比电压是确定电能表有关特性的电压值,对于单相电能表以电压线路接线端上的电压表示,如 220 V。

对于三相三线制电能表以相数乘以线电压表示,如 3×380 V。

对于三相四线制电能表则以相数乘以相电压或线电压表示,如 3×220 V/380 V。

2. 机械式电能表的读法

(1)如果电能表最右边没有红色读数框的,黑色读数框的都是整数,只是在最右边(即个位数)的"计数轮"的右边带有刻度,而这个刻度就是小数点后的读数;如果是带有红色读数框的,红色读数框所显示的就是小数。

(2)如果电能表是不带电流互感器的,电能表上显示的读数就是实际用电的计量读数;如果是带有互感器的,就要看互感器的规格确定。比如用的是100/5的互感器,那它的倍率为20(即100除以5);如果是200/5的,即倍率为40;如果是500/5的,即倍率就是100。依此类推,把表上显示的读数,再乘以这个倍率,就是实际使用的电量数,单位为kW·h(千瓦·时或度),即实际用电量=实际读数×倍率。

(3)互感器如果不只绕一匝,则实际用电量=互感器倍率/互感器匝数×实际读数。互感器匝数是指互感器内圈导线的条数,而不是指外圈导线的条数。

一般计量收费时,大多不计小数位的读数。

五、电子式电能表

随着数字电子技术的进步,近几年来,计量更准、更便于管理的电子式电能表得到了广泛应用。电子表在电网改造中大批量推广应用,设计水平、生产工艺水平非常成熟,价格也越来越低,目前已成为电能计量的主流产品。电子式电能表之所以发展如此迅速,是因为它与感应式电能表相比,在性能和功能方面有着明显的优势。表1-2-2为感应式电能表与电子式电能表性能的比较。

表1-2-2　感应式电能表与电子式电能表性能的比较

类别	感应式电能表	电子式电能表
准确度(级)	0.5~2	0.01~2.0
误差曲线线性	差	较好
频率范围/Hz	45~55	40~2 000
启动电流	$0.003I_b$	$0.001I_b$
外磁场影响	大	小
环境温度影响	大	较小
安装要求	严格	不严格
过载能力	4倍	4~10倍
功耗	大	小
电磁兼容	好	一般
防窃电能力	差	强
功能	单一	完善、可扩展

1. 电子式电能表的构成和原理

电子式电能表通常由以下几部分组成,即电流变换电路、电压变换电路、计量芯片、MCU、显示部分、接口部分、电源部分、外壳。其原理框图如图1-2-17所示。

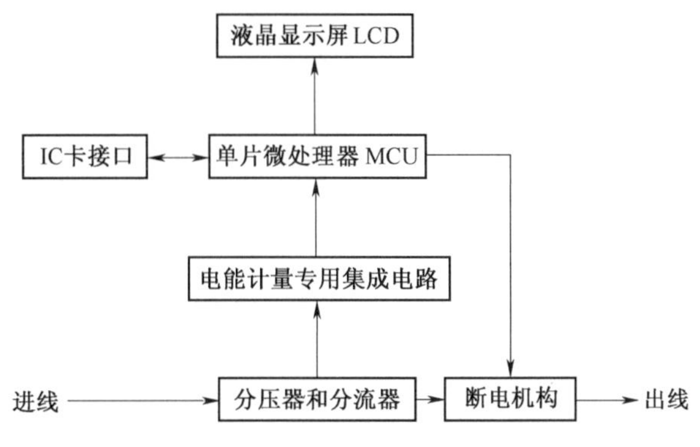

图1-2-17　电子式电能表的原理框图

单相预付费电能表原理框图,如图 1-2-18 所示。

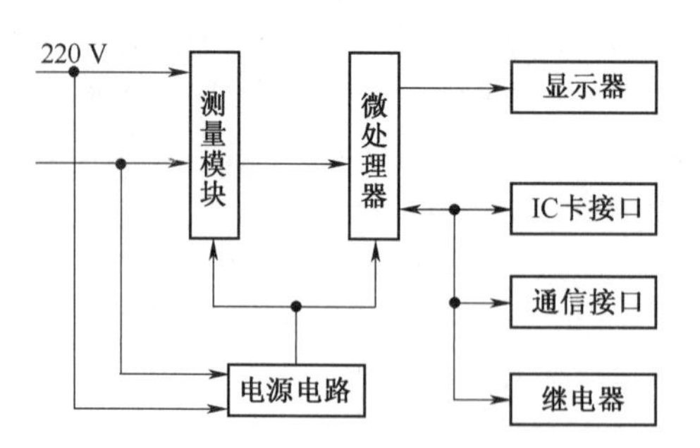

图 1-2-18　单相预付费电能表原理框图

测量模块为表计核心,它和普通电子式单相电能表采用相同技术,输出功率脉冲到微处理器。微处理器接收到测量模块的功率脉冲进行电能累计,并且存入存储器中,同时进行剩余电费递减,在欠费时给出报警信号并控制跳闸。它随时监测 IC 卡接口,判断插入卡的有效性以及购电数据的合法性,将购电数据进行读入和处理。它还将数据输出到相应的显示器中显示。

2. 主要功能

(1)计量功能。计量有功电量。

(2)负荷控制。具有超功率自动断电的负荷控制功能,可以设置功率限额以及允许次数,当平均功率大于限额后,电能表跳闸并显示当时的功率。使用用户购电卡插入电能表可以恢复供电。但当超功率跳闸次数超过设定的允许次数时,电能表将不可恢复供电,只有使用了参数设置卡改变了功率限额后,才能恢复供电。

(3)防窃电功能。具有自动检测短接电流回路的防窃电功能。当短接进出线时,电能表显示“O”并且记录窃电次数。

(4)报警显示。当电能表自检出现故障时,显示故障。

(5)预付费功能。使用购电卡将购电量送入电能表,电能表按设定的费率递减,当剩余电费小于设定的报警门限时,电能表跳闸,提醒用户去购电;此时,插入购电卡可恢复供电。当剩余电费小于零后,电能表将跳闸,直到购电后才能恢复供电。

第六章 低压电器设备

第一节 概　　述

从普通民众的角度来讲,电器是指家庭常用的一些为生活提供便利的用电设备,如电视机、空调、冰箱、洗衣机、各种小型家用电器等。从专业角度来讲,电器设备不仅需要有驱动(动力)设备,而且还需要一套控制装置,用以实现各种工艺要求。对电路进行接通和分断、对电路参数进行变换,以实现对电路或用电设备的控制、调节、转换、检测和保护等作用的电工装置、设备和元件称为电器。

一、电器的分类

1. 按工作电压等级分类

(1)低压电器。用于交流 50 Hz(或 60 Hz),额定电压为 1 200 V 以下;直流额定电压 1 500 V及以下的电路中的电器,如接触器、继电器等。

(2)高压电器。用于交流电压 1 200 V、直流电压 1 500 V 及以上电路中的电器,如高压断路器、高压隔离开关、高压熔断器等。

2. 按操作方式分类

(1)自动电器。借助于电磁力或某个物理量的变化自动进行操作的电器,如接触器、各种类型的继电器、电磁阀等。

(2)手动电器。用手或依靠机械力进行操作的电器,如手动开关、控制按钮、行程开关等主令电器。

3. 按作用分类

(1)控制电器。用于各种控制电路和控制系统的电器,如接触器、继电器等。

(2)主令电器。用于自动控制系统中发送控制指令的电器,如按钮、行程开关等。

(3)保护电器。用于保护电源及用电设备的电器,如熔断器、热继电器等。

(4)配电电器。用于电能的输送和分配的电器,如低压断路器、隔离器等。

(5)执行电器。用于完成某种动作或传动功能的电器,如电磁铁、电磁离合器等。

4. 按工作原理分类

(1)电磁式电器。依据电磁感应原理来工作的电器,如交直流接触器、各种电磁式继电器等。

(2)非电量控制电器。电器的工作是靠外力或某种非电物理量的变化而动作的电器,如刀开关、行程开关、按钮、速度继电器、压力继电器、温度继电器等。

目前各种电器产品正沿着体积小、质量小、安全可靠、使用方便的方向发展,各种电子化的新型控制电器,如接近开关、光电开关、电子式时间继电器、固态继电器与接触器等的生产,适应了控制系统迅速电子化的需要。

二、常用低压电器

常用低压电器可归纳如下：

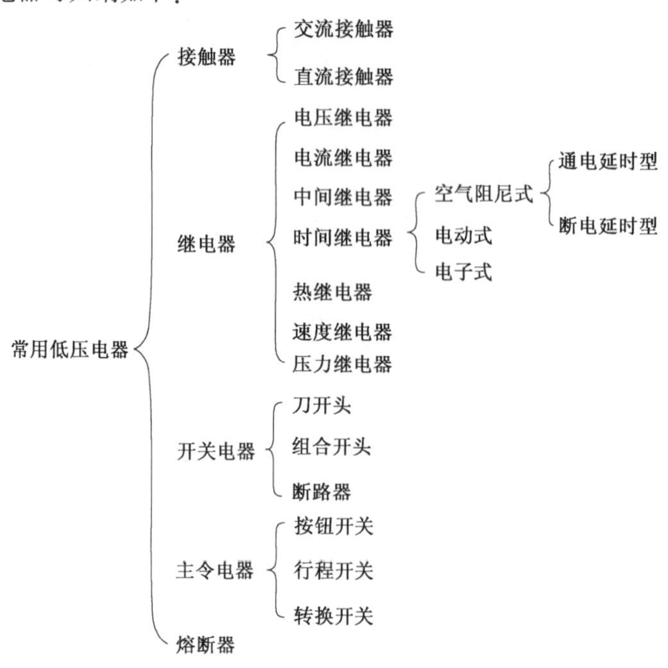

第二节　开关电器及主令电器

一、闸刀开关

闸刀开关是结构最简单、应用最广泛的一种手动电器(见图 1-2-19)。它适用于频率为 50 Hz/60 Hz、额定电压为 380 V(直流为 440 V)、额定电流为 150 A 以下的配电装置中，具有短路和过载保护功能。

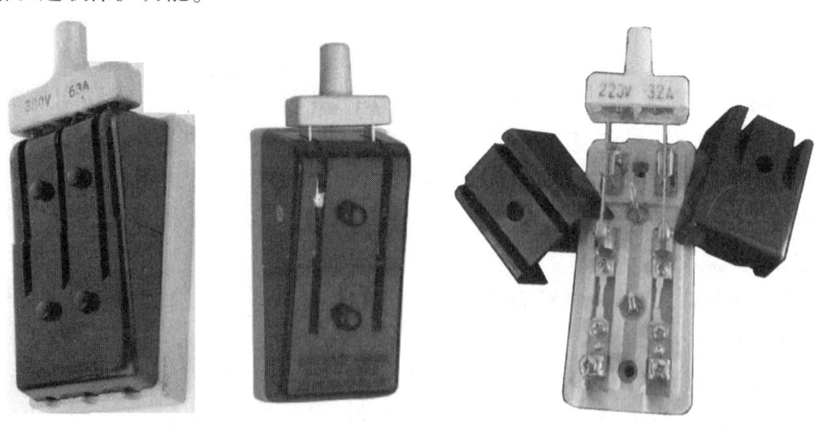

图 1-2-19　瓷底胶盖闸刀开关外形图

1. 闸刀开关的结构

瓷底胶盖闸刀开关(开启式负荷开关)结构如图 1-2-20(a)所示。它由刀开关和熔断器组合而成。瓷质底座上装有静触头、熔丝接头、瓷质手柄等，并有上、下胶盖，图形与文字符号如图 1-2-20(b)所示。这种开关易被电弧烧坏，因此不宜带负载接通或分断电路，常用作照明电路的电源开关，也用于 5.5 kW 以下三相异步电动机不频繁启动和停止的控制。它具有结构简单、价格便宜、使用和维修方便等优点，是一种结构简单而应用广泛的电器。

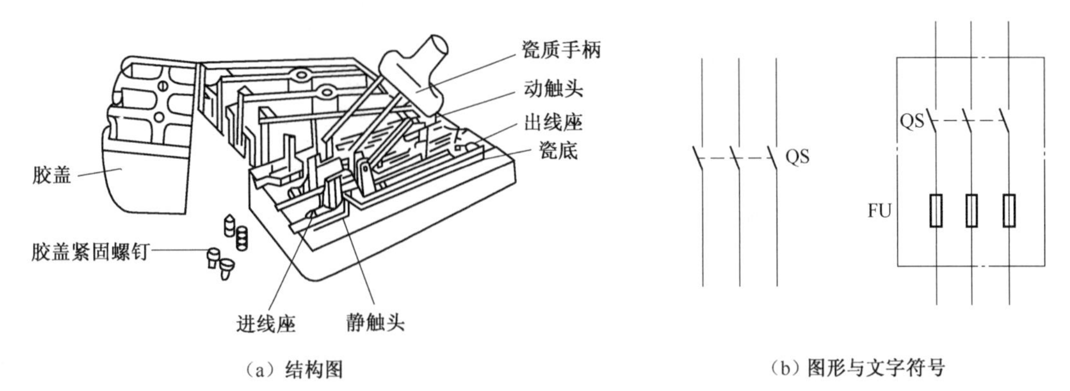

图 1-2-20　HK 系列瓷底胶盖闸刀开关结构图及图形与文字符号

2. 闸刀开关的选用

(1)额定电压的选用。闸刀开关的额定电压要大于或等于线路实际的最高电压。控制单相负载时选用 250 V 二极开关，控制三相负载时选用 500 V 三极开关。

(2)额定电流的选用。当作为隔离开关使用时，闸刀开关的额定电流要等于或稍大于线路实际的工作电流。当直接用其控制小容量(小于 5.5 kW)电动机的启动和停止时，则需要选择电流容量比电动机额定值大的闸刀开关。用于控制照明电路或其他电阻性负载时，开关熔丝额定电流应不小于各负载额定电流之和；用于控制电动机或其他电感性负载时，开启式负荷开关的额定电流应为电动机额定电流的 3 倍，封闭式负荷开关的额定电流可选电动机额定电流的 1.5 倍左右，熔丝的额定电流是最大一台电动机额定电流的 2.5 倍。

3. 安装方法

(1)安装前，应注意检查动刀片对静触点接触是否良好、是否同步。如有问题，应予以修理或更换。

(2)安装时，瓷底板应与地面垂直，手柄向上推为合闸，不得倒装和平装。因为闸刀正装便于灭弧，而倒装或横装时灭弧比较困难，易烧坏触头，再则因刀片的自重或振动，可能导致误合闸而引发危险。

(3)接线时螺钉应紧固到位，电源进线必须接闸刀上方的静触头接线柱，通往负载的引线接下方的接线柱。

(4)安装后，应再次检查闸刀和静触头是否成直线和紧密可靠连接。

4. 注意事项

(1) 更换熔丝时，必须先拉闸断电，然后按原规格安装熔丝。

(2)胶壳闸刀开关不适合用来直接控制 5.5 kW 以上的交流电动机。

(3)合闸和拉闸时动作要迅速，使电弧很快熄灭。

二、组合开关

组合开关又称转换开关，其操作较灵巧，靠动触片的左右旋转来代替闸刀开关的推合与拉开。组合开关有单极、双极和多极之分。组合开关的主要参数有额定电压、额定电流

(有 10 A、25 A、60 A 等)和极数。常见组合开关外形如图 1-2-21 所示。

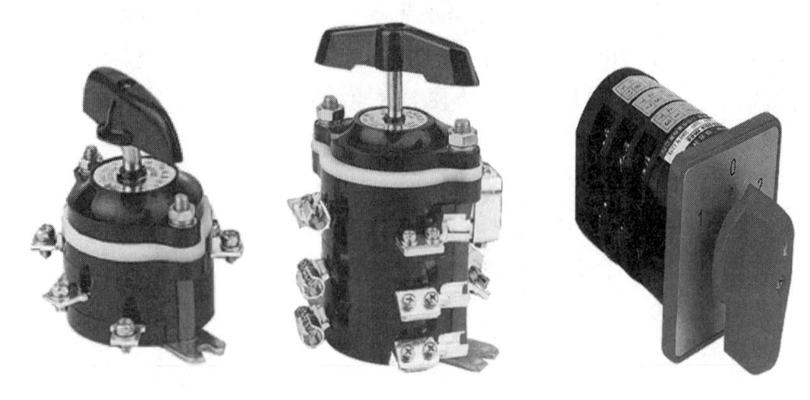

图 1-2-21　常见组合开关外形

1. 组合开关的作用

组合开关常用在机床的控制电路中,作为电源的引入开关或是控制小容量电动机的直接启动、反转、调速和停止的控制开关等。

2. 组合开关的结构组成

组合开关由动触片、静触片、转轴、手柄、凸轮、绝缘杆等部件组成,如图 1-2-22 所示。当转动手柄时,每层的动触片随转轴一起转动,使动触片分别和静触片保持接通和分断。为了使组合开关在分断电流时迅速熄弧,在开关的转轴上装有弹簧,能使开关快速闭合和分断。

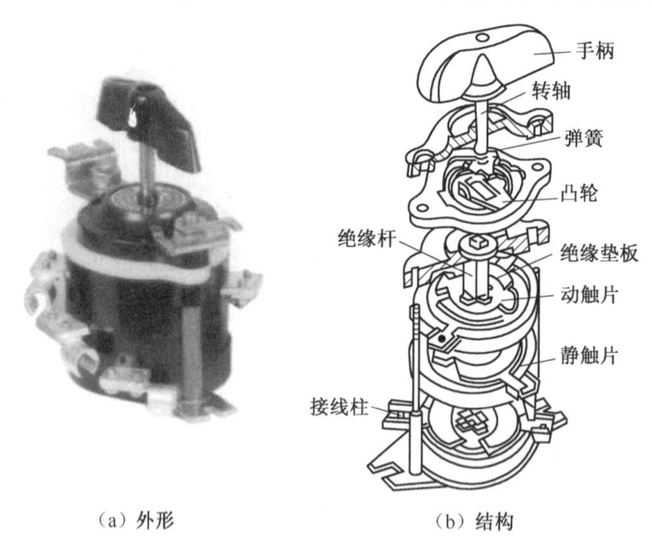

(a) 外形　　(b) 结构

图 1-2-22　HZ10-10/3 型组合开关外形和结构

3. 组合开关的图形与文字符号(见图 1-2-23)

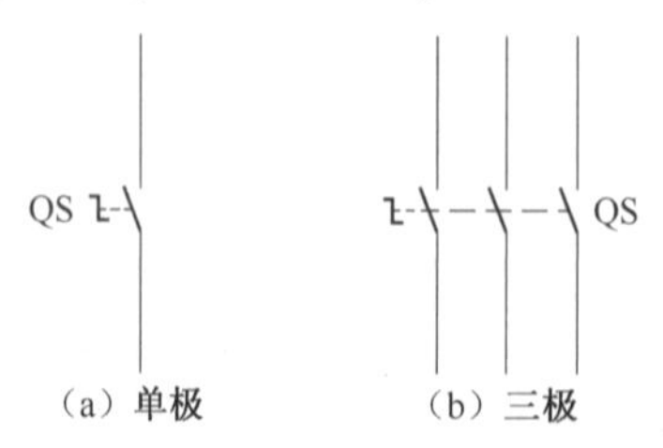

(a) 单极　　(b) 三极

图 1-2-23　组合开关的图形与文字符号

三、按钮开关

1. 作用

按钮开关简称按钮（SB），是一种最简单的发送主令的电器。一般情况下，它不直接控制主电路的通断，而在控制电路中控制接触器、继电器等电器的线圈，再利用它们去控制主电路。按钮开关外形图如图 1-2-24 所示。

图 1-2-24　按钮开关外形图

2. 结构

按钮开关由按钮帽、复位弹簧、桥式动触点、静触点和外壳等组成。其触点允许通过的电流很小，一般不超过 5 A。按钮的结构及符号见表 1-2-3。

表 1-2-3　按钮的结构及符号

名称	常闭按钮	常开按钮	复合按钮
结构	1 2	3 4	1 2 3 4
符号	SB	SB	SB

根据按钮的结构可分为常开按钮和常闭按钮，复合按钮由常开按钮和常闭按钮组合而成。

常开按钮又称动合按钮。即未按下时，触点 3-4 是断开的；按下时，触点 3-4 闭合；当松开后，按钮在复位弹簧的作用下复位断开。

常闭按钮又称动断按钮，与常开按钮相反。即未按下时，触点 1-2 是闭合的；按下时，触点 1-2 断开；当松开后，在复位弹簧的作用下复位闭合。

复合按钮的常开按钮和常闭按钮是联动的，未按下时，触点 1-2 闭合，触点 3-4 断开；按下时，触点 1-2 先断开，继而触点 3-4 闭合；当松开后，在复位弹簧的作用下，首先断开触点 3-4,继而闭合触点 1-2。若轻按,则触点 1-2 断开,而触点 3-4 又未闭合。

3. 检查

根据上述结构,可以用万用表来检查其好坏,即常开按钮未按下时,电阻应为无穷大,按下时电阻为零;常闭按钮未按下时,电阻应为零,按下时,电阻为无穷大。

4. 按钮的选择

应根据使用场合、控制电路所需触点数目及按钮颜色等要求选用。一般用红色表示停止和急停,按红色按钮时,必须使设备断电、停车;绿色表示启动;黑色表示点动;蓝色表示复位,当其兼有停止作用时,必须用红色;启动与停止交替按钮必须是黑色、白色或灰色,不得使用红色和绿色。另外,还有黄、白等颜色,供不同场合使用。

按钮安装在面板上时,应布局合理、排列整齐。可根据生产机械或机床启动、工作的先后顺序,从上到下或从左至右依次排列。如果它们有几种工作状态,则应使每一组正、反状态的按钮安装在一起。

四、行程开关(位置开关)

行程开关的作用是对控制电路发出接通或断开信号,是利用生产机械某些运动部件的碰撞来发出控制指令,以控制其运动方向或行程的主令电器,可以控制某些机械部件的运动行程和位置或实现限位保护。行程开关外形及结构如图 1-2-25 所示。

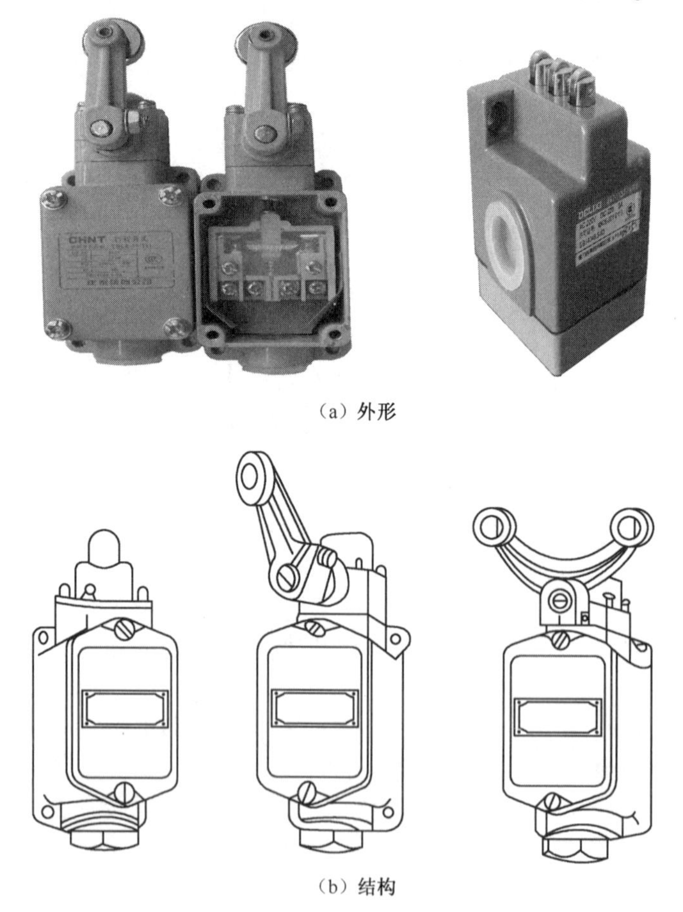

(a) 外形

(b) 结构

图 1-2-25 行程开关外形及结构

行程开关是由操作机构、触点系统和外壳三部分构成的。行程开关触点的动作不是靠手动完成的，而是利用机械的某些运动部件的撞击使其触点动作以接通或断开控制电路，达到控制主回路和电动机的要求。行程开关触点系统有常开触点、常闭触点和复合触点三种，其图形符号如图 1-2-26 所示。

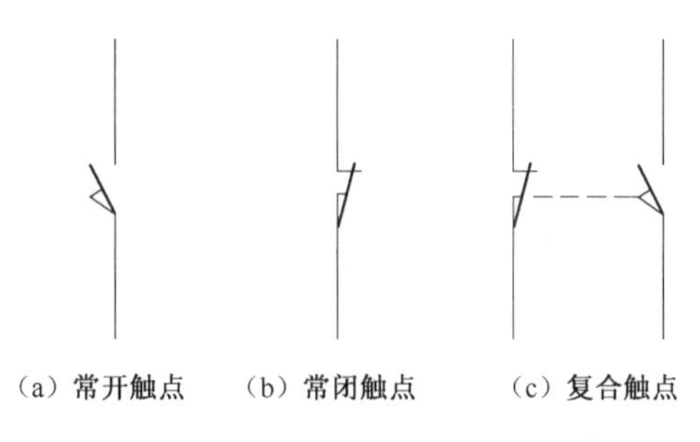

图 1-2-26　行程开关图形符号

五、接近开关

接近开关又称无触点行程开关，它是一种非接触型的检测装置。

1. 接近开关的作用

接近开关可以代替行程开关完成传动装置的位移控制和限位保护，还广泛用于检测零件尺寸、测速和快速自动计数以及加工程序的自动衔接等。

2. 接近开关的特点

工作可靠、寿命长、功耗低、重复定位精度高、灵敏度高、频率响应快以及适应恶劣的工作环境等。

3. 接近开关的分类

按工作原理分为高频振荡型、电容型、永久磁铁型和霍尔效应型。

图 1-2-27 为高频振荡型接近开关原理框图。

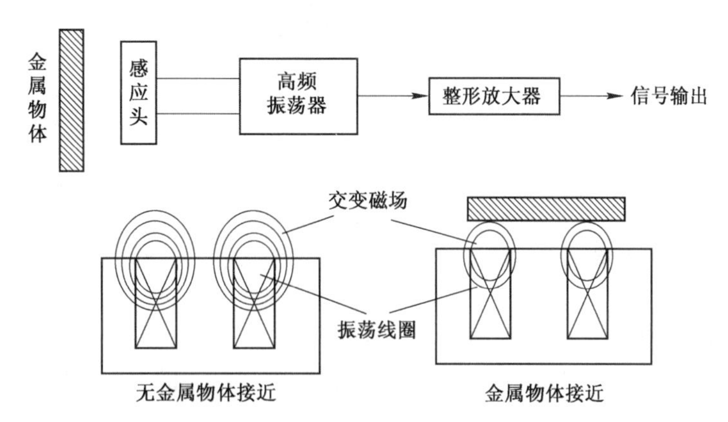

图 1-2-27　高频振荡型接近开关原理框图

4. 接近开关的工作原理

振荡器振荡后，在感应头的感应面上产生交变磁场，当金属物体进入高频振荡器的线圈磁场（感应头）时，金属物体内部产生涡流损耗，吸收了振荡器的能量，使振荡减弱以致停振。振荡与停振两种不同的状态，由整形放大器转换成二进制的开关信号，从而达到检测有无金属物体的目的。

六、主令控制器

主令控制器是用来按顺序频繁切换多个控制电路的主令电器,主要用于轧钢及其他生产机械的电力拖动控制系统,也可在起重机电力拖动系统中对电动机的启动、制动和调速等进行远距离控制。

主令控制器的结构示意图如图 1-2-28 所示,主要由转轴、凸轮块、动静触点、定位机构及手柄等组成。其触点为双断点的桥式结构,通常为银质材料,操作轻便,允许每小时接电次数较多。

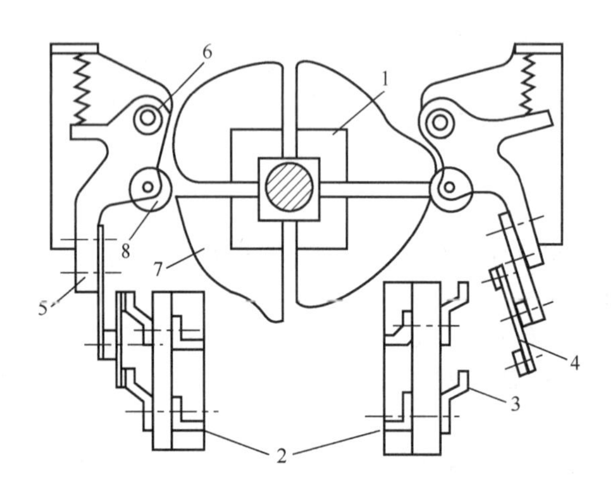

图 1-2-28 主令控制器的结构示意图

1、7—凸轮块;2—接线柱;3—静触点;4—动触点;5—支杆;6—转轴;8—小轮

第三节 保 护 电 器

一、熔断器

熔断器 (FU)俗称“保险”,常见的有插入式熔断器、螺旋式熔断器、封闭管式熔断器和自复式熔断器。其中,自复式熔断器的特点是能重复使用,不必更换熔体,其熔体采用金属钠。金属钠的特性是常温时电阻很小,高温气化时电阻值骤升,故障消除后温度下降,气态钠回归固态钠,具有良好的导电能力恢复特性。熔断器外形图如图 1-2-29 所示。

1. 熔断器的作用

熔断器在照明电路中用作过载和短路保护装置,而在电动机主电路中只作短路保护装置。它串联在电路中,当电路或电气设备发生短路或严重过载时,熔断器中的熔体首先熔断,使电路或电气设备脱离电源,起到保护作用。它是一种结构简单、使用和维护都很方便的保护电器。

2. 熔断器的结构

熔断器主要由熔体或熔丝和安装固定熔体或熔丝的绝缘管及座组成。其中,熔体既是敏感元件又是执行元件,由易熔金属制成;熔断管用瓷、玻璃或硬质纤维制成。

图 1-2-29　熔断器外形图

图 1-2-30 所示为 RC1A 系列瓷插式熔断器和 RL1 系列螺旋式熔断器外形结构及图形符号。

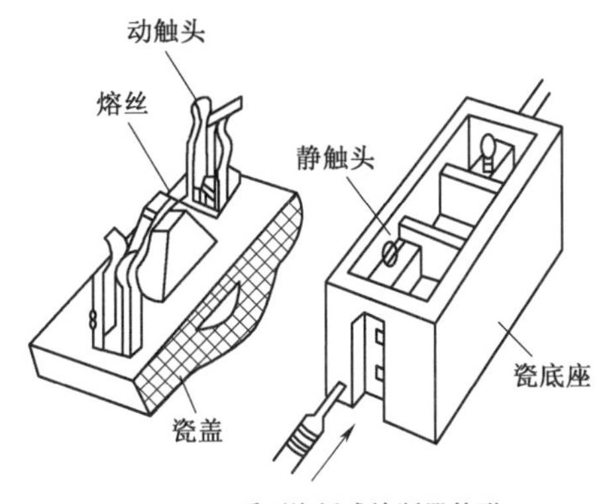

（a）RC1A系列瓷插式熔断器外形

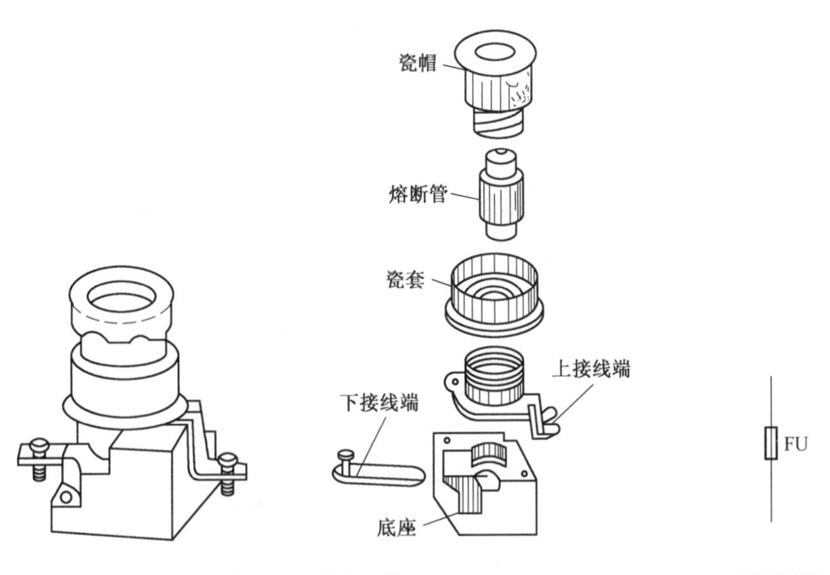

（b）RL1系列螺旋式熔断器外形　　（c）图形符号

图 1-2-30　RC1A 系列瓷插式熔断器和 RL1 系列螺旋式熔断器外形结构及图形符号

瓷插式熔断器又称半封闭插入式熔断器，主要由瓷底座、瓷盖、静触头、动触头和熔丝组成，熔丝通常用铅锡合金或铅锑合金等制成。瓷底座中部有一空腔，与瓷盖的凸出部分组成灭弧室。螺旋式熔断器主要由瓷帽、熔断管、瓷套、上接线端、下接线端和底座等组成，熔丝安装在熔断体的瓷质熔断管内，熔断管内部充满起灭弧作用的石英砂。熔断器自身带有熔体熔断指示装置。

3. 熔断器的选择

（1）类型选择。由电气控制系统线路要求、使用场合和安装条件的整体设计而定。

（2）额定电压选择。熔断器额定电压应不小于线路的工作电压。

（3）额定电流选择。熔断器额定电流必须大于或等于所装熔体的额定电流。

（4）熔体额定电流选择。保护一台电动机时，考虑电动机启动冲击电流，故熔体额定电流要求大于或等于电动机额定电流的 1.5~2.5 倍；保护多台电动机时，熔体额定电流要求大于或等于尖峰电流（通常将容量最大电动机启动，其他电动机正常工作时出现的电流视为尖峰电流），保证熔体在出现尖峰电流时不致熔断。电路上、下两级均设短路保护时，两级熔体额定电流的比值不小于 1.6∶1，以使两级保护达到良好配合；照明电路、电炉等阻性负载因没有冲击电流，可取熔体额定电流大于或等于电路工作电流。

4. 熔断器的检查

熔断器的检查可用万用表的 $R\times1\ \Omega$ 挡或数字万用表的 200 Ω 挡测其电阻。若电阻为 0 Ω，则是好的；若电阻为无穷大，则说明已熔断。

5. 熔断器的安装和更换

（1）安装、更换熔丝时，一定要切断电源，不允许带电作业，以免触电。

（2）熔断器内所装熔体或熔丝的额定电流，只能小于或等于绝缘管或绝缘座的额定电流。

（3）熔体烧断后，应使用和原来同样规格的替换。千万不能随便加粗或用其他金属丝代替。

二、低压断路器

低压断路器（QF）又称自动空气开关或自动空气断路器，简称自动开关，用于电动机和其他用电设备的电路中。低压断路器外形如图 1-2-31 所示。

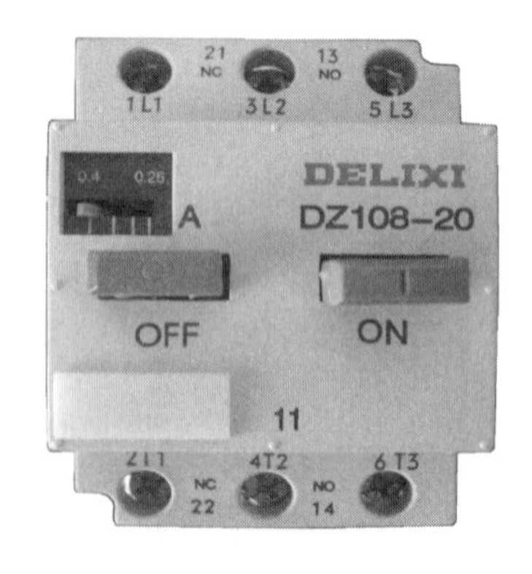

图 1-2-31 低压断路器外形

1. 低压断路器的作用

在电路正常工作状态下，它可以分断和接通工作电流；当电路发生过载、短路、失电压等故障时，它能自动切断故障电路，有效地保护串联于它后面的电器设备；还可用于不频繁地接通、分断负荷的电路中，控制电动机的运行和停止。

2. 低压断路器的结构

低压断路器从结构上分，可以分为框架式（万能式）和塑料外壳式（装置式）。

低压断路器的主要部件有触头系统、保护装置、灭弧装置、操作机构等。常用的低压断路器图形符号和内部结构分别如图 1-2-32（a）、（b）所示，图 1-2-32（c）、（d）、（e）分别表示电力线路用空气开关、照明线路用空气开关和按钮式空气开关外形。

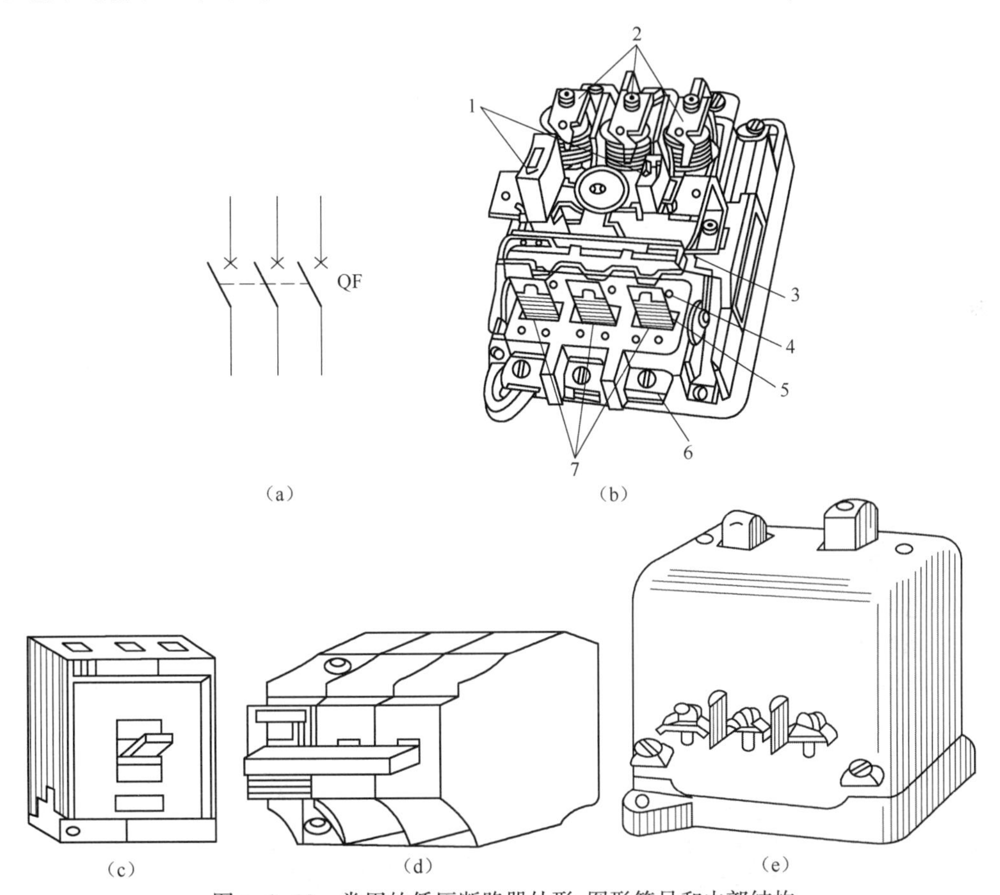

图 1-2-32　常用的低压断路器外形、图形符号和内部结构

1—按钮；2—电磁脱扣器；3—自由脱扣器；4—动触头；5—静触头；6—接线柱；7—热脱扣器

3. 低压断路器的工作原理

低压断路器的工作原理如图 1-2-33 所示。图中低压断路器的三副主触头 2 串联在被保护的三相主电路中，由于搭钩 3 钩住弹簧 1，使主触头保持闭合状态。当线路正常工作时，短路脱扣器 4 中线圈所产生的吸力不能将它的衔铁吸合。如果线路发生短路时，短路脱扣器 4 的吸力增加，将衔铁吸合，并撞击杠杆，把搭钩 3 顶上去，在弹簧 1 的作用下切断主触头 2，可实现短路保护。如果线路上电压下降或失去电压时，欠电压脱扣器 5 的吸力减小或失去吸力，衔铁被弹簧拉开，撞击杠杆，把搭钩 3 顶开，切断主触头 2，可实现欠电压或失电压保护。如果线路过载，热脱扣器 6 的双金属片受热弯曲，也把搭钩 3 顶开，切断主触头

2,可实现过载保护。

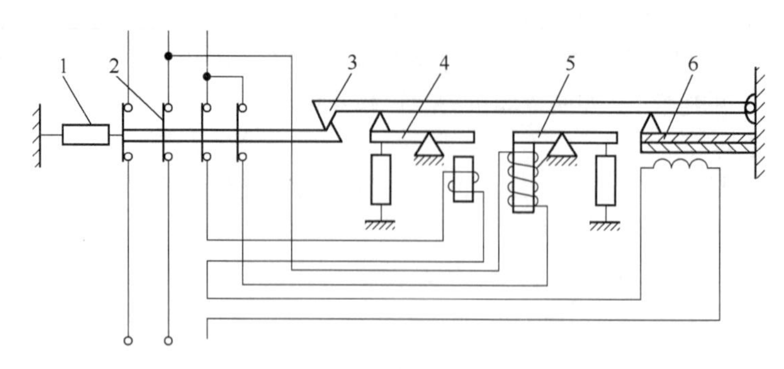

图 1-2-33　低压断路器的工作原理

1—弹簧;2—主触头;3—搭钩;4—短路脱扣器;5—欠电压脱扣器;6—热脱扣器

4. 低压断路器的安装接线

低压断路器必须垂直安装,不能横装或倒装。接线时,一般规定上面为进线(接电源),下面为出线(接负载)。

5. 低压断路器的操作

低压断路器的操作把手向上时表示合闸(即闭合);操作把手向下时表示分闸(即断开)。如果由于某故障使其跳闸时,这时必须先将其操作把手向下拉到底后再合闸,否则合不上闸。

三、热继电器

1. 热继电器的作用

热继电器 (FR)是一种利用电流的热效应来切断电路的保护电器。专门用来对连续运转的电动机进行过载及断相保护,以防电动机过热而烧毁。按相数分为两相热继电器和三相热继电器,三相热继电器有不带断相保护和带断相保护两种类型。

2. 热继电器的结构

热继电器主要由热元件、双金属片和触点三部分组成,其外形图、结构图及图形符号如图 1-2-34 所示。

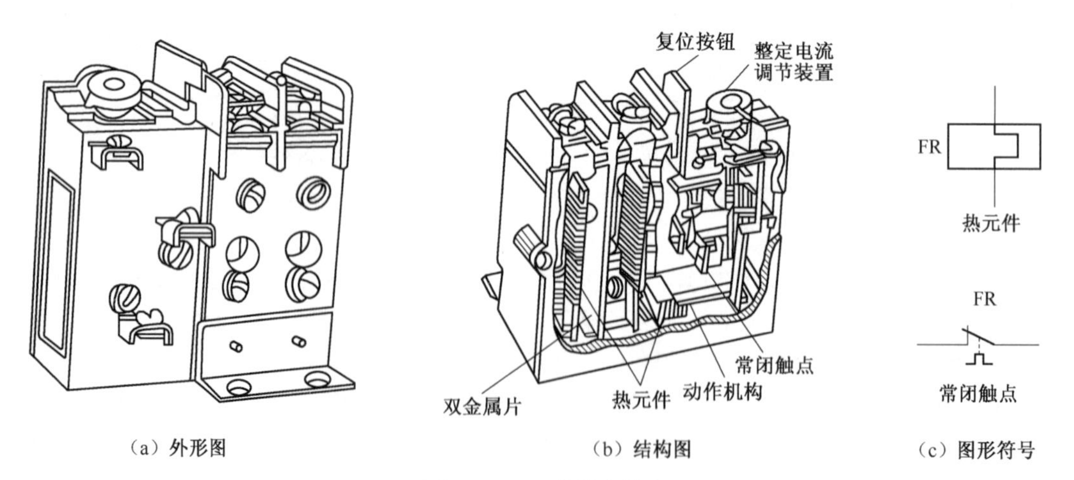

(a) 外形图　(b) 结构图　(c) 图形符号

图 1-2-34　热继电器

3. 热继电器的工作原理

热继电器的工作原理如图 1-2-35 所示。图中热元件 1(串联在主电路中)是一段电阻不大的电阻丝(其电阻一般接近于零),接在电动机的主回路中。双金属片 2 是由两种热膨胀系数不同的金属辗压而成的,其中下层金属的热膨胀系数大,上层金属的热膨胀系数小。当电动机过负载时,流过热元件的电流增大,热元件产生的热量使双金属片中的下层金属的膨胀速度大于上层金属的膨胀速度,从而使双金属片向上弯曲。经过一定时间后,使双金属片 2 与扣扳 3 分离脱扣。扣扳 3 在弹簧 4 的拉力作用下,将常闭触点 5(常闭触点 5 串联在电动机的控制电路中)断开,控制电路由于常闭触点 5 的断开而使接触器的线圈失电,从而断开电动机的主电路。若要使热继电器复位,则按下复位按钮 6 即可(有的热继电器具有自复位功能)。

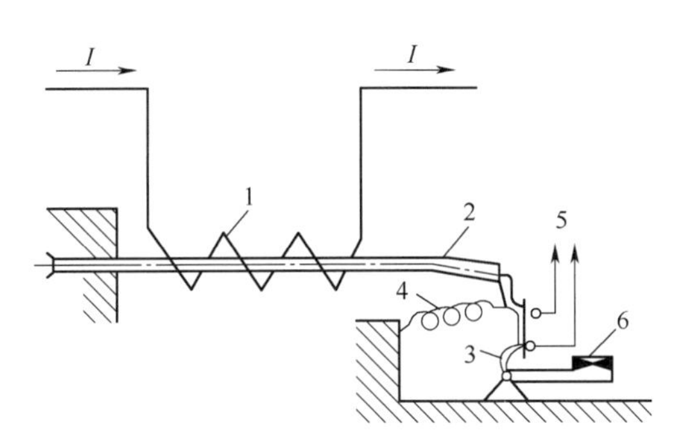

图 1-2-35　热继电器的工作原理

1—热元件;2—双金属片;3—扣板;4—弹簧;5—常闭触点;6—复位按钮

4. 热继电器的检查

热继电器必须检查其热元件和辅助常闭触点。若因过负载使热继电器动作时,其辅助常闭触点将断开而不通;若要使其闭合,则必须按手动复位按钮使之复位,有的只需待双金属片冷却后即可自动复位。

四、电流继电器

电流继电器是根据输入电流大小而动作的继电器。线圈通电,正常状态下,常开、常闭触点不动作。

电流继电器按用途分为过电流继电器(当电路发生短路及过电流时,触点动作,即切断电路)和欠电流继电器(当电路电流过低时,触点动作,即切断电路)。

使用时,电流继电器的线圈和被保护的设备串联,其线圈匝数少而线径粗、阻抗小、分压小,不影响电路正常工作。图形符号如图 1-2-36 所示。

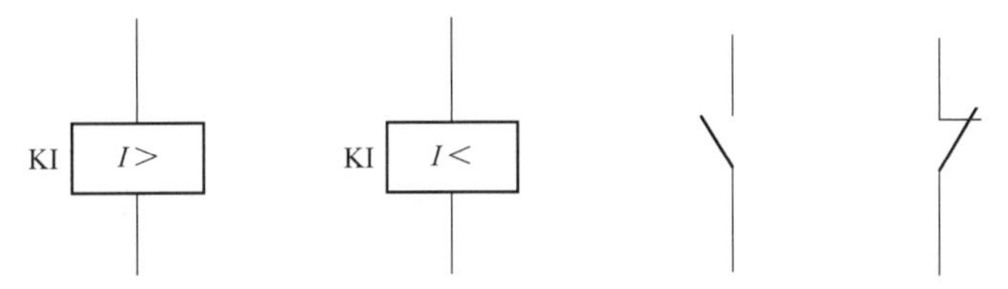

(a) 过电流继电器线圈　(b) 欠电流继电器线圈　(c) 常开触点　(d) 常闭触点

图 1-2-36　电流继电器图形符号

GL-10、20 系列反时限过电流继电器(以下简称“继电器”),应用于电动机、变压器等主要设备以及输配电系统的继电器保护回路中,当主设备或输配电系统出现过负荷及短路故障时,该继电器能按预定的时限可靠动作发出信号,切除故障部分,保证主设备及输配电系统安全运行。

五、电压继电器

电压继电器是根据输入电压大小而动作的继电器。电压继电器分为过电压继电器(起过电压保护作用)、欠电压继电器(起欠电压保护作用)和零电压继电器(起零电压保护作用)。其图形符号如图 1-2-37 所示。

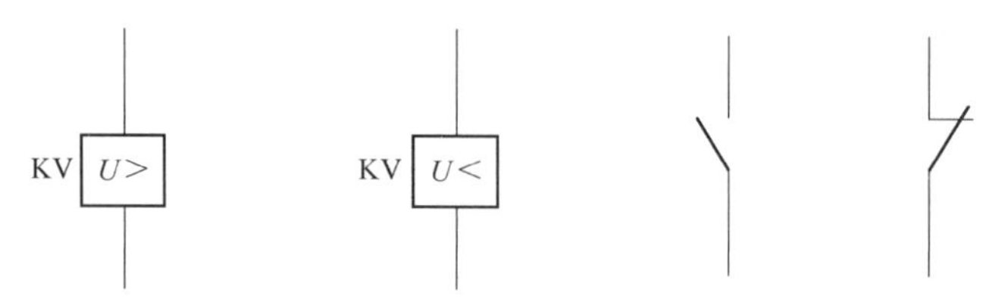

(a) 过电压继电器线圈 (b) 欠电压继电器线圈 (c) 常开触点 (d) 常闭触点

图 1-2-37 电压继电器图形符号

使用时,电压继电器的线圈与负载并联,其线圈匝数多而线径细。

六、漏电保护断路器

漏电保护断路器(见图 1-2-38)通常称为漏电保护开关,又称漏电保护器,是为了防止低压电网中人身触电或漏电造成火灾等事故而研制的一种新型电器。它除了起断路器的作用外,还能在设备漏电或人身触电时迅速断开电路,保护人身和设备的安全,因而使用十分广泛。

图 1-2-38 漏电保护断路器外形图

1. 漏电保护断路器的工作原理

家用单相电子式漏电保护断路器的外形及动作原理如图 1-2-39 所示。其主要工作原理为:当被保护电路或设备出现漏电故障或有人触电时,有部分相线电流经过人或设备直接流入地线而不经零线返回,此电流称为漏电电流(或剩余电流),它由漏电流检测电路采样后进行放大,在其值达到漏电保护器的预设值时,将驱动控制电路开关动作,迅速断开被保护电路的供电电源,从而达到防止漏电或触电事故的目的。而当电路无漏电或漏电电流小于预设值时,控制电路的开关不动作(即漏电保护器不动作),系统正常供电。

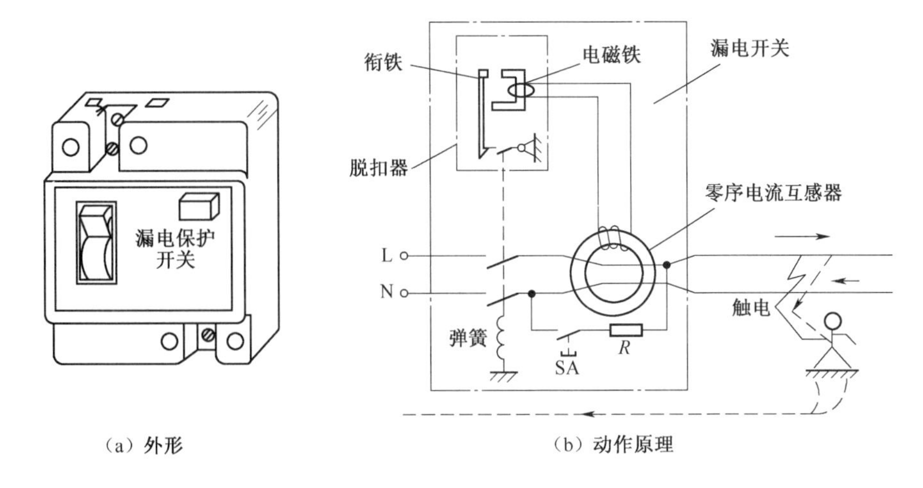

（a）外形　（b）动作原理

图 1-2-39　单相电子式漏电保护断路器的外形及动作原理

2. 漏电保护断路器的选用

(1)根据所保护的线路或设备的电压等级、工作电流及其正常泄漏电流的大小来选择漏电保护断路器。在选用漏电保护断路器时,首先应使其额定电压和额定电流值分别大于或等于线路的额定电压和负载工作电流。

(2)应使其脱扣器的额定电流大于或等于线路负载工作电流。

(3)漏电保护断路器的极限通断能力应大于或等于线路最大短路电流,线路末端单相对地短路电流与漏电保护断路器瞬时脱扣器的整定电流之比应大于或等于 1.25。

(4)对于以防触电为目的的漏电保护器,例如家用电器配电线路,宜选用动作时间在 0.1 s 以内、动作电流在 30 mA 以下的漏电保护器。

(5)对于特殊场合,如 220 V 以上电压、潮湿环境且接地有困难,或发生人身触电会造成二次伤害时,供电回路中应选择动作电流小于 15 mA、动作时间在 0.1 s 以内的漏电保护器。

(6)选择漏电保护断路器时应考虑灵敏度与动作可靠性的统一。漏电保护断路器的动作电流选得越低,安全保护的灵敏度就越高,但由于供电回路设备都有一定的泄漏电流,因而容易造成保护器经常性误动作,或不能投入运行,破坏供电的可靠性。

3. 漏电保护断路器的安装要求

(1)漏电保护断路器应安装在进户线截面较小的配电盘上或照明配电箱内;安装在电能表之后,熔断器(或胶盖刀闸)之前。对于电磁式漏电保护断路器,也可装于熔断器之后。

(2)所有照明线路导线(包括中性线在内),均需通过漏电保护断路器,且中性线必须与地绝缘。

(3)电源进线必须接在漏电保护断路器的正上方,即外壳上标有“电源”或“进线”的一端;出线均接在下方,即标有“负载”或“出线”的一端。进线、出线接反会导致漏电保护断路器动作后烧毁线圈或影响漏电保护断路器的接通、分断能力。

(4)安装漏电保护断路器后,不能拆除单相闸刀开关或瓷插、熔丝盒等。其目的一是使维修设备时有一个明显的断开点;二是在刀闸或瓷插中装有熔体,起着短路或过载保护作用。

(5)漏电保护断路器安装后若始终合不上闸,说明用户线路对地漏电超过了额定漏电动作电流值,应将漏电保护断路器"负载端"的电线拆开(即将照明线拆下来),并对线路进行整修,合格后才能送电。如果漏电保护断路器"负载端"的线路断开后仍不能合闸,则说明漏电保护断路器有故障,应送有关部门进行修理,用户切勿乱调乱动。

(6)漏电保护断路器在安装后先带负荷分合开关三次,不得出现误动作;再用试验按钮试验三次,应能正确动作(即自动跳闸,负载断电)。

4. 注意事项

(1)漏电保护断路器的保护范围应是独立回路,不能与其他线路有电气上的连接。

(2)安装漏电保护断路器后,不能撤掉或降低对线路、设备的接地或接零保护要求及措施,安装时应注意区分线路的工作零线和保护零线。

(3)在潮湿、高温、金属占有比例大的场所及其他导电良好的场所,必须设置独立的漏电保护断路器。

(4)安装不带过电流保护的漏电保护断路器时,应另外安装过电流保护装置。采用熔断器作为短路保护时,熔断器的安秒特性与漏电保护断路器的通断能力应满足选择性要求。

(5)安装时,应按产品上所标示的电源端和负载端接线,不能接反。

(6)使用前应操作试验按钮,看是否能正常动作,经试验正常后方可投入使用。

(7)有漏电动作后,应查明原因并予以排除,然后按试验按钮,正常动作后方可使用。

第四节　控 制 电 器

一、交流接触器

1. 交流接触器的作用

交流接触器(KM)是一种用来接通或切断主电路的自动控制电器,适用于频繁操作和远距离控制。它具有工作可靠、寿命长等优点。交流接触器利用电磁力的吸合和反向弹簧力作用使触点闭合和分断,从而使电路接通和断开。它具有欠电压释放保护及零电压保护,控制容量大,主要用来控制电动机,也可用来控制电焊机、电阻炉和照明器具等电力负载。交流接触器不能切断短路电流,因此通常需与熔断器配合使用。

2. 交流接触器的结构

交流接触器的主要组成有电磁系统、触点系统和灭弧装置。从使用的角度来看,它主要有三部分,一是线圈(它有 220 V 和 380 V 两种,接在控制电路中),二是主触点(又称主接点),主接点一般为三极常开(动合)触点,电流容量大,通常装设灭弧机构,因此具有较大的电流通断能力,主要用于大电流电路(主电路);三是辅助触点(又称辅助接点),辅助触点电流容量小,不专门设置灭弧机构,主要用在小电流电路(控制电路或其他辅助电路)中作联锁或自锁之用,其外形如图 1-2-40 所示。所谓触点的"常开""常闭"是指电磁系统未通电动作前触点的状态,即常开触点是指线圈未通电时,其动、静触点处于断开状态,线圈通电后就闭合,所以常开触点又称动合触点;常闭触点是指线圈未通电前,其动、静触点是闭合的,而线圈通电后则断开,所以常闭触点又称动断触点。

3. 交流接触器的工作原理

交流接触器的工作原理从图 1-2-41 可知,当吸引线圈通电时,铁芯被磁化,吸引衔铁向下运动,使得常闭触点(动断触点)断开,常开触点(动合触点)闭合。当线圈断电时,磁力消失，在弹簧的作用下衔铁回到原来的位置，也就使触点恢复到原来的状态。目前，常用的接触器有 CJ10、CJ12、CJ20 等系列。

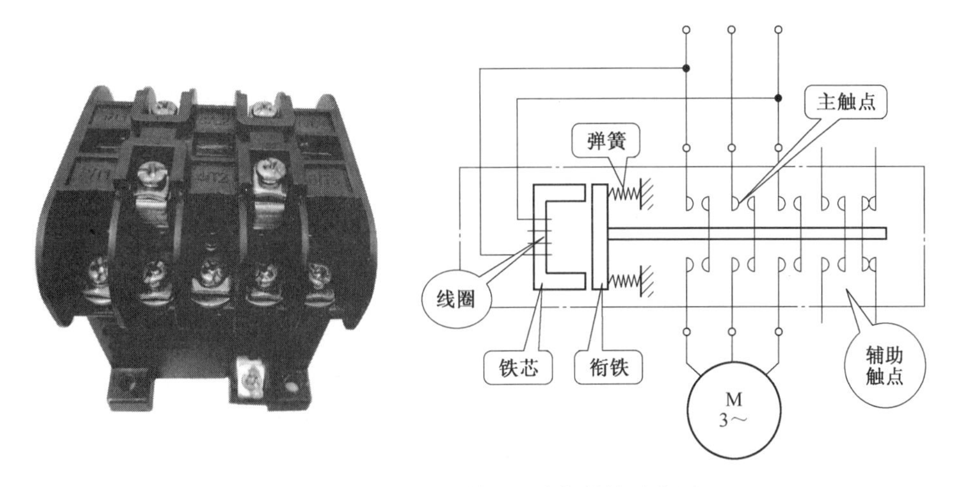

图 1-2-40　交流接触器外形及内部结构示意图

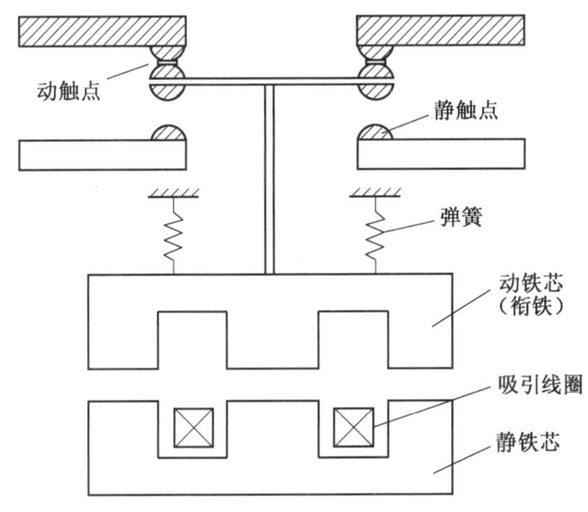

图 1-2-41　交流接触器的工作原理

4. 交流接触器的检查

由上述可知用万用表的 $R\times1\ \Omega$ 挡检查触点系统的开断情况，用万用表的 $R\times10\ \Omega$ 或 $R\times100\ \Omega$ 挡或数字万用表的 2 kΩ 挡检查线圈的好坏，从而判断交流接触器是否能够正常工作。

二、继电器

继电器是一种利用电流、电压、时间、温度等信号的变化来接通或断开所控制的电路，以实现自动控制或完成保护任务的自动电器。继电器和接触器的工作原理一样。主要区别在于，接触器的主触点可以通过大电流，而继电器的体积和触点容量小，触点数目多，只能通过小电流。所以，继电器只能用于控制电路中，一般用于机床的控制电路中。

继电器分为中间继电器、电压继电器、电流继电器、时间继电器、速度继电器等。

1. 中间继电器

中间继电器(见图 1-2-42)和接触器的结构和工作原理大致相同。

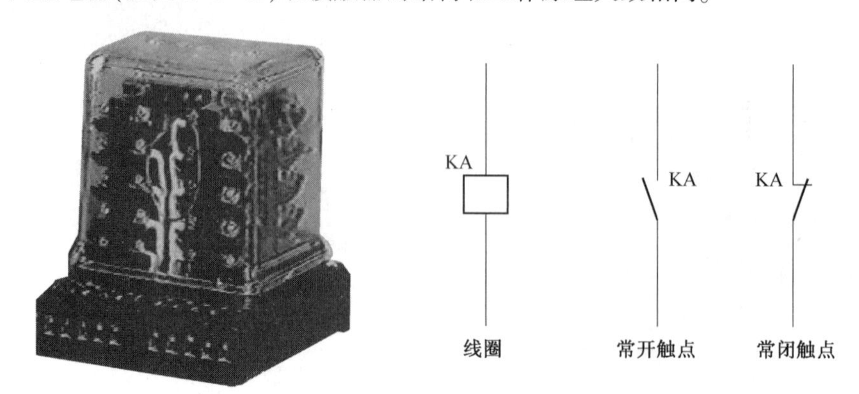

图 1-2-42　中间继电器外形及图形与文字符号

中间继电器 JZ7 系列适用于交流 50 Hz 或 60 Hz、额定电压至 380 V 或直流额定电压至 220 V 的控制电路中,用来控制各种电磁线圈,以使信号扩大或将信号同时传送给有关控制元件。JZ14 系列交直流中间继电器,适用于交流 50 Hz,电压 380 V 及以下;直流电压 220 V 及以下的控制电路中作为增加信号大小及数量之用。

2. 时间继电器

时间继电器是从得到输入信号(线圈通电或断电)起,经过一段时间延时后触点才动作的继电器。时间继电器适用于定时控制。时间继电器图形符号如图 1-2-43 所示。

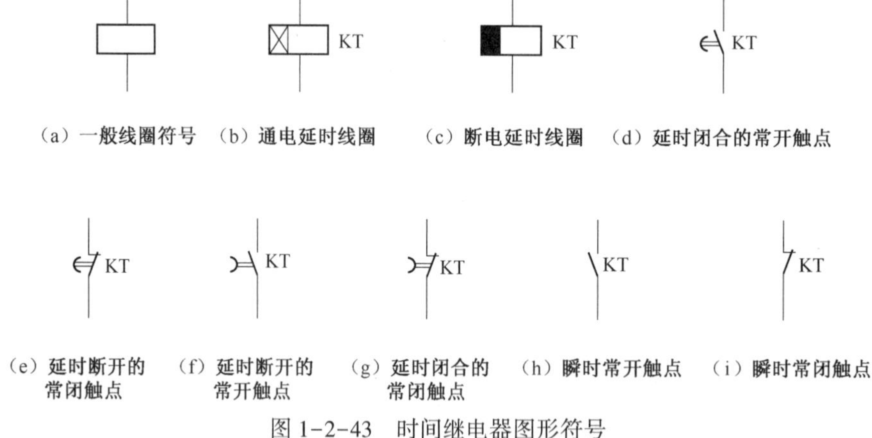

图 1-2-43　时间继电器图形符号

按工作原理分为空气阻尼式、电磁式、电动式、电子式等。按延时方式分为通电延时型和断电延时型。数控机床中一般由计算机软件实现时间控制。

3. 速度继电器

速度继电器是测量转速的元件。它能反映电动机转动的方向以及电动机是否停转,因此广泛用于异步电动机的反接制动中。JY1 速度继电器结构原理图如图 1-2-44 所示。

速度继电器结构和工作原理与笼形异步电动机类似,主要有转子、定子和触点三部分。其中转子是圆柱形永磁铁,与被控旋转机构的轴连接,同步旋转;定子是笼形空心圆环,内装有笼形绕组,它套在转子上,可以转动一定的角度。当转子转动时,在绕组内感应出电动势和电流,此电流和磁场作用产生扭矩使定子柄向旋转方向转动;拨动簧片使触点闭合或断开,当转子转速约100 r/min,扭矩不足以克服定子柄的重力,触点系统恢复原态。

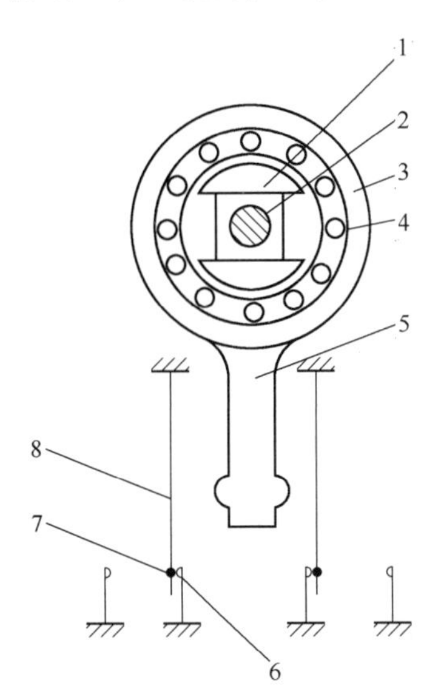

图1-2-44　JY1速度继电器结构原理图

1—转子;2—轴;3—定子;4—绕组;5—定子柄;6—静触点;7—动触点;8—簧片

第七章 电动机与变压器

第一节 三相异步电动机

一、三相异步电动机的结构

图 1-2-45 所示为三相异步电动机的外形。三相异步电动机主要由定子和转子两大部分组成,另外还有端盖、轴承及风扇等部件,如图 1-2-46 所示。

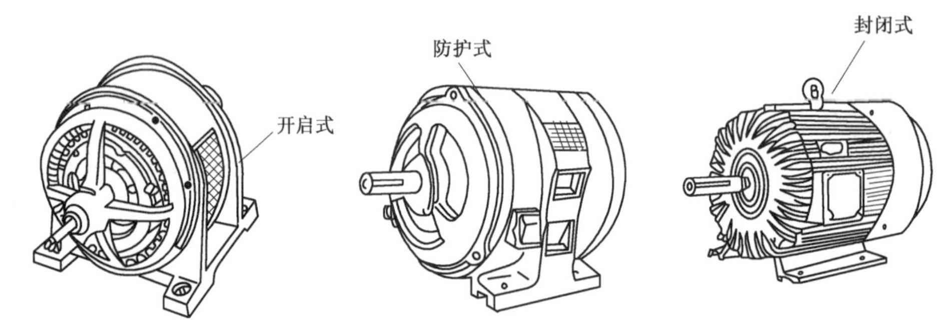

图 1-2-45 三相异步电动机的外形

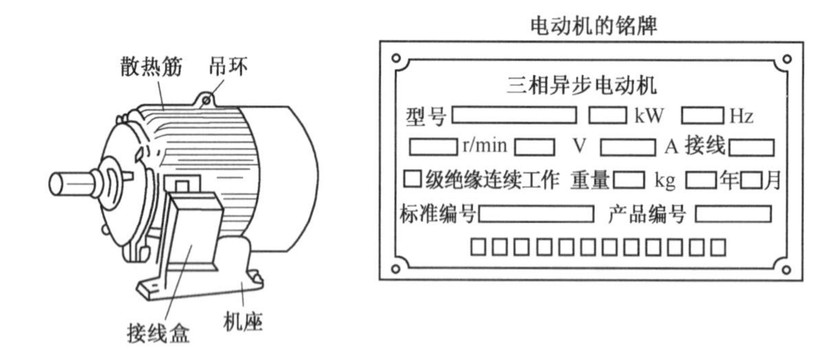

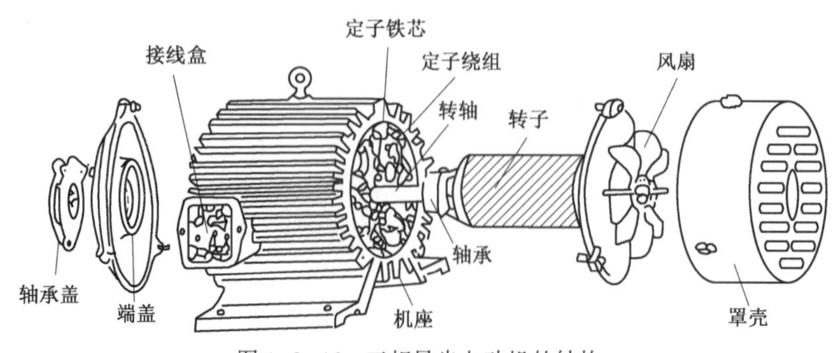

图 1-2-46 三相异步电动机的结构

1. 定子

三相异步电动机的定子由定子铁芯、定子绕组和机座等组成。

(1)定子铁芯是电动机的磁路部分,一般由厚度为0.5 mm的硅钢片叠成,其内圆冲成均匀分布的槽,槽内嵌入三相定子绕组,绕组和铁芯之间有良好的绝缘。

(2)定子绕组是电动机的电路部分,由三相对称绕组组成,并按一定的空间角度依次嵌入定子槽内。三相绕组的首、尾端分别为U1、V1、W1和U2、V2、W2。其接线方式根据电源电压不同可接成星形(Y)或三角形(△),如图1-2-47所示。

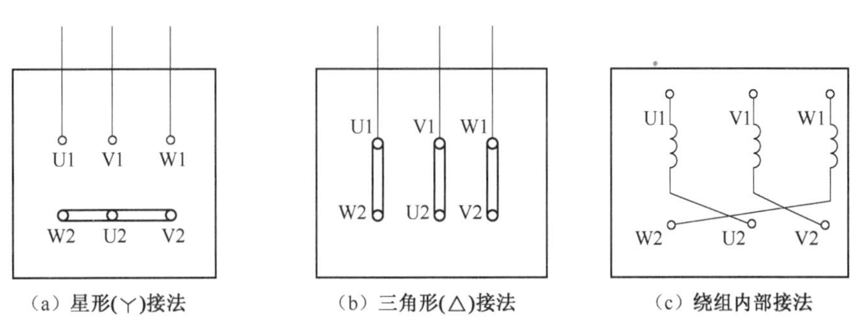

图1-2-47　三相异步电动机接法

(3)机座一般由铸铁或铸钢制成,其作用是固定定子铁芯和定子绕组。封闭式电动机外表面还有散热筋,用以增加散热面积。

(4)机座两端的端盖,用来支承转子轴,并在两端设有轴承座。

2. 转子

三相异步电动机的转子包括转子铁芯、转子绕组和转轴。

(1)转子铁芯是由厚度为0.5 mm的硅钢片叠成的,压装在转轴上,外圆周围冲有槽,一般为斜槽,并嵌入转子导体。

(2)转子绕组有笼形和绕线式两种。笼形转子绕组一般用铝浇入转子铁芯的槽内,并将两个端环与冷却用的风扇翼浇铸在一起;而绕线式转子绕组和定子绕组相似,三相绕组一般接成星形,三个出线头通过转轴内孔分别接到三个铜制集电环上,而每个集电环上都有一组电刷,通过电刷使转子绕组与变阻器接通来改善电动机的启动性能或调节转速。

二、三相异步电动机的工作原理

当三相异步电动机定子三相绕组中通入对称的三相交流电时,在定子和转子的气隙中形成一个随三相电流的变化而旋转的磁场,其方向与三相定子绕组中电流的相序一致,三相定子绕组中电流的相序发生改变,旋转磁场的方向也跟着发生改变。该磁场切割转子导体,在转子导体中产生感应电动势。由于转子导体通过端环相互连接形成闭合回路,因此在导体中产生感应电流。在旋转磁场和转子感应电流的相互作用下产生电磁力,转子在电磁力的作用下产生旋转,其方向与旋转磁场的旋转方向一致。

三、三相异步电动机的接线

三相异步电动机接线盒内应有六个端头,各相的首端用U1、V1、W1表示,尾端用U2、V2、W2表示。三相异步电动机定子绕组的接线盒内端子的布置形式,常见的有星形接法和三角形接法。当电动机没有铭牌,端子标号又弄不清楚时,需用仪表或其他方法确定三相绕组引出线的首尾。

四、三相异步电动机的启动

当三相异步电动机的定子绕组接入三相电源后，转子便开始转动。在刚启动的瞬间，因旋转磁场以最大速度切割转子绕组，便在转子绕组中产生较大的感应电动势；由于转子绕组的阻抗很小，将通过很大的电流，从而导致定子绕组中出现很大的启动电流，其值为额定电流的4~7倍，这样大的启动电流将造成电源电压显著下降，影响接在同一电源上的其他电气设备的正常工作。若启动频繁时，由于热量的积累，还将造成电动机绕组的绝缘老化，缩短电动机的使用寿命。所以，大中型异步电动机在启动时，要把启动电流限制在一定数值内，一般取额定电流的2~2.5倍。

1. 全压启动

笼形异步电动机最简单的启动方法是全压启动，又称直接启动。启动时，将额定电压通过开关(刀开关、组合开关、低压断路器等)或接触器直接加在定子绕组上，使电动机启动。这种启动方法的优点是启动设备简单，启动迅速，缺点是启动电流大。当电源容量较大而电动机容量较小时，这种方法是可用的。一般情况下，10 kW以上的电动机都不宜全压启动，应用降压启动。

2. 降压启动

利用启动设备将电压适当降低后加到电动机的定子绕组上启动，以限制电动机的启动电流，等电动机转速升高后，再使电动机定子绕组上的电压恢复至额定值，这种方法称为降压启动。由于电动机转矩与电压的二次方成正比，所以降压启动时的启动转矩将大为降低，因此，降压启动方法仅适用于空载或轻载启动。降压启动一般有下列三种方法：

(1)星-三角(Y-△)降压启动。

(2)自耦变压器降压启动。

(3)延边三角形降压启动。

第二节 变 压 器

一、变压器的作用

变压器是用来升高和降低电压的电气设备，它是根据电磁感应的原理，把某一级的交流电压变换成符合需要的另一级同频率的交流电压，以满足不同用电设备的需要。因此，它在供电系统中占有十分重要的地位。常见的变压器有电力变压器、控制变压器、调压变压器、配电变压器、仪用变压器、自耦变压器等，如图1-2-48所示。变压器的工作方式是由它的容量、电压、电流和温升等决定的，这些技术参数的额定值都标注在变压器的铭牌上，它是运行的主要指标。

二、变压器的结构及工作原理

变压器主要由铁芯和线圈组成。变压器铁芯都采用两面都涂有绝缘漆的硅钢片叠合而成。其目的是减少铁芯磁滞和涡流损失。在闭合铁芯上绕有两个以上相互绝缘的绕组，其中接电源的称为一次绕组，输出电能接负荷的称为二次绕组，如图1-2-49所示。当交流电源 $\dot{U}_1$ 加到一次绕组后，就有交流电流 $\dot{I}_1$ 通过该绕组，在铁芯中产生的交变磁通不仅穿过一次绕组，同时也穿过二次绕组。两个绕组中分别产生感应电动势 E_1、E_2。此时，如果二次绕组与外电路负荷接通，就有电流 $\dot{I}_2$ 流入负荷，即二次绕组有电能输出。变压器一、二次绕组电压比及电流比与匝数比满足下列公式：

$$\frac{U_1}{U_2}=\frac{N_1}{N_2}=\frac{I_2}{I_1}$$

即变压器一、二次绕组电压与匝数成正比，电流与匝数比成反比。

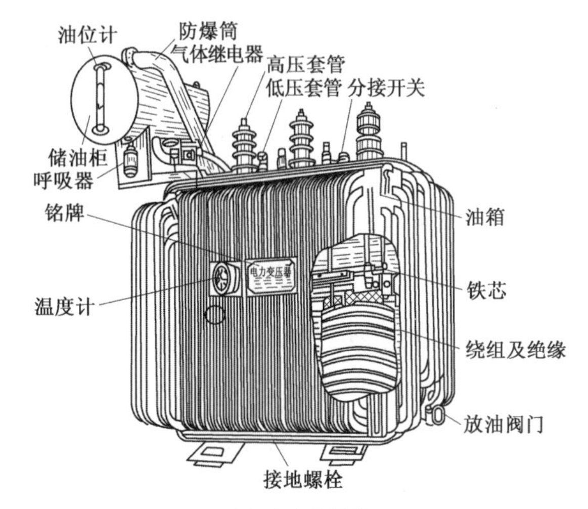

（a）电力变压器

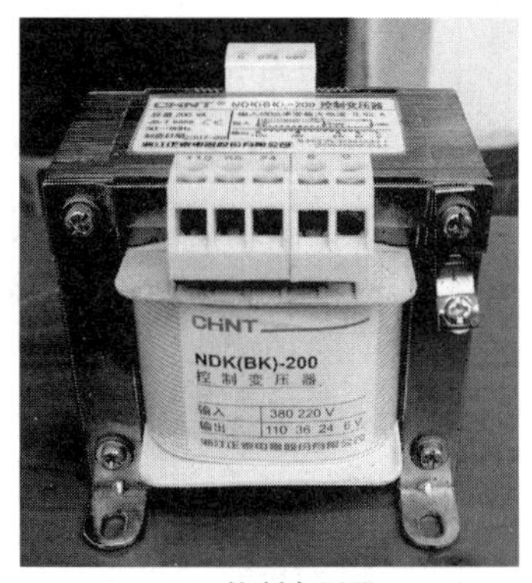

（b）控制变压器

（c）调压变压器

图 1-2-48　变压器

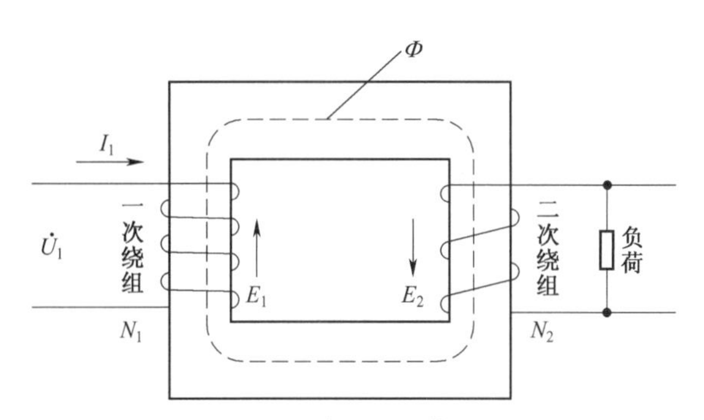

图 1-2-49　变压器工作原理图

三、变压器高、低压绕组的判别方法

1. 电阻测量法

使用万用表欧姆挡测量各绕组线圈的电阻，根据电阻的大小来确定高、低压绕组。通常电阻小的为低压绕组，电阻大的为高压绕组。

2. 交流电压测量法

在变压器任一绕组上加入一交流小电压，用万用表的交流挡，测出其他绕组的电压值，然后比较各绕组上电压的大小来确定。通常电压小的为低压绕组，电压大的为高压绕组。

3. 绕组线径识别法

根据变压器一、二次绕组感应电动势之比与线圈匝数成正比，电流之比与线圈匝数成反比可知，变压器的绕组匝数越多，电流就越小，需要的线径就越细，而匝数多的一侧电压高。因此，变压器绕组线径细的一侧为低压绕组，线径粗的一侧为高压绕组。

四、变压器的检查

(1)使用万用表欧姆挡测量变压器各绕组之间的电阻，正常时电阻为∞。如果测出有电阻或电阻很小，说明绕组之间绝缘损坏。

(2)利用兆欧表来测量变压器绕组与绕组之间、绕组与外壳之间的绝缘电阻。正常时绝缘电阻一般大于50 MΩ。如果小于0.5 MΩ就不能使用了。

第三节　电流互感器

一、电流互感器的作用与原理

电流互感器是一种特殊的变压器，作用与一台一次线圈匝数少、二次线圈匝数多的变压器相同，根据变压器电流与线圈匝数成反比的原理，电流互感器把线路上的待检测的大电流转换成小电流，通常与交流仪表配合使用。由于二次侧串联的是阻抗很小的电流表和其他仪器仪表的电流线圈，运行中的电流互感器类似于工作在短路状态下的变压器。

电流互感器本身不带一次绕组，只有二次绕组和铁芯，它的一次绕组是一次回路的导线，为一匝或数匝。其外形和图形与文字符号如图1-2-50所示。

电流互感器的一次电流取决于一次负荷的大小，与二次负荷无关；在规定的范围内，电流互感器的二次电流也与二次负荷无关，取决于一次电流的大小。电流互感器把线路上的待检测的大电流转换成转换成额定电流为5 A(一般都是5 A)或1 A的小电流，所以电流互感器要根据其铭牌和实际情况来接线，确定一次线圈的匝数和电流互感器的电流比。

如果电流互感器的铭牌上标有“电流比50/5，穿心3匝”，如果一次导线绕了3匝，则电流互感器的电流比K_i为10；如果一次导线绕了1匝，则电流互感器的电流比K_i为30；如果一次导线绕了6匝，则电流互感器的电流比K_i为5。

如果电流互感器的铭牌上标有“电流比100/5”，且其参数如表1-2-4所示。如果一次导线绕了1匝，则电流互感器的电流比K_i为20；如果一次导线绕了2匝，则电流互感器的电流比K_i为10；如果一次导线绕了4匝，则电流互感器的电流比K_i为5。

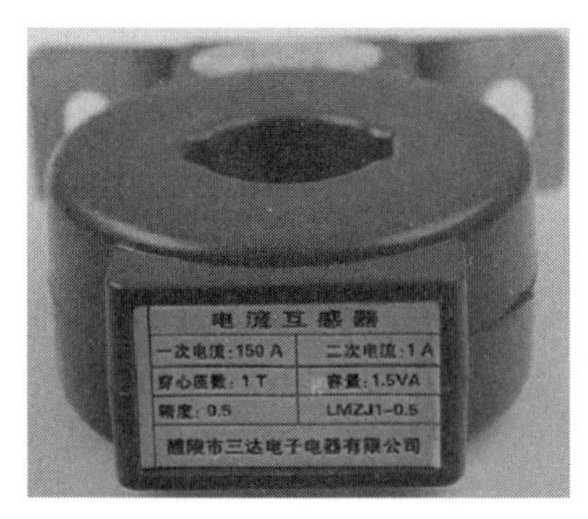

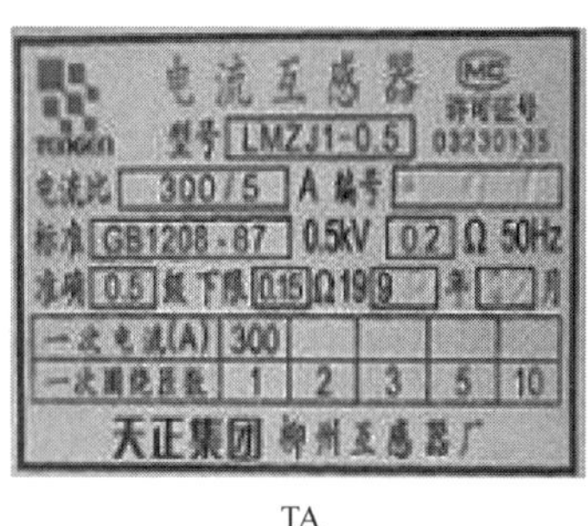

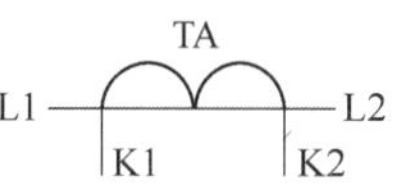

图 1-2-50　电流互感器的外形、铭牌和图形与文字符号

表 1-2-4　电流比 100/5 的参数

一次电流		100			
一次线圈匝数	1	2	3	5	10

如果电流互感器的铭牌上标有“电流比 50/5”，且其参数如表 1-2-5 所示。如果一次导线绕了 3 匝，则电流互感器的电流比 K_i 为 10；如果一次导线绕了 1 匝，则电流互感器的电流比 K_i 为 30；如果一次导线绕了 6 匝，则电流互感器的电流比 K_i 为 5。

表 1-2-5　电流比 50/5 的参数

一次电流			50		
一次线圈匝数	1	2	3	5	10

二、注意事项

电流互感器一般串联在回路中使用。使用时，除了要检查电流互感器的外观，还可用万用表测量它的二次绕组的电阻值（其电阻值很小，一般接近于零），从而可检查二次绕组是否有断路。电流互感器实际上就是一台工作在短路状态下的升压变压器（因为电流表是低阻表，电流很大，所以相当于短路。又因为一次绕组匝数少、二次绕组匝数多，所以是升压变压器。而之所以实际电流互感器的二次绕组电压没有升高，是因为它工作在短路状态。）。电流互感器工作时，二次绕组绝对不能开路，否则会感应高电压危及设备或人身安全，并因失去二次绕组的去磁磁势，使铁芯严重饱和而失去测量的准确性。

电流互感器使用时应注意：

（1）二次回路接线应采用截面积不小于 2.5 mm^2 的绝缘铜线；排列整齐，连接良好；盘、柜内的二次回路接线不应有接头。

（2）为了减轻电流互感器一次线圈对外壳和二次回路漏电的危险，其外壳和二次回路的一点应良好接地。

（3）对于接在线路中的没有使用的电流互感器，应将其二次线圈短路并接地。

（4）为避免电流互感器二次开路的危险，二次回路中不得装熔断器。

（5）电流互感器二次回路中的总阻抗不得超过其额定值。

（6）电流互感器的极性和相序必须正确。

第四节　电压互感器

电压互感器(见图 1-2-51)又称仪用变压器,是一种电压变换装置。电压互感器和变压器都是用来变换线路上的电压的,但是变压器变换电压的目的是为了输送电能,因此容量很大,一般都以千伏・安或兆伏・安为计量单位;而电压互感器变换电压的目的,主要是用低压量值反映高压量值的变化,通过电压互感器就可以实现直接用普通电气仪表对大电压的测量。

电压互感器也用来在线路发生故障时保护线路中的贵重设备、电动机和变压器。电压互感器的容量很小,一般都只有几伏・安、几十伏・安,最大也不超过 1 000 V・A。

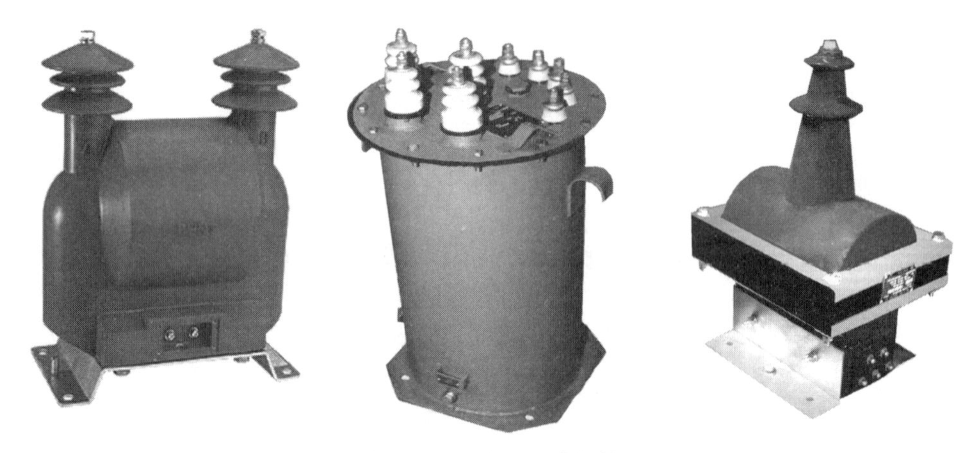

图 1-2-51　电压互感器外形

一、电压互感器的工作原理

电压互感器的基本结构和变压器很相似,它也有两个绕组,一个称为一次绕组,另一个称为二次绕组。两个绕组都装在或绕在铁芯上。两个绕组之间以及绕组与铁芯之间都有绝缘,使两个绕组之间以及绕组与铁芯之间都有电的隔离。电压互感器在运行时,一次绕组 N_1 并联接在线路上,二次绕组 N_2 并联接仪表或继电器等。因此,在测量高压线路上的电压时,尽管一次电压很高,但二次侧却是低压的(不管电压互感器一次电压有多高,其二次额定电压一般都是 100 V,使得测量仪表和继电器电压线圈制造上得以标准化,而且保证了仪表测量和继电保护工作的安全,也解决了高压测量的绝缘、制造工艺等困难),可以确保操作人员和仪表的安全。

电压互感器本身的阻抗很小,一旦二次侧发生短路,电流将急剧增长而烧毁线圈。为此,电压互感器的一次侧接有熔断器,二次侧可靠接地,以免一、二次侧绝缘损毁时,二次侧出现对地高电位而造成人身和设备事故。

测量用电压互感器一般都做成单相双线圈结构,其一次电压为被测电压(如电力系统的线电压),可以单相使用,也可以用两台接成 V-V 形作三相使用。实验室用的电压互感器往往是一次侧多抽头的,以适应测量不同电压的需要。供保护接地用电压互感器还带有一个第三线圈,称为三线圈电压互感器。三相的第三线圈接成开口三角形,开口三角形的两引出端与接地保护继电器的电压线圈连接。

正常运行时,电力系统的三相电压对称,第三线圈上的三相感应电动势之和为零。一旦发生单相接地时,中性点出现位移,开口三角形的端子间就会出现零序电压使继电器动作,从而对电力系统起保护作用。

二、电压互感器的分类

(1)按安装地点可分为户内式和户外式。35 kV 及以下多制成户内式,35 kV 以上则制成户外式。

(2)按相数可分为单相式和三相式,35 kV 及以上不能制成三相式。

(3)按绕组数目可分为双绕组和三绕组电压互感器,三绕组电压互感器除一次侧和基本二次侧外,还有一组辅助二次侧,供接地保护用。

(4)按绝缘方式可分为干式、浇注式、油浸式和充气式。干式浸绝缘胶电压互感器结构简单、无着火和爆炸危险,但绝缘强度较低,只适用于 6 kV 以下的户内式配电装置;浇注式电压互感器结构紧凑、维护方便,适用于 3~35 kV 户内式配电装置;油浸式电压互感器绝缘性能较好,可用于 10 kV 以上的户外式配电装置;充气式电压互感器用于 SF6 全封闭电器中。

此外,还有电容式电压互感器。电容式电压互感器实际上是一个单相电容分压管,由若干个相同的电容器串联组成,接在高压相线与地面之间,广泛用于 110~330 kV 的中性点直接接地的电网中。

三、注意事项

(1)电压互感器在投入运行前要按照规程规定的项目进行试验检查。例如,测极性、连接组别、测绝缘、核相序等。

(2)电压互感器的接线应保证其正确性。一次绕组和被测电路并联,二次绕组应和所接的测量仪表、继电保护装置或自动装置的电压线圈并联,同时要注意极性的正确性。

(3)接在电压互感器二次侧负荷的容量应合适,接在电压互感器二次侧的负荷不应超过其额定容量,否则,会使电压互感器的误差增大,难以达到测量的正确性。

(4)电压互感器二次侧不允许短路。由于电压互感器内阻抗很小,若二次回路短路时,会出现很大的电流,将损坏二次设备甚至危及人身安全。电压互感器可以在二次侧装设熔断器以保护其自身不因二次侧短路而损坏。在可能的情况下,一次侧也应装设熔断器以保护高压电网不因互感器高压绕组或引线故障危及一次系统的安全。

(5)为了确保人在接触到测量仪表和继电器时的安全,电压互感器二次绕组必须有一点接地。因为接地后,当一、二次绕组间的绝缘损坏时,可以防止仪表和继电器出现高电压危及人身安全。

电压互感器实际上就是一台工作在空载状态下的降压变压器(因为电压表是高阻表,电流很小,所以是空载。又因为一次绕组匝数多、二次绕组匝数少,所以是降压变压器),电压互感器在施工和安装时,二次侧绝不容许短路。

第八章 电子元器件的识别和检测

电子电路中常用的元器件包括：电阻、电容、二极管、三极管、晶闸管、轻触开关、发光二极管、蜂鸣器、各种传感器、芯片、继电器、变压器等。本章只对最常用的几种元件进行讲解，在日常学习中应注意积累相关知识，学以致用。

第一节 电　　阻

滑线变阻器、灯泡、电炉等在一定条件下可以用理想二端元件——电阻作为其电路模型。电阻元件是不产生能量的无源元件，在电路中对电流有阻碍作用并且消耗能量，电阻元件对电路的阻碍作用的大小也称为电阻，用 R 表示。线性电阻在实际电路中应用非常广泛，其作用有分流、限流、分压、偏置、滤波（与电容器组合使用）和阻抗匹配等。

不同电阻元件的图形符号有些差别（如图 1-2-52）所示，但电阻器（resistor）在电路中都用字母 R 表示。

一般情况下，“电阻”（或 R）既表示电阻元件也表示电阻值的大小。一个电路图中有多个电阻时，用字母 R 加数字表示，如 R_5 表示编号为 5 的电阻器。在国际单位制中，电阻的单位为欧（Ω），常见单位有千欧（kΩ）和兆欧（MΩ）。单位换算：1 MΩ = 10^3 kΩ = 10^6 Ω。

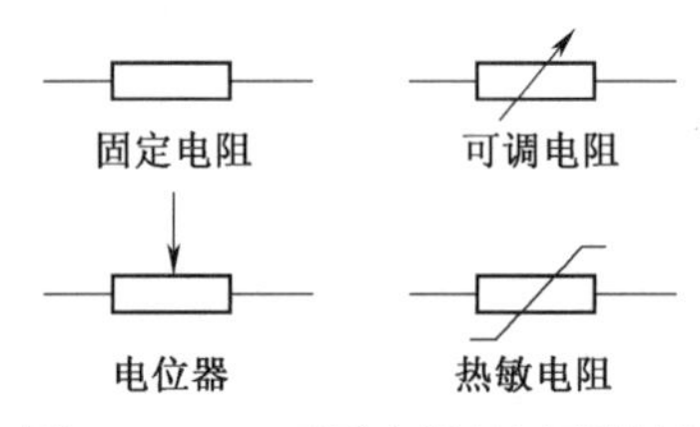

图 1-2-52　不同电阻的图形符号

一、电阻的标注方法

电阻在电路中的参数标注方法有三种，即直标法、数码标注法和色环标注法。

1. 直标法

将电阻的标称值用数字和文字符号直接标在电阻体上，其允许偏差则用百分数表示，未标偏差值的表示偏差为±20%。

2. 数码标注法

主要用于贴片等小体积的电路，在三位数码中，从左至右第一、二位数表示有效数字，第三位表示倍率又称乘数，对应的数是 10 的幂指数，10 的几次幂就在数的后面加几个 0。用 R 和字母后面的数字表示表示小数点后的有效数字（R 表示小数点）。如 122 表示阻值为 12×10^2 Ω = 1 200 Ω = 1.2 kΩ，472 表示 47×10^2 Ω（即 4.7 kΩ）；104 表示 100 kΩ；R22 表示 0.22Ω；1R0 表示 1.0 Ω，17R8 表示 17.8 Ω。

3. 色环标注法

这种标注方法使用最多。普通的色环电阻用四色环表示，精密电阻器用五色环表示，紧靠电阻体一端头的色环为第一色环，露着电阻体本色较多的另一端头为末色环。

如果色环电阻用四色环表示，前面两道色环表示有效数字，第三道色环表示倍率，第四道色环表示电阻的误差范围（允许误差），图 1-2-53 所示为四色环电阻（两位有效数字）阻值的色环标注法。

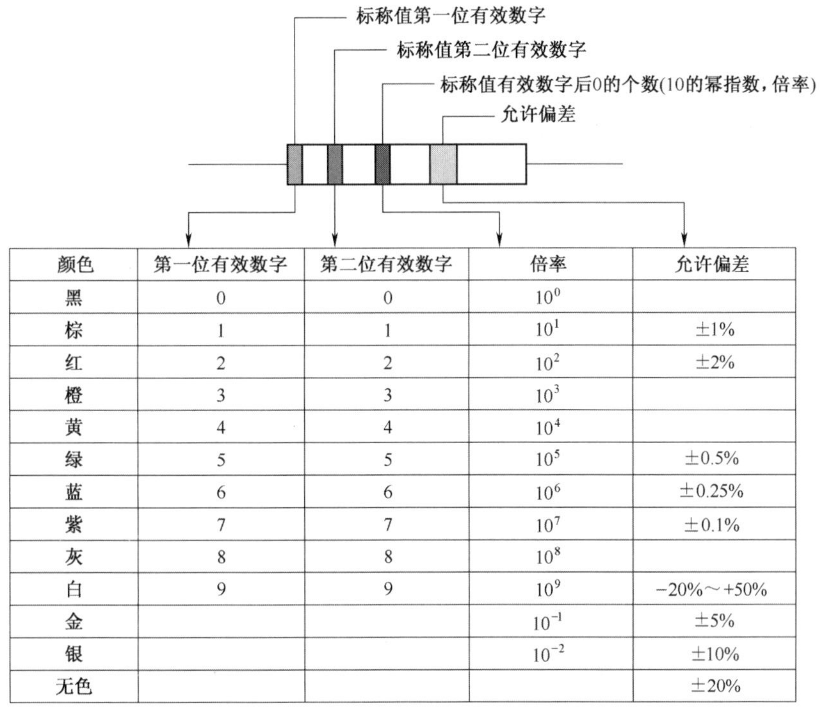

颜色	第一位有效数字	第二位有效数字	倍率	允许偏差
黑	0	0	10^0	
棕	1	1	10^1	±1%
红	2	2	10^2	±2%
橙	3	3	10^3	
黄	4	4	10^4	
绿	5	5	10^5	±0.5%
蓝	6	6	10^6	±0.25%
紫	7	7	10^7	±0.1%
灰	8	8	10^8	
白	9	9	10^9	−20%～+50%
金			10^{-1}	±5%
银			10^{-2}	±10%
无色				±20%

图 1-2-53　四色环电阻(两位有效数字)阻值的色环标注法

如果色环电阻用五色环表示,前面三道色环表示有效数字,第四道色环表示倍率,第五道色环表示色环电阻的误差范围(允许偏差),图 1-2-54 所示为五色环电阻(三位有效数字)阻值的色环标注法。

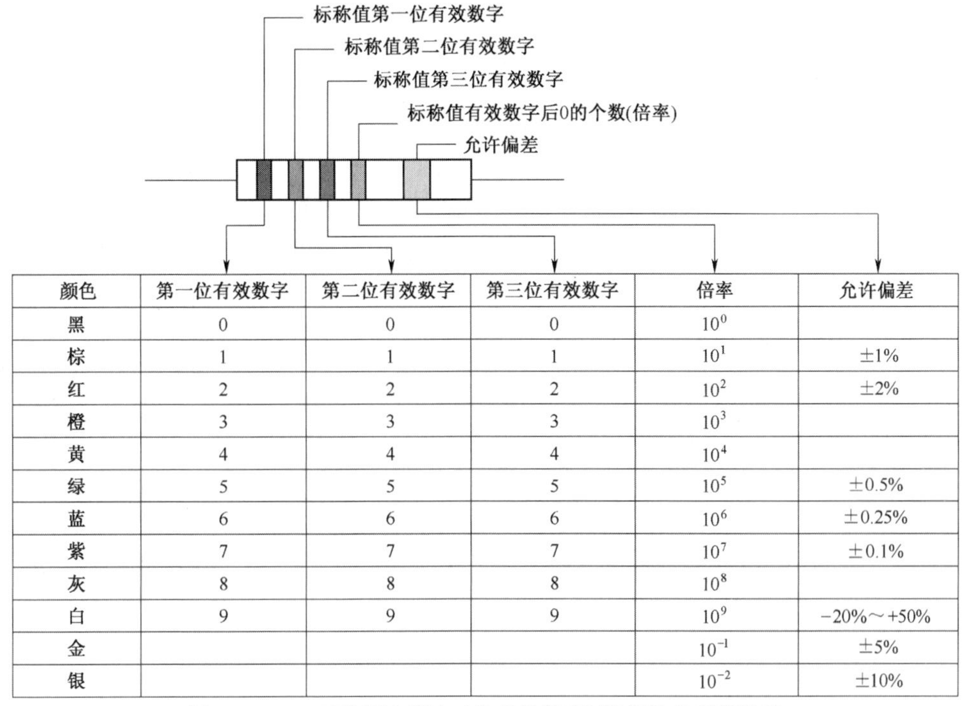

颜色	第一位有效数字	第二位有效数字	第三位有效数字	倍率	允许偏差
黑	0	0	0	10^0	
棕	1	1	1	10^1	±1%
红	2	2	2	10^2	±2%
橙	3	3	3	10^3	
黄	4	4	4	10^4	
绿	5	5	5	10^5	±0.5%
蓝	6	6	6	10^6	±0.25%
紫	7	7	7	10^7	±0.1%
灰	8	8	8	10^8	
白	9	9	9	10^9	−20%～+50%
金				10^{-1}	±5%
银				10^{-2}	±10%

图 1-2-54　五色环电阻(三位有效数字)阻值的色环标注法

例如,五色环为橙橙棕橙金,就表示 $330\times10^3\ \Omega$,允许偏差为±5%。

4. SMT 精密电阻的表示法

普通贴片电阻用三位数字表示,前两位数字表示有效数字,第三位数字表示倍率。例如 102 表示该电阻阻值为 $10\times10^2\ \Omega=1\ 000\ \Omega=1\ \text{k}\Omega$, 一般的误差范围为 J,表示误差为±2%,G 表示误差为±5%。精密电阻用四位数字表示时,前三位数字表示有效数字,第四位数字表示倍率。

如 $825=825\times10^1\ \Omega=8\ 250\ \Omega=8.25\ \text{k}\Omega$,$8\ 222=822\times10^2\ \Omega=82\ 200\ \Omega=82.2\ \text{k}\Omega$。一般的误差范围为 D,表示误差为±1%,B 表示误差为±0.1%,1R10 表示小数点前一位数为 1,小数点后的两个数为 10,即该电阻阻值为 1.10 Ω。通常是用三位数字表示。

精密电阻的特殊表示法,即 EIAJ 码,应用时要根据实际情况,到精密电阻查询表(见表 1-2-6)中查找。

精密电阻一般是用两位数字和一位字母表示的,两位数字是有效数字,字母表示 10 的倍率(见表 1-2-7)。例如,54A 表示阻值为 357,乘数为 10^0,此电阻阻值为 $357\times10^0\ \Omega=357\ \Omega$。

SMT 电阻的尺寸表示:用长和宽表示(如 0201、0603、0805、1206 等,具体如 0201 表示长为 0.02 英寸,宽为 0.01 英寸,1 英寸=2.54 cm)。

表 1-2-6　精密电阻查询表

代码	阻值	代码	阻值	代码	阻值	代码	阻值	代码	阻值
1	100	21	162	41	261	61	422	81	681
2	102	22	165	42	267	62	432	82	698
3	105	23	169	43	274	63	442	83	715
4	107	24	174	44	280	64	453	84	732
5	110	25	178	45	287	65	464	85	750
6	113	26	182	46	294	66	475	86	768
7	115	27	187	47	301	67	487	87	787
8	118	28	191	48	309	68	499	88	806
9	121	29	196	49	316	69	511	89	825
10	124	30	200	50	324	70	523	90	845
11	127	31	205	51	332	71	536	91	866
12	130	32	210	52	340	72	549	92	887
13	133	33	215	53	348	73	562	93	909
14	137	34	221	54	357	74	576	94	931
15	140	35	226	55	365	75	590	94	981
16	143	36	232	56	374	76	604	95	953
17	147	37	237	57	383/388	77	619	96	976
18	150	38	243	58	392	78	634	96	976
19	154	39	249	59	402	79	649		
20	153	40	255	60	412	80	665		

表 1-2-7　字母对应的倍率

符号	A	B	C	D	E	F	G	H	X	Y	Z
倍率	10^0	10^1	10^2	10^3	10^4	10^5	10^6	10^7	10^{-1}	10^{-2}	10^{-3}

二、电阻的检测

1. 用指针式万用表检测

(1)首先选择测量挡位,再将倍率挡旋钮置于适当的挡位,一般 100 Ω 以下电阻可选$R\times$1 Ω 挡,100 Ω~1 kΩ 的电阻可选 $R\times$10 Ω 挡,1~10 kΩ 的电阻可选 $R\times$100 Ω 挡,10~100 kΩ 的电阻可选 $R\times$1 kΩ 挡,100 kΩ 以上的电阻可选 $R\times$10 kΩ 挡。

(2)测量挡位选择确定后,对万用表电阻挡位进行校零(调零)。校零的方法是:将指针式万用表两表笔金属棒短接,观察指针是否指在 0 Ω 的位置,如果不在 0 Ω 位置,调整调零旋钮使指针指向电阻刻度的 0 位置。

(3)接着将指针式万用表的两表笔分别和电阻的两引脚相接(不分极性),所测电阻值等于指针式万用表指针指示数×挡位倍率。指针应指在相应的阻值刻度上,如果指针不动和指示不稳定或指示值与电阻上的标示值相差很大,则说明该电阻已损坏。

2. 用数字万用表检测

首先将数字万用表的挡位旋钮调到欧姆挡的适当挡位,一般 200 Ω 以下电阻可选 200 Ω挡,200~2 kΩ 的电阻可选 2 kΩ 挡,2~20 kΩ 的电阻可选 20 kΩ 挡,20~200 kΩ 的电阻可选 200 kΩ 挡,200 kΩ~200 MΩ 的电阻选择 2 MΩ 档,2~20 MΩ 的电阻选择 20 MΩ 挡,20 MΩ以上的电阻选择 200 MΩ 挡,所测电阻值等于数字万用表的显示数值。

三、电阻的功率

电阻的功率指的是电阻最大能够消耗的功率,它与色环电阻的体积有一定的关系。关系如图 1-2-55 所示。

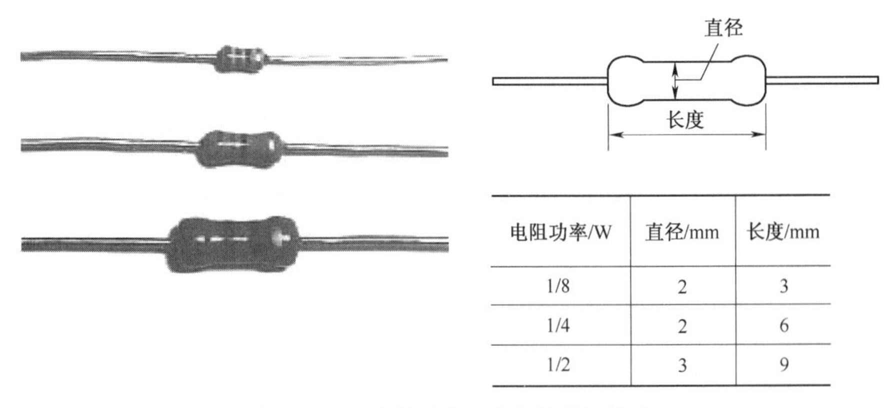

电阻功率/W	直径/mm	长度/mm
1/8	2	3
1/4	2	6
1/2	3	9

图 1-2-55　电阻功率与电阻体积的关系

直径 2 mm,长度 3 mm 的电阻的功率是(1/8)W;直径 2 mm,长度 6 mm 的电阻的功率是(1/4)W,直径 3 mm,长度 9 mm 的电阻的功率是(1/2)W。电路中如需串联或并联电阻来获得所需阻值时,应考虑其额定功率。阻值相同的电阻串联或并联,额定功率等于各个电阻额定功率之和。阻值不同的电阻串联时,额定功率取决于高阻值电阻;并联时,额定功率取决于低阻值电阻,且需计算方可应用。

第二节　二　极　管

一、二极管的特性

晶体二极管(简称“二极管”)实质为一个由P型半导体和N型半导体形成的PN结,从P区和N区各引出一个电极,在PN结的两侧用导线引出加以管壳封装,就是二极管。P区引出的电极为正极(阳极),N区引出的电极为负极(阴极),二极管的文字符号为VD,其图形符号、结构示意图和外形如图1-2-56所示。

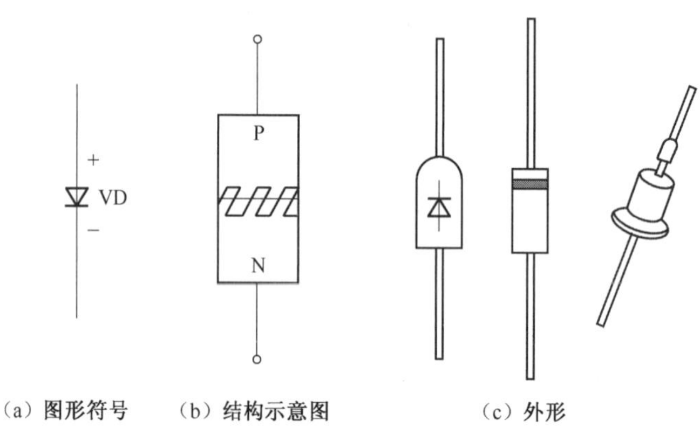

(a) 图形符号　(b) 结构示意图　(c) 外形

图1-2-56　二极管图形符号、结构示意图和外形

在电路中,如果二极管的正极接在高电位端,负极接在低电位端,二极管就会导通,这种连接方式,称为正向偏置(当加在二极管两端的正向电压很小时,流过二极管的正向电流十分微弱,二极管仍然不能导通)。只有当正向电压达到某一数值(这一数值称为门槛电压,锗管约为0.2 V,硅管约为0.6 V)以后,二极管才能导通。导通后,二极管两端的电压基本上保持不变(锗管约为0.3 V,硅管约为0.7 V),称为二极管的正向压降。

如果二极管的正极接在低电位端,负极接在高电位端,此时二极管中几乎没有电流流过,二极管处于截止状态,这种连接方式,称为反向偏置。二极管处于反向偏置时,仍然会有微弱的反向电流流过二极管,称为漏电流。当二极管两端的反向电压增大到某一数值时,反向电流会急剧增大,二极管将失去单方向导电特性,这种状态称为二极管的击穿。

PN结只能使电流单方向导通,导通方向是从P型半导体到N型半导体。PN结正向导通,反向截止的特性称为二极管的单向导电性。

二、二极管的种类

二极管种类有很多,按照材料、用途、结构不同,分类如下:

(1)按照所用的半导体材料,可分为锗二极管(Ge管)、硅二极管(Si管)。

(2)根据其不同用途,可分为检波二极管、整流二极管、稳压二极管、开关二极管、光敏二极管、变容二极管、瞬间抑制二极管、肖特基二极管、发光二极管、接收二极管、触发二极管、玻璃钝化二极管、贴片二极管。

稳压二极管的稳压原理:稳压二极管工作在反向击穿区,在反向击穿状态下,稳压二极管两端的电压基本保持不变。当把稳压二极管接入电路以后，若由于电源电压发生波动，或其他原因造成电路中各点电压变动时，与稳压二极管并联的负载两端的电压将基本保持不变。

稳压二极管的故障主要表现在开路、短路和稳压值不稳定。开路故障表现为稳压电源输出电压升高；后两种故障表现为稳压电源电压变低到零伏或输出不稳定。

(3)按照管芯结构，可分为点接触型二极管、面接触型二极管、平面型二极管。

点接触型二极管是用一根很细的金属丝压在光洁的半导体晶片表面，通以脉冲电流，使触丝一端与晶片牢固地烧结在一起，形成一个 PN 结。由于是点接触，只允许通过较小的电流(不超过几十毫安)，适用于高频小电流电路，如收音机的检波等。面接触型二极管的 PN 结面积较大，允许通过较大的电流(几安到几十安)，主要用于把交流电变换成直流电的整流电路中。平面型二极管是一种特制的硅二极管，它不仅能通过较大的电流，而且性能稳定可靠，多用于开关、脉冲及高频电路中。

二极管广泛应用于交流电与直流电的转换、电源的稳压、光电的检测、光电的耦合、发光指示、光电显示等场合。

三、二极管的主要参数

用来表示二极管的性能好坏和适用范围的技术指标，称为二极管的参数。不同类型的二极管有不同的特性参数。以下为几个主要参数。

1. 额定正向工作电流

它是指二极管长期连续工作时允许通过的最大正向电流值。因为电流通过二极管时会使管芯发热，温度上升，温度超过容许限度(硅管为 140 ℃左右，锗管为 90 ℃左右)时，就会使管芯过热而损坏，所以二极管使用中不要超过二极管额定正向工作电流值。例如，常用的 1N4001~1N4007 型锗二极管的额定正向工作电流为 1 A。

2. 最高反向工作电压

加在二极管两端的反向电压高到一定值时，会将二极管击穿，使其失去单向导电能力。为了保证使用安全，规定了其最高反向工作电压值。例如，1N4001 二极管的反向耐压为 50 V；1N4007 二极管的反向耐压为 1 000 V。

3. 反向电流

反向电流是指二极管在规定的温度和最高反向电压作用下，流过二极管的反向电流。反向电流越小，二极管的单向导电性能就越好。值得注意的是，反向电流与温度有着密切的关系，大约温度每升高 10 ℃，反向电流增大一倍。例如 2AP1 型锗二极管，在 25 ℃时，反向电流若为 250 μA，温度升高到 35 ℃，反向电流将上升到 500 μA，依此类推，在 75 ℃时，它的反向电流已达 8 mA，不仅失去了单向导电特性，还会使二极管过热而损坏。又如，2CP10 型硅二极管，25 ℃时反向电流仅为 5 μA，温度升高到 75 ℃时，反向电流也不过 160 μA。故硅二极管比锗二极管具有较好的温度稳定性。

四、二极管的判别

1. 判别二极管的正负极

(1)用指针式万用表对半导体二极管正负极进行简易测试时，要选用万用表的欧姆挡。R×100 Ω 或 R×1 kΩ 挡，要特别注意黑表笔(负极插孔)是表内电源正极，红表笔(正极插孔)是表内电源负极；电阻挡测量前要先调零；测试时不要把人体电阻并上去。测量方法如

图 1-2-57 所示。注意,交换表笔来回测两次,正向电阻小的那次黑表笔所接为二极管的正极,红表笔所接为二极管的负极。

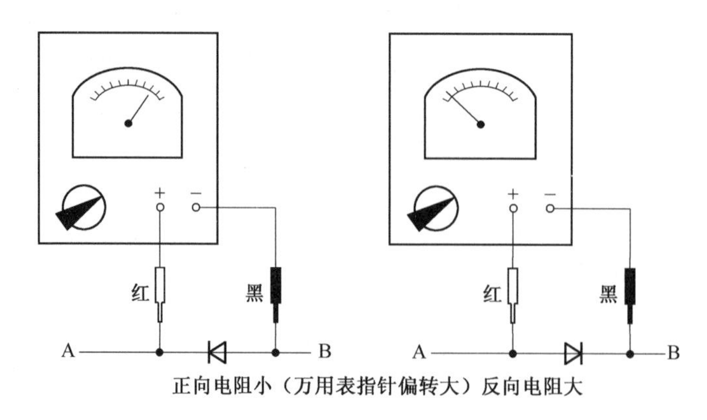

图 1-2-57　判别二极管的正负极

(2) 如果用数字万用表测量,首先把万用表拨到“二极管”挡,然后将万用表的红表笔接二极管的一极,黑表笔(COM)接另一极。在测得数值小的情况下,显示的为二极管的正向压降值,单位为 mV。此时红表笔(表内电池的正极)所接的是二极管正极,黑表笔所接的是二极管负极。所显示的各种类型二极管的正向压降为:硅二极管一般为 0.55~0.700 V,锗二极管一般为 0.150~0.300 V,发光二极管一般为 1.8~2.3 V,肖特基二极管一般为 0.2 V 左右。

因为二极管的反向电阻很大,若红表笔所接的是二极管负极,黑表笔所接的是二极管正极,则显示屏显示“1”或“OL”,对调表笔再测正向压降,若对调表笔后仍显示“1”或“OL”,则说明二极管内部开路。若显示屏显示“0000”,说明二极管已短路。

(3) 看外壳上的符号标记:通常在二极管的外壳上标有二极管的符号。三角形箭头指向的一端为负极,另一端为正极。小功率二极管有白色环的端子为负极。在点接触型二极管的外壳上,通常标有色点(白色或红色)。除少数二极管(如 2AP9、2AP10 等)外,一般标记色点的端子为正极。

(4) 透过玻璃看触针:对于点接触型玻璃外壳二极管,如果标记已磨掉,则可将外壳上的漆层(黑色或白色)轻轻刮掉一点,透过玻璃看哪头是金属触针,有金属触针的那头就是正极。

(5) 发光二极管长脚为正极,或者看内部电极片的大小,大的是负极,小的是正极。

2. 硅管和锗管及质量的判别

硅管和锗管在特性上有很大的不同,使用时应加以区别。硅管和锗管的 PN 结正向电阻是不一样的,硅管的正向电阻大,锗管的小。利用这一特性就可以用万用表来判别一只二极管是硅管还是锗管。具体判别方法如下:将万用表拨到 $R\times1$ kΩ 挡测二极管的正向电阻,硅管的正向电阻为 3~7 kΩ,锗管的正向电阻为几百欧至 1 kΩ。

二极管为非线性元件,用万用表不同挡位测电阻时,二极管工作点不同,所测电阻值有所不同。一般说,来用万用表 $R\times100$ Ω 或 $R\times1$ kΩ 挡测量二极管的正反向电阻时,点接触型的 2AP 型锗二极管正向电阻在 1 kΩ 左右,反向电阻应在 100 kΩ 以上;面接触型的 2CP 型硅二极管正向电阻在 5 kΩ 左右,反向电阻应在 1 000 kΩ 以上。总之,正向电阻越小越好,反向电阻越大越好。但若正向电阻太大或反向电阻太小,表明二极管的检波与整流效率不高。

若正反向电阻均为无穷大(指针不动),表明二极管内部断路;若正反向电阻均接近零,表明二极管已短路损坏,如图1-2-58所示。内部断开或短路的二极管均不能使用。

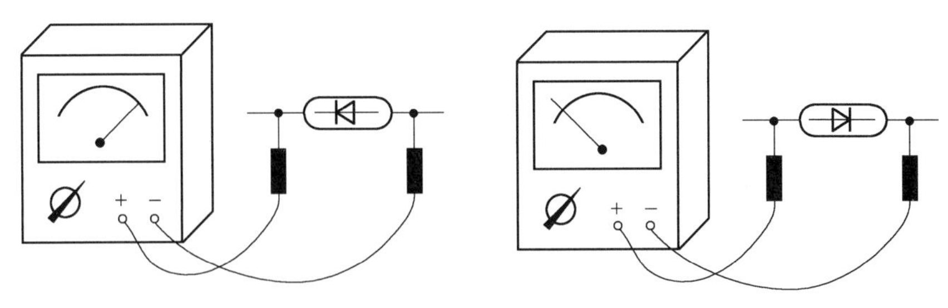

图1-2-58　检测二极管的质量

如没有万用表,也可用电池、喇叭(或耳机)与被测二极管串联。如果将二极管正向连续接通时,喇叭无一点响声,表明二极管内部断路;反之,当二极管负端接电池正极,正端串联喇叭再接电池负极(反向连接),断续接通时,若喇叭发出较大的"咯咯"声,表明二极管已击穿。

五、二极管的类型和选用

选用检波二极管主要考虑工作频率高,反向电流小(表明检波效率高),一般采用点接触型二极管2AP1~2AP10、2AP11~2AP17等型号;对小功率整流二极管,主要考虑最大整流电流与最高工作电压应符合电路要求,一般采用面接触型二极管2CP1~2CP6、2CP10~2CP20、2CP1A~2CP1H等型号。

在参数要求不高的情况下,损坏了一个PN结的高频三极管可当作检波二极管使用;而损坏了一个PN结的低频三极管则可当作小电流整流二极管使用。

第三节　三　极　管

一、三极管的结构和类型

三极管是半导体基本元器件之一,具有电流放大作用,是电子电路的核心元件。

三极管是在一块半导体基片上制作两个相距很近的PN结,两个PN结把整块半导体分成三部分,中间部分是基区,两侧部分是发射区和集电区,排列方式有PNP和NPN两种。如图1-2-59所示,从三个区引出相应的电极,分别为基极(B)、发射极(E)和集电极(C)。

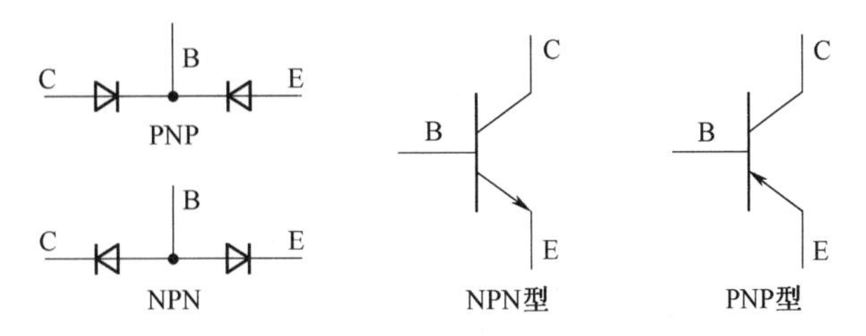

图1-2-59　两种类型三极管结构和符号

发射区和基区之间的PN结称为发射结,集电区和基区之间的PN结称为集电结。基区很薄,而发射区较厚,杂质浓度大,PNP型三极管发射区"发射"的是空穴,其移动方向与电流方向一致,故发射极箭头向里;NPN 型三极管发射区“发射”的是自由电子,其移动方向与电流方向相反,故发射极箭头向外。发射极箭头指向也是 PN 结在正向电压下的导通方向。硅三极管和锗三极管都有 PNP 型和 NPN 型两种类型。

三极管发射结加正向电压、集电结加反向电压时,三极管处于放大工作状态,所以 NPN 型三极管与 PNP 型三极管所加电源极性相反,各极电流方向如图 1-2-60 所示。发射极电流 I_E、集电极电流 I_C 和基极电流 I_B 的关系为 $I_E = I_C + I_B$,如图 1-2-60 所示。

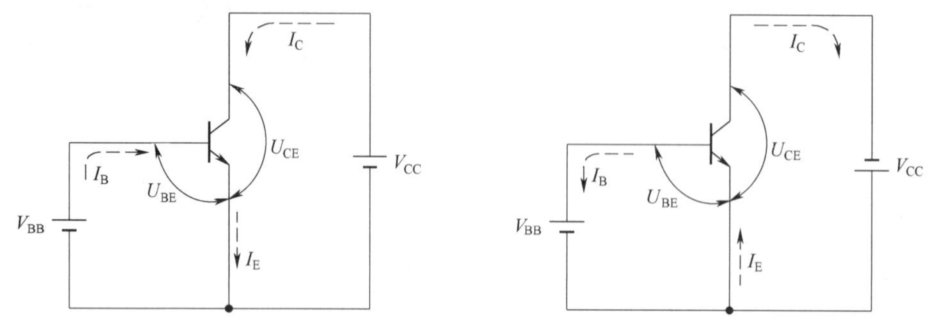

图 1-2-60　两种类型三极管各极电流方向和关系

三极管类型有以下几种:

(1)按材料分类,可分为硅三极管、锗三极管。

(2)按电极分类,可分为 NPN 型三极管、PNP 型三极管。

(3)按功能分类,可分为光敏三极管、开关三极管、功率三极管。

三极管最基本的作用是放大作用。当三极管的基极上加一个微小的电流时,在集电极上可以得到一个是注入电流 β 倍的电流,即集电极电流。集电极电流随基极电流的变化而变化,并且基极电流很小的变化可以引起集电极电流很大的变化,$I_C = \beta I_B$,β 称为电流放大系数,表征三极管的电流放大能力,是三极管的重要参数。

二、三极管的封装形式和引脚识别

常用三极管的封装形式有金属封装和塑料封装两大类,引脚的排列方式具有一定的规律。如图 1-2-61 所示,对于小功率金属封装三极管,按图 1-2-61 所示底视图位置放置,使三个引脚构成等腰三角形的顶点,其从左向右依次为 E、B、C;国产的金属封装中小功率三极管管壳上的小凸起所对的引脚为发射极,大功率三极管管壳就是集电极;塑料封装中小功率三极管按图 1-2-61 所示,使其平面朝向自己,三个引脚朝下放置,则从左到右依次为 E、B、C。

电子制作中常用的三极管有 90××系列,包括低频小功率硅管 9013(NPN)、9012(PNP),低噪声管 9014(NPN),高频小功率管 9018(NPN)等。它们的型号一般都标在塑壳上,其外形都一样,都是 TO-92 标准封装。在老式的电子产品中还能见到 3DG6(低频小功率硅管)、3AX31(低频小功率锗管)等,它们的型号也都印在金属的外壳上。

我国生产的三极管命名规则:第一部分的 3 表示三极管。第二部分表示器件的材料和结构,A 表示 PNP 型锗材料 B 表示 NPN 型锗材料,C 表示 PNP 型硅材料,D 表示 NPN 型硅材料。第三部分表示功能,U 表示光电管,K 表示开关管,X 表示低频小功率管,G 表示高频小功率管,D 表示低频大功率管, A 表示高频大功率管。另外,3DJ 型为场效应管,BT 打头的表示半导体特殊元件。

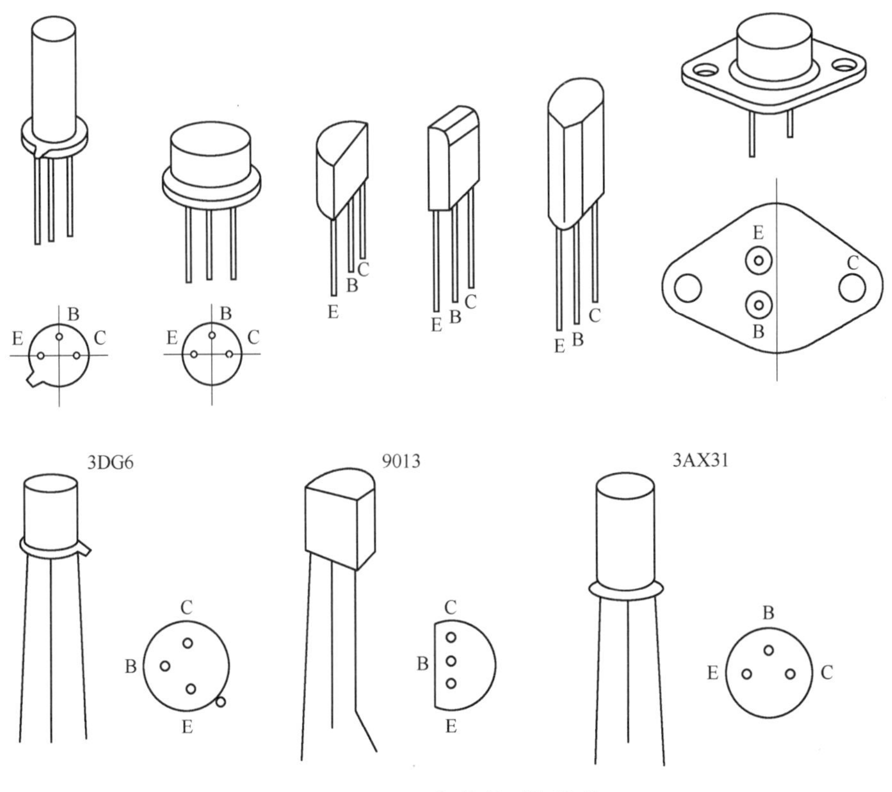

图 1-2-61　三极管的引脚排列

三、三极管的测试

1. 判别三极管的电极和管型

1)判三极管的管型和基极

三极管可等效为两个二极管的组合,如果基极为公共正极(P),则管型是 NPN 型;如果基极为公共负极(N),则管型是 PNP 型。

测试时选择万用表 $R\times100\ \Omega$ 或 $R\times1\ \text{k}\Omega$ 挡,黑表笔固定三极管的某一个电极,红表笔分别接三极管另外两个电极,观察指针偏转,若两次的测量阻值都大或是都小,此时黑表笔所接就是基极(两次阻值都小的为 NPN 型管,两次阻值都大的为 PNP 型管)。若两次测量阻值一大一小,则用黑表笔重新固定三极管一个电极继续测量,直到找到基极。

如果用红表笔接基极,黑表笔分别测量其另外两个电极,若测得的阻值很大,则该三极管是 NPN 型三极管;若测得的阻值都很小,则该三极管是 PNP 型三极管。

2)判集电极和发射极

(1)原理:电流放大作用,集电极与发射极不能互换使用。

(2)方法:假定除基极(B)以外的一个电极为集电极,在假设的集电极(C)和发射极(E)之间加正确的电源极性,用一个电阻 $R=100\ \text{k}\Omega$ 接在基极与假设的集电极之间(或者用湿润的手连接基极和假定的集电极),测量 C、E 之间的电阻;再假设一次,测量 C、E 之间的电阻,比较两次测量的阻值大小,测得阻值小的那次(指针摆动幅度较大),集电极的假定是正确的,如图 1-2-62 所示。

注意:手要湿润些,不能将集电极与基极短路相连。

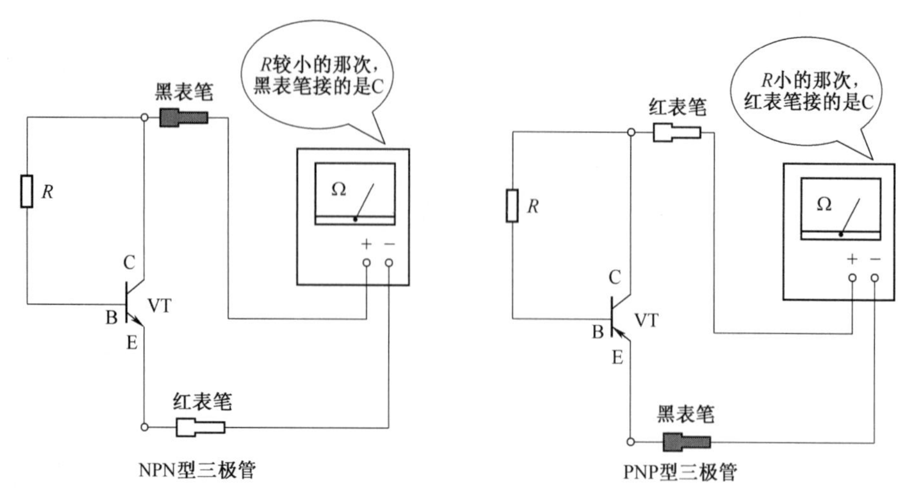

图 1-2-62　三极管集电极 C 的判别

对于有测三极管 h_{FE} 插孔的指针式万用表，先测出基极后，将三极管随意插到插孔中去（当然基极是已知的，可以插准确），测一下 h_{FE} 值；然后再将三极管倒过来测一遍，测得 h_{FE} 值比较大的一次，各引脚插入的位置是正确的。

3）判材料

方法与判断二极管材料相同。

2. 估测三极管性能的好坏（估测电流放大系数 β）

在图 1-2-62 中，断开 R，基极开路，测集电极与发射极之间电阻，由于 $I_B=0$，此时测出的 $I_C=I_{CEO}$（穿透电流）很小，所以显示的阻值大。阻值越大，则 I_{CEO} 越小，三极管的稳定性越好。

接上 R，此时由于三极管的电流放大作用，$I_C=\beta I_B$ 数值较大，显示的阻值小。

两次阻值差异越大，则 β 越大。

如果三极管的某两个电极之间正、反向电阻都很大，或者正、反向电阻都很小，说明三极管已经烧坏或者击穿，不能再用。

在维修更换三极管时，不可拿来就按原样直接安上，尤其是小功率三极管，一定要先测一下，确认三极管是否能够正常工作。

常见的进口型号的大功率塑封管，其 C 极基本都是在中间，而中、小功率管有的 B 极可能在中间。比如常用的 9014 三极管及其系列的其他型号三极管、2SC1815、2N5401、2N5551 等三极管，其 B 极就在中间，然而也有 C 极在中间的。

三极管的管型及引脚的判别是电子技术初学者的一项基本功。为了帮助读者迅速掌握判别方法，有经验的人总结出口诀："三颠倒，找基极；PN 结，定管型；顺箭头，偏转大；测不准，动嘴巴。"下面让逐句进行解释。

"三颠倒，找基极"：选择万用表 $R\times100\ \Omega$ 或 $R\times1\ \mathrm{k\Omega}$ 挡位。假定并不知道被测三极管是 NPN 型还是 PNP 型，也分不清各引脚是什么电极。测试的第一步是判断哪个引脚是基极。这时，任取两个电极（如这两个电极为 1、2），用万用表两支表笔颠倒测量它的正、反向电阻，观察指针的偏转角度；接着，再取 1、3 两个电极和 2、3 两个电极，分别颠倒测量它们的正、反向电阻，观察指针的偏转角度。在这三次颠倒测量中，必然有两次测量结果相近：即颠倒测量中指针一次偏转大，一次偏转小；剩下一次必然是颠倒测量前后指针偏转角度都很小,这一次未测的那只引脚就是基极。

“PN 结,定管型”:找出三极管的基极后,就可以根据基极与另外两个电极之间 PN 结的方向来确定三极管的导电类型。将万用表的黑表笔接触基极,红表笔接触另外两个电极中的任一电极,若表头指针偏转角度很大,则被测三极管为 NPN 型三极管;若表头指针偏转角度很小,则被测三极管为 PNP(B)型。

“顺箭头,偏转大”:找出了基极(B),接着用测穿透电流 I_{CEO} 的方法确定集电极(C)和发射极(E)。

对于 NPN 型三极管,用万用表的黑、红表笔颠倒测量两极间的正、反向电阻 R_{CE} 和 R_{EC},虽然两次测量中万用表指针偏转角度都很小,但仔细观察,总会有一次偏转角度稍大,此时电流流向一定是:黑表笔→C 极→B 极→E 极→红表笔,电流流向正好与三极管符号中的箭头方向一致(“顺箭头”),所以此时黑表笔所接的一定是集电极(C),红表笔所接的一定是发射极(E)。

对于 PNP 型三极管,类似于 NPN 型三极管,其电流流向一定是:黑表笔→E 极→B 极→C 极→红表笔,其电流流向也与三极管符号中的箭头方向一致,所以此时黑表笔所接的一定是发射极(E),红表笔所接的一定是集电极(C)。

“测不出,动嘴巴”:若在“顺箭头,偏转大”的测量过程中,颠倒前后的两次测量,指针偏转均太小难以区分时,就要“动嘴巴”了。具体方法是:在“顺箭头,偏转大”的两次测量中,用两只手分别捏住两表笔与引脚的结合部,用嘴巴含住(或用舌头抵住)基极(B),仍用“顺箭头,偏转大”的判别方法即可区分开集电极(C)与发射极(E)。其中,湿润的舌头起到直流偏置电阻的作用,目的是使测量结果更加明显。

第四节　电　容　器

在工程技术中,电容器(capacitor)的应用极为广泛。电容器虽然品种和规格各异,但就其构成原理来说,电容器都是由间隔以不同电介质(如云母、绝缘纸、电解质等)的两块金属极板组成的。当在极板上加以电压后,极板上分别聚集起等量的正、负电荷,并在介质中建立电场而具有电场能量。将电源移去后,电荷可继续聚集在极板上,电场继续存在。所以,电容器是一种能储存电荷或者储存电场能量的部件,电容元件就是反映这种物理现象的电路模型。

电容器的容量用字母 C 表示,是衡量电容器储存电荷能力的物理量。电容器在电路中也用符号 C 表示,一般情况下, 提供“电容”及其符号 C 时,既表示电容元件也表示电容量的大小。

电容对交流信号的阻碍作用称为容抗,它与交流信号的频率和电容量有关。电容的特性主要是隔直流、通交流,通低频、阻高频。电路中电容的作用有隔直、旁路、耦合、滤波、移相、补偿等。在国际单位制中,电容的单位为法(F),常用的单位有微法(μF)皮法(pF)等。

单位换算:$1\ \text{F} = 10^3\ \text{mF} = 10^6\ \mu\text{F} = 10^9\ \text{nF} = 10^{12}\ \text{pF}$

当电路中有多个电容器时,一般用字母 C 加数字表示不同的电容器,如 C_6 表示编号为 6 的电容器。

一、电容的标注方法

电容的标注方法与电阻的标注方法基本相同,分直标法、数码标注法和色标法三种。

1. 直标法

将电容的标称值用数字和单位在电容的本体上表示出来，其中数字表示有效数值，字母表示数值的量级。字母 m 表示毫法（10^{-3} F）、μ 表示微法（10^{-6} F）、n 表示纳法（10^{-9} F）、p 表示皮法（10^{-12} F）。如 33 m 表示 33 mF = 33 000 μF，6n8 表示 6.8 nF = 6.8×10^{-9} F = 6 800 pF，3u3 表示 3.3 μF，2p2 表示 2.2 pF。另外，也有些是在数字前面加 R，表示为零点几微法，即 R 表示小数点，如 R22 表示 0.22 μF。一般当电容的容量大于 100 pF 而又小于 1 μF 时，不标注单位，没小数点的单位是 pF，有小数点的单位是 μF，如 4700 就是 4 700 pF，0.22 就是 0.22 μF。

2. 数码标注法

一般用三位数字表示容量的大小，前两位表示有效数值，第三位用 10 的幂指数表示倍率。如 102 表示 10×10^2 pF = 1 000 pF = 0.1 μF；224 表示 22×10^4 pF = 0.2 μF。

不标单位的数码标注法

用 1 位~4 位数表示有效数字，单位一般为 pF，如 3 表示 3 pF，7 表示 7 pF，3300 表示 3 300 pF，680 表示 680 pF；如用零点零几或零点几表示，其单位为 μF，如 0.056 表示 0.056 μF。一般当电容量大于 10 000 pF 时，可以 μF 为单位；当电容量小于 10 000 pF 时，以 pF 为单位。

3. 色标法

电容的色标法与电阻相同。具体的方法是：沿着电容引线方向，第一、二道色环表示电容量的有效数值，第三道色环表示有效数值后面零的个数，其单位为 pF。如遇到电容器色环的宽度为两个或三个色环的宽度时，就表示这种颜色的两个或三个相同的数字。如沿着引线方向，第一道色环的颜色为棕，第二道色环的颜色为绿，第三道色环的颜色为橙，则这个电容器的容量为 15 000 pF 即 0.015 μF；又如第一道宽色环为橙色，第二道色环为红色，则该电容器的容量为 3 300 pF，如图 1-2-63 所示。

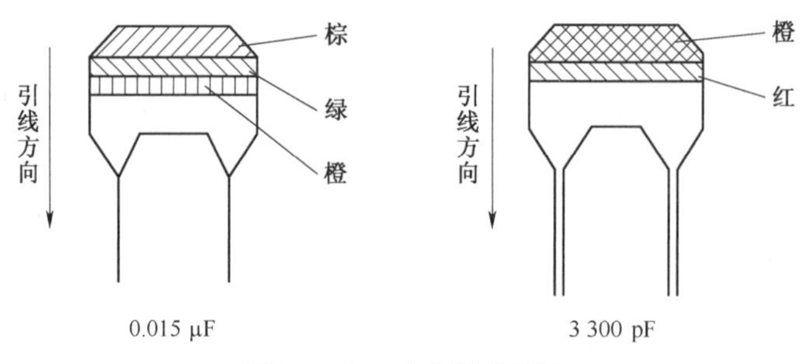

图 1-2-63　电容的色标法

电容允许误差标志符号：+100% ~ 0——H、+100% ~ 10%——R、+50% ~ 10%——T、+30% ~ 10%——Q、+50% ~ 20%——S、+80% ~ 20%——Z。

二、电容的分类及主要性能指标

根据极性可分为有极性电容和无极性电容。常见到的电解电容就是有极性的，有正负极之分。铝电解电容外壳为负端，另一接头为正端。一般，电容外壳上都标有“+”“-”记号，如无标记，则引线长的为“+”端，引线短的为“-”端。

电容器的主要性能指标：电容器的容量（即储存电荷的容量）、耐压值（在额定温度范围内电容能长时间可靠工作的最大直流电压或最大交流电压的有效值）和耐温值（即电容所能承受的最高工作温度）。

多个电容的串联和并联计算公式：

串联：$1/C=1/C_1+1/C_2+1/C_3+\cdots+1/C_N$。

并联：$C=C_1+C_2+C_3+\cdots+C_N$。

电容器的常见故障有断路、短路、失效等。为保证装入电路后的正常工作，在装入电路前必须对电容器进行检测。

三、电容的好坏检测

1. 脱离线路时检测

在检测前，先将电解电容的两根引脚相碰，以便放掉电容内残余的电荷。

用万用表的欧姆挡（$R\times10\ \text{k}\Omega$ 或 $R\times1\ \text{k}\Omega$ 挡，视电容的容量而定），当两表笔分别接触电容的两根引线时，指针首先朝顺时针方向（挡为零的方向）摆动。然后又反方向退回到∞位置附近。当指针静止时所指的阻值就是该电容的漏电电阻，此阻值越大越好，最好应接近无穷大处。一般除电解电容以外，指针均应回到无穷大。在测量中如指针距无穷大较远，只有几十千欧，表明电容漏电严重，不能使用。有的电容在测漏电电阻时，指针退回到无穷大位置时，又顺时针摆动，表明电容漏电非常严重。

测量电解电容时，指针式万用表的红表笔接电容的负极，黑表笔接电容的正极，否则漏电加大。指针向右摆动的角度越大（指针还应该向左回摆），说明这个电解电容的电容量也越大，反之说明电容量小。

用万用表的两表笔分别接触电容的两极引线（测量时，手不能同时碰触两极引线）。若指针不动，将表笔对调后再测量；若指针仍不动，说明电容断路。

2. 线路上直接检测

主要是检测电容是否已开路或已击穿这两种明显故障，而对漏电故障由于受外电路的影响一般是测不准的。用万用表 $R\times1\ \Omega$ 挡，电路断开后，先放掉残存在电容内的电荷。测量时若指针向右偏转，说明电解电容内部断路；若指针向右偏转后所指示的阻值很小（接近短路），说明电容严重漏电或已击穿；若指针向右偏后无回转，但所指示的阻值不很小，说明电容开路的可能性很大，应脱开电路后进一步检测。

3. 线路上通电状态时检测

若怀疑电解电容只在通电状态下才存在击穿故障，可以给电路通电，然后用万用表直流挡测量该电容两端的直流电压，如果电压很低或为 0 V，则说明该电容已击穿。对于电解电容的正、负极标志不清楚的，必须先判别出它的正、负极。对换万用表笔测两次，以漏电大（电阻值小）的一次为准，黑表笔所接引脚为负极，另一引脚为正极。

第五节　电　感　器

电感器在电子制作中虽然用得不是很多，但它在电路中同样重要。电感器和电容器一样，也是一种储能元件，它能把电能转变为磁场能，并在磁场中储存能量。电感器用符号 L 表示，它的基本单位是亨（H），常用毫亨（mH）为单位。它经常和电容器一起工作，构成 LC 滤波器、LC 振荡器等。另外，人们还利用电感的特性，制造了扼流圈、变压器、继电器等。小小的收音机上就有不少电感线圈，几乎都是用漆包线绕成的空芯线圈或在骨架磁芯、铁芯上绕制而成的。有天线线圈（它是用漆包线在磁棒上绕制而成的）、中频变压器（俗称“中周”）、输入/输出变压器等。

电感器(inductor)是实际电路中将线圈储存磁场能量这一物理性质的科学抽象,是一种储能元件。它不会释放出多于它所吸收或储存的能量,因此它也是一种无源元件。电感元件用字母 L 表示,它也表示元件的电感量。线圈的电感与磁介质有关,空芯电感线圈和磁芯电感线圈的 L 不同。一般情况下,提及“电感”一词及其符号 L 既表示电感元件也表示电感元件的参数。

当交流信号通过线圈时,线圈两端将会产生自感电动势,阻碍交流电的变化。把电感线圈对交流电的阻碍作用称为感抗。电感器的特性与电容器的特性相反,它具有阻止交流电通过而让直流电通过的特性。电感通直流阻交流,通低频阻高频,频率越高,线圈阻抗越大。实际电路中,电感器的作用有滤波、镇流、振荡等。电感器在电路中可与电容器组成振荡电路。电感在国际单位制中的单位是 H(亨),常用单位有 mH(毫亨),μH(微亨),nH(纳亨)。

单位换算:$1\ \mathrm{H}=10^3\ \mathrm{mH}=10^6\ \mu\mathrm{H}=10^9\ \mathrm{nH}$;$1\ \mathrm{nH}=10^{-3}\ \mu\mathrm{H}=10^{-6}\ \mathrm{mH}=10^{-9}\ \mathrm{H}$。

当电路中有多个电感器时,常用 L 加数字表示不同的电感器,如 L_6 表示编号为 6 的电感。

电感一般有直标法和色标法,色标法与电阻类似。如棕、黑、金、金表示 1 μH(误差 5%)的电感。

电感的好坏检测:包括外观和阻值检测。首先检测电感的外表是否完好,磁芯有无缺损、裂缝,金属部分有无腐蚀氧化,标志是否完整清晰,接线有无断裂和损伤等。用万用表对电感作初步检测,测量线圈的直流电阻(直流可通过线圈,直流电阻就是导线本身的电阻),并与原已知的正常阻值进行比较。若检测值比正常值显著增大,或指针不动,可能是电感器本体断路;若比正常值小许多,可判断电感器本体严重短路,线圈的局部短路,需用专用仪器进行检测。

第六节　场 效 应 管

场效应管(MOS 管)属于电压控制型元件。由于利用多子导电,故称为单极型元件。场效应管的优点:具有较高输入电阻,输入电流低于零,几乎不需要向信号源吸取电流。场效应管噪声小、功耗低、无二次击穿现象等优点。场效应管英文缩写是 FET(field-effect transistor)。

场效应管分类:结型场效应管和绝缘栅型场效应管。场效应管的三个引脚分别表示为 G(栅极)、D(漏极)、S(源极),场效应管的图形符号如图 1-2-64 所示。

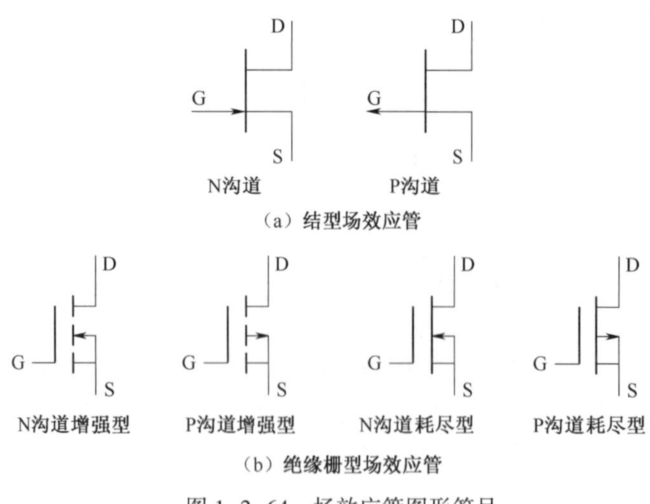

图 1-2-64　场效应管图形符号

场效应管与三极管的比较：

(1)场效应管是电压控制元件,而三极管是电流控制元件。在只允许从信号源取较少电流的情况下,应选用场效应管;而在信号电压较低,又允许从信号源取较多电流的情况下,应选用三极管。

(2)场效应管是利用多数载流子导电,所以称为单极型器件;而三极管是既有多数载流子,也有少数载流子参与导电,故称为双极型器件。

(3)有些场效应管的源极和漏极可以互换使用,栅压也可正可负,灵活性比三极管好。

(4)场效应管能在很小电流和很低电压的条件下工作,而且它的制造工艺可以很方便地把很多场效应管集成在一块硅片上。

场效应管好坏与极性判别:将万用表的量程选择在 $R\times1\ \text{k}\Omega$ 挡,用黑表笔接 D 极,红表笔接 S 极,用手同时触及一下 G、D 极,场效应管应呈瞬时导通状态,即指针摆向阻值较小的位置,再用手触及一下 G、S 极, 场效应管应无反应,即指针回零位置不动。此时应可判断出场效应管为好管。

将万用表的量程选择在 $R\times1\ \text{k}\Omega$ 挡,分别测量场效应管三个引脚之间的阻值,若某引脚与其他两引脚之间的阻值均为无穷大时,并且再交换表笔后仍为无穷大时,则此引脚为 G 极,其他两引脚为 S 极和 D 极;然后再用万用表测量 S 极和 D 极之间的阻值,交换表笔后再测量一次,其中阻值较小的一次,黑表笔接的是 S 极,红表笔接的是 D 极。

第七节　集成电路

集成电路是在一块单晶硅上,用光刻法制作出很多三极管、二极管、电阻和电容,并按照特定的要求把它们连接起来,构成一个完整的电路。由于集成电路具有体积小、质量小、可靠性高和性能稳定等优点,所以特别是大规模和超大规模的集成电路的出现,使电子设备在微型化、可靠性和灵活性方面向前推进了一大步。集成电路的英文缩写是 IC (integrated circuit),集成电路常见的封装形式如下:

QFP(quad flat package)四面有鸥翼型脚(封装),如图 1-2-65(a)所示;BGA(ball grid array)球栅阵列(封装),如图 1-2-65(b)所示;PLCC(plastic leaded chip carrier)四边有内勾型脚(封装),如图 1-2-65(c)所示;SOJ(small outline junction) 两边有内勾型脚(封装),如图 1-2-65(d)所示;SOIC(small outline integrated circuit) 两面有鸥翼型脚(封装),如图 1-2-65(e)所示。

集成电路的脚位判别:

(1)对于 BGA 封装(用坐标表示):在打点或是有颜色标示处逆时针开始数,用英文字母表示,即 A,B,C,D,E,…(其中 I,O 基本不用),顺时针用数字表示,即 1,2,3,4,5,6,…其中字母为横坐标,数字为纵坐标如 A1,A2。

(2)对于其他的封装:在打点,有凹槽或是有颜色标示处逆时针开始数为第一脚,第二脚,第三脚……

集成电路常用的检测方法有非在线测量法、在线测量法和代换法。

(1)非在线测量法。在集成电路未焊入电路时,通过测量其各引脚之间的直流电阻与已知正常同型号集成电路各引脚之间的直流电阻进行对比,以确定其是否正常。

(2)在线测量法。在线测量法是利用电压测量法、电阻测量法及电流测量法等,通过在电路上测量集成电路的各引脚电压值、电阻值和电流值是否正常,来判断该集成电路是否损坏。

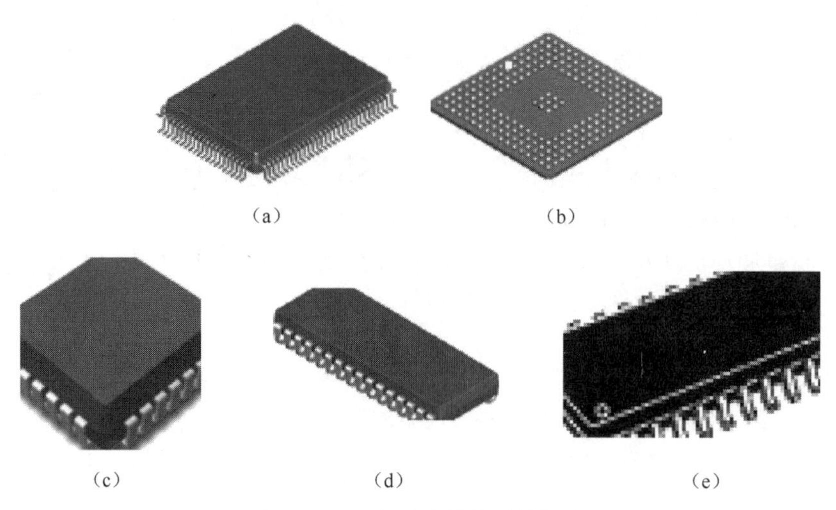

（a）　（b）

（c）　（d）　（e）

图 1-2-65　集成电路的封装形式

(3)代换法。代换法是用已知完好的同型号、同规格集成电路来代换被测集成电路,检测功能是否相同,可以判断出该集成电路是否损坏。

第八节　晶　　振

晶振是能产生具有一定幅度及频率波形的石英晶体振荡器。晶振在电路中的文字符号是 X 或 Y。晶振在电路图中的图形符号为——┤□├——。

晶振的测量方法:

测量电阻:用万用表 $R\times10$ kΩ 挡测量石英晶体振荡器的正、反向电阻值。正常时应为无穷大;若测得石英晶体振荡器有一定的阻值或为零,则说明该石英晶体振荡器已漏电或击穿损坏。

动态测量:用示波器在电路工作时测量它的实际振荡频率是否符合该晶体的额定振荡频率,如果是,则说明该晶振是正常的;如果该晶体的额定振荡频率偏低、偏高或根本不起振,则说明该晶振已经漏电或击穿损坏。

第二篇 实际操作

第一部分　电工工具使用及导线连接实训

实训一　通用电工工具的使用

一、实训目的

(1)了解通用电工工具的结构及作用。

(2)学会通用电工工具的使用方法。

(3)掌握通用电工工具使用的安全要求。

(4)能根据所学知识正确选用通用电工工具。

二、实训器材

序号	名　　称	数量	单位
1	验电笔	1	支
2	螺钉旋具	1	套
3	钢丝钳	1	把
4	尖嘴钳	1	把
5	斜口钳	1	把
6	剥线钳	1	把
7	电工刀	1	把
8	活扳手	1	把
9	调压器	1	台
10	2.5 mm^2 铝芯线	2	m
11	10 mm^2 铝芯线	2	m

三、实训原理

通用电工工具的认识:

1. 验电器

低压验电器是一种用来检验电气线路和电气设备是否带电的电工常用检测工具,其电压测量范围为60~500 V,使用简单、操作方便。可用来区别电压高低、区别相线与零线、区别直流电与交流电、区别直流电的正、负极、识别相线碰壳、识别相线接地。其结构和操作如图2-1-1所示。

2. 螺钉旋具

螺钉旋具是一种紧固或拆卸螺钉的通用工具。它由金属杆头和绝缘柄组成,其握柄材料可分为木质绝缘柄和塑胶绝缘柄。其规格很多,按金属杆头部形状分为一字头螺钉旋具(螺丝刀、批等)、十字头螺钉旋具。近年来出现了多种电动螺钉旋具,可使用交、直流电源,带有多种刀头,可根据需要随时替换,使用起来十分方便,如图 2-1-2 所示。

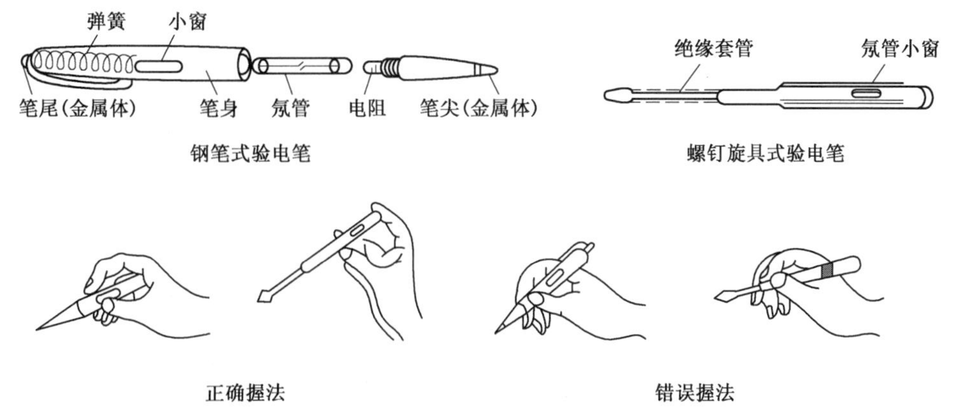

图 2-1-1　验电器的结构及操作

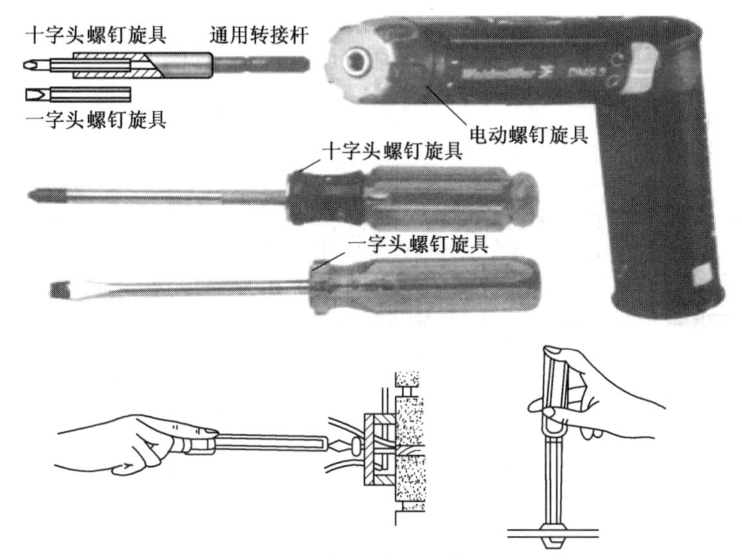

图 2-1-2　螺钉旋具及使用方法

3. 钢丝钳

钢丝钳有铁柄和绝缘柄两种,绝缘柄为电工钢丝钳,绝缘柄套的耐压为 500 V。常用规格有 150 mm、175 mm 和 200 mm 三种。可用于弯铰和钳夹导线线头;紧固或起松螺母;剪切或剖削软导线绝缘层;铡切导线线芯、铅丝等较硬金属丝,其结构及操作如图 2-1-3 所示。

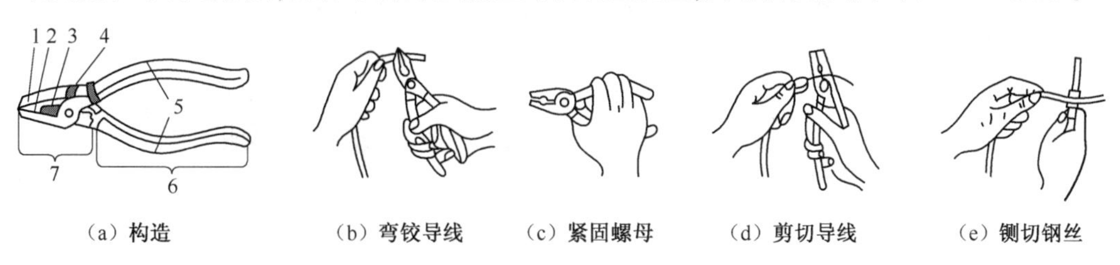

图 2-1-3　钢丝钳的结构及操作

1—钳口;2—齿口;3—刃口;4—铡口;5—绝缘套;6—钳柄;7—钳头

4. 尖嘴钳

尖嘴钳有钳头和钳柄及绝缘套等部分。绝缘柄套的耐压为 500 V。常用的规格有 125 mm、140 mm、160 mm、180 mm、200 mm 五种。由于它的头部尖细,适用于在狭小的工作空间操作。常用于剪断细金属丝;夹持较小的螺钉、垫圈、导线等元件;将单股导线弯成所需的各种形状,其外形如图 2-1-4 所示。

5. 斜口钳

斜口钳有钳头、钳柄和绝缘套等部分,绝缘柄套的耐压为 500 V。常用规格有 125 mm、140 mm、160 mm、180 mm、200 mm 五种。其特点是剪切口与钳柄成一角度。斜口钳适合用于比较狭窄的工作场所和设备的内部,用以剪切薄金属片、细金属丝、剖切导线绝缘层和电子线路板多余引脚,其外形如图 2-1-5 所示。

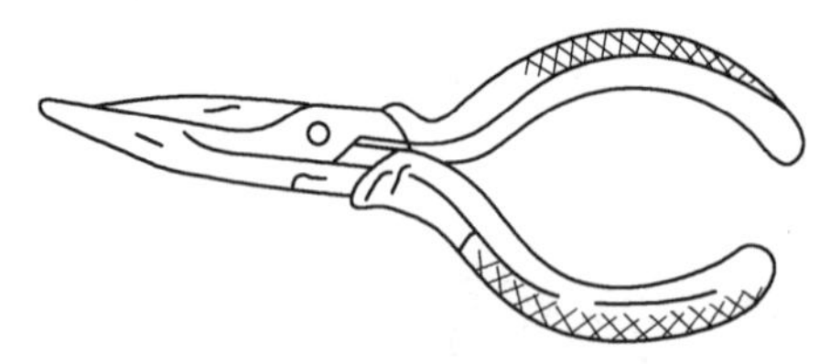

图 2-1-4　尖嘴钳外形

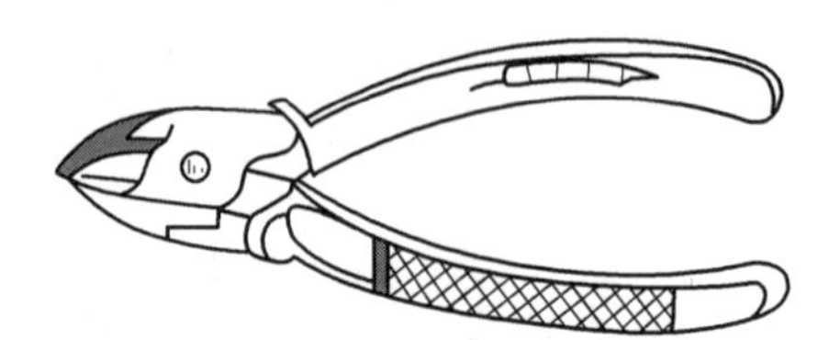

图 2-1-5　斜口钳外形

6. 剥线钳

剥线钳是用于剥离导线线头一段表面绝缘层的工具。它的特点是使用方便,剥离绝缘层不伤线芯,适用于芯线为 6 mm^2 以下的绝缘导线。剥线钳的规格有 140 mm、180 mm 两种。使用剥线钳时,将要剥削的绝缘层长度用标尺定好,然后把导线放入相应的刃口,用手将钳柄握紧,导线的绝缘层即被割破,且自动弹出,其外形如图 2-1-6 所示。

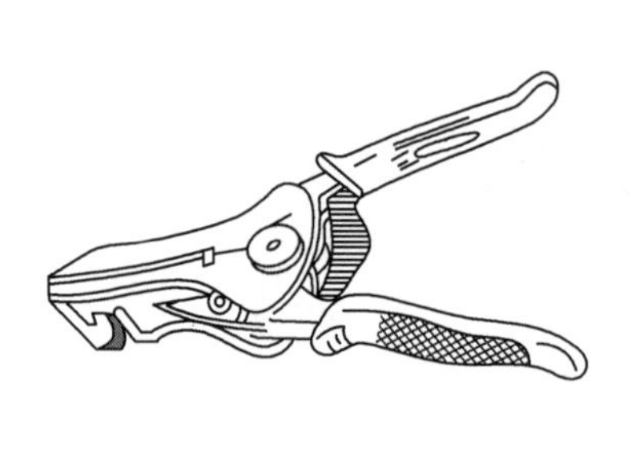

图 2-1-6　剥线钳外形

7. 电工刀

电工刀有一用、二用、多用,规格有 1 号、2 号、3 号三种,用于割削 6 mm^2 以上的导线绝缘层,其外形如图 2-1-7 所示。

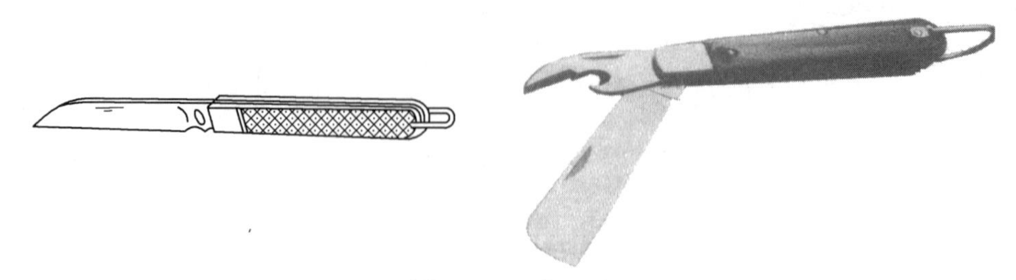

图 2-1-7　电工刀

8. 活扳手

活扳手是用于装拆螺母的工具，常用的规格有 100 mm×13 mm、150 mm×18 mm、200 mm×24 mm、250 mm×30 mm、300 mm×36 mm 等五种规格，其结构及操作如图 2-1-8 所示。

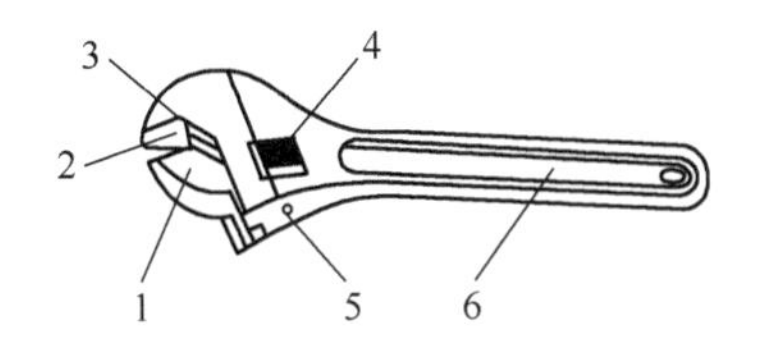

（a）活扳手的结构

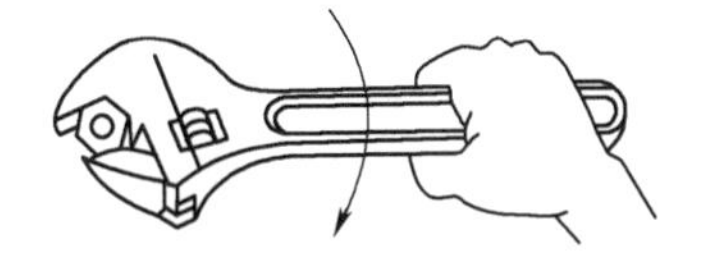
（b）扳动较大螺母时的握法

（c）扳动较小螺母时的握法

图 2-1-8　活扳手结构及操作

1—活扳唇；2—扳口；3—呆扳唇；4—蜗轮；5—轴销；6—手柄

四、实训内容与步骤

1. 使用验电器来区分相线、零线，判断电压的大小

(1)用验电笔分别检测交流电源相线、零线、观察氖管发光情况。

(2)将验电笔与调压器的输出端相接触，调节输出电压的大小，观察氖管发光情况。

2. 剪线

取 2.5～16 mm^2铝芯线各一段，分别使用钢丝钳、尖嘴钳、斜口钳、断线钳进行断线操作，比较操作过程，确定最佳剪线工具。

3. 剥线

取 2.5～16mm^2铝芯线各一段，分别使用电工刀、剥线钳、钢丝钳、尖嘴钳来进行剥线操作，比较操作过程，确定最佳剥线工具。

4. 螺母的装拆

分别使用钢丝钳、尖嘴钳、活扳手、电动旋具对不同规格的螺母进行装拆，比较操作过程，确定装拆螺母的最佳工具。

实训二　专用电工工具的使用

一、实训目的

(1)了解专用电工工具的结构及作用。

(2)学会专用电工工具的操作方法。

(3)掌握专用电工工具使用安全要求。

二、实训器材

序号	名　称	数量	单位
1	脚扣	1	双
2	腰带	1	条
3	喷灯	1	台
4	电锤	1	台

续表

序号	名　称	数量	单位
5	断线钳	1	把
6	紧线器	1	把
7	压接钳	1	把
8	10 mm^2 铝芯线	1	m

三、实训原理

专用电工工具的认识：

1. 脚扣

脚扣又称铁脚，是攀登电杆的登高专用工具，主要由弧形扣环、脚套组成。常分为木杆脚扣和混凝土杆脚扣两种，其分类和操作如图 2-1-9 所示。

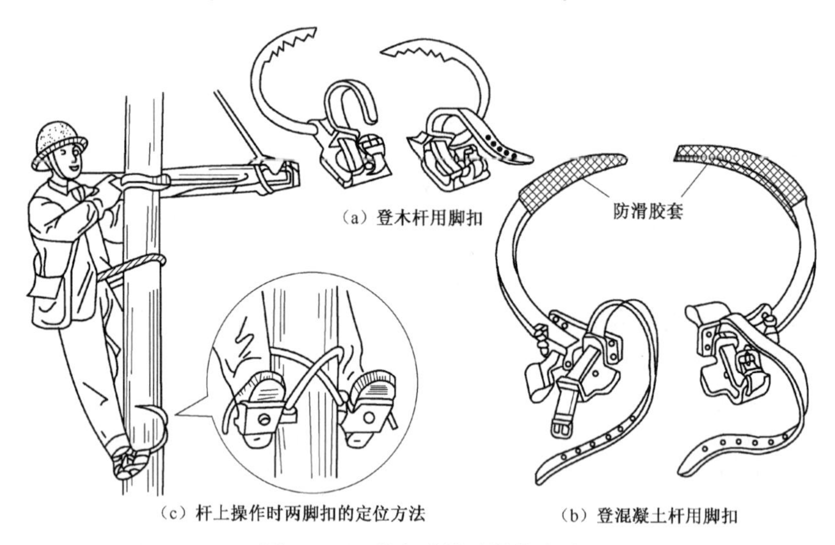

图 2-1-9　脚扣种类及操作方法

2. 腰带、保险绳和腰绳

腰带、保险绳和腰绳是电工高空操作必备用品，如图 2-1-10 所示。

腰带用来系挂保险绳。腰绳应系结在臀部上端，而不是系在腰间。否则，操作时既不灵活又容易扭伤腰部。

保险绳用来防止万一失足时坠地摔伤。其一端应可靠地系结在腰带上，另一端用保险钩钩挂在牢固的横担或抱箍上。

腰绳用来固定人体下部，以扩大上身活动幅度，使用时应将其系结在电杆的横担或抱箍下方，要防止腰绳窜出电杆顶端而造成工伤事故。

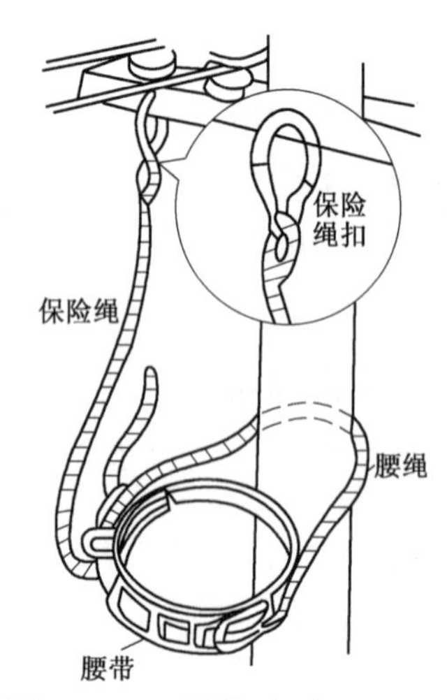

图 2-1-10　腰带、保险绳和腰绳

3. 断线钳

断线钳的钳柄有铁柄、管柄和绝缘柄三种。电工用断线钳的绝缘柄的耐压为 300 V。断线钳是专供剪断较粗的金属丝、线材及导线电缆时使用的,其外形如图 2-1-11 所示。

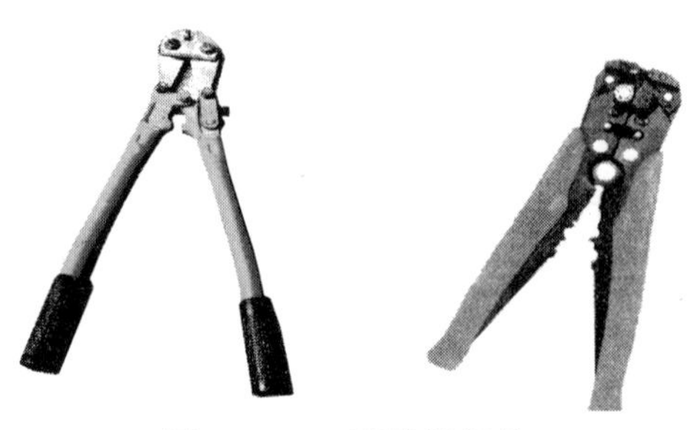

图 2-1-11　断线钳外形

4. 紧线器

紧线器是在架空线路中,用来拉紧导线的一种专用工具。紧线器有钳形紧线器、附有拉力表的紧线器、普通紧线器等多种。

使用时将 ϕ4 mm 镀锌钢丝绳绕于右端滑轮上,挂置于横担或其他固定部位,用另一端的夹头夹住导线,以摇柄转动滑轮,使钢丝绳逐渐卷入轮内,导线被拉紧而收缩至适当程度,其结构及操作如图 2-1-12 所示。

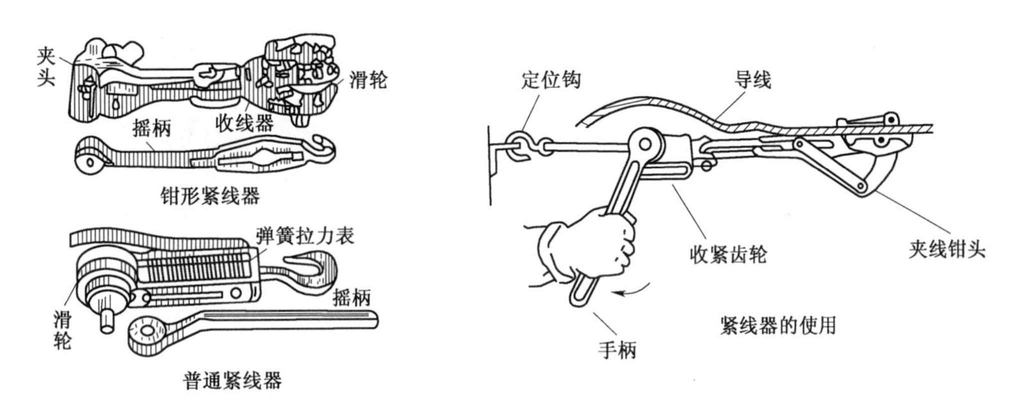

图 2-1-12　紧线器的结构及操作

5. 手动压接钳

手动压接钳是电工用于接线的一种工具,它一般有四种压接腔体,不同的腔体适用于不同规格的导线和接线端子,如图 2-1-13 所示。

6. 手电钻和电锤

手电钻和电锤是一种携带式的电动钻孔专用工具,主要用于对钢结构件和混凝土墙进行钻孔,安装各类螺栓或膨胀螺栓,以固定设备或支架。手电钻和电锤外形如图 2-1-14 所示。

7. 喷灯

喷灯是一种利用喷射火焰对工件进行加热的专用工具,常用于铅包电缆铅包层的焊接、大截面铜导线连接处的搪锡以及其他连接表面的防氧化镀锡等,喷灯火焰的温度可达 900 ℃以上,其外形如图 2-1-15 所示。

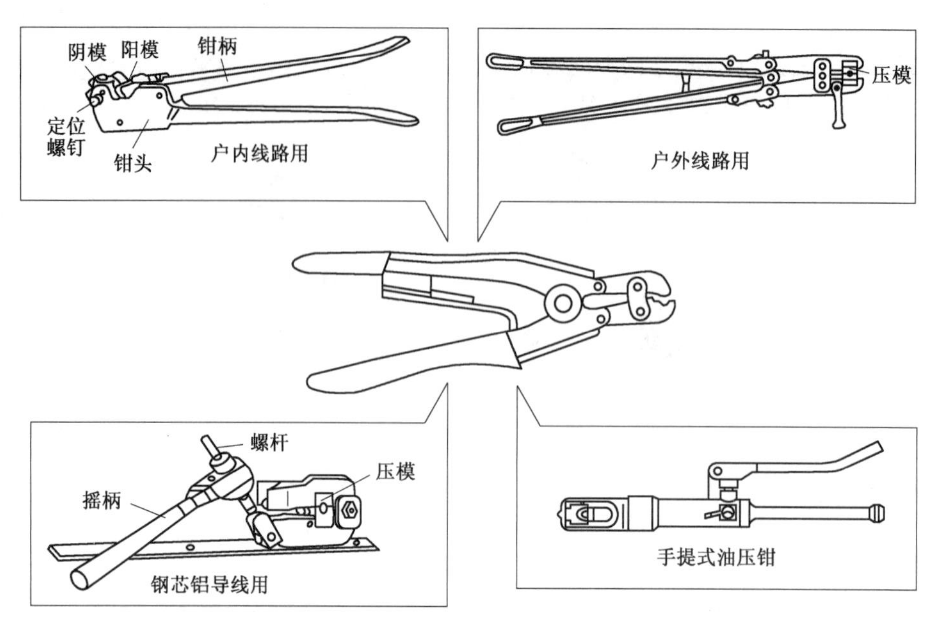

图 2-1-13 手动压接钳的结构及作用

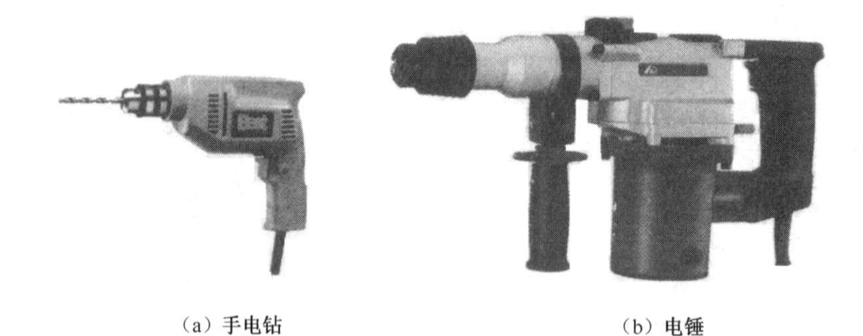

（a）手电钻　　（b）电锤

图 2-1-14 手电钻和电锤外形

四、实训内容与步骤

1. 蹬杆练习

(1)根据电杆的类型选择大小合适的脚扣。

(2)将腰带系结在臀部上部,穿好脚扣;然后进行人体载荷冲击试验。

(3)左脚向上跨扣,左手同时向上扶住电杆。

(4)右脚向上跨扣,右手同时向上扶住电杆。

(5)按上述(3)、(4)步骤重复进行,直至所需高度。

(6)下杆方法与蹬杆方法相同。

2. 喷灯使用练习

图 2-1-15 喷灯外形

(1)加油:旋下加油阀下面的螺栓,倒入适量油液,油量不超过筒体的 3/4,保留一部分空间储存压缩空气,以维持必要的空气压力。加完油后应及时旋紧加油口的螺栓，关闭放油调节阀的阀杆，擦净撒在外部的油液，并认真检查是否有渗漏现象。

(2)预热：先在预燃烧盘内注入适量汽油，用火点燃，将火焰喷头烧热。

(3)喷火：当火焰喷头烧热后，而燃烧盘内汽油燃烧完之前，用打气阀打气3~5次；然后再慢慢打开放油调节阀的阀杆，喷出油雾，喷灯即点燃喷火；随后继续打气，直到火焰正常为止。

(4)熄火：先关闭放油调节阀，直至火焰熄灭，再慢慢旋松加油口螺栓，放出筒体内的压缩空气。

3. 电锤使用练习

(1)钻头的选择：根据实际情况选择钻头。

(2)钻头的安装。

(3)两手握紧电锤，保持与墙壁垂直。

(4)打开电源，进行打孔操作。

(5)断开电源，取下钻头，观察打孔质量。

实训三　导线的选择与连接

一、实训目的

(1)掌握导线的选择方法。

(2)掌握常用导线的连接方法及接线的工艺要求。

(3)学会单股绝缘导线和七股绝缘导线的直线接法与T形分支接法。

(4)掌握恢复导线绝缘层的方法。

二、实训器材

序号	名称	数量	单位
1	电工刀	1	把
2	斜口钳	1	把
3	尖嘴钳	1	把
4	钢丝钳	1	把
5	剥线钳	1	把
6	黄蜡带	1	把
7	绝缘胶带	1	卷
8	2.5 mm^2 铝芯线	2	m
9	10 mm^2 铝芯线	2.4	m

三、实训原理

1. 导线选择

1)导线种类的选择

导线种类主要根据使用环境和使用条件来选择。

(1)室内环境潮湿或者有酸碱性腐蚀气体的厂房，应选用塑料绝缘导线，以提高抗腐蚀能力，保证绝缘；室内环境比较干燥，可选用橡皮绝缘导线。

（2）电动机的室内配线，一般采用橡皮绝缘导线。

（3）架空明线应选择铝绞线或钢芯铝绞线；地下敷设时，应采用塑料电力绝缘导线或电力电缆线。

（4）经常移动的绝缘导线应采用多股软绝缘护套线。

2）导线截面的选择

为了保证导线在一定环境条件下能够正常工作，减小供电线路的电压损失，保证用户的用电质量，防止因导线截面选择不当而造成导线绝缘层的老化、损坏，甚至引起触电和火灾事故，选择合适的导线截面就显得十分的重要。我国常用导线标称截面 S_N 分为：1 mm^2、1.5 mm^2、2.5 mm^2、4 mm^2、6 mm^2、10 mm^2、16 mm^2、25 mm^2、35 mm^2、50 mm^2，75 mm^2、95 mm^2、120 mm^2、150 mm^2、185 mm^2 等。导线截面的选择常按导线的允许载流量（导线允许的最高温度所能通过的最大工作电流）来确定，而导线的安全载流量与导线材料、环境温度和敷设方式有关，实际工作中可按下列方法来确定导线的截面。

（1）首先确定线路负荷的电流：

①单相纯电阻电路：

$$I = \frac{P}{U}$$

②单相含电感电路：

$$I = \frac{P}{U\cos\varphi}$$

③三相纯电阻电路：

$$I = \frac{P}{\sqrt{3}U_L}$$

④三相含电感电路：

$$I = \frac{P}{\sqrt{3}U_L\cos\varphi}$$

式中，P 为负荷功率，单位为 W；U 为相电压，单位为 V；U_L 为线电压，单位为 V；$\cos\varphi$ 为功率因数。

按导线允许载流量选择时，一般原则是导线允许载流量不小于线路负荷的计算电流。

（2）根据导线载流量与截面的倍数关系来确定导线的截面。铝心绝缘导线载流量与截面的倍数关系口诀如下：

10 下五，100 上二；25、35，四、三界；70、90，两倍半。

穿管、温度，八、九折；裸线加一半；铜线升级算。

①“10 下五”是指截面在 10 mm^2 以下，$K=5$，即 $S_N=I/5$（I 指线路负荷的电流）。

②“100 上二”是指截面在 100 mm^2 以上，$K=2$，即 $S_N=I/2$。

③“25、35，四、三界”是指截面 25 mm^2 和 35 mm^2 是四倍、三倍的分界线，即 16～25 mm^2 时导线的载流量按四倍算 $K=4$，35～50 mm^2 时导线的载流量按三倍算 $K=3$。

④“70、90，两倍半”是指截面为 75 mm^2 和 90 mm^2 时，$K=2.5$，即 $S_N=I/2.5$。

⑤“穿管、温度，八、九折”是指铝芯绝缘导线，若穿管敷设时，上述计算后打八折（×0.8）；若环境温度超过 25 ℃，上述计算后打九折（×0.9）；若既穿管敷设，温度又超过 25 ℃时，上述计算后打八折后再打九折（×0.8×0.9）计算。

⑥“裸线加一半”是指裸铝导线，可按同样截面铝芯绝缘导线计算后再增加一半，即按上述计算后（×$K/2$）。

⑦“铜线升级算”是指铜芯导线（含裸导线）的载流量，按导线截面排列顺序增加一等级，再按相应条件的铝线计算，即 10 mm^2 的铜芯导线按 16 mm^2 铝芯导线计算，25 mm^2 的铜芯导线按 35 mm^2 铝芯导线计算，依此类推。

2. 导线连接

1）导线连接的基本要求

（1）接触紧密，接头电阻小，稳定性好，与同长度、同截面导线的电阻比值不应大于 1。

（2）接头的机械强度应不小于导线机械强度的 80%。

（3）耐腐蚀。对于铝导线与铝导线的连接，要防止残余熔剂或熔渣的化学腐蚀。对于铝导线与铜导线连接，要防止电化学腐蚀。

（4）接头的绝缘强度应与导线的绝缘强度一样。

2）导线连接的方法和步骤

导线的连接有绞接、焊接、压接、螺栓连接等，各种连接方法，适用于不同的导线截面及工作地点。

导线连接一般按以下四个步骤进行：剥削绝缘层，导线线芯处理，接头连接，绝缘层恢复。

3）单股芯线一字直接连接

（1）先将两导线端去除其绝缘层后做 X 相交。

（2）互相绞合 1~3 匝后扳直。

（3）两线端分别紧密向芯线上绕 6 圈，多余线端剪去，用钳口安全面钳平切口，如图 2-1-16 所示。

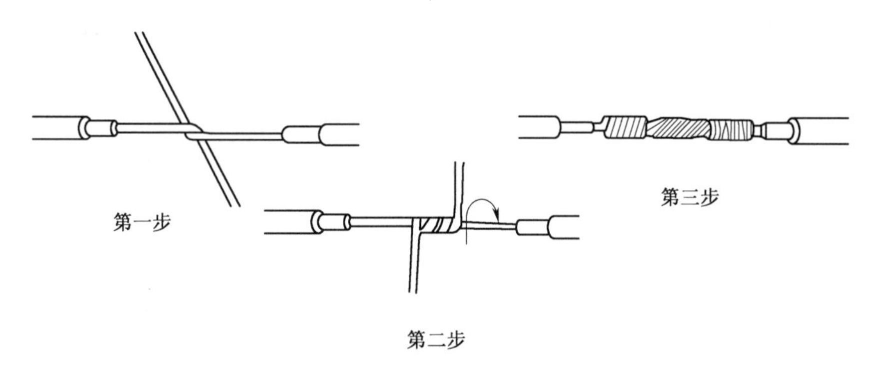

图 2-1-16 单股芯线一字直接连接

4）单股芯线 T 字分支连接

支线端和干线十字相交，使支线芯线根部留出约 5 mm 后在干线上缠绕一圈，再环绕成结状，收紧线端向干线并绕 6 圈剪去余线。如果连接导线截面较大，两芯线十字相交后，直接在干线上紧密缠 8 圈后减去余线即可，如图 2-1-17 所示。

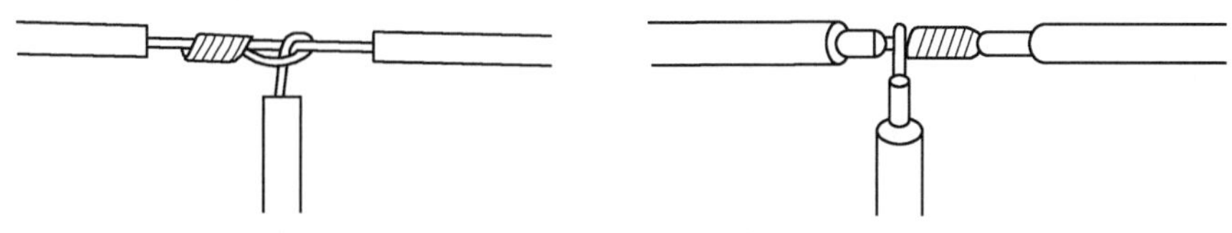

图 2-1-17 单股芯线 T 字分支连接

5)七股芯线一字直接连接

(1)先将剥去绝缘层的芯线头散开并拉直,再把靠近绝缘层 1/3 线段的芯线绞紧,然后把余下的 2/3 芯线头分散成伞状,并将每根芯线拉直。

(2)把两伞骨状线端隔根对叉,必须相对插到底。

(3)捏平叉入后的两侧所有芯线,并应理直每股芯线和使每股芯线的间隔均匀;同时用钢丝钳钳紧岔口处,消除空隙。

(4)先在一端把邻近两股芯线在距叉口中线约 3 根单股芯线直径宽度处折起,并形成 90°。

(5)接着把这两股芯线按顺时针方向紧缠 2 圈后,再折回 90°并平卧在折起前的轴线位置上。

(6)接着把处于紧挨平卧前邻近的 2 根芯线折成 90°,并按步骤(5)方法加工。

(7)把余下的 3 根芯线按步骤(5)方法缠绕至第 2 圈时,把前 4 根芯线在根部分别切断,并钳平;接着把 3 根芯线缠足 3 圈,然后剪去余端,钳平切口,不留毛刺。

(8)另一侧按步骤(4)~(7)方法进行加工,如图 2-1-18 所示。

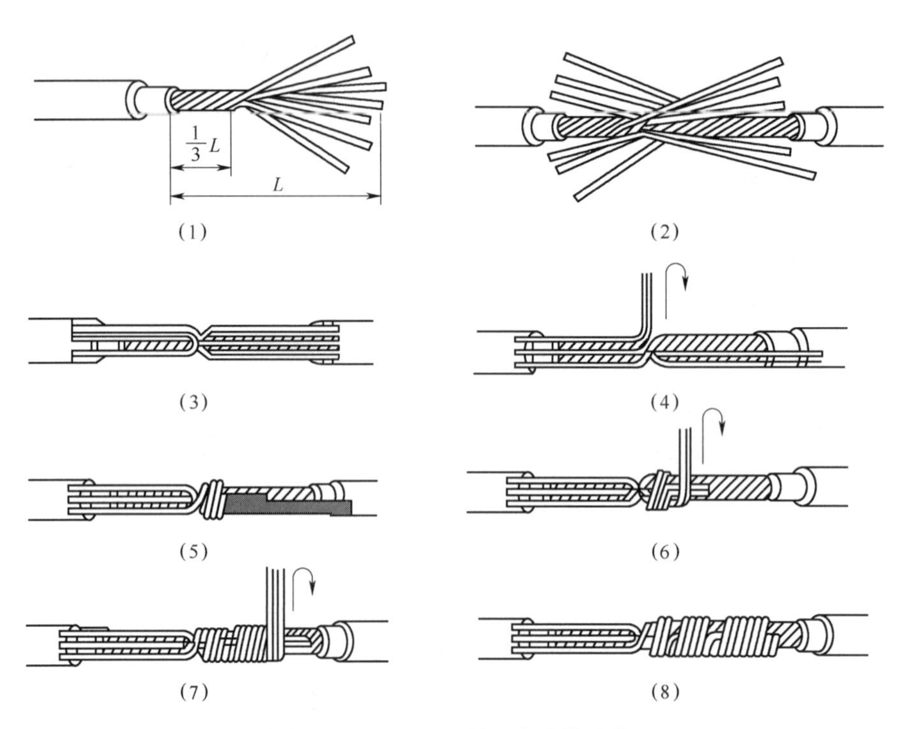

图 2-1-18 七股芯线一字直接连接

6)七股芯线 T 字分支连接

(1)在支线留出的连接线头 1/8 根部进一步绞紧,余部分散。

(2)将干线分成两组,两组中间留出插缝;支线线头也分成两组,4 根一组插入干线的中间。

(3)将三股芯线的一组往干线一边按顺时针缠 3~4 圈,剪去余线,钳平切口。

(4)另一组四股芯线用相同的方法向另一边反向缠 4~5 圈,剪去余线,钳平切口,如图 2-1-19 所示。

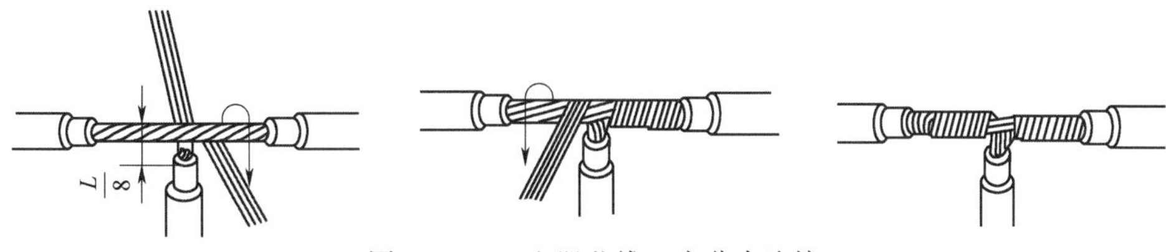

图 2-1-19　七股芯线 T 字分支连接

7)导线与接线桩的连接

(1)单股芯线连接方法:

①用尖嘴钳按紧固螺钉的直径大小剥去绝缘层在离导线绝缘层根部约 3 mm 处,向外侧折角成 90°。

②用尖嘴钳夹持导线的端部,按略大于螺钉直径将其弯曲成圆弧,再剪去芯线余端并修正圆圈。

③把芯线弯成的羊眼圈套在螺钉上(羊眼圈弯曲的方向应跟螺钉旋转方向一致);在圆圈上加合适的垫,然后拧紧螺钉;通过垫圈压紧导线,如图 2-1-20 所示。

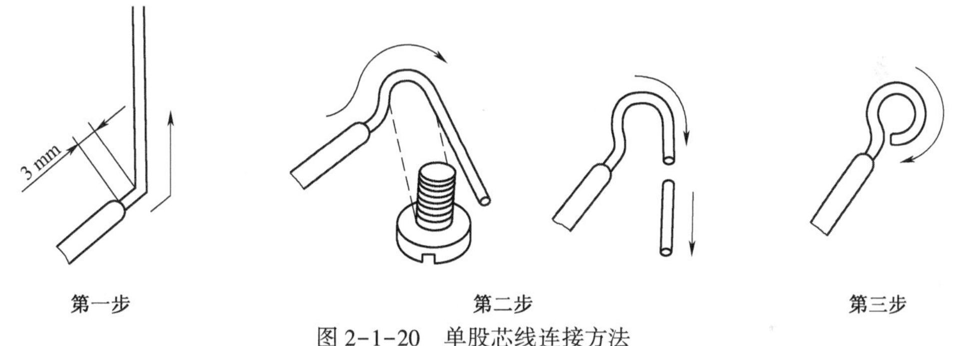

图 2-1-20　单股芯线连接方法

(2)多股软芯线连接方法:

剥去绝缘层,留出适当长度接线后将线芯绞紧;顺着螺钉旋转方向绕螺钉一圈,再在线头根部绕一圈,加平垫圈;然后旋紧螺钉,剪去余线,如图 2-1-21 所示。

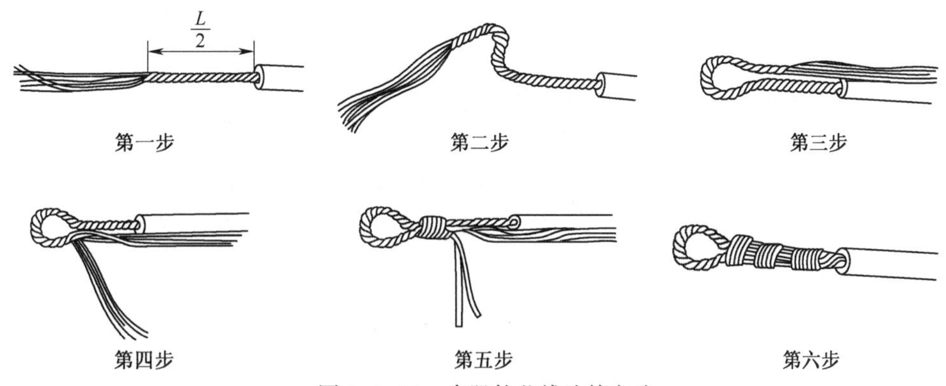

图 2-1-21　多股软芯线连接方法

8) 导线与瓦形垫接线桩的连接

剥去适当长度的绝缘层,将单股芯线端按略大于瓦形垫圈螺钉直径弯成 U 形,使螺钉从瓦形垫圈下穿过 U 形导线,旋紧螺钉,如图 2-1-22 所示。

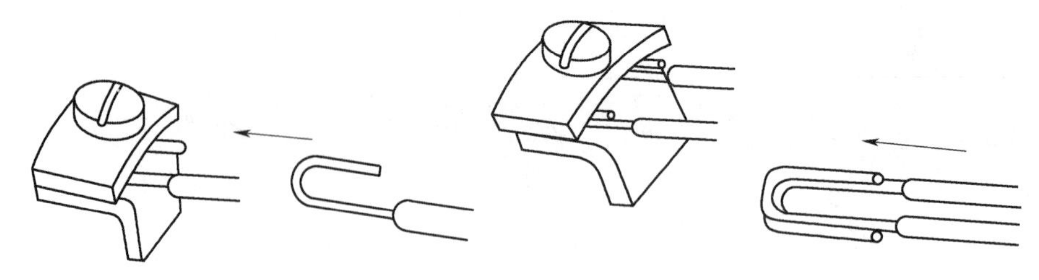

图 2-1-22 导线与瓦形垫接线桩的连接

9）导线与针孔式接线桩的连接

（1）单股芯线连接方法。芯线直径小于针孔，将线头折成双股插入针孔。芯线直径与针孔大小合适，可直接插入，如图 2-1-23 所示。

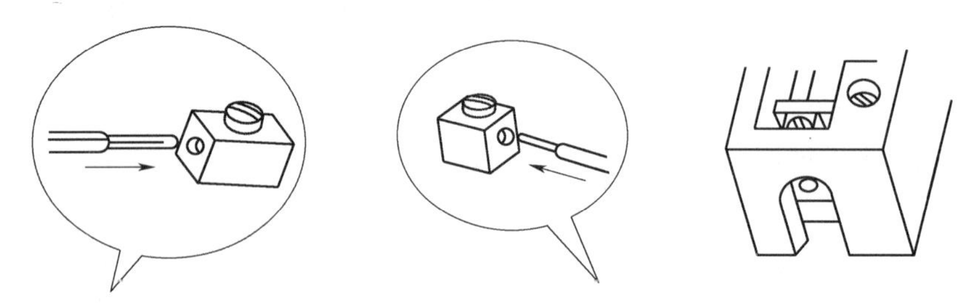

（a）芯线折成双股进行连接　（b）单股芯线插入连接　（c）瓷接线座

图 2-1-23 单股芯线与针孔式接线桩的连接

（2）多股软芯线连接方法，如图 2-1-24 所示。

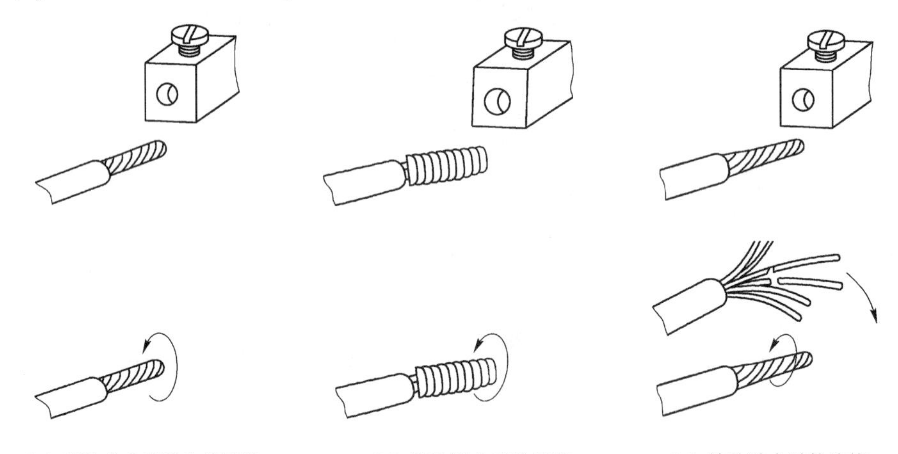

（a）针孔大小较适宜的连接　（b）针孔过大时的连接　（c）针孔过小时的连接

图 2-1-24 多股软芯线与针孔式连接桩的连接

10）绝缘层的恢复

（1）一字连接处导线绝缘层的恢复，如图 2-1-25 所示。具体方法如下：

①将黄蜡带从导线左边完整的绝缘层上开始包缠，包缠两根带宽后方可进入连接处的芯线部分。包至连接处的另一端时，也需同样包入完整绝缘层上两根带宽的距离。

②包缠时，绝缘带与导线应保持 55°的倾斜角，使每圈的重叠部分为带宽的 1/2。

③包缠一层黄蜡带后，将黑胶带接在黄蜡带的尾端，再由右向左按另一斜叠方向包缠一层，每圈要压叠在前一层带宽的 1/2（半幅带宽）。

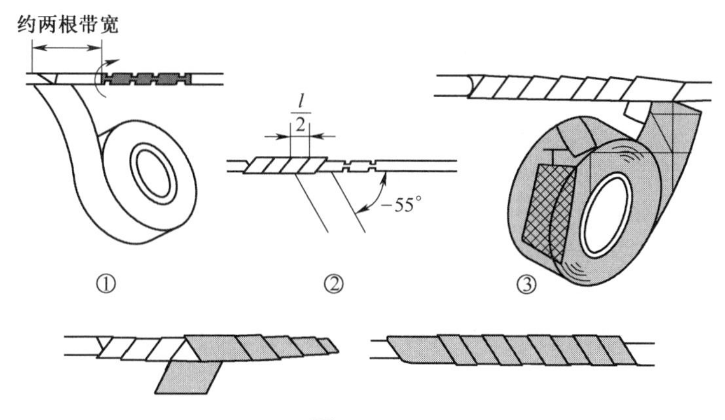

图 2-1-25

(2)T 字连接处导线绝缘层的恢复,如图 2-1-26 所示。具体方法如下:

①用黄蜡带(或塑料带)从左端起包。

②包至分支线时,用左手拇指顶住左侧直角处包上的带面,使它紧贴转角处芯线,并使处于线顶部的带面尽量向右侧斜压。

③当围绕到右侧转角处时,用左手食指顶住右侧直角处带面,并使带面在干线顶部向左侧斜压,与被压在下边的带面呈×状交叉,然后把带再回绕到右侧转角处。

④带沿紧贴住支线连接处根端,开始在支线上包缠,包至完好绝缘层上约两根带宽时,原带折回再包至支线连接处根端,并把带向干线左侧斜压(不宜倾斜太多)。

⑤当带围过干线顶部后,紧贴干线右侧的支线连接处开始在干线右侧芯线上进行包缠。

⑥包至干线另一端的完好绝缘层上后,接上黑胶带,按上述②~⑤的方法包缠黑胶带。

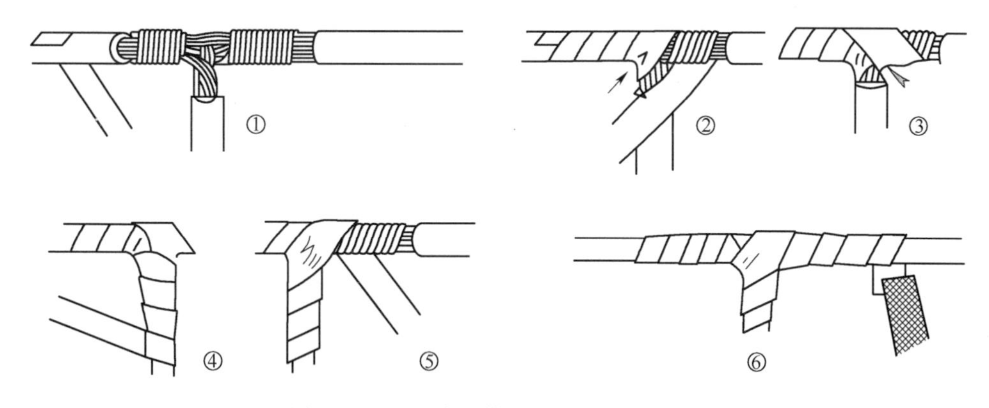

图 2-1-26　T 字连接处导线绝缘层的恢复

四、实训内容与步骤

1. 单股绝缘铝导线的一字直线连接

(1)用钢丝钳剪出 2 根截面积为 2.5 mm^2的单股塑料绝缘铝芯线 0.5 m,用剥线钳剥开两根导线各一端头绝缘层约 10 cm。

(2)按单股绝缘导线一字直接绞接法, 完成导线的连接。

(3)按绝缘层的恢复要求完成接头的包扎。

(4)检查接头连接与绝缘包扎质量。

2. 单股绝缘铝导线的T字分支连接

(1)用钢丝钳剪出2根截面积为2.5 mm^2的单股塑料绝缘铝导线0.5 m,用剥线钳剥开支线一端的端头绝缘层端的绝缘层约10 cm,用电工刀剥开干线中间一段的绝缘层约2 cm。

(2)按单股绝缘导线的T字分支连接法,完成导线的连接。

(3)按绝缘层的恢复要求完成接头的包扎。

(4)检查接头连接与绝缘包扎质量。

3. 多股绝缘铝导线的一字直线连接

(1)用斜口钳将七股10 mm^2铝导线剪为等长的两段(约60 cm),用电工刀剥开两根导线各一端头的绝缘层约15 cm。

(2)按多股绝缘导线一字直线连接方法与工艺要求,完成导线的连接。

(3)按绝缘层的恢复要求完成接头的包扎。

(4)检查接头连接与绝缘包扎质量。

4. 多股绝缘铝导线的T字分支连接

(1)用斜口钳将七股10 mm^2导线剪为等长的两段(约60 cm),用电工刀剥开支线一端的端部绝缘层约15 cm,而另一根的中间部分作干线的接头部分,用电工刀将其绝缘层剥开约4 cm。

(2)按多股绝缘导线T字分支连接方法与工艺要求,将支线端部芯线接在干线芯线上。

(3)按绝缘层的恢复要求完成接头的包扎。

(4)检查接头连接与绝缘包扎质量。

第二部分　照明电路及度量仪表安装实训

实训一　白炽灯照明电路安装

一、实训目的

(1)了解白炽灯结构,掌握白炽灯的发光原理。
(2)学会白炽灯照明电路的安装。

二、实训器材

序　号	名　称	文字符号	数　量	单　位
1	白炽灯	EL	1	个
2	单位单控开关	S	1	个
3	熔断器	FU	1	个

三、实训原理

1. 白炽灯的照明电路及 FU 结构

图 2-2-1 所示为白炽灯照明电路。它由熔丝 FU、开关 S、白炽灯泡 EL 串联起来接在交流 220 V 的电源上,开关安装在电源的相线上。白炽灯具有结构简单、使用方便、显色性好、可瞬时点亮、无频闪、可调光、价格便宜等优点,缺点是发光效率较低。普通白炽灯结构如图 2-2-2 所示,由灯头、接点、电源引线、灯丝、玻璃支架和玻璃泡壳等部分构成。白炽灯是靠电流加热灯丝(钨丝)至白炽状态而发光的。灯丝在将电能转换为可见光的同时,还会产生大量的红外辐射,大部分电能都变成热能散发掉了,因此白炽灯的发光效率较低。灯丝是用钨丝做成的,玻璃泡一般用透明玻璃制成,也有用磨砂的乳白色玻璃壳及彩色玻璃壳的。40 W 以下的灯泡,玻璃壳内抽成真空;40 W 以上的灯泡,抽真空后还充进少量氩气

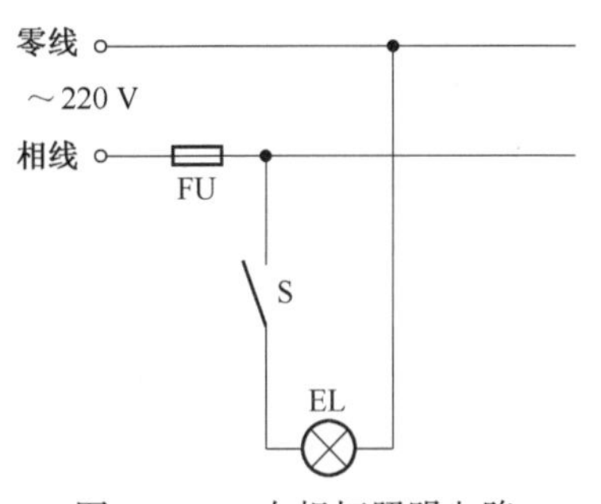

图 2-2-1　白炽灯照明电路

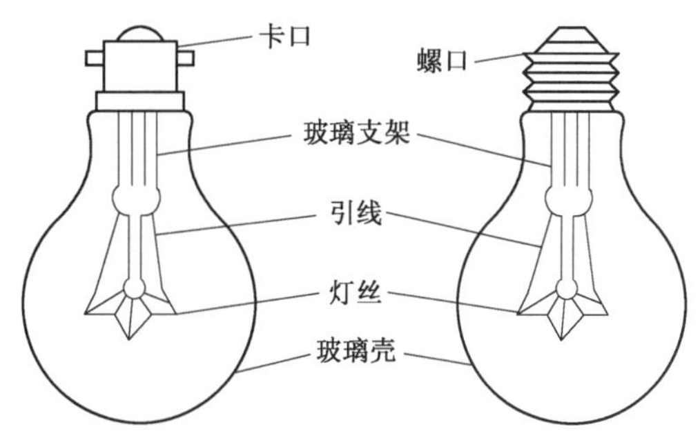

图 2-2-2　普通白炽灯结构

或氮气。白炽灯的灯头具有卡口和螺旋口两种形式。如图 2-2-3 所示,使用螺口灯泡要把相线接到灯座中心触点上。

白炽灯是电流通过灯丝时使灯丝灼热至白炽状态而发光的。灯丝的温度越高,发出的光就越强。点亮时,灯丝的温度一般在 2 000 ℃以上。在空气中,这样高的温度,灯丝是会很快烧断的,必须将玻璃壳中的空气抽去。即使这样,灯丝在灼热时,钨原子还会从钨丝飞散出来,这就是钨丝的蒸发现象。蒸发出来的钨原子凝聚在温度较冷的玻璃泡壁上,这就是灯泡用久了会发黑的原因。钨丝的蒸发不但影响灯光亮度,还会使钨丝变细,最后烧断,大大影响灯泡寿命。在灯泡中充进适量的氩气或氮气,在一定程度上可起到阻碍钨丝蒸发的作用。

2. 白炽灯的参数

(1)额定电压。指灯泡的设计工作电压。灯泡只有在额定电压下工作,才能获得其特定的效果。如果实际工作的电源电压高于额定电压,灯泡发光强度变强,但寿命却大为缩短。如果电源电压低于额定电压,虽然灯泡寿命延长,但发光强度不足,光效率降低。在额定电源电压下工作,白炽灯的有效寿命一般为 1 000 h 左右。

(2)额定功率。指灯泡的设计功率,即灯泡在额定电压下工作时所消耗的电功率。额定功率越大,通过灯泡的工作电流也越大。根据灯泡的额定功率,可以计算出灯泡的工作电流,即 $I=P/U$,式中:I 为工作电流,单位为 A;P 为额定功率,单位为 W;U 为额定电压,单位为 V。例如,图 2-2-4 所示白炽灯泡为 220 V,40 W,则其工作电流 $I=(40/220)\ \text{A}=0.182\ \text{A}$。

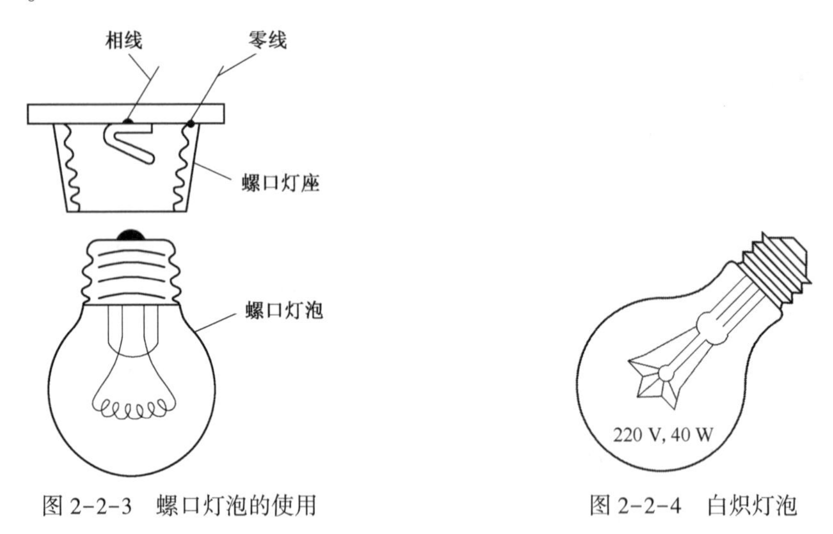

图 2-2-3　螺口灯泡的使用　　　图 2-2-4　白炽灯泡

四、实训内容与步骤

按照图 2-2-1 接线,完成白炽灯照明电路的安装,步骤如下:

(1)根据电路选择器件,用万用表检测其好坏。

(2)将器件固定安装在电气装配实训台网孔板上。

(3)断开电源,将开关一端串联在相线上,另一端通过导线与白炽灯灯座一端相连。

(4)将白炽灯灯座另一端接在零线上。

(5)将白炽灯泡接入灯座中,合上电源,按下开关,观察白炽灯否正常工作。

(6)若不正常,则应分析原因,检查电路,排除故障。

使用白炽灯要注意的内容:

(1)白炽灯的额定电压要与电源电压相符。

(2)使用螺口灯泡要把相线接到灯座中心触点上。

(3)白炽灯安装在露天场所时要加防水灯座和灯罩。

(4)普通白炽灯泡要防潮、防震(特制的耐震灯泡除外)。

(5)家庭装修铺设照明暗线时,要选用足够大截面积的铜导线,并穿入防火阻燃的 PVC 管,接头要接在接线盒内。

(6)所用灯头、灯泡、开关等一切电器产品要与额定功率相配套,并选用合格的产品。

实训二　荧光灯照明电路安装

一、实训目的

(1)了解荧光灯电路结构,掌握荧光灯电路的工作原理;

(2)学会两种荧光灯电路的安装。

二、实训器材

序　号	名　称	数　量	单　位
1	荧光灯	1	只
2	单位单控开关	1	个
3	电感镇流器	1	个
4	辉光启动器	1	个
5	熔断器	1	个

三、实训原理

荧光灯大量应用于家庭以及公共场所的照明,具有发光效率高、寿命长等优点。图 2-2-5为荧光灯的两种电路连接图。

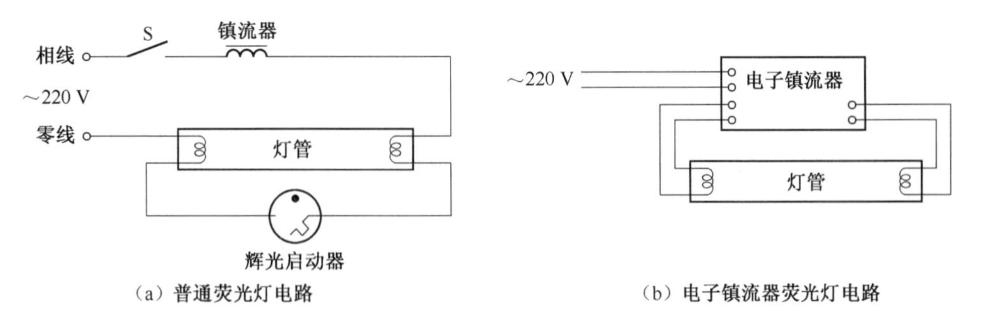

(a)普通荧光灯电路　　(b)电子镇流器荧光灯电路

图 2-2-5　荧光灯的两种电路连接图

1. 荧光灯的构造

(1)灯管:荧光灯管是一根玻璃管,它的内壁均匀地涂有一层薄薄的荧光粉,灯管两端各有一个阳极和一根灯丝。灯丝由钨丝制成,其作用是发射电子。阳极是两根镍丝,焊在灯丝上,与灯丝具有相同的电位,其主要作用是当它具有正电位时吸收部分电子,以减少电子对灯丝的撞击。此外,它还具有帮助灯管点燃的作用。灯管内还充有惰性气体(如氮气)与汞蒸气。由于有汞蒸气,当管内产生辉光放电时,就会放射紫外线。这些紫外线照射到荧光粉上就会发出可见光。

(2)镇流器:它是绕在硅钢片铁芯上的电感线圈,在电路上与灯管相串联。其作用为:在荧光灯启动时,产生足够的自感电势,使灯管内的气体放电;在荧光灯正常工作时,限制灯管电流。不同功率的灯管应配以相应的镇流器。

(3)辉光启动器(俗称“启辉器”):它是一个小型的辉光管,管内充有惰性气体,并装有两个电极,一个是固定电极,另一个是倒U形的可动电极,如图2-2-6所示。两电极上都焊接有触头。倒U形的可动电极由热膨胀系数不同的两种金属片制成。

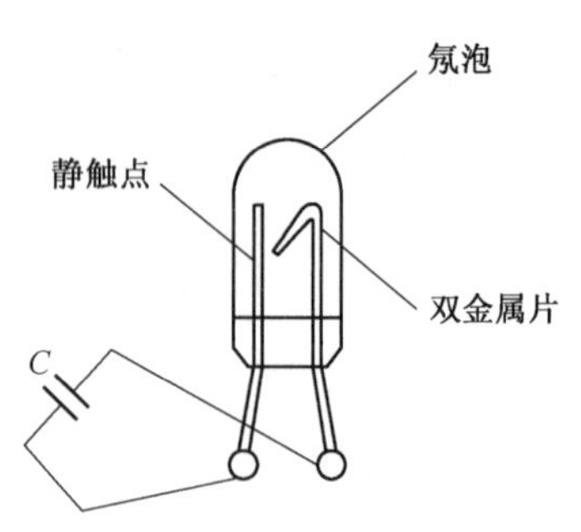

图2-2-6 辉光启动器结

2. 荧光灯的点燃过程

刚接通电源时,灯管内气体尚未放电,电源电压全部加在辉光启动器上,使它产生辉光放电并发热,倒U形的金属片受热膨胀,由于内层金属的热膨胀系数大,双金属片受热后趋于伸直,使金属片上的触点闭合,将电路接通。电流通过灯管两端的灯丝,灯丝受热后发射电子,而当辉光启动器的触点闭合后,两电极间的电压降为零,辉光放电停止,双金属片经冷却后恢复原来位置,两触点重新分开。为了避免辉光启动器断开时产生火花,将触点烧毁,通常在两电极间并联一只极小的电容器(见图2-2-6)。在双金属片冷却后,触点断开瞬间,镇流器两端产生相当高的自感电势,这个自感电势与电源电压一起加到灯管两端,使灯管发生弧光放电,弧光放电所放射的紫外线照射到灯管的荧光粉上,就发出可见光。灯管点亮后,较高的电压降落在镇流器上,灯管电压只有100 V左右,这个较低的电压不足以使辉光启动器放电,因此,它的触点不能闭合。这时,荧光灯电路因有镇流器的存在形成一个功率因数很低的感性电路。

四、实训内容与步骤

(1)按照图2-2-5(a)接线,完成普通荧光灯照明电路的安装,步骤如下:

①根据电路选择器件,用万用表检测其好坏。

②将器件固定安装在电气装配实训台网孔板上。

③断开电源,将开关一端串联在相线上,另一端与镇流器的一端相连。

④将镇流器的另一端通过导线串联在荧光灯灯座一端,灯座另一端通过导线接在辉光启动器座上。

⑤将辉光启动器座上的另一端通过导线接在荧光灯另一侧的灯座上,灯座上剩余一端通过导线接在零线上。

⑥将荧光灯管放入灯座中,合上电源,按下开关,观察荧光灯的变化情况,看看能否正常工作。

⑦若不正常,则应分析原因,检查电路,排除故障。

(2)按照图2-2-5(b)接线,完成电子镇流器荧光灯照明电路的安装,步骤如下:

①根据电路选择器件,用万用表检测其好坏。

②将器件固定安装在电气装配实训台网孔板上。

③断开电源,将电子镇流器L、N端分别接在相线和零线上,另外两组线分别与荧光灯

两头的灯座相连。

④将荧光灯管放入灯座中,合上电源,按下开关,观察荧光灯的变化情况,观察能否正常工作。

⑤若不正常,则应分析原因,检查电路,排除故障。

实训三　触摸延时开关控制白炽灯电路安装

一、实训目的

(1)了解触摸延时开关控制白炽灯电路的工作原理。

(2)学会触摸延时开关控制白炽灯电路的安装。

二、实训器材

序　号	名　称	文字符号	数　量	单　位
1	白炽灯	EL	1	个
2	触摸延时开关	S	1	个
3	熔断器	FU	1	个

三、实训原理

触摸开关控制的白炽灯(或荧光灯)在民居用电照明中较为常见,主要优点为节能,另外操作方便。

1. 触摸电路

触摸电路的基本原理是:利用人体的导电性质,通过金属片把人体感应电压输入电子电路中,再经过放大元件放大,而作用于电路。常见的放大元件有集成运放,三极管,场效应管等。常见的电路如图 2-2-7 所示。

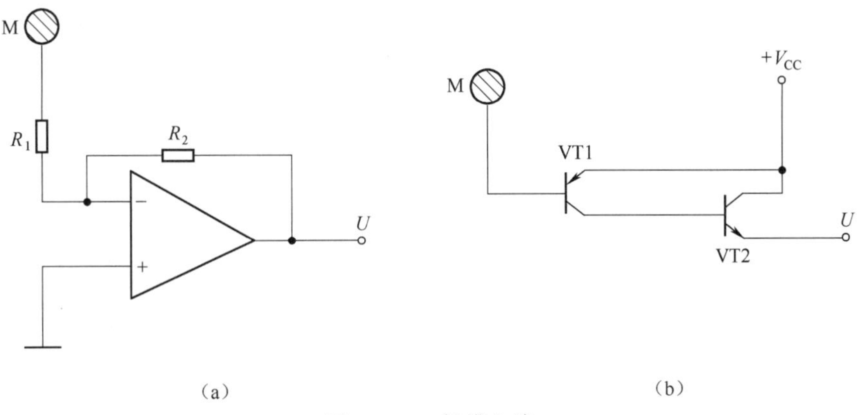

图 2-2-7　触摸电路

图 2-2-7 中 M 为金属片。图 2-2-7(a)中放大元件为集成运放,属于反相放大器。当用手接触 M 时,电流从金属片流向人体,反相放大器负输入端输入负电压,经过放大输出 U。其放大系数为 $B=R_2/R_1$。图 2-2-7(b)中放大元件为两个复合三极管。三极管通过复

合可有效提高放大电流。当用手接触 M 时，人体感应电动势从 M 输入，VT 的基极得到触发电流，三极管导通，通过放大输出 U。

值得注意的是，必须让手直接触摸金属片才能使电路工作。放大电路的放大倍数越大，电路灵敏度就越高。

触摸电路应用广泛，如常见的电灯等。其有着无机械噪声、无机械磨损的优点。

2. 延时电路

延时电路被广泛应用于延时电灯、洗衣机、微波炉等电器中，使电器的使用更加方便。精确度高的电路被用于秒级控制的电器中。常用的简单延时电路的基本原理是利用电容的充电放电功能来实现延时功能，并与各类电子元件相互组合实现不同的延时控制。延时电路可实现延时开启和延时关闭等控制。电容与其他电子元件的组合使用有如下几种：

(1)电容与放大电路组合使用。电路如图2-2-8(a)、(b)所示。在有电压 U 输入时，三极管基极有电流通过，电路导通，同时，电容 C 被快速充电。U 停止输入后，电容放电，使三极管继续保持导通，延时开始，直到电容放电完毕，三极管截止，延时结束。图 2-2-8(b) 中加入了电磁继电器，当三极管导通时，电磁继电器吸合，可实现低压控制高压的延时。

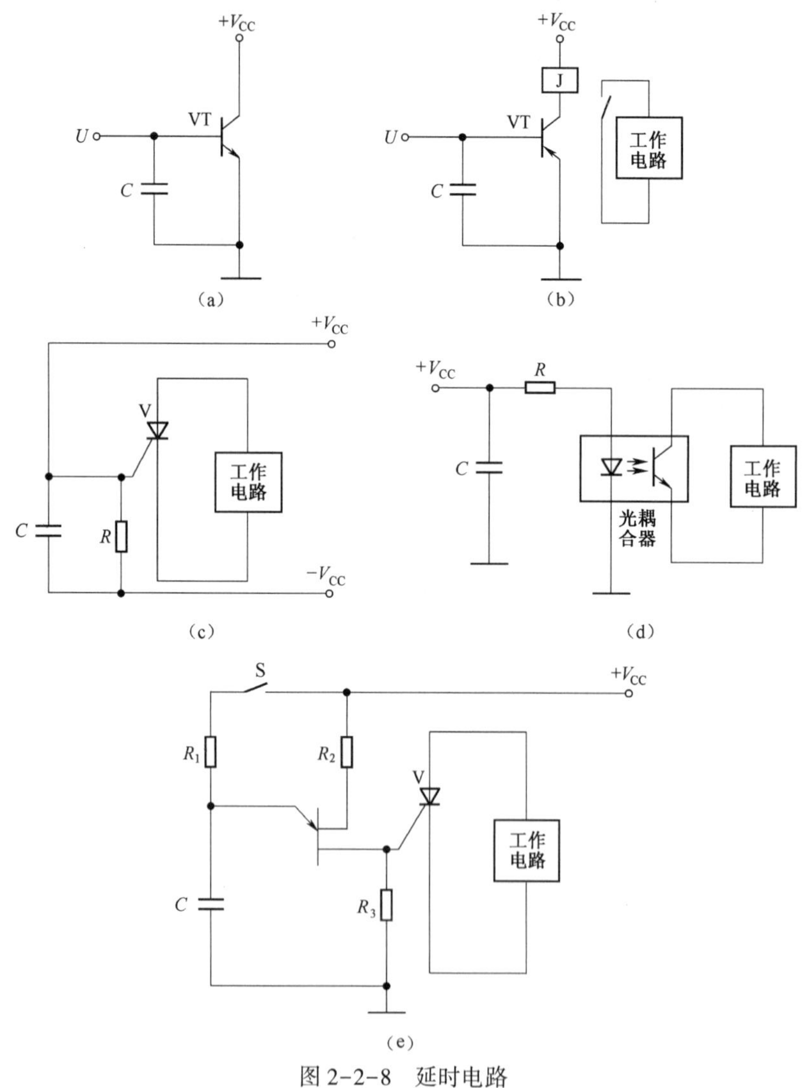

图 2-2-8 延时电路

(2)电容与晶闸管组合使用。电路如图 2-2-8(c)所示。当有 V_{CC}输入时,晶闸管 V 导通,同时 C 正向充电,当没有 V_{CC}输入后,电容放电使晶闸管 V 保持导通,使工作电路运作。当 C 放电完毕,V 因没有触发电流而截止,延时结束。延时时间由 C 的电容量和 R 的大小决定。

(3)电容与光耦合器组合使用。电路如图 2-2-8(d)所示。当有电压 V_{CC}输入时,电容 C 充电,左端电路通过光耦合器,使工作电路启动,并实现延时控制。光耦合器和电磁继电器一样可实现隔离控制。

(4)电容与单结晶体管组合使用。电路如图 2-2-8(e)所示。当开关 S 闭合后,电容 C 缓慢充电,过一段时间后,C 上的电势高于 V 的峰值电压,单结晶体管突然导通,发出一个正脉冲,使晶闸管 V 突然导通,工作电路开始工作。此电路可实现延时启动的功能。

3. 典型的触摸延时开关电路

这个触摸延时开关适合于宿舍楼、办公楼的楼梯和过道灯的定时自动关灯控制或洗手间等场合。延时开关由降压整流器、定时开关和晶闸管控制电路等组成,如图 2-2-9 所示。

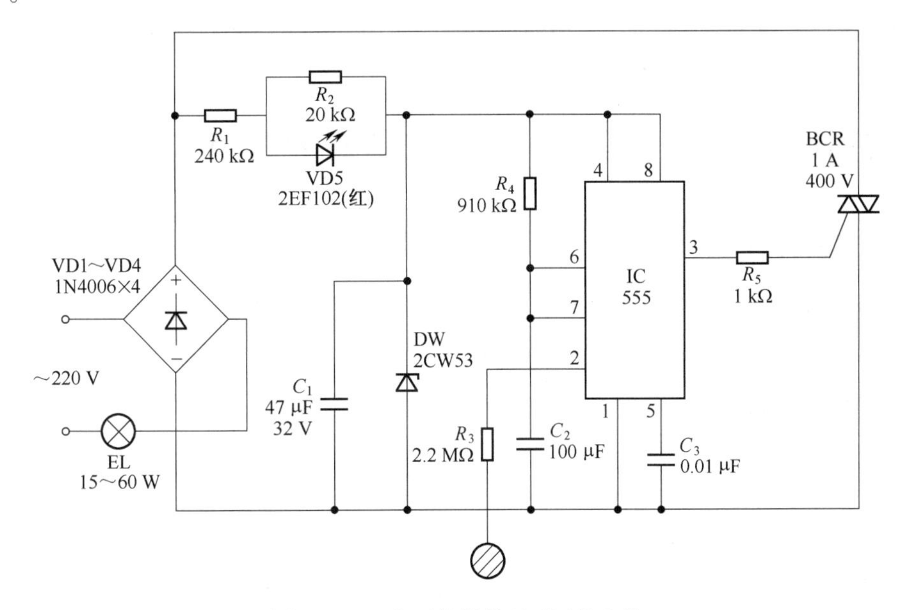

图 2-2-9　典型的触摸延时开关电路

由 VD1~VD4 组成桥式整流器,并经 R_1、VD5、C_1 等,稳压出约 4.5 V 的直流电压,作为 555 集成电路的供电电压。

555 和 R_4、C_2、R_3 等组成一个单稳态延时电路。R_3 末端的金属片 M 紧贴灯开关的面板按钮,平时无人按压,M 无感应信号,555 处于复位状态,即输出端(3 引脚)为低电平。当有人按压开关时,人体的感应信号经 R_3 加至 555 的触发端(2 引脚),使 555 置位,即输出端转呈高电位,触发双向晶闸管,从而使楼道灯点亮,即延时开始。

555 单稳态电路的延时,即单稳态电路的暂稳时间为 $T_d=1.1R_4C_2$,图 2-2-9 的暂稳时间约为 100 s。调节 R_4、C_2,可改变灯亮的持续时间。100 s 后,人离开,灯自动熄灭,节能节电。

晶闸管应选用反向击穿电压不低于 400 V 的双向晶闸管,如 BCR1AB、3CTS1A-D 等。

四、实训内容与步骤

按照图 2-2-10 接线,完成触摸延时开关控制白炽灯电路的安装,步骤如下:

(1)根据电路选择器件,用万用表检测其好坏。

(2)将器件固定安装在电气装配实训台网孔板上。

(3)断开电源,将触摸延时开关一端串联在相线上,另一端通过导线与白炽灯灯座一端串联。

(4)将白炽灯灯座另一端接在零线上。

(5)将白炽灯泡接入灯座中,合上电源,按下触摸延时开关,观察白炽灯的变化情况,看看能否正常工作。由于触摸开关有延时断电功能,白炽灯工作一段时间会自动熄灭。

(6)若不正常,则应分析原因,检查电路,排除故障。

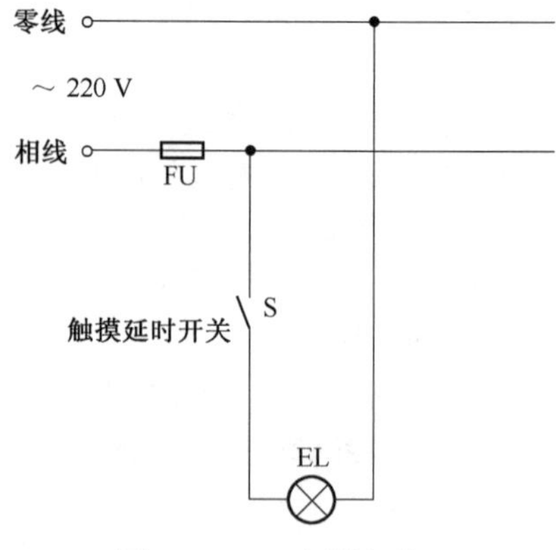

图 2-2-10 实训电路

实训四 声控光控延时开关控制楼梯白炽灯电路安装

一、实训目的

(1)了解声控光控延时开关控制楼梯白炽灯电路的工作原理。

(2)学会声控光控延时开关控制楼梯白炽灯电路的安装。

二、实训器材

序 号	名 称	文字符号	数 量	单 位
1	白炽灯	EL	1	个
2	声控光控延时开关	S	1	个
3	熔断器	FU	1	个

三、实训原理

用声控开关控制楼梯白炽灯,在民居楼中十分常见,它以节能、环保、方便而被广泛使用。

1. 光控电路

使用光控电路可实现用手电筒等光源来控制电灯的开启与关闭,并能实现电路的自动动作。如常见的路灯控制电路就是此类电路。光控电路的原理是应用光敏元件来实现光线对其影响。常见的光敏元件有光敏二极管、光敏三极管和光敏电阻等。常见的光控电路简图如图 2-2-11 所示。

图 2-2-11(a)中,所使用的感光器件为光敏三极管,当光敏三极管受光照射时,VT1 导通,使 VT2、VT3 导通,电磁继电器吸合,工作电路接通,实现光控开启。

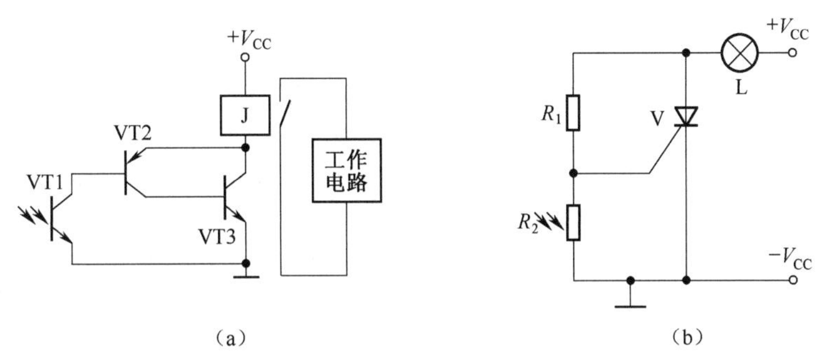

图 2-2-11　常见的光控电路简图

图 2-2-11(b)中,由光敏电阻与晶闸管 V 构成控制电路,当白天自然光线较强时,光敏电阻 R_2 呈低电阻,与 R_1 分压后使晶闸管 V 门极处于低电平,V 关断;当光线较暗时,R_2呈高阻,使晶闸管 V 门极处于高电平,V 获得正向触发电压而导通,灯 L 亮。

2. 声控电路

使用声控电路可实现电路的智能化控制,实现无接触式开启和关闭。被广泛运用于各种智能化控制电路中,如智能化控制的照明系统。只要拍拍手就可以让电路自动开启,有着无比的方便性。

声控电路的基本原理是利用传声器(俗称“话筒”)来接收外界声音,把声音信号转换成电信号,再经过放大处理,作用于电路。简易的声控电路如图 2-2-12 所示,其中 B 表示传声器。

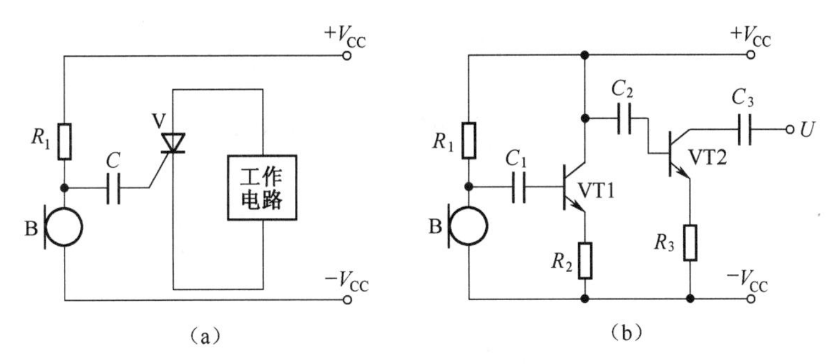

图 2-2-12　声控电路

图 2-2-12 (a)工作原理:当 B 接收到声音信号时,B 将声音信号变成电信号,并经过电容 C 耦合触发晶闸管,使其导通,工作电路导通。晶闸管导通后,保持导通状态。

图 2-2-12 (b)为声音信号的放大电路。当 B 接收到声音信号时,B 将声音信号变成电信号,并经三极管 VT1,VT2 两级放大,再经过耦合电容 C_3 把信号输入到下一级电路。经过放大器件将声音信号放大可增强声控电路的灵敏度。

3. 典型光控声控节能楼梯开关电路

图 2-2-13 所示为光控声控节能楼梯开关电路,该电路采用一片六反相器集成电路 CD4069,其工作稳定、调试简便、体积小、便于安装,是目前楼梯广泛使用的节能产品。

220 V 交流电经 VD1~VD4 桥式整流,电阻 R_1 降压,C_1 滤波,VS 稳压,得到+5 V 直流电供控制电路使用。白天光电管 2CU 受光照呈低阻,将 IC13 引脚限定为低电平,音频信号不能通过,8 引脚为低电平,晶闸管得不到触发电压而截止,灯泡不亮。晚上,2CU 因无光照而呈高阻,13 引脚的电平不再受 2CU 的限制,此时,当楼道有人走动、说话或击掌时,压电陶瓷片拾取微弱的声音信号,经 U1 的线性放大,U2 整形,由 C_4 耦合给 13 引脚,经 U3、U4 的进一步整形,使 10 引脚瞬时输出高电平,经二极管 VD5 迅速对电容 C_3 充电,5 引脚呈高电平,6 引脚呈低电平,8 引脚呈高电平,晶闸管触发导通,灯亮。此后,IC 靠 C_1 上的电荷维持供电。声音消失后,10 引脚变为低电平,但由于 VD5 的反偏隔离作用,C_3 上的电荷能过 R_3 缓慢泄放,维持 5 引脚高电平 15 s 左右,期间晶闸管导通,灯泡一直亮,待 15 s 后,5 引脚变为低电平,8 引脚也为低电平,晶闸管关断,照明灯自动熄灭,整个电路等待下一次的声波触发。使用环境较脏时,应定期对声控节能开关进行表面灰尘清理,以免损坏内部电子元器件。

4. 典型的触摸、声控双功能延时灯电路

典型的触摸、声控双功能延时灯电路如图 2-2-14 所示。

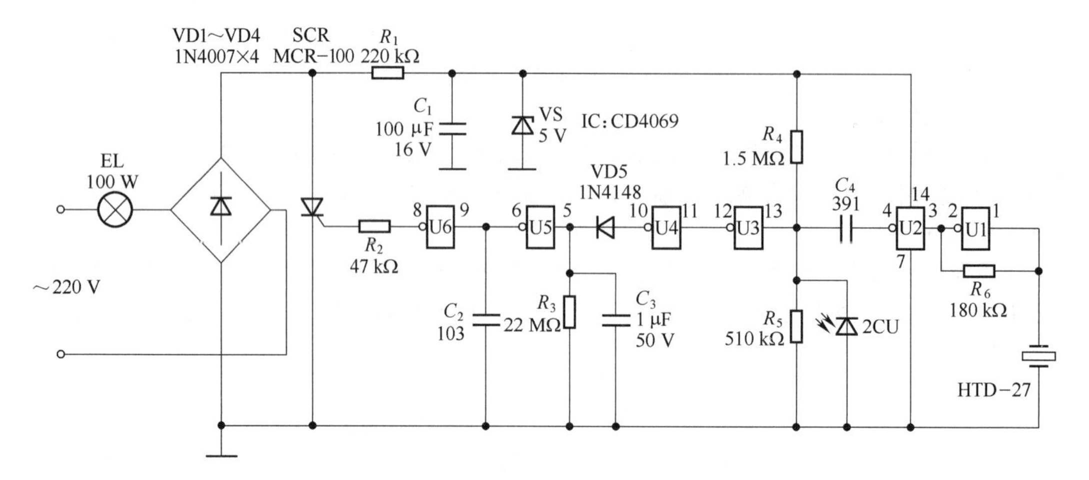

图 2-2-13　光控声控节能楼梯开关电路

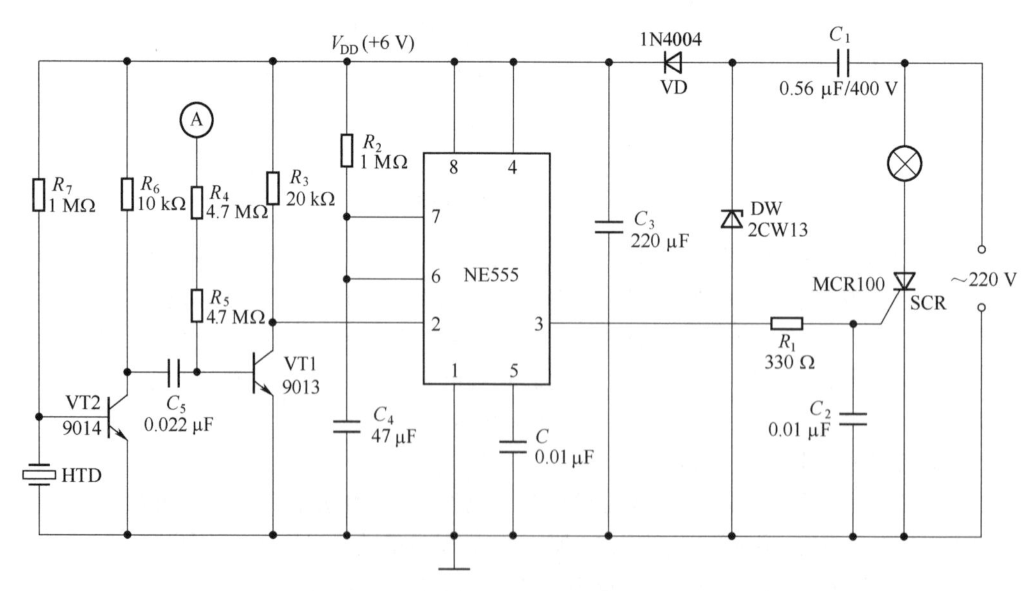

图 2-2-14　典型的触摸、声控双功能延时灯电路

555 和 VT1、R_3、R_2、C_4 组成单稳定时电路,定时(即灯亮)时间约为 1 min。当击掌声传

至压电陶瓷片时，HTD 将声音信号转换成电信号，经 VT2、VT1 放大，触发 555，使 555 输出高电平，触发导通晶闸管 SCR，电灯亮；同样，若触摸金属片 A 时，人体感应电信号经 R_4、R_5 加至 VT1 基极，也能使 VT1 导通，触发 555，达到上述效果。

四、实训内容与步骤

按照图 2-2-15 接线，完成声控光控白炽灯电路的安装，步骤如下：

(1)根据电路选择器件，用万用表检测其好坏。

(2)将器件固定安装在电气装配实训台网孔板上。

(3)断开电源，将声控光控开关一端串联在相线上，另一端通过导线与白炽灯灯座一端串联。

(4)将白炽灯灯座另一端接在零线上。

(5) 将白炽灯泡放入灯座中，合上电源，通过控制声控光控开关，观察白炽灯的变化，能否实现光控声控功能。

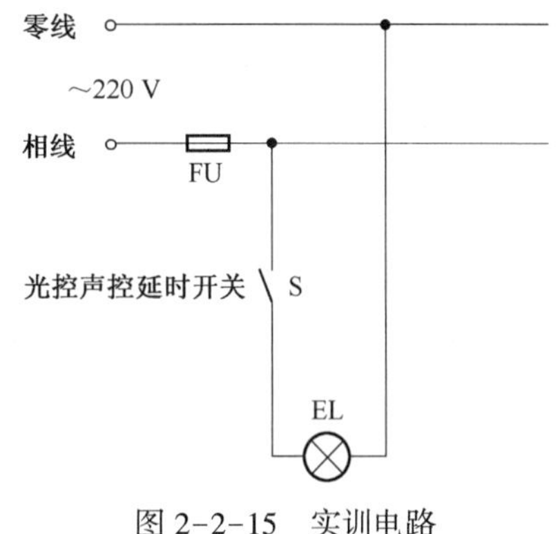

图 2-2-15　实训电路

(6)若不能实现，则应断开电源，检查电路，分析原因，排除故障。

实训五　两只单位双控开关在两地控制一盏灯电路安装

一、实训目的

(1)了解单位双控开关的内部结构，掌握两地控制一盏灯的工作原理。

(2)学会两地控制一盏灯电路的安装。

二、实训器材

序　号	名　称	文字符号	数　量	单　位
1	白炽灯	EL1	1	个
2	单位双控开关	S2、S3	各 1	个
3	熔断器	FU1	1	个

三、实训原理

有时为了方便，需要在两地控制一盏照明灯。例如，楼梯上使用的照明灯，要求在楼上、楼下都能控制其亮、灭。两地控制一盏灯是通过两个单位双控开关实现的，它需要多用一根连线，如图 2-2-16 所示。

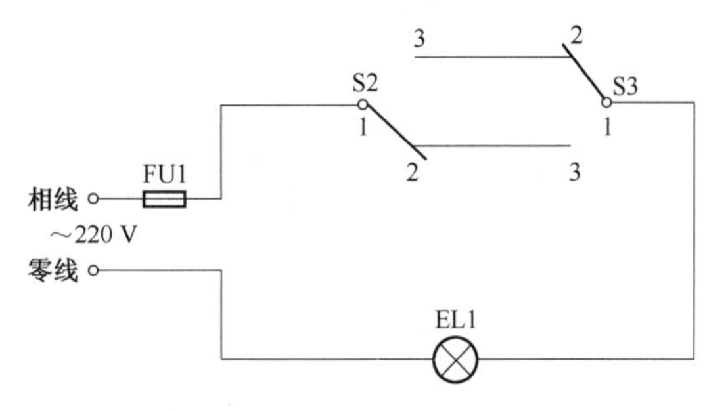

图 2-2-16　两地控制一盏灯电路

图中单位双控开关 S2 的动片可以绕轴 1 转动，可以使 1 与触点 2 接通,也可以使1与触点3接通。当单位双控开关S2的触点1与2接通时,电路是关断的,灯灭;当开关S2触点1与3接通时,电路通路,灯亮。如果想在另一处关灯时,扳动开关S3将1,2接通,电路关断,灯灭;再扳动开关S3将1、3接通,电路通路,灯亮。这样就实现了两地控制一盏灯。

图2-2-17所示为另一种两只单位双控开关在两地控制一盏灯的接线方法,在两个单位双控开关S2、S3之间只需要一根连接导线,同样可以达到两个开关控制同一盏灯的效果。当S2与S3拨向相同时,两个二极管为顺向串联,照明灯EL1点亮;当S2与S3拨向不同时,两个二极管为反向串联,照明灯EL1不亮。由于二极管的存在,电路变成了半波供电,灯泡的亮度有所降低。这种方法适用于两个开关相距较远、对灯光亮度要求不高的场合,例如应用于楼梯的照明灯控制,S2置于楼下,S3置于楼上,可在楼下用S2打开楼梯灯,上楼进家门后则用S3关灯。二极管VD1~VD4一般可用1N4007,如果所用灯泡功率超过200 W,则应用1N5408等整流电流更大的二极管。

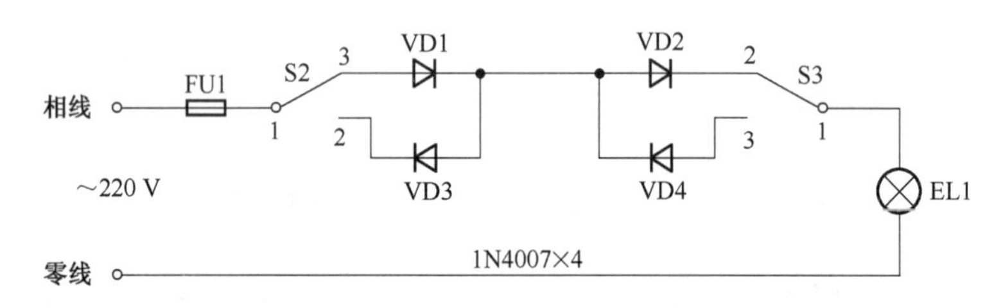

图2-2-17　另一种两只单位双控开关在两地控制一盏灯的接线方法

四、实训内容与步骤

按照图2-2-16接线,完成两地控制一盏灯电路的安装,步骤如下:

(1)根据电路选择器件,用万用表检测其好坏。

(2)将器件固定安装在电气装配实训台网孔板上。

(3)找出单位双控开关动接线柱和静接线柱:将指针式万用表置于$R\times1\ \Omega$挡,将两表笔依次接在单位双控开关的接线柱上,拨动开关,当开关置于“开”或“关”时万用表指针都不偏转,此时与万用表表笔所接触的这两个端为单位双控开关静接线柱,另一端就是动接线柱。

(4)断开电源,将S2单位双控开关动接线柱1端串联在与相线相连接的FU1上,S2另两个静接线柱2、3端通过导线分别与S3的静接线柱2、3连接。

(5)将S3的动接线柱1与白炽灯灯座一端相连,白炽灯灯座的另一端接在零线上。

(6)合上电源,分别按下S2、S3,观察白炽灯的变化情况,能否实现双控功能。

(7)若不能实现,则应断开电源,检查电路,分析原因,排除故障。

实训六　楼房走廊照明灯启动延时关灯电路安装

一、实训目的

(1)了解楼房走廊照明灯自动延时关灯的工作原理。

(2)掌握楼房走廊照明灯自动延时关灯电路的安装及维修。

二、实训器材

序　号	名　称	文字符号	数　量	单　位
1	白炽灯	EL1～EL4	各1	个
2	熔断器	FU	1	个
3	延时开关	S1～S4	各1	个

三、实训原理

图2-2-18所示为楼房走廊照明灯自动延时关灯电路。当人走进楼房走廊时，瞬时按下任何一个延时开关（如触摸延时开关）后，都能使走廊上所有的灯点亮。人走过以后，延时常开触点自动断开，使走廊的灯自动熄灭。

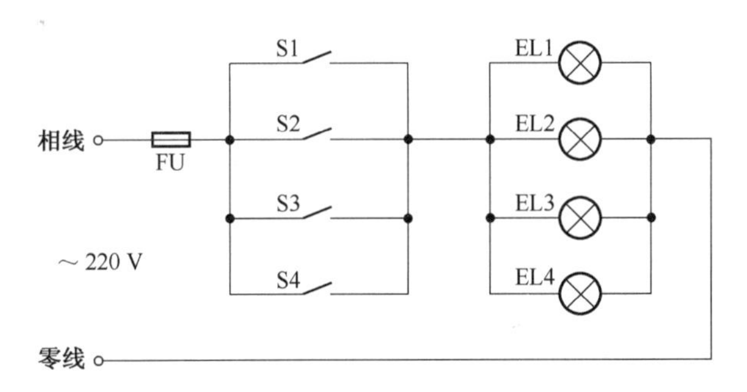

图2-2-18　楼房走廊照明灯自动延时关灯电路

四、实训内容与步骤

按照图2-2-18接线，完成楼房走廊照明灯自动延时关灯电路的安装，步骤如下：

（1）根据电路选择器件，用万用表检测其好坏。

（2）将器件固定安装在电气装配实训台网孔板上。

（3）断开电源，将S1～S4自动延时开关并联在一起，一端串联在与相线相连的FU上，另一端通过导线与EL1～EL4的白炽灯灯座一端相连。

（4）将EL1～EL4白炽灯灯座另一端接在零线上。

（5）将白炽灯泡放入灯座中，合上电源，分别控制S1～S4自动延时开关，观察白炽灯的变化情况，看看能否实现自动延时关灯功能。

（6）若不正常，则应分析原因，检查电路，排除故障。

实训七　五层楼照明灯自动延时关灯电路安装

一、实训目的

（1）掌握五层楼照明灯自动延时关灯电路的工作原理。

（2）学会五层楼照明灯自动延时关灯电路的安装与维修方法。

二、实训器材

序　号	名　称	文字符号	数　量	单　位
1	白炽灯	EL1～EL5	各 1	个
2	熔断器	FU	1	个
3	延时开关	SB1～SB5	各 1	个
4	时间继电器	KT	1	个

三、实训原理

图 2-2-19 所示为五层楼照明灯自动延时关灯电路。当人走进楼梯时，瞬时按下本楼层的按钮后松开复位，KT 断电延时时间继电器线圈得电，使 KT 延时断开的常开触点瞬时闭合，照明灯点亮。延时常开触点经过一段时间后打开，使楼梯的灯自动熄灭。

电路中，延时时间继电器选用断电延时时间继电器，线圈电压为 220 V。这种延时时间继电器在线圈得电后所有触点立即转态动作（即常开立即变成常闭，常闭立即变成常开），使 KT 吸合。然后在线圈失电后延时一段时间触点才恢复原来状态。此电路采用的是失电延时断开的常开触点。

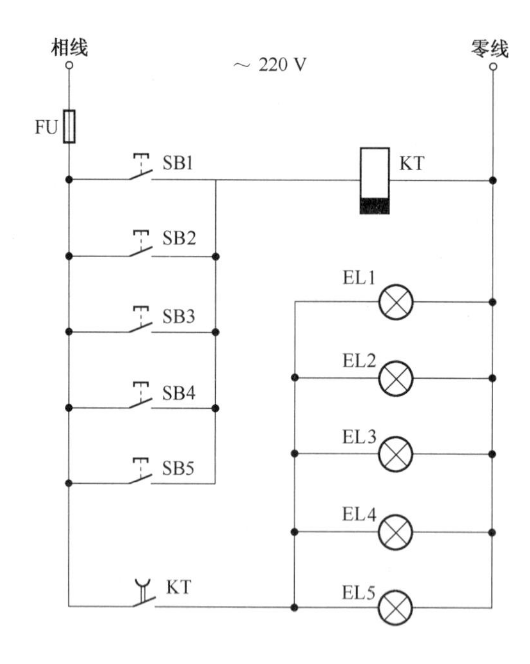

图 2-2-19　五层楼照明灯自动延时关灯电路

四、实训内容与步骤

按照图 2-2-19 接线，完成五层楼照明灯自动延时关灯电路的安装，步骤如下：

（1）根据电路选择器件，用万用表检测其好坏。

（2）将器件固定安装在电气装配实训台网孔板上。

(3)断开电源,将 SB1～SB5 自动延时开关并联在一起,一端串联在与相线相连的 FU 上,另一端通过导线与 KT 线圈一端相连,KT 线圈的另一端接在零线上。

(4)将 KT 延时触点一端接在与相线相连的 FU 上,KT 延时触点的另一端与 EL1～EL5 白炽灯灯座相连,EL1～EL5 白炽灯灯座的另一端接在零线上。

(5)将白炽灯泡放入灯座中,合上电源,分别控制 SB1～SB5 自动延时开关,观察白炽灯的变化情况,看看能否实现自动延时关灯功能。

(6)若不能实现,则应分析原因,检查电路,排除故障。

实训八　单相电能表接线

一、实训目的

(1)了解单相电能表内部结构及工作原理。

(2)掌握单相电能表的安装方法。

二、实训器材

序　号	名　称	型号及规格	数　量	单　位
1	断路器	DZ47	1	台
2	熔断器	3 A	2	个
3	单相电能表	220 V,5 A	1	台
4	挠板开关	220 V,10 A	1	个
5	白炽灯	220 V,40 W	1	个

三、实训原理

单相电能表接线图如图 2-2-20 所示。单相电能表的接线有直接接入和经互感器接入两种方式。前者适用于低电压(220 V)、小电流(5～10 A)。电能表在接线时除了必须将电流线与负载串联、电压线圈与负载并联外,还必须遵守“发电机端”接线规则,即电流线圈和电压线圈的“发电机端”应共接在电源同一极。电能表本身带有接线盒,盒内共有四个接线端子。根据要求,电能表的接线原则一般是:“相线 1 进 3 出,零线 4 进 5 出”。“进”端接电源,“出”端接负载。如果出现电能表接线端子排列与此不同的情况,应根据厂家提供的接线图进行正确连接。

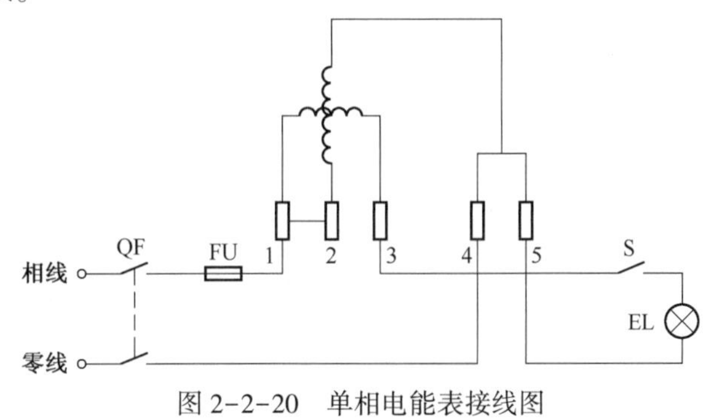

图 2-2-20　单相电能表接线图

四、实训内容与步骤

按照图 2-2-20 接线，完成单相电能表的安装，步骤如下：

（1）根据电路选择器件，用万用表检测其好坏。

（2）将器件固定安装在电气装配实训台网孔板上。

（3）断开电源，将单相电能表的 1 端接在与相线相连的 FU 上，3 端作为相线的输出通过导线与开关 S 一端相连。

（4）将单相电能表的 4 端与零线相连，5 端作为零线的输出通过导线与 EL 白炽灯灯座相连，EL 白炽灯灯座的另一端接在开关 S 另一端上。

（5）将白炽灯泡放入灯座中，合上电源开关 QF，按下开关 S，观察白炽灯的变化情况，看看 EL 负载白炽灯泡是否正常发光，电能表的铝盘是否转动，计度器上的数字是否有变化。

（6）若不正常，则应立即断开电源，分析原因，检查电路，排除故障后再进行通电试验。

实训九　单相电能表经电流互感器接线

一、实训目的

（1）掌握单相电能表经电流互感器接线的工作原理。

（2）学会单相电能表经电流互感器接线的安装方法。

二、实训器材

序　号	名　称	型号及规格	数　量	单　位
1	断路器	DZ47	1	个
2	熔断器	3A	2	个
3	单相电能表	220 V,5 A	1	块
4	挠板开关	220 V,10 A	1	个
5	白炽灯	220 V,40 W	1	套
6	电流互感器	LMZ-75A/5A	1	个

三、实训原理

单相电能表经电流互感器接线电路图如图 2-2-21 所示。

四、实训内容与步骤

按照图 2-2-21 接线，完成单相电能表经电流互感器的安装，步骤如下：

（1）根据电路选择器件，用万用表检测其好坏。

（2）将器件固定安装在电气装配实训台网孔板上。

（3）断开电源，将与 FU 相连的电源相线穿过电流互感器作为相线的输出，将单相电能表的 1、3 端分别与电流互感器的 S1、S2 端相连，作为单相电能表电流线圈的工作电流；

（4）将单相电能表的 2 端与 FU 相连，4 端接在零线上。

（5）将开关 S 端通过导线与相线相连，开关 S 另一端与 EL 白炽灯灯座相连，EL 白炽灯灯座的另一端接在零线上。

(6)将白炽灯泡放入灯座中,合上电源开关 QF,按下开关 S,观察白炽灯的变化情况,看看 EL 负载白炽灯泡是否正常发光,电能表的铝盘是否转动,计度器上的数字是否有变化。

(7)若不正常,则应立即断开电源,分析原因,检查电路,排除故障后再进行通电试验。

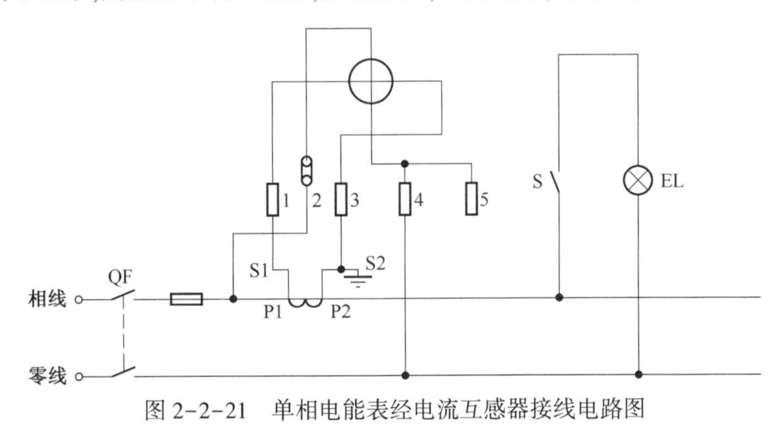

图 2-2-21　单相电能表经电流互感器接线电路图

实训十　三相四线有功电能表直接连接的接线

一、实训目的

(1) 了解三相四线有功电能表内部结构,掌握三相四线有功电能表直接连接的工作原理。

(2)学会三相四线有功电能表直接接线的安装方法。

二、实训器材

序　号	名　称	型号及规格	数　量	单　位
1	低压断路器	5A/3P	1	个
2	熔断器	熔体 3A	3	个
3	三相四线有功电能表	380 V/220 V,1.5~6 A	1	块
4	三相异步电动机		1	台

三、实训原理

三相电能表的连接方式有直接接入方式和间接接入方式两种。两者的区别在于负载电流的大小。当负载电流大于三相电能表的额定电流时应采用间接接入方式;当负载电流小于三相电能表的额定电流时可采用直接接入方式,如图 2-2-22 所示。三相电能表的电源输入端 1、4、7 通过 FU、QF 分别接在 U、V、W 三相电源上,3、6、9 端作为电源的输出,分别接在 U1、V1、W1 上给负载供电,电源 N 接在三相电能表的 10 或 11 端子上。

四、实训内容与步骤

按照图 2-2-22 接线,完成三相四线有功电能表直接接线的安装,步骤如下:

(1)根据电路选择器件,用万用表检测其好坏。

(2)将器件固定安装在电气装配实训台网孔板上。

(3)按图完成电路的安装。

(4)电路安装完毕,经检查无误后方可通电开机操作。

(5) 注意事项:

①电路安装时,必须断开电源。

②电能表安装时注意区分电流线圈和电压线圈,安装完毕要仔细检查,看看是否正确。

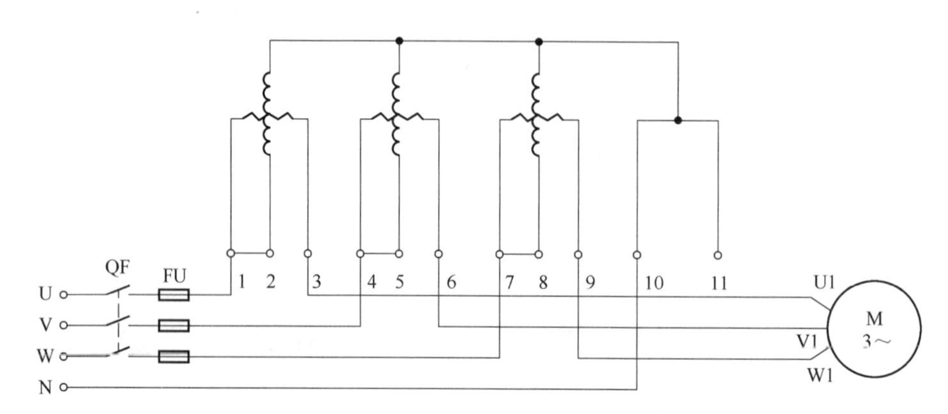

图 2-2-22　三相四线有功电能表直接连接的接线电路图

实训十一　三相四线有功电能表经电流互感器的接线

一、实训目的

(1)掌握三相四线有功电能表经电流互感器连接的工作原理。

(2)学会三相四线有功电能表经电流互感器连接的安装方法。

二、实训器材

序　号	名　称	型号及规格	数　量	单　位
1	低压断路器	5A/3P	1	合
2	熔断器	熔体 3A	3	个
3	三相四线有功电能表	380 V/220 V,1.5~6 A	1	合
4	三相异步电动机		1	合
5	电流互感器	LMZ-5/5	3	个

三、实训原理

电路如图 2-2-23 所示,该电路为三相电能表的间接接入方式。该电路由主电路连接和三相电能表的连接两部分组成。

主电路连接是由三相电源 U、V、W 三根相线经 QF 分别穿过电流互感器然后接入与负载相连的 U1、V1、W1 输出端上的。

三相电能表的连接：三相电能表的 2、5、8 端子分别接在与 QF 相连的 U、V、W 三相电源上，1 端子接在 U 相电源线所穿过的电流互感器 K1 端子上，4 端子接在 V 相电源线所穿过的电流互感器 K1 端子上，7 端子接在 W 相电源线所穿过的电流互感器 K1 端子上，三个电流互感器的 K2 端子接在一起同时与三相电能表的 3、6、9 端子相连；电源 N 接在三相电能表的 10 或 11 端子上。

四、实训内容及步骤

按照图 2-2-23 接线，完成三相四线有功电能表经电流互感器连接的安装，步骤如下：

(1)根据电路图选择器件，用万用表检测其好坏。

(2)将器件固定安装在电气装配实训台网孔板上。

(3)按图完成电路的安装。

(4)电路安装完毕，经检查无误后方可通电操作。

注意事项：

(1)电路安装时，必须断开电源；

(2)电能表安装时注意区分电流线圈和电压线圈，安装完毕要仔细检查，看看是否正确；

(3)穿过电流互感器的主电源线要注意方向，否则会造成电能表反转。

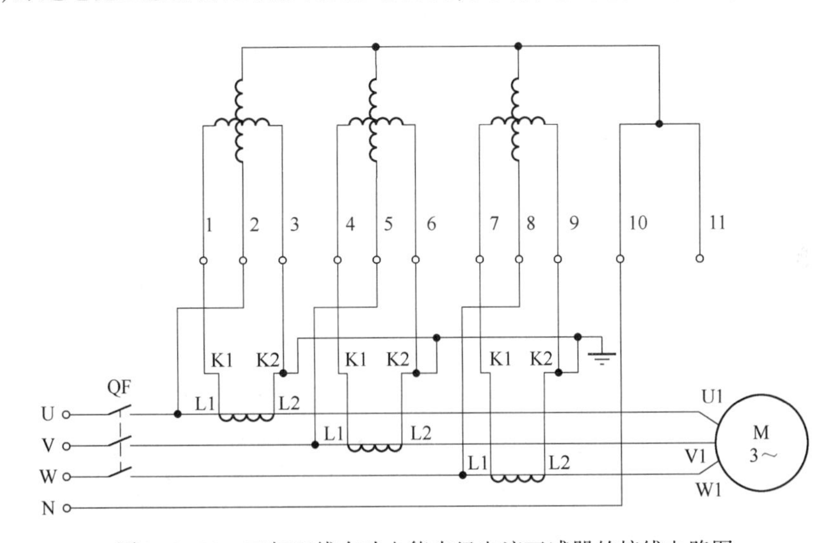

图 2-2-23　三相四线有功电能表经电流互感器的接线电路图

实训十二　单相配电及照明电路安装

一、实训目的

(1)了解单相配电电路结构及工作原理。

(2)学会单相配电及综合照明电路的安装及故障检修。

二、实训器材

序号	名称	数量	单位
1	低压断路器	1	个
2	熔断器	2	个
3	单相电能表	1	块
4	单相漏电断路器	1	个
5	单联开关	3	个
6	双联开关	2	个
7	计数开关	1	个
8	白炽灯	5	套
9	五位插座	1	个
10	二极管	1	个

三、实训原理

电路如图 2-2-24 所示，该电路包括了单相配电和照明电路两大部分，其中单相配电由低压断路器、熔断器、单相电能表和单相漏电断路器组成；照明电路由白炽灯多路控制电路，调光电路，两地控制电路及二、三位插座组成。当合上 QF1、QF2 时，外线电源经单相配电电路送入照明电路的输入端，当按下开关 S1 时白炽灯多路控制电路工作；按下开关 S2 时，调光电路工作；按下开关 S3 时，两地控制电路工作。

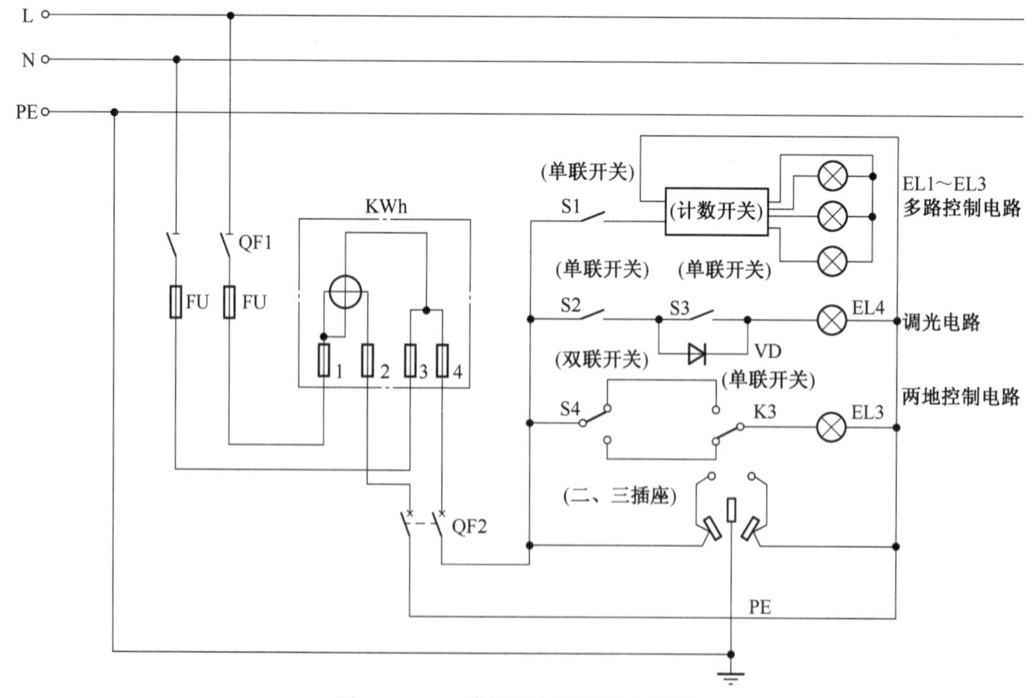

图 2-2-24 单相配电及照明电路图

四、实训内容与步骤

按照图 2-2-24 接线，完成单相配电及综合照明电路的安装，步骤如下：

(1)根据电路选择器件，用万用表检测其好坏。

(2)将器件固定安装在电气装配实训台网孔板上。

(3)按图完成电路的安装。

(4)电路安装完毕，经检查无误后方可通电操作，看看电路工作是否正常。

(5)若不正常，则应立即断开电源，分析原因，检查电路，排除故障后再进行通电试验。

实训十三　三相配电及照明电路安装

一、实训目的

(1)了解三相配电电路结构及工作原理。

(2)学会三相配电及综合照明电路的安装及故障检修。

二、实训器材

序　号	名　称	数　量	单　位
1	电流互感器	3	个
2	熔断器	1	个
3	三相电能表	1	块
4	三相漏电断路器	1	台
5	单联开关	3	个
6	电子镇流器荧光灯电路	1	套
7	普通镇流器荧光灯电路	1	套
8	白炽灯	1	套
9	三位插座	1	个

三、实训原理

电路如图 2-2-25 所示，该电路包括了三相配电电路和综合照明电路两大部分，其中三相配电电路由电流互感器、三相电能表和三相漏电断路器组成；综合照明电路由电子镇流器荧光灯电路、普通镇流器荧光灯电路、白炽灯及三位插座组成。当合上三相漏电断路器时，外线电源经三相配电电路送入综合照明电路的输入端，当按下开关 S1 时电子镇流器荧光灯电路工作；按下开关 S2 时，普通镇流器荧光灯电路；按下开关 S3 时，白炽灯电路工作。

四、实训内容及步骤

按照图 2-2-25 接线，完成三相配电电路及综合照明电路的安装，步骤如下：

(1)根据电路选择器件，用万用表检测其好坏。

(2)将器件固定安装在电气装配实训台网孔板上。

(3)按图完成电路的安装。

(4)电路安装完毕，经检查无误后方可通电操作，看看电路工作是否正常。

(5)若不正常,则应立即断开电源,分析原因,检查电路,排除故障后再进行通电试验。

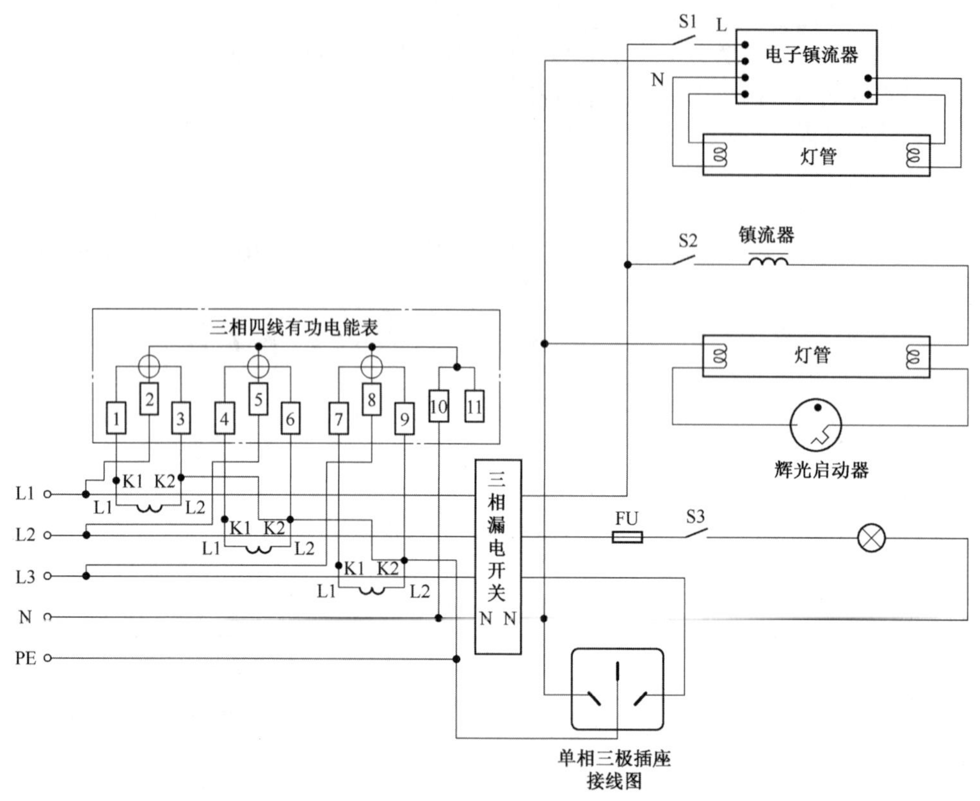

图 2-2-25　三相配电及照明电路

第三部分　电动机控制电路安装实训

实训一　三相笼形异步电动机的认识与基本测试

一、实训目的

(1)了解三相笼形异步电动机的结构。

(2)掌握三相笼形异步电动机星形(Y)或三角形(△)的接线方法。

(3)掌握三相异步电动机定子绕组首、末端的判别方法。

(4)掌握用兆欧表测量电动机绝缘电阻的方法。

(5)掌握三相笼形异步电动机的启动和反转方法。

(6)学会三相异步电动机实训的基本要求与安全操作注意事项。

二、实训器材

序　号	名　　称	型号及规格	数　量	单　位
1	三相交流电源	380 V	1	台
2	三相笼形异步电动机	YS6314	1	台
3	兆欧表	500 V	1	台
4	交流电压表	0~450 V	1	块
5	万用表	MF-47	1	块

三、实训原理

1. 三相笼形异步电动机的结构

异步电动机是基于电磁原理把交流电能转换为机械能的一种旋转电机。三相笼形异步电动机的基本结构有定子和转子两大部分。定子主要由定子铁芯、三相对称定子绕组和机座等组成,是电动机的静止部分。三相定子绕组一般有六根引出线,出线端装在机座外面的接线盒内,如图 2-3-1 所示,根据三相电源电压的不同,三相定子绕组可以接成星形(Y)或三角形(△),如图 2-3-2 所示,然后与三相交流电源相连。

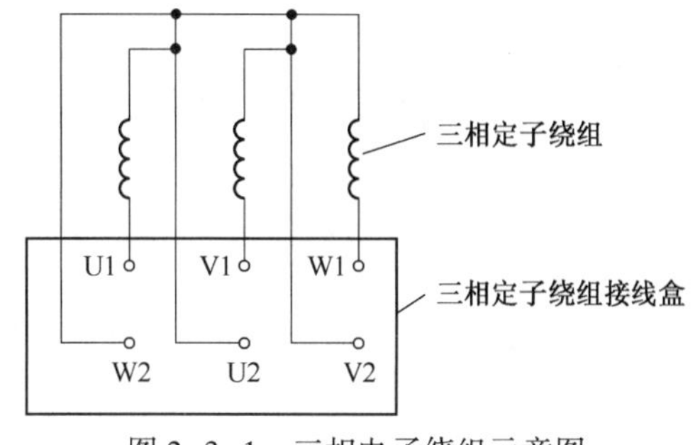

图 2-3-1　三相电子绕组示意图

转子主要由转子铁芯、转轴、笼形转子绕组、风扇等组成,是电动机的旋转部分。小容量笼形异步电动机的转子绕组大都采用铝浇铸而成,冷却方式一般都采用扇冷式。

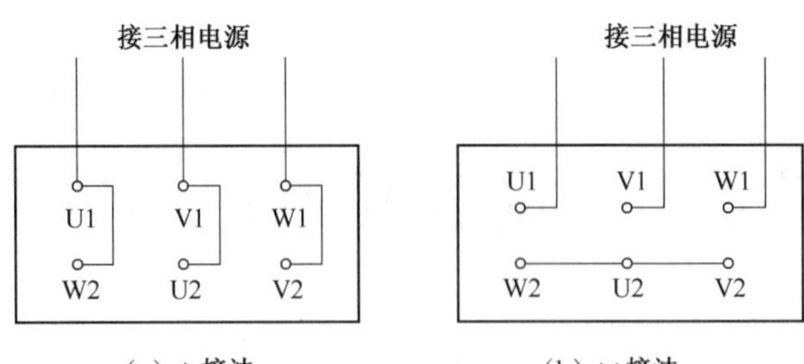

（a）△接法　（b）Y接法

图 2-3-2　三相定子绕组接法

2. 三相笼形异步电动机的铭牌

三相笼形异步电动机的额定值标记在电动机的铭牌上，表 2-3-1 所示为一种三相笼形异步电动机铭牌。

表 2-3-1　三相异步电动机铭牌

三相异步电动机			
型号	P_N/W	U_N/V	I_N/A
YS7114	250	380/220	0.83/1.4
n_N/(r/min)	接法	编号	绝缘等级
1 400	Y/△		B

其中：

(1)功率。额定运行情况下，电动机轴上输出的机械功率。

(2)电压。额定运行情况下，定子三相绕组应加电源的线电压值。

(3)接法。定子三相绕组接法，当额定电压为 380 V/220 V 时，应为Y/△接法。

(4)电流。额定运行情况下，当电动机输出额定功率时，定子电路的线电流值。

3. 三相笼形异步电动机的检查

电动机使用前应做必要的检查。

(1)机械检查。检查引出线是否齐全、牢靠；转子转动是否灵活、匀称，是否有异常声响等。

(2)电气检查。电动机在日常运行中常会有线圈松动，使绝缘磨损老化，或表面受污染、受潮等引起绝缘电阻日趋下降。绝缘电阻降低到一定值会影响电动机启动和正常运行，甚至会损坏电动机，危及人身安全。因此，在各类电动机开始使用之前或经过受潮、重新安装之后，首先要测定各相绕组对机壳的绝缘电阻及绕组之间的绝缘电阻。绝缘电阻的测量一般用兆欧表进行。

学会兆欧表的使用，在检查电动机、电器及线路的绝缘情况和测量高值电阻时能给我们带来很多方便。

①用兆欧表检查电动机绕组间及绕组与机壳之间的绝缘性能。用兆欧表分别测试各相绕组始端 U1、V1、W1 对机壳间以及各相绕组之间的绝缘电阻值。

测量时将兆欧表的接地端接至机壳（注意不要接触到涂漆之处，以免测量数据不准），另一测试端分别接到定子绕组的 U1、V1、W1 端，然后以一定的速度（一般是 120 r/min）摇转兆欧表手柄，并保持手柄速度不变，读出兆欧表读数。若此值大于 2 MΩ，则表示电动机绕组对机壳间的绝缘良好；若小于 2 MΩ，则表示电动机通电后将有严重漏电现象，会危及操作人员安全，必须进行修理后方能使用。若要测试两相绕组之间的绝缘电阻，只需把兆欧表的两测试端分别接到任意两相绕组的始端，用上述同样的方法摇转兆欧表手柄，读出兆欧表读数，如图 2-3-3 所示。

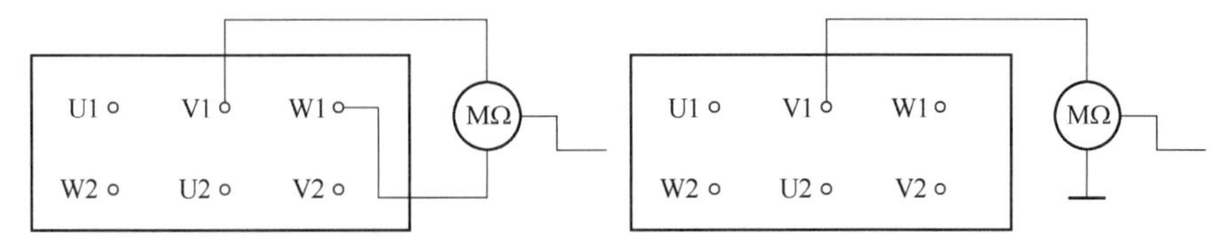

图 2-3-3　用兆欧表检查电动机绕组间及绕组与机壳之间的绝缘性能

②定子绕组首、末端的判别

方法一：异步电动机三相定子绕组的六个出线端有三个首端和三个末端。一般，首端标以 U1、V1、W1，末端标以 U2、V2、W2，在接线时如果没有按照首、末端的标记来接，则当电动机启动时，磁势和电流就会不平衡，因而引起绕组发热、振动、有噪声，甚至电动机不能启动或因过热而烧毁。如果由于某种原因定子绕组六个出线端标记无法辨认，可以通过实验方法来判别其首、末端（即同名端）。方法如下：

用万用表欧姆挡从六个出线端确定哪一对引出线是属于同一相的，分别找出三相绕组，并标以符号，如 U_1、U_2；V_1、V_2；W_1、W_2。将其中的任意两相绕组串联，如图 2-3-4 所示。

在相串联两相绕组出线端施以单相低电压 80～100 V，测出第三相绕组的电压，如测得的电压值有一定读数，表示两相绕组的末端与首端相连。反之，如测得的电压近似为零，则两相绕组的末端与末端（或首端与首端）相连，用同样方法可测出第三相绕组的首末端。

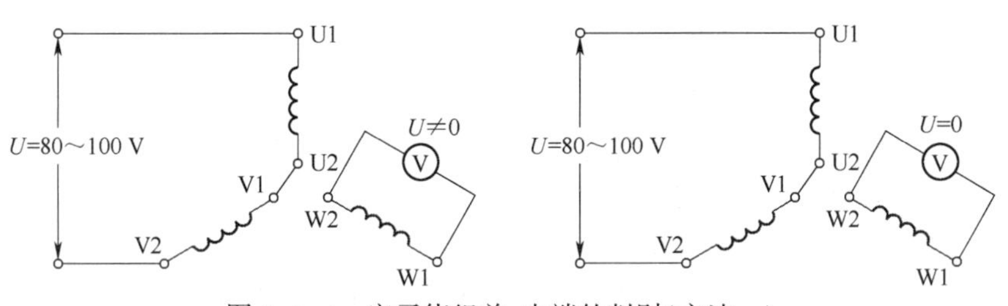

图 2-3-4　定子绕组首、末端的判别（方法一）

方法二：

a. 判断各相绕组的两个出线端。用万用表电阻挡分清三相绕组各相的两个线头，并进行假设编号。按图 2-3-5 所示的方法接线。

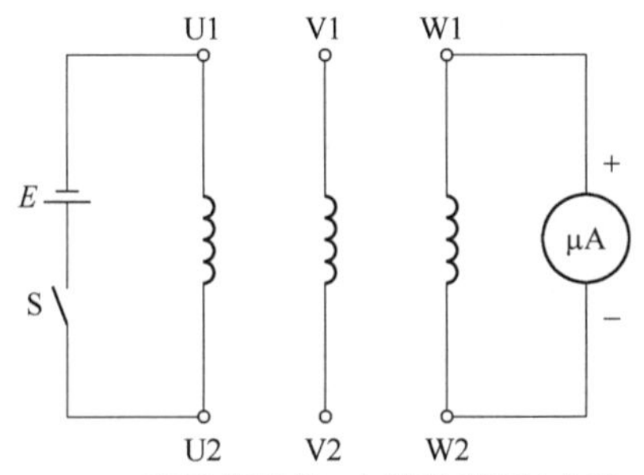

图 2-3-5　定子绕组首、末端的判别（方法二）

b. 判断首末端。注视万用表（微安挡）指针摆动的方向，合上开关瞬间，若指针正向摆动，则接电池正极的线头与万用表负极所接的线头同为首端或末端；若指针反向摆动，则接电池正极的线头与万用表正极所接的线头同为首端或末端。

c. 再将电池和开关接另一相两个线头,进行测试,即可正确判别各相的首末端。

方法三:

a. 判断各相绕组的两个出线端。用万用表电阻挡分清三相绕组各相的两个线头。

b. 给各相绕组假设编号为 U1、U2、V1、V2 和 W1、W2。

c. 按图 2-3-6 接线,判断首末端。用手转动电动机转子,如万用表(微安挡)指针不动,则证明假设的编号是正确的;若指针有偏转,说明其中有一相首末端假设编号不对,应逐相对调重测,直至正确为止。

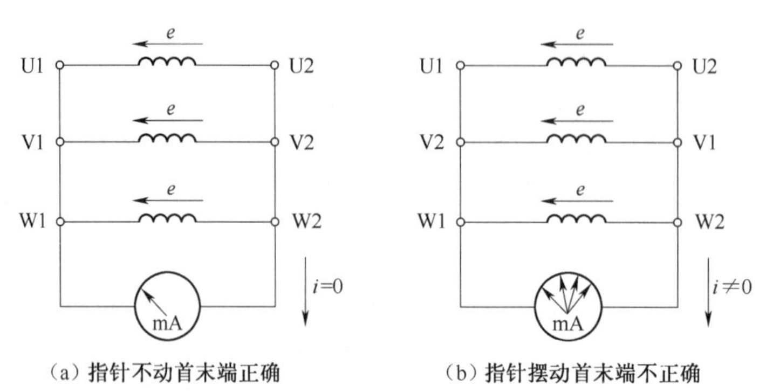

图 2-3-6 定子绕组首、末端的判别(方法三)

③用万用表测量三相异步电动机的转速。电工在使用和维修旧电动机时,经常会遇到电动机铭牌模糊不清,而手边又无测速表,此时可用万用表来估测电动机的转速。首先拆开电动机的接线盒,利用万用表的电阻挡(R×1 Ω 或 R×10 Ω 挡)找出任意一相定子绕组,例如 U1~U2,然后再把万用表转换开关旋至直流电流微安挡或最小毫安挡,两表笔分别接在 U1 和 U2 上,把电动机转子缓慢匀速地转动一圈,看万用表指针左右摆动几次,由于转子中的剩磁在定子绕组中感应出电动势,使万用表指针偏转,如果摆动一次,则说明电流正负变化一个周期,就是两极电动机;如果摆动两次,就是四极电动机,依次类推,就可以判断出电动机的磁极对数。而电动机的同步转速 n_1 是由磁极对数决定的,当电源频率 f 为 50 Hz 时,若磁极对数为 P,则 $n_1=60f/P=3\ 000/P$。而异步电动机的转速都略低于其同步转速,因此由同步转速 n_1 可估算出异步电动机的转速。由以上方法,估算异步电动机的转速,只能直接用于有剩磁的电动机。对没有剩磁的电动机,可将电动机运行一段时间后,再用此法来测量其转速。

4. 三相笼形异步电动机的启动

笼形异步电动机的直接启动电流可达额定电流的 4~7 倍,但持续时间很短,不致引起电动机过热而烧坏。但对容量较大的电动机,过大的启动电流会导致电网电压的下降而影响其他的负载正常运行,通常采用降压启动,最常用的是丫-△换接启动,它可使启动电流减小到直接启动的 1/3。其使用的条件是正常运行必须做△接法。

5. 三相笼形异步电动机的反转

异步电动机的旋转方向取决于三相电源接入定子绕组时的相序,故只要改变三相电源与定子绕组连接的相序即可使电动机改变旋转方向。

四、实训内容与步骤

(1)抄录三相笼形异步电动机的铭牌数据,并观察其结构。

(2)用万用表判别定子绕组的首、末端。

(3)用兆欧表测量电动机的绝缘电阻。

(4)按图2-3-7(a)接线,使电动机直接启动,观察启动瞬间电流冲击情况及电动机旋转方向。

(5)三相异步电动机的断相:电动机稳定运行后,突然拆除U、V、W中的任一相电源(注意小心操作,以免触电),观测电动机单相运行时电流表的读数并记录。再仔细倾听电动机的运行声音有何变化。(为安全起见,建议由指导教师做示范操作)。

(6)三相异步电动机的缺相:电动机启动之前先断开U、V、W中的任一相,缺相启动,观测电流表读数,观察电动机能否启动,再仔细倾听电动机是否发出异常的声响。

(7)三相异步电动机的反转。按照图2-3-7(b)接线,启动电动机观察启动电流及电动机旋转方向。

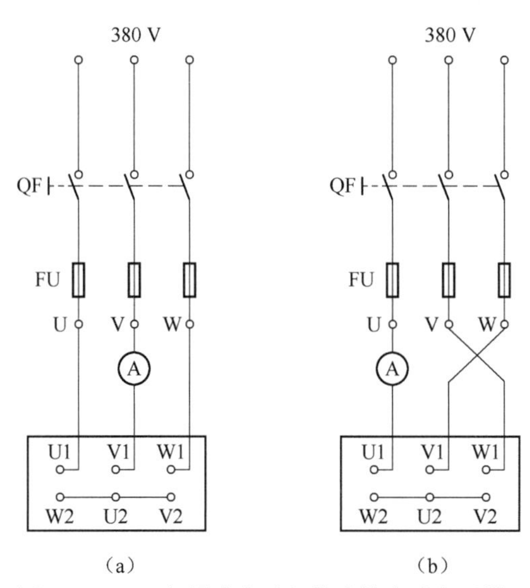

图2-3-7　三相异步电动机的直接启动与反转

实训二　三相异步电动机的启动电路安装

一、实训目的

(1)学习三相异步电动机直接启动控制电路的接线、查线和操作。

(2)学习三相异步电动机点动、自锁启动、点动与长动控制电路原理。

(3)掌握短路保护、过载保护、失电压保护、欠电压保护的原理。

二、实训器材

序　号	名　称	文字符号	数　量	单　位
1	低压断路器	QS	1	台
2	熔断器	FU1、FU2	3、1	个
3	交流接触器	KM	1	个
4	按钮	SB1~SB3	各1	个
5	热继电器	FR	1	个
6	三相笼形异步电动机	M	1	台

三、实训原理

三相笼形异步电动机有直接启动(全压启动)和降压启动两种启动方法。

1. 三相异步电动机点动控制电路

通常情况下,容量较小的异步电动机通常可用接触器进行直接启动。在三相异步电动机定子绕组连向三相电源的主电路中,接有隔离开关 QS,熔断器 FU1,接触器的主触点 KM,以及热继电器 FR 的热元件。而接触器 KM 的线圈则通过启动按钮 SB2、热继电器 FR 的动断触点、熔断器 FU2 串联后接到三相电源上的任意两相相线上构成启动控制电路,如图 2-3-8 所示,电动机启动时,先合上隔离开关 QS 接通电源,按下启动按钮 SB2,交流接触器 KM 线圈因得电吸合,接触器的动合主触点 KM 闭合而使电动机运转;松开按钮 SB2,接触器线圈 KM 因失电而释放,电动机停止运转。即按下 SB2 电动机就运转,松手时就停转。工厂里使用的电动葫芦控制就是采用的这种电路。

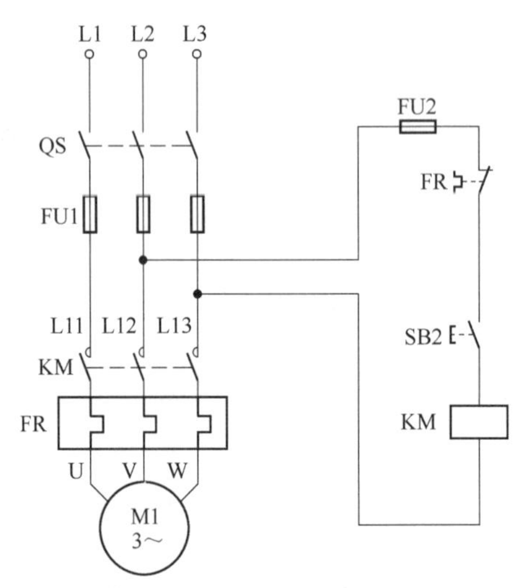

图 2-3-8　三相异步电动机点动控制电路

在主电路中接有三个熔断器 FU1,是作为三相异步电动机短路及过载保护用的。

2. 三相异步电动机自锁控制电路

三相异步电动机自锁控制电路如图 2-3-9 所示。该电路是在点动控制电路的基础上增加了停止按钮 SB1、交流接触器动合辅助触点 KM。电动机启动时,先合上隔离开关 QS 接通电源,按下启动按钮 SB2,交流接触器 KM 因线圈得电吸合,接触器的动合主触点 KM 闭合而使电动机运转,此时与启动按钮并联的接触器动合辅助触点 KM 也同时闭合,将启动按钮的动合触点短接,当启动按钮松开后,接触器的线圈仍能通电,从而保证电动机能继续正常运转。这种利用接触器本身的动合辅助触点使其线圈保持通电的作用称为“自锁”作用,而该辅助触点称为自锁触点。按下停止按钮 SB1,接触器线圈失电,所有 KM 的动合触点都断开,电动机停止转动。

电动机在运转过程中,如果发生突然停电的情况,接触器线圈 KM 将失电而断开所有动合触点。一旦电源恢复供电,电动机不会自行启动,必须按一下启动按钮才能重新启动,因而不会造成人身和设备事故。由此可见,采用接触器控制的电路,具有失电压保护作用。

电源电压低于接触器线圈额定电压到一定程度时,接触器电磁系统所产生的电磁力克服不了弹簧的反作用力,因而释放,主触点打开,自动切断主电路。由此可见,采用接触器控制的电路,具有欠电压保护作用。

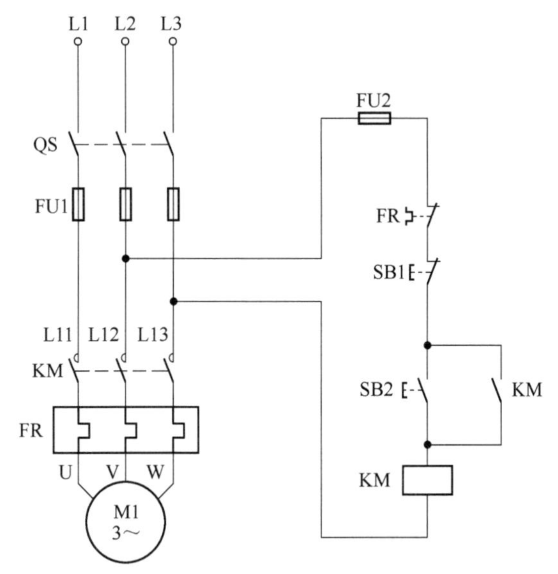

图 2-3-9　三相异步电动机自动控制电路

3. 三相异步电动机点动与自锁控制电路

在实际生产中,有的生产机械除需要正常运行外,在进行调整工作时还需要进行点动控制,即在工作状态与点动状态间进行选择,应采用选择联锁电路。图 2-3-10 给出了具有点动与自锁控制功能的电路。

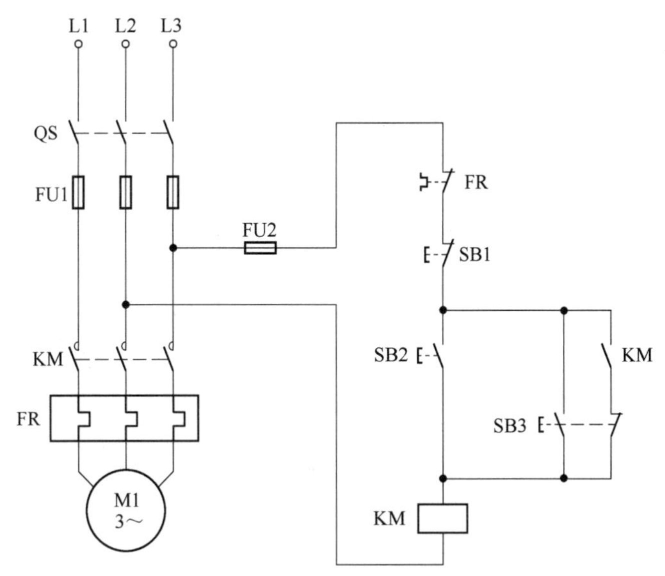

图 2-3-10　电动机点动与自锁控制电路

图 2-3-10 是用点动复合按钮 SB3 来实现电动机的点动与自锁控制。当需要进行点动控制时,按下点动按钮 SB3,其动断触点先断开,切断自锁电路,而动合触点后闭合,接通了 KM 的线圈电路,KM 主触点闭合,电动机启动旋转。当松开 SB3 时,在其动合触点断开而动

断触点尚未闭合瞬间,KM 的线圈处于失电状态,其自锁触点复位,因此当 SB3 的动断触点恢复闭合时就不可能使 KM 的线圈得电,实现了点动控制。若需要电动机连续运行,则只要按连续运行的启动按钮 SB2 即可。停机时,则按停止按钮 SB1。

4. 具有过载保护的三相异步电动机控制电路

电动机在运行过程中,如果负载过大,电动机的电流将超过它的额定值,若持续时间较长,电动机的温升就会超过允许的温升值,将使电动机的绝缘损坏,甚至烧坏电动机。所以,对电动机过载需要采取保护措施。当电动机过载时,熔断器一般是不会熔断的,因为接于电动机主回路的熔断器主要用于电动机的短路保护,熔断器允许流过的电流值是电动机额定电流的数倍。若熔断器容量选小了,电动机启动时就会经常使熔断器烧断。因此,电动机过载保护需要采取其他措施,最常用的是采用热继电器进行过载保护,具有过载保护的控制电路如图 2-3-11 所示。

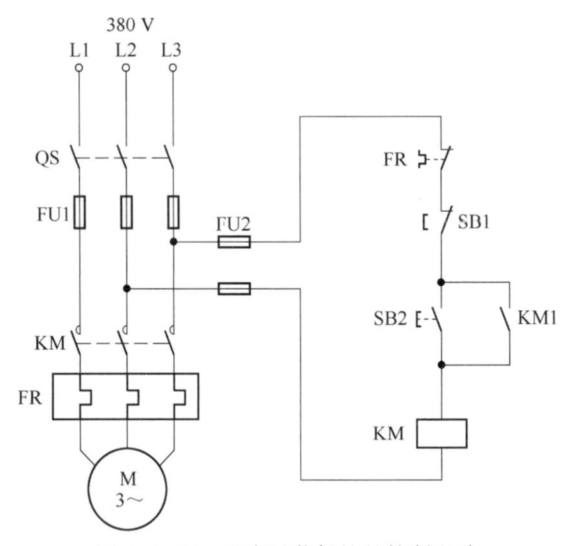

图 2-3-11 具有过载保护的控制电路

其工作原理是:如果电动机过载或其他原因使电流超过额定值,经过一定时间,串联在主电路中的热继电器 FR 的热元件受热弯曲,使得串联在控制电路的 FR 动断触点断开,切断控制电路,接触器 KM 的线圈失电,自锁触点与主触点断开,电动机 M 停转。由于热继电器的热元件有热惯性,即使瞬间流过它的电流超过额定电流数倍,它也不会瞬时动作。因此,热继电器只能作过载保护。

四、实训内容与步骤

依次按照图 2-3-8~图 2-3-10 接线,完成电路的安装,步骤如下:

(1)根据电路选择器件,用万用表检测其好坏。

(2)将器件固定安装在电气装配实训台网孔板上。

(3)按图完成电路的安装。

(4)电路安装完毕,经检查无误后方可通电操作,看看电路工作是否正常。

(5)若不正常,则应立即断开电源,分析原因,检查电路,排除故障后再进行通电试验。

注意事项:

(1)不能带电进行接线操作。

(2)应先调试控制回路,后调试主回路。

实训三 三相异步电动机两地控制电路安装

一、实训目的

(1)了解两地控制一台三相异步电动机的基本要求。
(2)理解两地控制的实现方法以及连线原则。

二、实训器材

序 号	名 称	文字符号	数 量	单 位
1	三相断路器	QF	1	台
2	热继电器	FR	1	个
3	熔断器	FU1、FU2	3、2	个
4	交流接触器	KM	1	个
5	按钮	SB1~SB4	各1	个
6	三相异步电动机	M	1	台

三、实训原理

三相异步电动机两地控制电路如图 2-3-12 所示。

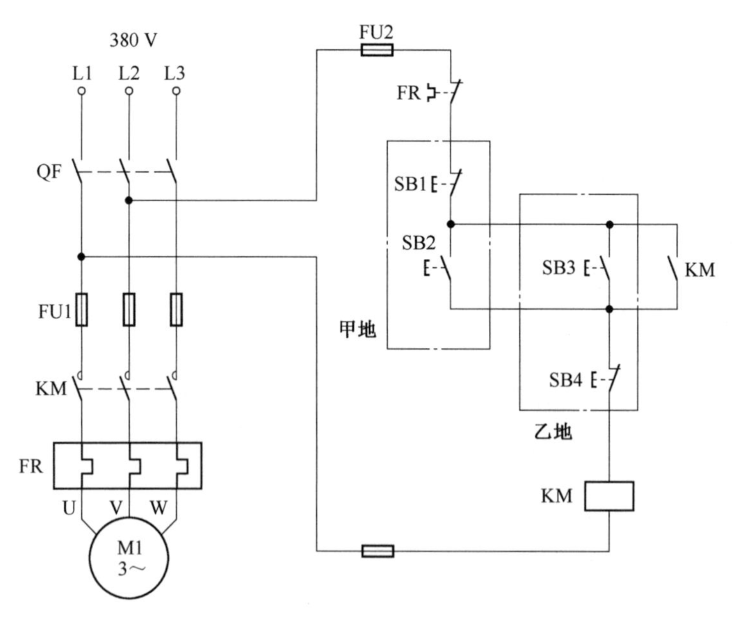

图 2-3-12 三相异步电动机两地控制电路

QF—断路器;FR—热继电器;FU—熔断器;KM—接触器;
SB1—甲地停止按钮;SB2—甲地启动按钮;SB3—乙地启动按钮;SB4—乙地停止按钮

四、实训内容与步骤

按图 2-3-12 接线,完成电路的安装,步骤如下:

(1)根据电路选择器件,用万用表检测其好坏。

(2)将器件固定安装在电气装配实训台网孔板上。

(3)按图完成电路的安装。

(4)电路安装完毕,经检查无误后方可通电操作,看看电路工作是否正常。

(5)若不正常,则应立即断开电源,分析原因,检查电路,排除故障后再进行通电试验。

实训四　三相异步电动机的正反转控制电路安装

一、实训目的

(1)认识交流接触器与辅助触点的连接方法及所起到的作用。

(2)理解互锁的含义、作用以及实现互锁的方法。

(3)学会实现三相异步电动机正反转的各种方法以及注意事项。

二、实训器材

序　号	名　称	文字符号	数　量	单　位
1	三相断路器	QF	1	台
2	热继电器	FR	1	个
3	熔断器	FU1、FU2	3、2	个
4	交流接触器	KM	2	个
5	按钮	SB1~SB4	各 1	个
6	三相异步电动机	M	1	台

三、实训原理

1. 接触器互锁的正反转控制电路

图 2-3-13 所示为接触器互锁的正反转控制电路。用正向接触器 KM1 和反向接触器 KM2 来完成主回路两相电源的对调工作,从而实现正反转的转换。

在控制回路中,利用正向接触器 KM1 的动断触点 KM1(4-5)控制反向接触器 KM2 的线圈,利用反向接触器 KM2 的动断触点 KM2(2-3)控制正向接触器 KM1 的线圈,从而达到相互锁定的作用。这两对动断触点称为互锁触点,这两个动断触点组成的电路称为互锁环节。

当电源开关闭合后,按下正向启动按钮 SB2,正向接触器 KM1 线圈得电吸合,主回路动合主触点闭合,电动机正向启动运行。同时,控制回路的动合辅助触点 KM1(1-2)闭合实现自锁;动断辅助触点 KM(4-5)断开,切断反向接触器 KM2 线圈电路,实现互锁。

当需要停车时,按下停止按钮 SB1,切断正向接触器 KM1 线圈电源,接触器 KM1 衔铁释放,动合主触点恢复断开状态,电动机停止运转,同时自锁触点也恢复断开状态,自锁作用解除,为下一次启动做好准备。

反向启动的过程只需按下反向启动按钮 SB3 即可完成反向启动的全过程,其步骤与正向启动相似。

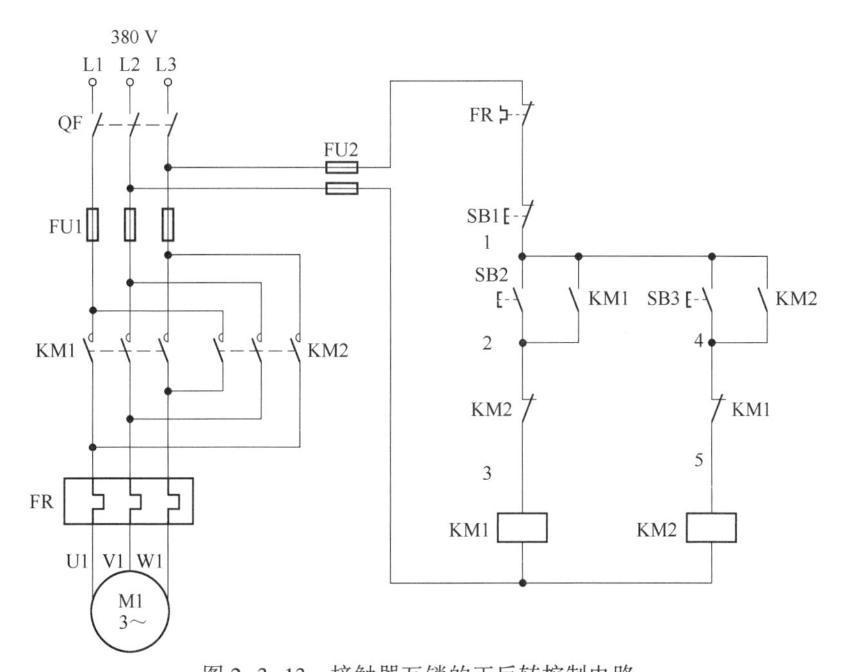

图 2-3-13 接触器互锁的正反转控制电路

QF—断路器;FR-热继电器;FU-熔断器;SB1—停止按钮;SB2—正转按钮;SB3—反转按钮;
KM1—正转接触器;KM2—反转接触器

互锁触点的作用:假设在按下正向启动按钮 SB2,电动机正向启动后,由于某种原因(如误操作),又把反向启动按钮 SB3 也按下时,由于正向接触器的触点 KM1(4-5)已断开,反向接触器不会接通。显然,如果没有触点 KM1(4-5)的互锁作用,反向接触器 KM2 线圈就会得电,那就必然造成主回路正、反向接触器的六个动合触点全部闭合,发生电源短路事故,这是绝对不允许的! 同理,反向启动后,反向接触器 KM2 的动断辅助触点就切断了正向接触器 KM1 的线圈回路,可以有效地防止正向接触器错误地接通主回路而发生电源短路事故。

这种控制电路的缺点是,在改变电动机转向时,需要先按停止按钮,然后再按启动按钮,才能使电动机改变转向。

2. 按钮联锁控制电动机正反转控制电路

图 2-3-14 所示为按钮联锁控制电动机正反转控制电路,需要采用复合按钮。复合按钮的动作特点是,先断后通,即动断触点先断开,动合触点再闭合。正向复合按钮 SB2 的动断触点串联在反向接触器 KM2 的线圈回路中,而反向复合按钮 SB3 的动断触点串联在正向接触器 KM1 的线圈回路中。这样,在按下 SB2 时,只有正向接触器 KM1 的线圈可以得电吸合,而按下 SB3 时,只有反向接触器 KM2 的线圈可以得电吸合。

如果发生误操作,比如,同时按下两个启动按钮 SB2 和 SB3,则两个接触器都不会得电吸合,可以防止发生两个接触器同时吸合而引起主回路短路事故。

这种控制电路的优点是,操作方便,当需要改变电动机转向时,不必再先按停止按钮了。但是这种控制电路也容易发生短路故障,例如当接触器 KM1 主触点因故延迟释放或不能释放时,如果此时按 SB3,使接触器 KM2 线圈得电,其主触点闭合,就会发生正反转接触器同时吸合,造成两相电源短路。可见,这种控制电路也不够安全。

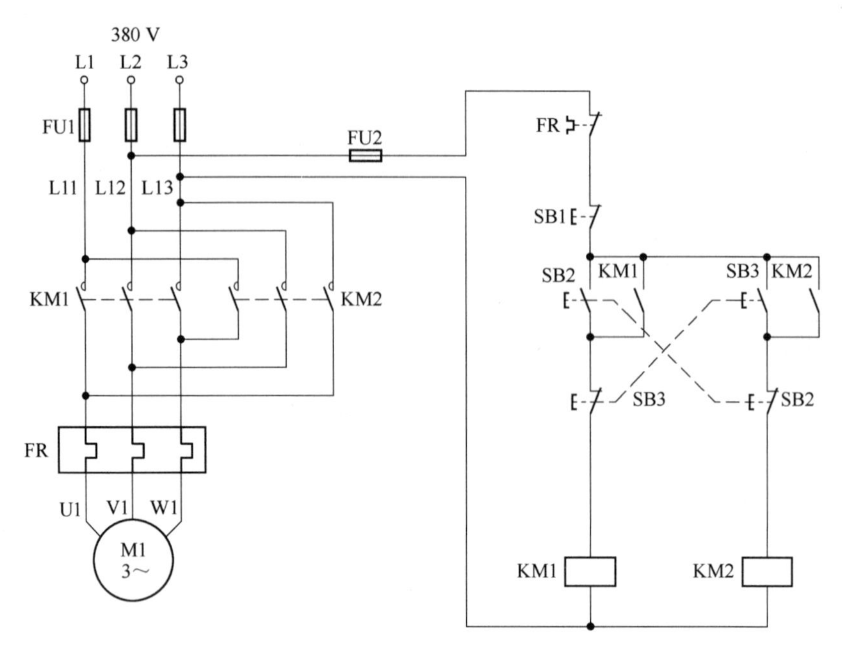

图 2-3-14 按钮联锁控制电动机正反转控制电路

3. 接触器按钮双重互锁正反转控制电路

如图 2-3-15 所示，该控制电路可以不用先按停止按钮而直接按反转按钮进行反向启动，当正转接触器发生熔焊故障时又不会发生相间短路故障。

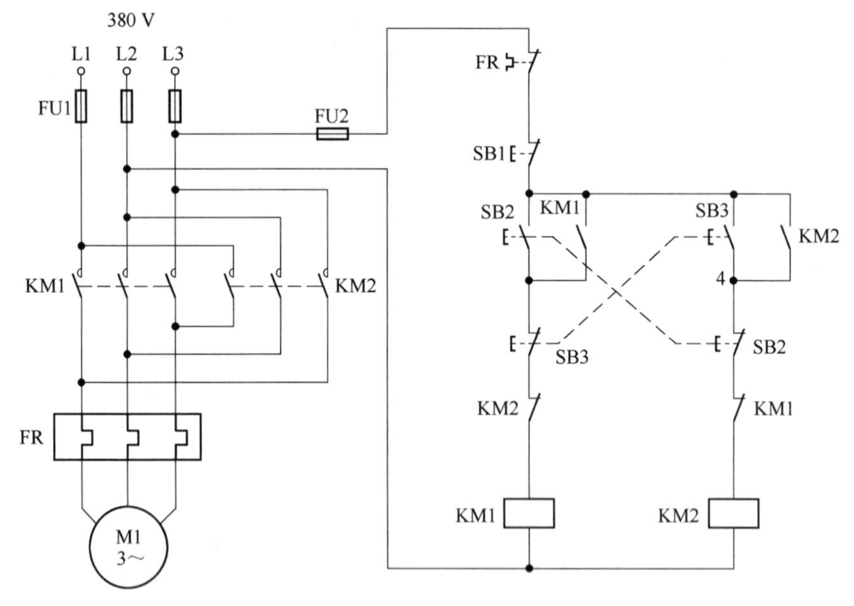

图 2-3-15 按钮接触器双重互锁的电机正反转控制电路

4. 三相异步电动机正反转点动、启动控制电路

图 2-3-16 所示电路具有可逆点动、可逆运转并设有按钮及接触器触点双重互锁机构，操作比较方便。图 2-3-16 中，SB1、SB2 分别为电动机正、反转启动按钮，SB3、SB4 分别为电动机正、反转点动按钮；SB5 为停止按钮；KM1、KM2 分别为控制电动机正、反转交流接触

器。图 2-3-16(b)中,按钮至接触器与熔断器之间,控制线只需四根(图中①~④),而图 2-3-16(a)所示电路,需七根。如果按钮到受控电器之间的距离很长,采用图 2-3-16(b)所示电路,可以节省较多的导线。

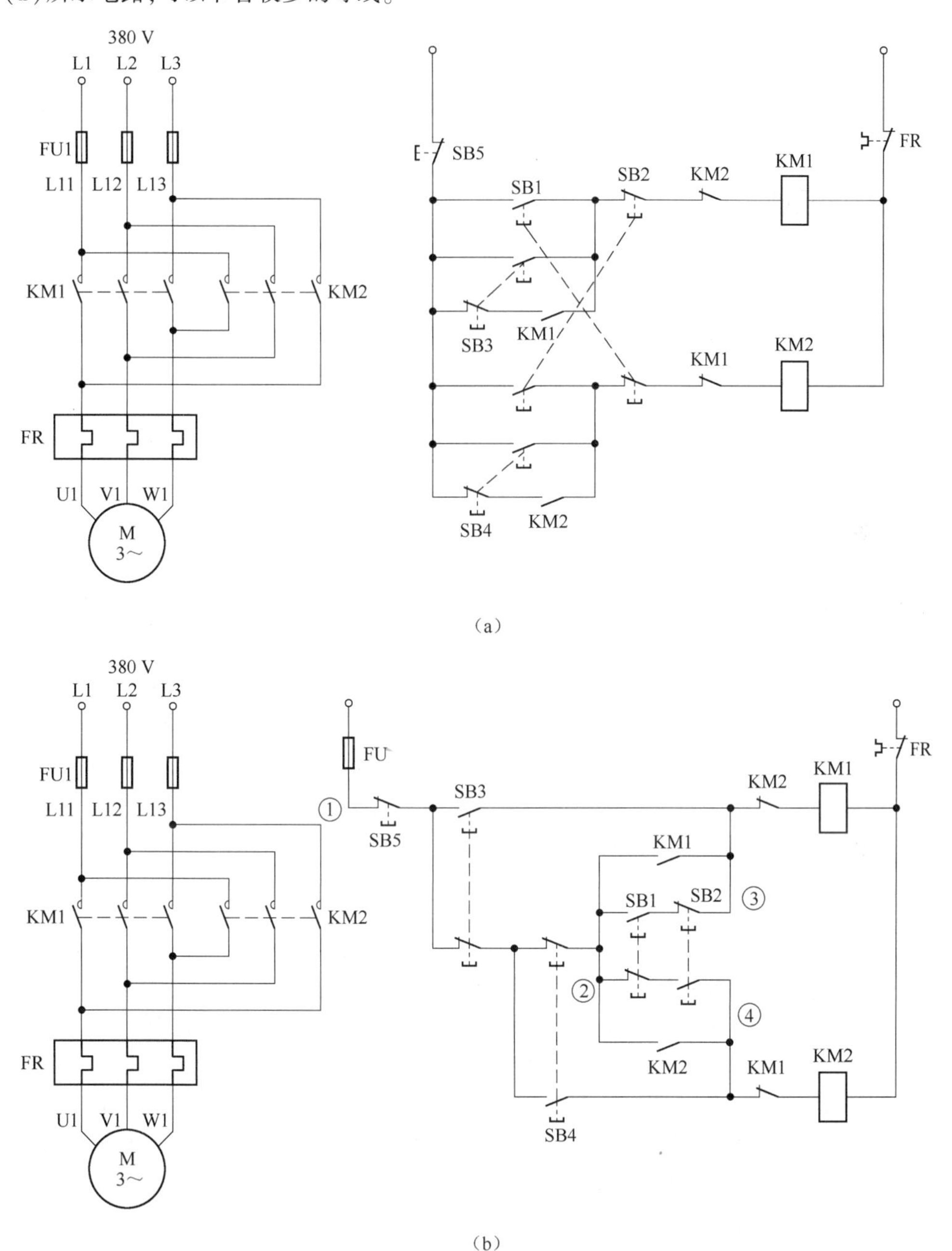

图 2-3-16　三相异步电动机正反转点动、启动控制电路

四、实训内容及步骤

依次按照图 2-3-13~图 2-3-15 接线,完成电路的安装,步骤如下:

(1)根据电路选择器件,用万用表检测其好坏。

(2)将器件固定安装在电气装配实训台网孔板上。
(3)按图完成电路的安装。
(4)电路安装完毕,经检查无误后方可通电操作,看看电路工作是否正常。
(5)若不正常,则应立即断开电源,分析原因,检查电路,排除故障后再进行通电试验。

实训五 三相异步电动机的降压启动控制电路安装

一、实训目的

(1)了解三相异步电动机降压启动目的和意义。
(2)掌握三相异步电动机降压启动的各种方法。
(3)学会三相异步电动机降压启动电路的安装、调试及检修。

二、实训器材

序号	名称	文字符号	数量	单位
1	低压断路器	QS1	1	个
2	熔断器	FU	4	个
3	电阻	R	3	个
4	三相异步电动机	M	1	台
5	交流接触器	KM1~KM3	各1	个
6	按钮	SB1~SB3	各1	个
7	通电延时时间继电器	KT	1	个
8	热继电器	FR	1	个

三、实训原理

1. 三相异步电动机定子串电阻降压启动手动控制电路

电动机启动时在三相定子电路中串入电阻,使电动机定子绕组电压降低,限制了启动电流,待电动机转速上升到一定值时,将电阻切除,使电动机在额定电压下稳定运行。

图2-3-17是定子串电阻降压启动手动控制电路,它的工作过程如下:按启动按钮SB1,接触器KM1的线圈得电,接触器KM1的自锁触点和主触点闭合,电动机串电阻启动。在接触器KM1的线圈通电的同时,经过一定的时间,电动机启动结束或将要结束时,按下SB2,接触器KM2的线圈得电,接触器KM2的主触点闭合,并实现自锁,将串联电阻切除,电动机接入正常电压,并进入正常稳定运行。

定子串电阻降压启动虽然降低了启动电流,但启动转矩也降低了,这种启动方法只适用于空载或轻载启动。

2. 三相异步电动机定子串电阻降压启动自动控制电路

如图2-3-18所示,合上电源开关QS,按下启动按钮SB1,接触器KM1与时间继电器KT的线圈同时得电,KM1主触点闭合,由于KM2线圈回路中串有时间继电器KT延时闭合的动合触点而不能吸合,这时电动机定子绕组中串有电阻 R,进行降压启动,电动机的转速逐步升高,当时间继电器 KT 达到预先整定的时间后,其延时闭合的动合触点闭合,KM2 吸合,主触点闭合,将启动电阻 R 短接,电动机便处在额定电压下全压运转,通常 KT 的延时时间为 4~8 s。

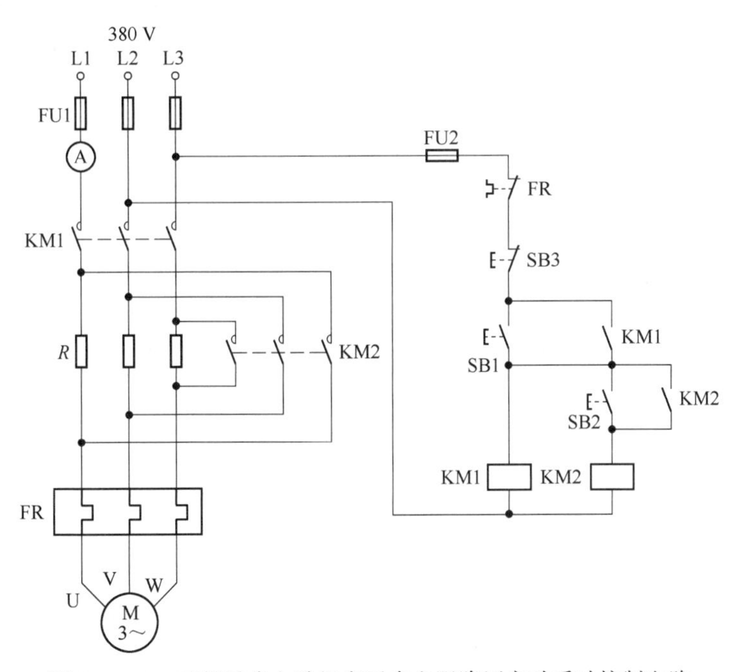

图 2-3-17　三相异步电动机定子串电阻降压启动手动控制电路

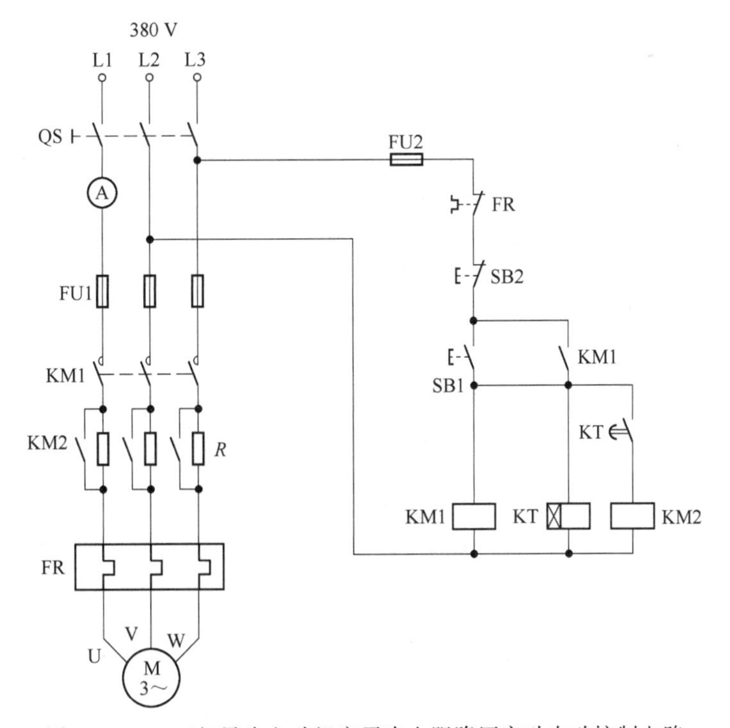

图 2-3-18　三相异步电动机定子串电阻降压启动自动控制电路

3. 时间继电器控制三相异步电动机Y-△降压启动控制电路

额定运行为三角形接法且容量较大的电动机可以采用Y-△降压启动。电动机启动时,定子绕组按Y联结,每相绕组的电压降为△联结时的 $1/\sqrt{3}$,待转速升高到一定值时,改为△联结,直到稳定运行。Y-△降压启动控制电路如图 2-3-19 所示。

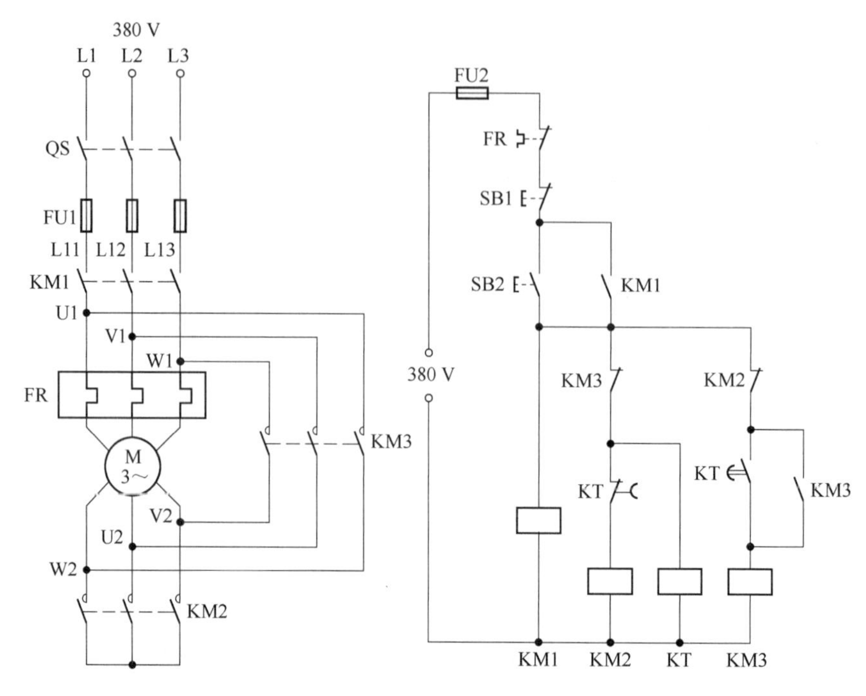

图 2-3-19 时间继电器控制三相异步电动机Y-△降压启动控制电路

从图 2-3-18 中可以看到主电路中有三组主触点,其中接触器 KM2 和 KM3 主触点一定不能同时闭合,因为电源开关 QS 合上,接触器 KM1 主触点闭合后,接触器 KM2 和 KM3 如同时闭合,意味着电源将被短路。所以,控制电路的设计必须保证一个接触器吸合时,另一个接触器不能吸合,也就是说 KM2 和 KM3 两个接触器需要互锁。通常的方法是在控制电路中．接触器 KM2 与 KM3 线圈的支路里分别串联对方的一个动断辅助触点。这样,每个接触器线圈能否被接通,取决于另一个接触器是否处于释放状态,如接触器 KM2 已接通,它的动断辅助触点把 KM3 线圈的电路断开,从而保证 KM2 和 KM3 两个接触器不会同时吸合,这一对动断触点就称为互锁触点。

时间继电器控制的Y-△降压启动控制电路的工作原理如下:合上电源开关 QS,按下启动按钮 SB2, 这时,接触器 KM1、KM2,时间继电器 KT 线圈得电。接触器 KM1 主触点和自锁触点闭合,KM2 主触点闭合与 KM2 互锁触点断开,电动机按Y接法启动,经过所整定延时时间后,时间继电器 KT 的动合触点闭合和动断触点断开,使接触器 KM2 线圈失电,接触器 KM2 主触点断开,电动机暂时断电,同时接触器 KM2 互锁触点闭合,使得接触器 KM3 线圈得电,接触器 KM3 主触点和自锁触点闭合,电动机改为△联结,然后进入稳定运行,同时接触器 KM3 互锁触点断开,使时间继电器 KT 线圈失电。

4. 接触器控制三相异步电动机Y-△启动电路

接触器控制三相异步电动机Y-△启动电路如图 2-3-20 所示。

Y接启动:按 SB2,KM1 线圈得电,其主触点闭合,同时动合辅助触点闭合,实现自锁。

在 KM1 线圈得电的同时，KM2 的主触点闭合，同时 KM2 的动断辅助触点断开，断开了 KM3 线圈的通路，实现了联锁。由于 KM1、KM2 主触点同时闭合，实现了电动机的丫接启动。

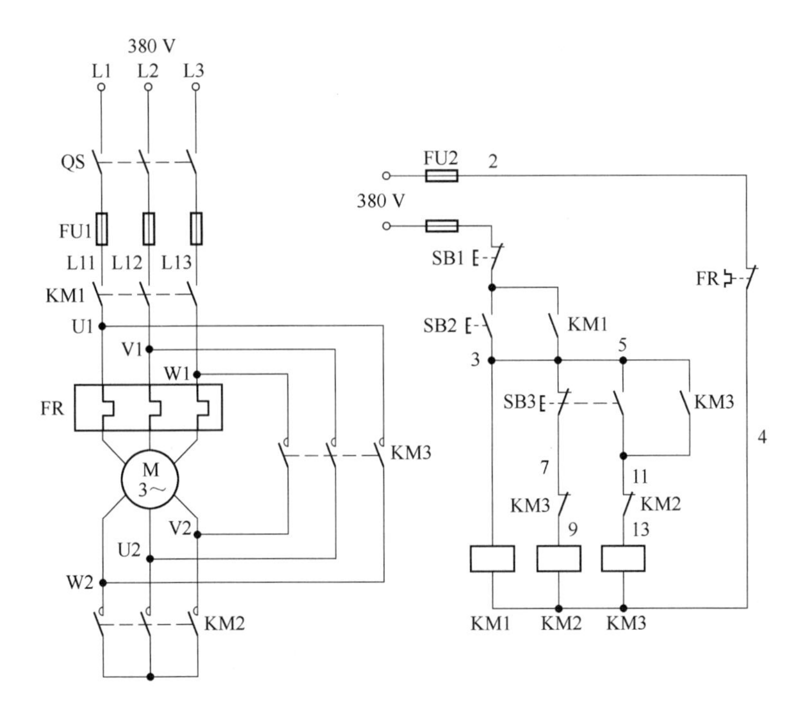

图 2-3-20　接触器控制三相异步电动机丫-△启动电路

△运行：经过一定的时间，电动机启动结束或将要结束时，按一下 SB3，SB3 动断触点分断，KM2 线圈失电，KM2 主触点复位，解除电动机绕组封星。同时 KM2 动断辅助触点复位，解除联锁。按 SB3 的同时，SB3 动合触点闭合，KM3 线圈得电，其主触点闭合，电动机绕组△运行。同时，KM3 动断触点分断，断开了 KM2 的线圈通路，实现了联锁。

停车：按 SB1，控制电路失电，各接触器同时释放，电动机停车。

四、实训内容与步骤

依次按照图 2-3-17～图 2-3-20 接线，完成电路的安装，步骤如下：

(1)根据电路选择器件，用万用表检测其好坏。

(2)将器件固定安装在电气装配实训台网孔板上。

(3)按图完成电路的安装。

(4)电路安装完毕，经检查无误后方可通电操作，看看电路工作是否正常。

(5)若不正常，则应立即断开电源，分析原因，检查电路，排除故障后再进行通电试验。

实训六　工作台自动往返控制电路安装

一、实训目的

(1)了解自动循环正反转控制电路的工作原理。

(2)掌握工作台自动往返控制电路安装、调试及检修。

二、实训器材

序　号	名　称	文字符号	数　量	单　位
1	三相笼形异步电动机	M	1	台
2	熔断器	FU	3、2	个
3	交流接触器	KM1、KM2	各 1	个
4	热继电器	FR	1	个
5	按钮	SB1～SB3	各 1	个
6	行程开关	SQ1～SQ2	各 1	个

三、实训原理

自动循环往返控制电路

有些生产机械要求其工作台能在某段距离内自动往返，不断地循环，以便对工件进行连续加工。这种控制通常是利用行程开关来自动实现的，也就是用行程开关自动控制电动机的正反转，从而使工作台不断地自动往返。图 2-3-21 为工作台自动往返的示意图，图 2-3-22 是工作台自动往返电动机控制电路。工作台上装有挡铁 1 和挡铁 2，生产机械的床身上装有行程开关 SQ1 和 SQ2，当挡铁压下行程开关后，自动使电动机改变转向，从而使工作台反向移动。

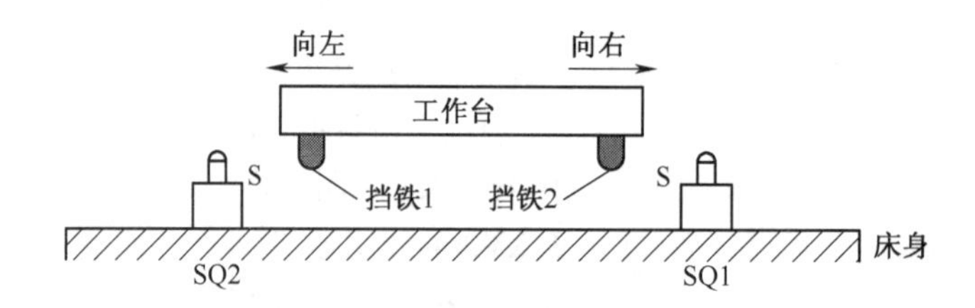

图 2-3-21　工作台自动往返示意图

工作过程：合主电路电源开关 QS，按下启动按钮 SB2，接触器 KM1 因线圈得电而吸合，电动机正转启动并运行，拖动工作台向左移动。当工作台移动到一定的位置时，挡铁 1 压下行程开关 SQ2，使其动断触点断开，接触器 KM1 因线圈失电而释放，电动机停止转动。与此同时，SQ2 的动合触点闭合，使接触器 KM2 因线圈得电而吸合，电动机反转启动并运行，拖动工作台向右移动。此时，行程开关 SQ2 复位，当工作台移动到一定的位置时，挡铁 2 压下行程开关 SQ1，使其动断触点断开，接触器 KM2 因线圈失电而释放，电动机停转。此时，SQ1 的动合触点闭合，使接触器 KM1 线圈又得电吸合，电动机又正转启动运行，又拖动工作台向左移动。如此反复循环，使工作台自动往返移动。工作台的行程是通过改换挡铁的位置来实现的。当按下停止按钮 SB1，电动机停转。

四、实训内容与步骤

按照图 2-3-22 接线，完成电路的安装，步骤如下：

（1）根据电路选择器件，用万用表检测其好坏。

（2）将器件固定安装在电气装配实训台网孔板上。

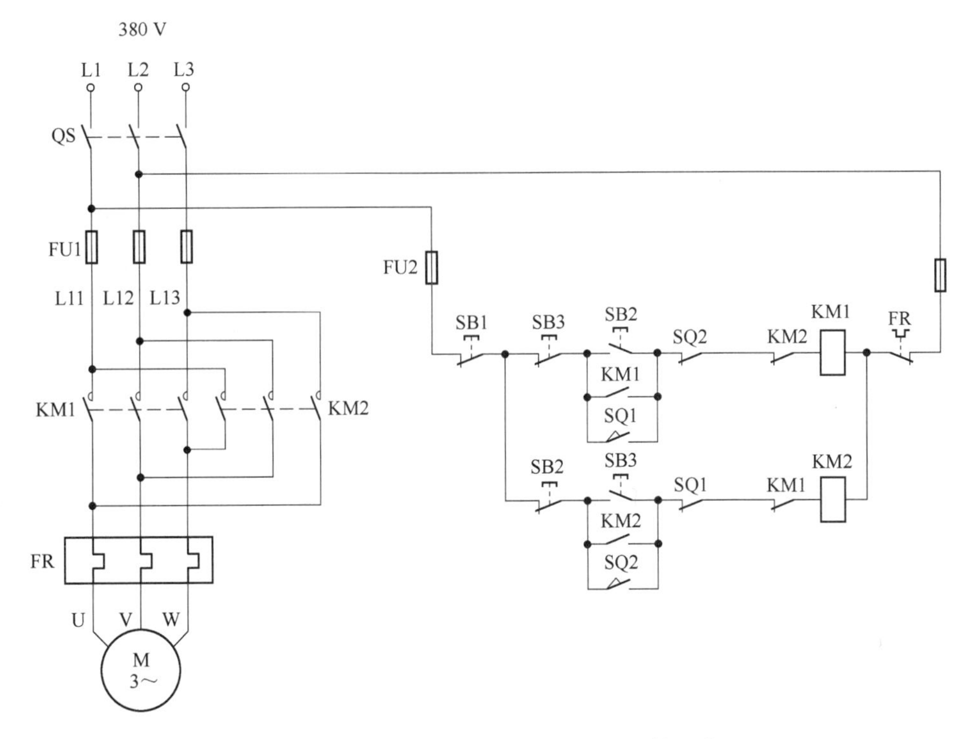

图 2-3-22　工作台自动往返电动机控制电路

(3)按图完成电路的安装。

(4)电路安装完毕,经检查无误后方可通电操作,看看电路工作是否正常。

(5)若不正常,则应立即断开电源,分析原因,检查电路,排除故障后再进行通电试验。

实训七　三相异步电动机顺序控制电路安装

一、实训目的

(1)了解三相笼形异步电动机手动顺序、自动顺序起动控制线路的工作原理。

(2)掌握三相笼形异步电动机手动顺序、自动顺序起动控制电路的安装、调试及检修。

二、实训器材

序　号	名　称	文字符号	数　量	单　位
1	三相异步电动机	M	2	台
2	熔断器	FU1、FU2	3、2	个
3	交流接触器	KM1、KM2	各 1	个
4	热继电器	FR1、FR2	各 1	个
5	按钮	SB1～SB4	各 1	个
6	通电延时时间继电器	KT	1	个

三、实训原理

1. 手动顺序启动控制

在装有多台电动机的生产机械上,各电动机所起的作用不同,有时需要按一定的顺序启动才能保证操作过程的合理和工作的安全可靠。例如,在铣床上就要求先启动主轴电动机,然后才能启动进给电动机。再如,带有液压系统的机床,一般都要先启动液压泵电动机,然后才能启动其他电动机。这些顺序关系反映在控制电路上,称为顺序启动控制。

图 2-3-23 所示是三种手动顺序启动控制电路, 图 2-3-23(a)所示电路, 只有 KM1 得

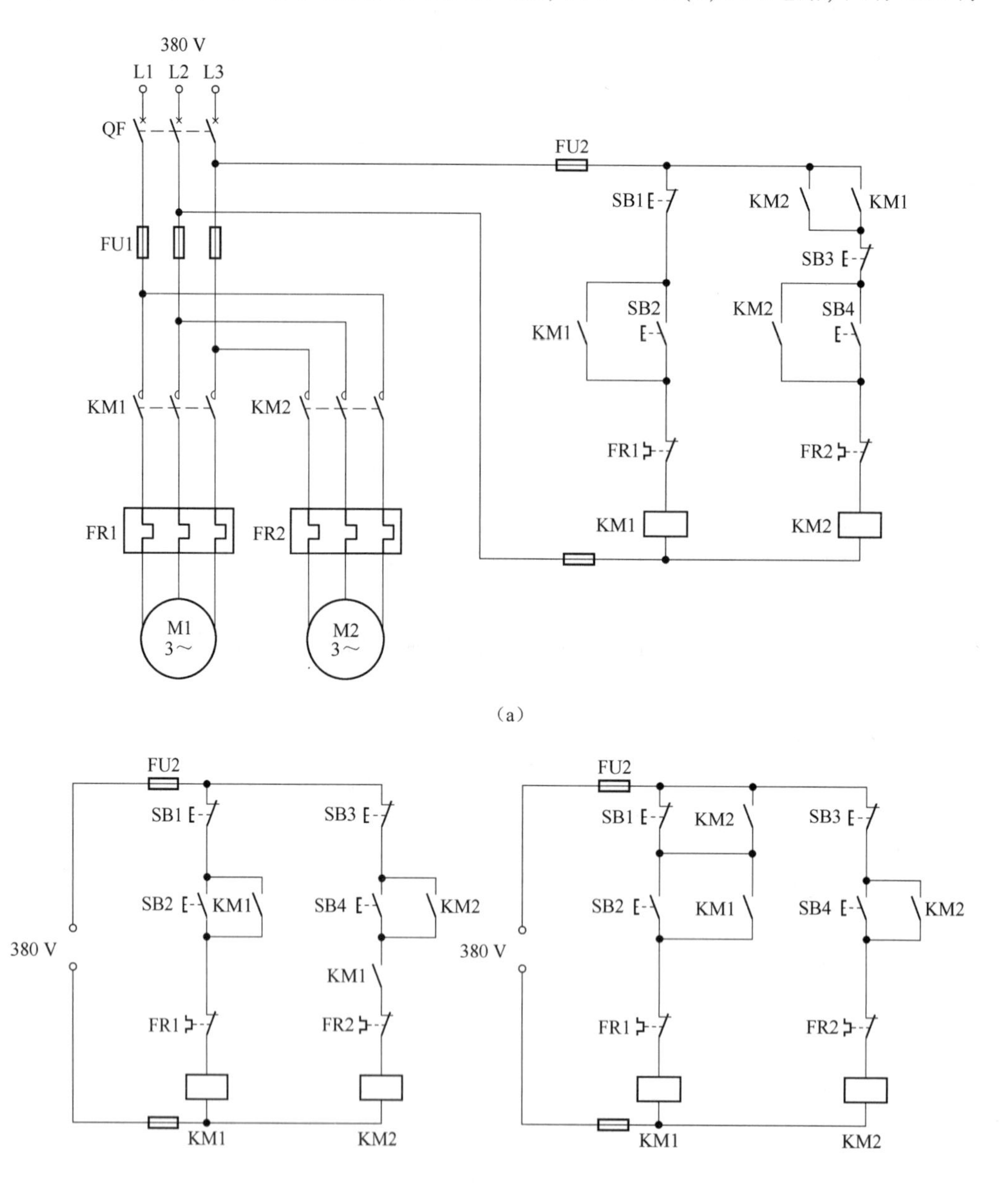

图 2-3-23 手动顺序启动控制电路

电,电动机 M1 启动后,KM2 才能得电,电动机 M2 才能启动,停机时则不受此限制。图 2-3-23(b)的特点是,将接触器 KM1 的另一动合辅助触点串联在接触器 KM2 线圈的控制电路中,同样保持了顺序控制作用,即 M1 启动后 M2 才能启动,M1 停止时 M2 同时随之停止,该电路还可实现单独停止 M2。图 2-3-23(c)的特点是,M1、M2 可以单独启动,但由于在停止按钮 SB1 两端并联着一个 KM2 的常开触点,因此只有先使接触器 KM2 线圈失电,即电动机 M2 停止,然后才能按动 SB1,断开接触 KM1 线圈电路,使电动机 M1 停止。

2. 自动顺序启动控制

由图 2-3-24 可见,接触器 KM2 线圈电路中串联有通电延时时间继电器的延时闭合的动合触点 KT(3-11),KT 得电吸合并经延时后,KT(3-11)闭合,才能使 KM2 得电吸合,而 KT 和 KM1 同时得电吸合,这样就实现了 KM1 得电吸合后 KM2 才能得电吸合的控制要求。

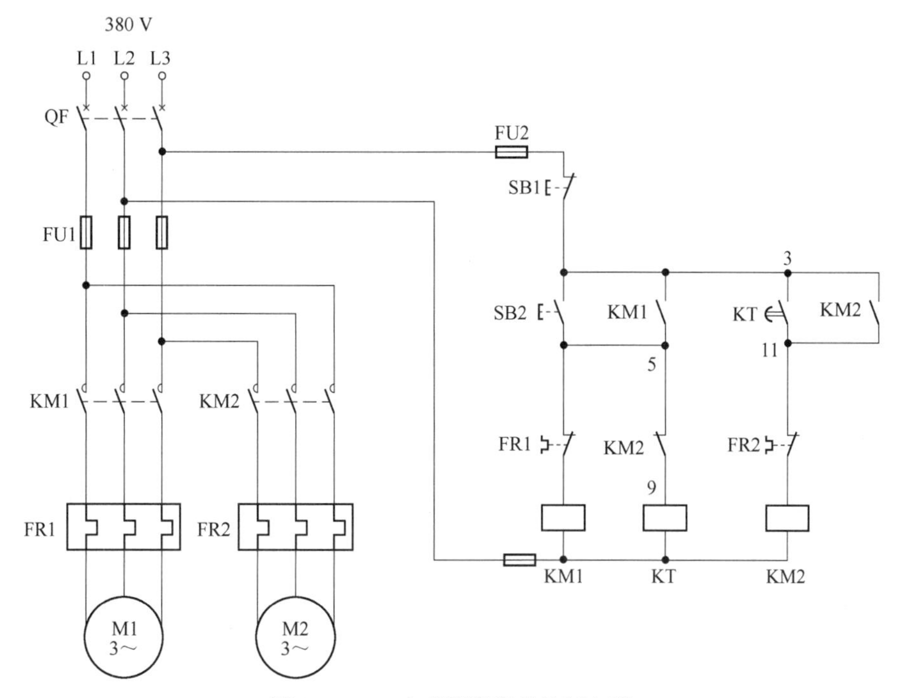

图 2-3-24　自动顺序启动控制电路

控制过程如下:按下启动按钮 SB2,接触器 KM1 得电吸合并自锁,其主触点闭合,电动机 M1 启动,同时通电延时时间继电器 KT 得电吸合,KT 延时时间到,其延时闭合的动合触点 KT(3-11)闭合,使接触器 KM2 得电吸合并自锁,其主触点闭合,电动机 M2 启动,同时 KM2 的动断辅助触点 KM2(5-9)断开,使 KT 失电释放。

按下停止按钮 SB1,KM1、KM2 同时失电释放,M1、M2 同时停转。

四、实训内容与步骤

依次按照图 2-3-23、图 2-3-24 接线,完成电路的安装,步骤如下:

(1)根据电路选择器件,用万用表检测其好坏。

(2)将器件固定安装在电气装配实训台网孔板上。

(3)按图完成电路的安装。

(4)电路安装完毕,经检查无误后方可通电操作,看看电路工作是否正常。

(5)若不正常,则应立即断开电源,分析原因,检查电路,排除故障后再进行通电试验。

实训八　三相异步电动机制动控制电路安装

一、实训目的

(1)了解三相笼形异步电动机反接制动工作原理。
(2)掌握三相笼形异步电动机能耗制动工作原理。

二、实训器材

序　号	名　称	文字符号	数　量	单　位
1	三相笼形异步电动机	M	1	台
2	交流接触器	KM1、KM2	各 1	个
3	通电延时时间继电器	KT	1	个
4	变压器	TC	1	台
5	制动电阻	R	3	个
6	按钮	SB1、SB2	各 1	个
7	熔断器	FU1、FU2	3、2	个
8	热继电器	FR	1	个
9	整流器	UR		
10	可调电阻	RP		

三、实训原理

(1)三相笼形异步电动机实现反接制动实质上是改变电动机定子绕组中的三相电源相序,产生与转子转动方向相反的转矩,因而起制动作用。反接制动过程:停车时,首先切换三相电源相序,当电动机的转速下降接近零时,令电动机断电自由停车。因为在电动机的转速下降到零时如不及时切除反接电源,则电动机就要从零速反向启动运行了。

图 2-3-25 所示为单方向启动的反接制动控制电路。由于反接制动电流比直接启动时的启动电流还要大,因此在主回路中需要串入限流电阻 R。

按下启动按钮 SB2,接触器 KM1 得电动作并自保,电动机直接启动,其动断触点断开起互锁作用。制动停车时,按下制动按钮 SB1,其动断触点分断,动合触点闭合,此时接触器 KM1 失电释放,其动断互锁触点恢复闭合;KT 得电吸合,通过其通电延时断开的动断触点 KT(2-3),KM2 也得电吸合并自锁,将电动机的电源反接,进行反接制动。根据一般电动机制动的时间给定时器定好时间。时间到后,时间继电器的通电延时断开的动断触点 KT(2-3)断开,KM2 失电释放,电动机脱离电源,制动结束。

反接制动的制动力矩较大,冲击强烈,易损坏传动零件,而且频繁的反接制动可能使电动机过热,使用时必须引起注意。还有一点,运转接触器与制动接触器必须有互锁,不然若是两个接触器同时吸合,则会造成电源短路,引发严重事故!

(2)能耗制动是指在三相电动机停车切断三相电源的同时,将一直流电源接入定子绕组，产生一个静止磁场，此时电动机的转子由于惯性继续沿原来的方向转动，惯性转动的转子在静止磁场中切割磁感线，产生一与惯性转动方向相反的电磁力矩，对转子起制动作用，制动结束后切断直流电源。

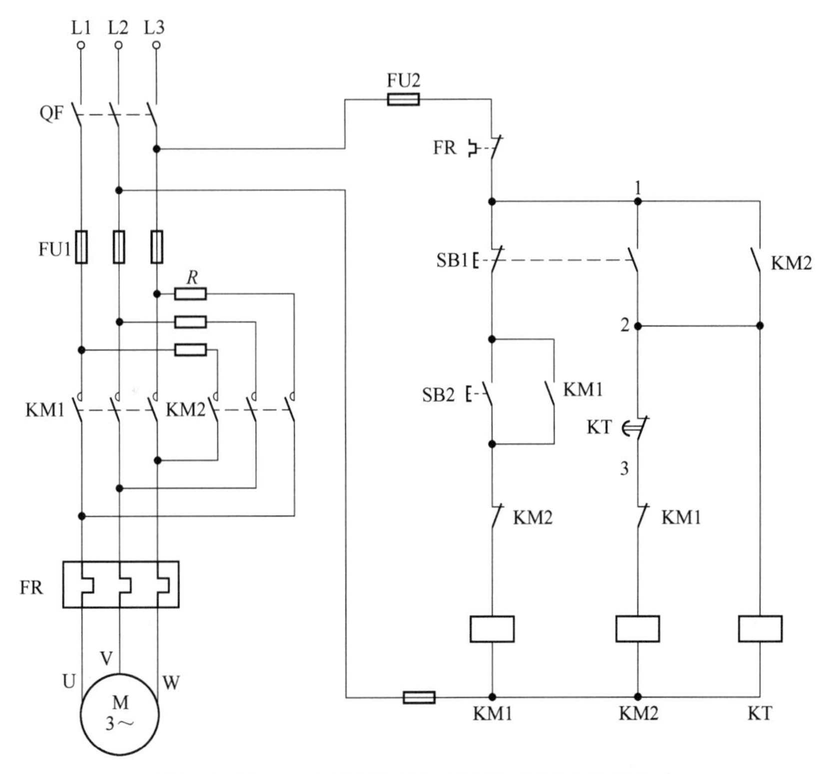

图 2-3-25　三相笼形异步电动机反接制动控制电路

能耗制动的制动转矩大小与通入直流电流的大小及电动机的转速 n 有关。转速小，电流大，制动作用强。一般接入的电流为电动机空载电流的 3～5 倍，过大会烧坏电动机定子绕组，电路采用在直流回路中串联可调电阻的方法，调节制动电流的大小。能耗制动时，制动转矩随电动机的惯性转速下降而减小，因而制动平稳。这种方法将转子惯性转动的机械能转换成电能，又消耗在转子的制动上，因此称为能耗制动。

能耗制动的优点是制动准确、平稳，能量消耗较少；缺点是需附加直流电源装置，制动力较弱，在低速时，制动转矩小。能耗制动一般用于制动要求平稳、准确的场合，如磨床、立式铣床等控制电路中。

图 2-3-26 所示为按时间原则控制的单相能耗制动控制电路，KM1 为单向运转接触器，KM2 为能耗制动接触器，KT 为控制能耗制动时间的通电延时时间继电器，UR 为桥式整流电路。正常运行时，接触器 KM1 的主触点闭合接通三相电源，电动机启动运行，KM2、KT 不工作。停车制动时，KM1 不工作，KM2、KT 工作，由变压器和整流元件构成的整流装置提供直流电源，KM2 将直流电源经可调电阻 R_P 接入电动机定子绕组的 U、W 相，由 KT 控制能耗制动时间。

按下启动按钮 SB2，接触器 KM1 得电吸合，其主触点闭合，电动机 M 启动运转；同时其动断辅助触点 KM1(15-17)断开，确保 KM2 不能得电。当停车制动时，按下复合停止按钮 SB1，其动断触点 SB1(3-5)首先断开，使 KM1 失电释放，电动机定子绕组脱离三相电源，失电，惯性运转；KM1 辅助触点 KM1（15-17）复位闭合，SB1 的动合触点 SB1（3-13）闭合，使 KM2、KT 得电吸合并通过 KM2 的动合辅助触点 KM2（3-13）及 KT 的瞬动动合触点 KT（11-13）自锁，KM2 的主触点将直流电源接入两相定子绕组进行能耗制动，SB1 松开复位，电动机在能耗制动作用下转速迅速下降，当接近零时，KT 延时时间到，其延时断开的动断触点 KT（13-15）断开，使 KM2、KT 相继失电，制动过程结束。

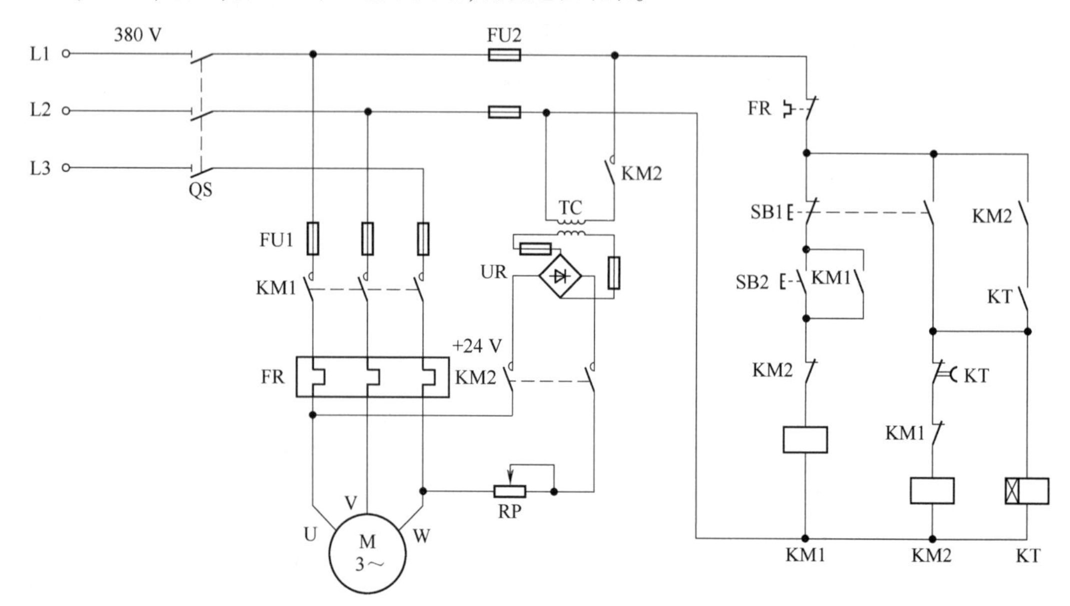

图 2-3-26　三相异步电动机全波整流能耗制动控制电路

四、实训内容与步骤

依次按照图 2-3-25、图 2-3-26 接线，完成电路的安装，步骤如下：

（1）根据电路选择器件，用万用表检测其好坏。

（2）将器件固定安装在电气装配实训台网孔板上。

（3）按图完成电路的安装。

（4）电路安装完毕，经检查无误后方可通电操作，看看电路工作是否正常。

（5）若不正常，则应立即断开电源，分析原因，检查电路，排除故障后再进行通电试验。

实训九　三相双速异步电动机控制电路安装

一、实训目的

（1）了解接触器控制三相双速异步电动机控制电路的工作原理。

（2）掌握时间继电器控制三相双速异步电动机的控制电路的安装方法。

二、实训器材

序　号	名　称	文字符号	数　量	单　位
1	双速电动机	M	1	台

续表

序　号	名　称	文字符号	数　量	单　位
2	熔断器	FU1、FU2	3、1	个
3	接触器	KM1～KM3	各1	个
各1	热继电器	FR1、FR2	各1	个
5	按钮	SB1～SB3	各1	个
6	时间继电器	KT	1	个

三、实训原理

双速电动机是采用改变磁极对数来改变转速的,其定子绕组的接线方法如图2-3-27所示。

图2-3-27中电动机的三相定子绕组接成△,三个连接点接出三个出线端U2、V2、W2,每相绕组的中点各接出一个出线端U1、V1、W1,共有六个出线端。改变这六个出线端与电源的连接方法就可得到两种不同的转速。若要电动机以低速工作,只需将三相电源接至电动机定子绕组三角形连接顶点的出线端U2、V2、W2上,其余三个出线端U1、V1、W1空着不接,此时电动机定子绕组接成△,如图2-3-27(a)所示,磁极为4极,同步转速为1 400 r/min。

若要电动机以高速工作,可把电动机定子绕组三个出线端U2、V2、W2连接在一起,电源接到U1、V1、W1三个出线端上,这时电动机定子绕组接成YY连接,如图2-3-27(b)所示。此时磁极为2极,同步转速为2 800 r/min。

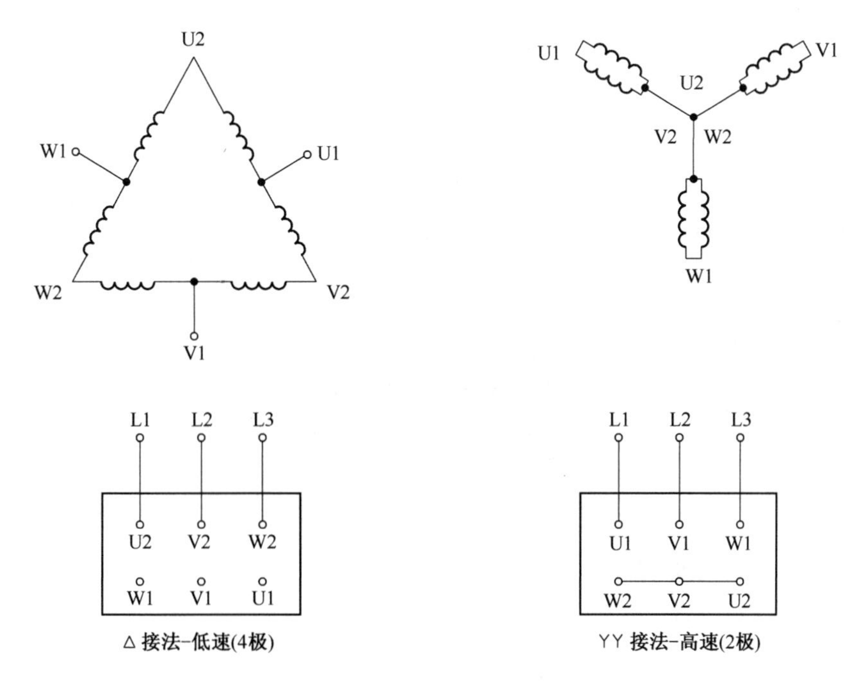

图2-3-27　双速电动机定子绕组接线图

1. 按钮和接触器控制双速电动机的控制电路

按钮和接触器控制双速电动机的控制电路,如图 2-3-28 所示。

低速控制时,先合上电源开关 QS,然后按下启动按钮 SB2,接触器 KM1 线圈得电,KM1 主触点闭合,电动机 M 接成△,以低速启动运转。

高速控制时,按下高速启动按钮 SB3,接触器 KM1 线圈失电,KM3 和 KM2 线圈同时得电吸合,KM3 主触点闭合,将电动机 M 的定子绕组 U2、V2、W2 连接在一起,KM2 主触点闭合,将电动机定子绕组接成YY,以高速启动运转。按下停止按钮 SB1,电动机停转。

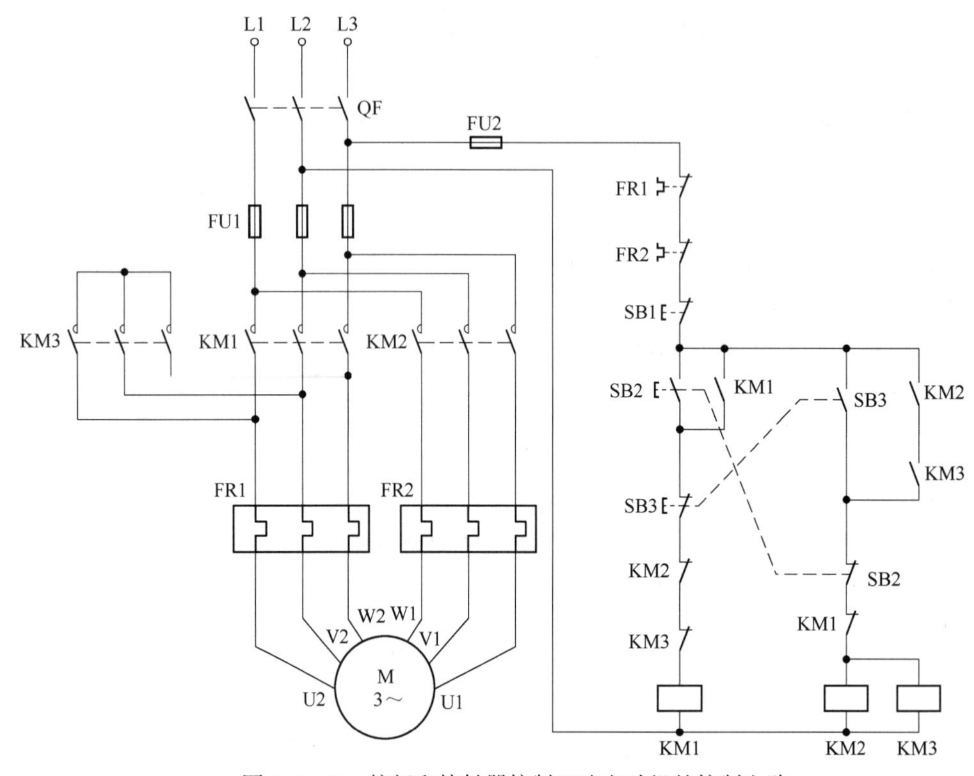

图 2-3-28 按钮和接触器控制双速电动机的控制电路

2. 按钮和时间继电器控制双速电动机的控制电路

按钮和时间继电器控制双速电动机的控制电路,如图 2-3-29 所示。

低速控制时,先合上电源开关 QS,再按下启动按钮 SB2,接触器 KM1 线圈得电吸合,KM1 主触点闭合,电动机 M 接成△,低速运转。

高速控制时,按下高速启动按钮 SB3,通电延时时间继电器 KT 线圈得电吸合,KT 瞬动动合触点闭合自锁,经过一定整定时间后,KT 延时动断触点断开,接触器 KM1 线圈失电释放,KM1 主触点断开;KT 延时动合触点闭合,接触器 KM2 和 KM3 线圈同时得电吸合,KM2 和 KM3 的主触点闭合,电动机 M 接成YY高速运行。按下停止按钮 SB1,电动机停转。

四、实训内容与步骤

依次按照图 2-3-28、图 2-3-29 接线,完成电路的安装,步骤如下:

(1)根据电路选择器件,用万用表检测其好坏。

(2)将器件固定安装在电气装配实训台网孔板上。

(3)按图完成电路的安装。

(4)电路安装完毕,经检查无误后方可通电操作,看看电路工作是否正常。

(5)若不正常,则应立即断开电源,分析原因,检查电路,排除故障后再进行通电试验。

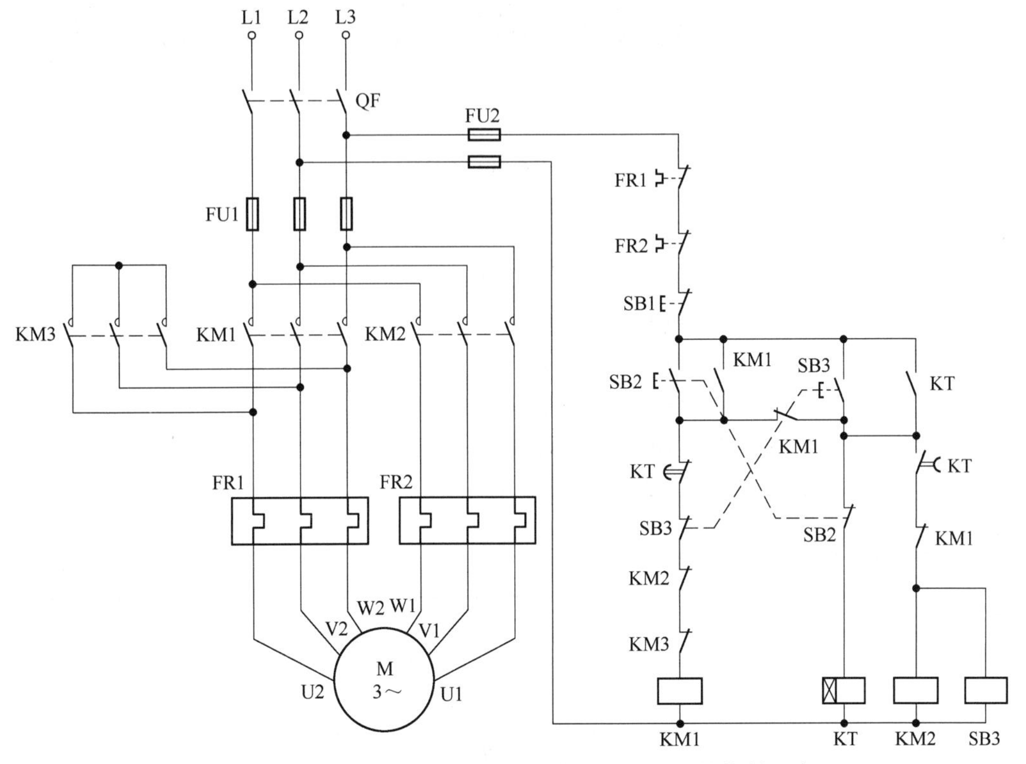

图 2-3-29 按钮和时间继电器控制双速电动机的控制电路

第四部分　电子电路的安装与调试实训

实训一　固定输出集成稳压电路的安装与调试

一、实训目的

(1)学会常用电子元器件的识别及检测方法。
(2)掌握电烙铁的正确使用方法及焊接工艺。
(3)掌握固定输出集成稳压电路的工作原理。
(4)掌握固定输出集成稳压电路的安装与调试方法。
(5)掌握固定输出集成稳压电路的故障检修方法。

二、实训器材

序　号	名　称	规　格	数　量	单　位
1	电阻	300 Ω/4.7 kΩ	各 1	个
2	二极管	1N4007	4	个
3	三端稳压器	7809	1	个
4	发光二极管	红色 ϕ5	1	个
5	电解电容	100 μF/25 V	1	个
6	电解电容	470 μF/25 V	1	个
7	电容	0.1 μF	2	个
8	变压器	220 V/双 12 V	1	个
9	电源插头线	250 V,10 A	1.5	m
10	万能板	170×130	1	块
11	焊锡丝	ϕ0.8	0.5	m
12	工具	8 件装	1	套
13	小焊线(电缆芯线)	ϕ0.5	0.8	m

三、实训原理

直流稳压电源电路由变压、整流、滤波、稳压输出四部分组成。固定输出集成稳压电路原理图如图 2-4-1 所示。

三端稳压器 7809 是由输入端、输出端和公共端组成的集成块。其中 78 为产品系列代号,09 为输出电压值。220 V 交流电压经过变压器 T 降压为 12 V,然后由四个二极管 VD1～

VD4 组成的单相桥式全波整流电路整流，经电容 C_1、C_2 滤波，由三端稳压集成块 7809 输出 +9 V 直流电压，其中电阻 R 为限流电阻，R_L 为负载电阻；发光二极管 LED 为电源指示灯。

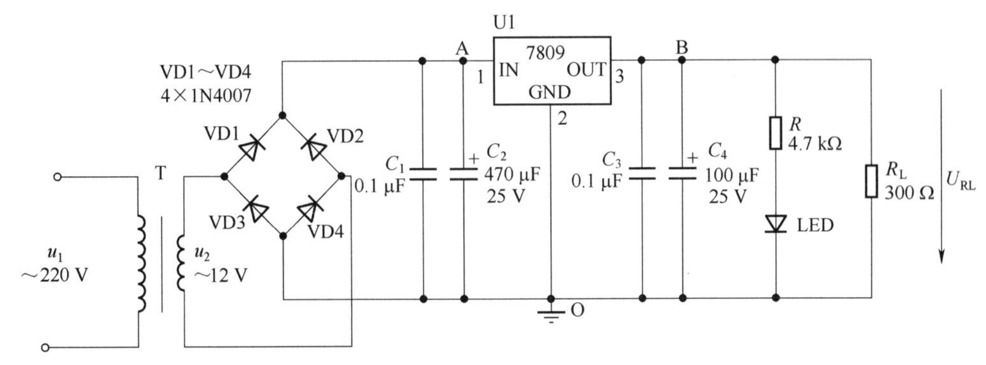

图 2-4-1 固定输出集成稳压电路原理图

四、实训内容与步骤

(1) 识别、检测元器件，从元件盒中筛选出所需元件，可借助万用表加以判别。

(2) 根据电路原理图进行设计布局，搭焊电路。

(3) 经检查无误后，加电进行调试，调试完毕测量 u_2 = ________ V，U_{A0} = ________ V，U_{B0} = ________ V。

(4) 调试过程中遇到的故障，需检修排除。

实训二 多谐振荡电路的安装与调试

一、实训目的

(1) 学会常用电子元器件的识别及检测方法。

(2) 掌握电烙铁的正确使用方法及焊接工艺。

(3) 掌握多谐振荡电路的工作原理。

(4) 掌握多谐振荡电路的安装与调试方法。

(5) 掌握多谐振荡电路的故障检修方法。

二、实训器材

序 号	名 称	规 格	数 量	单 位
1	电阻	510 Ω/1.5 kΩ/4.7 kΩ/300 kΩ/330 kΩ	各 1	个
2	二极管	1N4007	4	个
3	三端稳压器	7809	1	个
4	发光二极管	红色 ϕ5	1	个
5	电解电容 25 V	22 μF/33 μF/100 μF /470 μF	各 1	个
6	三极管	9014	2	个
7	变压器	220 V/双 12 V	1	个

续表

序　号	名　称	规　格	数　量	单　位
8	电源插头线	250 V,10 A	1.5	m
9	万能板	170×130	1	块
10	焊锡丝	ϕ0.8	0.3	m
11	工具	8件装	1	套
12	小焊线(电缆芯线)	ϕ0.5	0.6	m

三、实训原理

多谐振荡电路原理图如图2-4-2所示,在C_4和C_3都没有充电的情况下,由于C_4比C_3容量小,R_1比R_4小,故VT2首先导通或导通较快,使VT2的集电极电位下降,经C_4耦合,使VT1的基极电位很低而截止,其集电极电位上升,又促使VT2更加导通而进入饱和状态。通过电阻R_3给电容C_4充电,经一定时间后,C_4负极电位上升到约0.7 V,VT1开始导通,其集电极电位下降,经C_3耦合,使VT2的基极电位很低而截止,其集电极电位上升,又促使VT1更加导通而进入饱和状态。这样,VT1、VT2轮流导通,形成振荡。

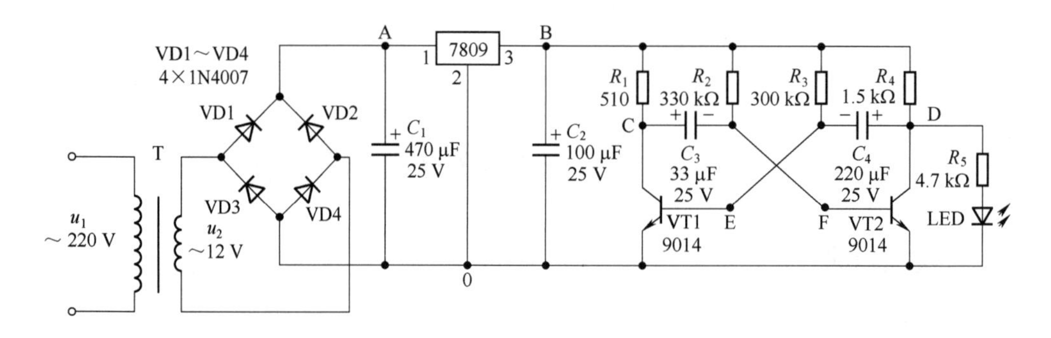

图2-4-2　多谐振荡电路原理图

四、实训内容与步骤

(1)识别、检测元器件,从元件盒中筛选出所需元件,可借助万用表加以判别。

(2)根据电路原理图进行设计布局,搭焊电路。

(3)经检查无误后,加电进行调试,电路正常时应是LED交替亮灭,亮约3 s,灭约4 s,用万用表测量C、D点电位的变化情况U_{C0}________V,U_{D0}=________V。

(4)调试过程中遇到的故障,需检修排除。

实训三　晶闸管调压电路的安装与调试

一、实训目的

(1)学会常用电子元器件的识别及检测方法。

(2)掌握电烙铁的正确使用方法及焊接工艺。

(3)掌握晶闸管调压电路的工作原理。

(4)掌握晶闸管调压电路的安装与调试方法。

(5)掌握晶闸管调压电路的故障检修方法。

二、实训器材

序　号	名　称	规　格	数　量	单　位
1	电阻	51 Ω/240 Ω/1 kΩ/2 kΩ	各 1	个
2	电位器	100 kΩ	1	个
3	二极管	1N4007	4	个
4	稳压二极管	1N4735	1	个
5	电容	0.22 μF	1	个
6	单结管	BT33	1	个
7	晶闸管	2P4M	1	个
8	小灯泡	12 V,0.1 W	1	个
9	变压器	220 V/双 12 V	1	个
10	电源插头线	250 V,10 A	1.5	m
11	万能板	170×130	1	块
12	焊锡丝	ϕ0.8	0.3	m
13	工具	8 件装	1	套
14	小焊线(电缆芯线)	ϕ0.5	0.6	m

三、实训原理

晶闸管调压电路(见图 2-4-3)的主电路由负载 R_L(小灯泡)和晶闸管 T1 组成,触发电路为单结晶体管 T2 及一些阻容元件构成的阻容移相桥触发电路。改变晶闸管 T1 的导通角,便可调节主电路的可控输出整流电压(或电流)的数值,这可由灯炮负载的亮度变化看出。晶闸管导通角的大小决定于触发脉冲的频率 f,由 $f=\frac{1}{RC}\ln\left(\frac{1}{1-\eta}\right)$ 可知,当单结晶体管的分压比 η(一般在 0.5~0.8 之间)及电容 C 值固定时,则频率 f 大小由 R 决定,因此,通过调节电位器 R_w,可以改变触发脉冲频率,主电路的输出电压也随之改变,从而达到可控调压的目的。

四、实训内容与步骤

(1)识别、检测元器件,从元件盒中筛选出所需元件,可借助万用表加以判别。

(2)根据电路原理图进行设计布局,搭焊电路。

(3)经检查无误后,加电进行调试,电路正常时调节电位器,输出电压 U_{RL} 应连续可调,调节电位器使灯光最亮时,用万用表测量 u_2 =____ V,U_{A0} =____ V,U_{B0} =____ V,U_{RL} =____ V,调节电位器使灯光最暗时,用万用表测量 U_{RL} =________ V。

(4)调试过程中遇到的故障,需检修排除。

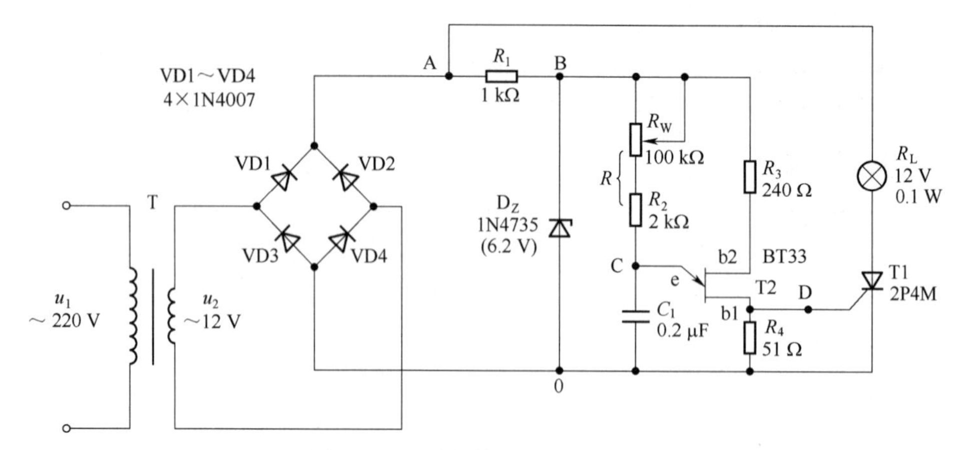

图 2-4-3　晶闸管调压电路原理图

实训四　串联型可调稳压电路的安装与调试

一、实训目的

(1)学会常用电子元器件的识别及检测方法。
(2)掌握电烙铁的正确使用方法及焊接工艺。
(3)掌握串联型可调压电路的工作原理。
(4)掌握串联型可调压电路的安装与调试方法。
(5)掌握串联型可调压电路的故障检修方法。

二、实训器材

序　号	名　称	规　格	数　量	单　位
1	电阻	1 kΩ	3	个
2	电阻	300 Ω/510 Ω	各 1	个
3	电位器	1 kΩ	1	个
4	二极管	1N4007	4	个
5	稳压二极管	1N4733	1	个
6	电解电容 25 V	22 μF/100 μF	各 1	个
7	三极管	9014	2	个
8	三极管	TIP41	1	个
9	变压器	220 V/双 12 V	1	个
10	电源插头线	250 V,10 A	1.5	m
11	万能板	170×130	1	块
12	焊锡丝	ϕ0.8	0.3	m
13	工具	8 件装	1	套
14	小焊线(电缆芯线)	ϕ0.5	0.6	m

三、实训原理

串联型可调稳压电路原理图如图 2-4-4 所示。

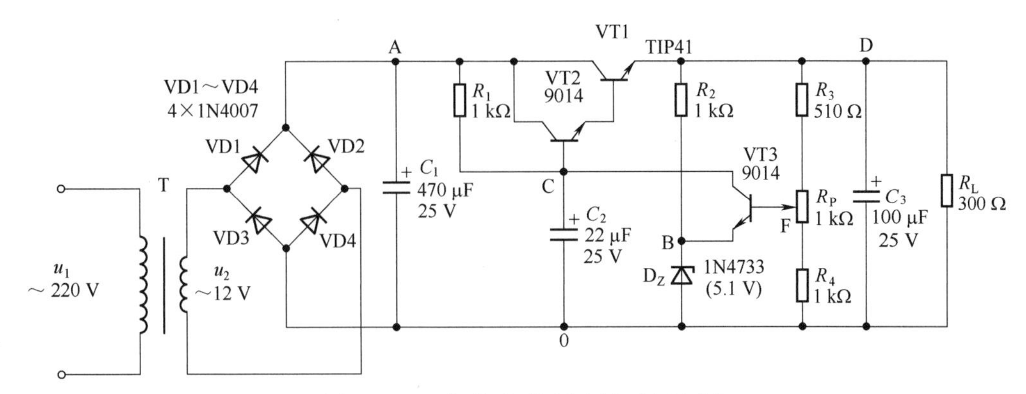

图 2-4-4　串联型可调稳压电路原理图

1. 串联型可调稳压电路主要环节

(1)整流滤波电路。为稳压电路提供一个比较平滑的直流输入电压。

(2)基准电压。一般由稳压管串联限流电阻构成。

(3)采样电路。将输出电压的变化量的一部分取出,加到比较放大器和基准电压进行比较、放大。

(4)比较放大电路。将采样电路送来的电压和基准电压进行比较放大,再去控制调整管以稳定输出电压。

(5)调整电路。调整电路是稳压电路的核心环节,一般采用工作在放大状态的功率三极管。其基极电流受比较放大电路输出信号的控制。

2. 稳压原理

当电网电压 $u_1\uparrow\rightarrow U_D\uparrow\rightarrow U_F\uparrow\rightarrow U_{BE3}\uparrow\rightarrow U_C\downarrow\rightarrow U_D\downarrow$ 同理,当 $u_1\downarrow\rightarrow U_D\downarrow\rightarrow U_F$,它与基准电压 U_Z 比较放大后,使调整管基极电位升高,调整管的集电极电流增大,U_{CE} 减小,从而使输出电压 U_D 基本保持不变。

3. 输出电压调节范围

改变采样电路电位器 R_P 抽头的位置,可以调节输出电压的大小。

从采样电路可知

$$U_F=(R_3+R'_P)/(R_3+R_P+R_4)\times U_D,$$

又因为

$$U_F=U_Z+U_{BE3}$$

故

$$U_Z+U_{BE3}=(R_3+R'_P)/(R_3+R_P+R_4)$$

所以

$$U_D=(R_3+R_P+R_4)/(R_3+R'_P)\times(U_Z+U_{BE3})$$

当电位器抽头调至上端时,此时输出电压最小,即 $U_{DMIN}=(R_3+R_P+R_4)/(R_3+R_P)\times(U_Z+U_{BE3})$。

当电位器抽头调至下端时,此时输出电压最大,即 $U_{DMAX}=(R_3+R_P+R_4)/R_3\times(U_Z+U_{BE3})$。

四、实训内容与步骤

(1)识别、检测元器件,从元件盒中筛选出所需元件,可借助万用表加以判别。

(2)根据电路原理图进行设计布局,搭焊电路。

(3)经检查无误后,加电进行调试,电路正常时滑动电位器 R_P,输出电压应在 7~12 V 之间连续可调,测量电位器抽头调至上端:U_{DO} = ____ V,U_{FO} = ______ V,U_{CO} = ______ V,U_{AD} = ____ V;

测量电位器抽头调至下端:U_{DO} = ______ V,U_{FO} = ______ V,U_{CO} = ______ V,U_{AD} = ______ V。

(4)调试过程中遇到的故障,需检修排除。

实训五　单结晶体管延时电路的安装与调试

一、实训目的

(1)学会常用电子元器件的识别及检测方法。

(2)掌握电烙铁的正确使用方法及焊接工艺。

(3)掌握单结晶体管延时电路的工作原理。

(4)掌握单结晶体管延时电路的安装与调试方法。

(5)掌握单结晶体管延时电路的故障检修方法。

二、实训器材

序　号	名　称	规　格	数　量	单　位
1	电阻	120 Ω/270 Ω/300 Ω/10 kΩ	各 1	个
2	电位器	300 kΩ	1	个
3	二极管	1N4007	4	个
4	稳压二极管	1N4739	1	个
5	电解电容 25 V	22 μF	1	个
6	电解电容 25 V	100 μF	2	个
7	单结管	BT33	1	个
8	晶闸管	2P4M	1	个
9	继电器	JZC-22F	1	个
10	变压器	220 V/双 12 V	1	个
11	电源插头线	250 V,10 A	1.5	m
12	万能板	170×130	1	块
13	焊锡丝	ϕ0.8	0.3	m
14	电烙铁等工具	8 件装	1	套
15	小焊线(电缆芯线)	ϕ0.5	0.6	m

三、实训原理

接上电源后,继电器 K1 不会立即吸合,而是过一段时间后才能吸合,故称为延时电路。

一旦接上电源，直流电源经 R_P、R_4 对电容 C_2 充电（见图 2-4-5），当电容上的电压达到单结晶体管的峰点电压时，单结晶体管导通，电容放电，在电阻 R_3 上产生脉冲，用此脉冲去触发晶闸管使其导通，继电器 K1 得电吸合。调整电位器 R_P 可控制单结晶体管的导通时间，也就是控制继电器的吸合时间，即起延时作用。

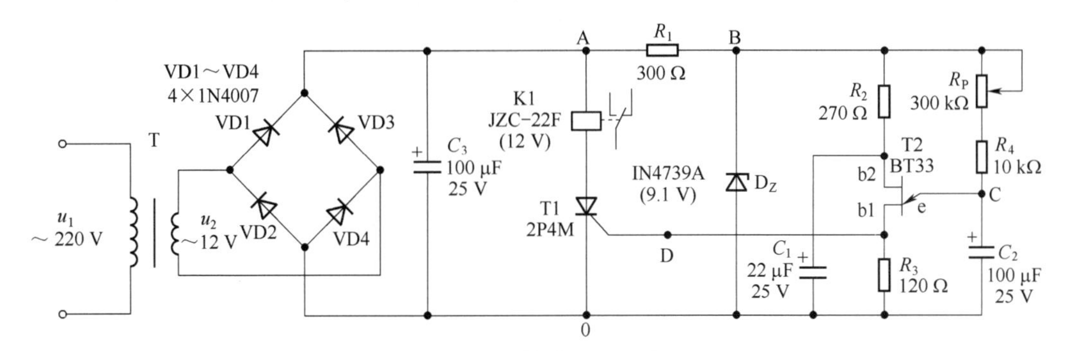

图 2-4-5　单结晶体管延时电路原理图

四、实训内容与步骤

（1）识别、检测元器件，从元件盒中筛选出所需元件，可借助万用表加以判别。

（2）根据电路原理图进行设计布局，搭焊电路。

（3）经检查无误后，加电进行调试，电路正常时调整电位器，使继电器 K1 接通电源后延时 3~5 s 吸合，测量 K1 吸合后的 A、B、C、D 点电位 U_{A0} = ______ V，U_{B0} = ______ V，U_{C0} = ______ V，U_{D0} = ______ V。

（4）调试过程中遇到的故障，需检修排除。

第五部分　机床电气控制电路的故障排查实训

实训一　C620 型车床电气控制电路检修

一、实训目的

(1)掌握 C620 型车床电气控制电路的工作原理。

(2)熟练掌握 C620 型车床电气控制电路的故障分析与检修。

二、实训器材

序　号	名　称	数　量	单　位
1	C620 型车床电气柜	1	台
2	指针式万用表	1	块
3	工具	1	套

三、实训原理

C620 型车床的电气控制电路原理图如图 2-5-1 所示。合上电源开关 QF,将工件安装好以后,按下启动按钮 SB2,这时控制电路通电,通电回路是:U11→FU2→SB1→SB2→KM→FR1→FR2→FU2→U11。接触器 KM 的线圈得电而铁芯吸合,主回路中接触器 KM 的三个动合触点闭合,主轴电动机 M1 得到三相交流电启动运转,同时接触器 KM 的动合辅助触点也合上,对控制回路进行自锁,保证启动按钮 SB2 松开时,接触器 KM 的线圈仍然得电。若加工时需要冷却,则拨动开关 SA2,冷却泵电动机 M2 得电运转,带动冷却泵供应冷却液。

要求停车时,按下停止按钮 SB1,使控制回路失电,接触器 KM 断开,使主电路断开,电动机停止转动。若两台电动机中有一台长期过载,则串联在主电路中的热继电器热元件将过热而使双金属片弯曲,通过机械杠杆推开串联在控制回路中的动断触点,使控制电路失电,接触器 KM 失电释放,主回路失电,电动机停止转动。若要再次启动电动机,必须找出过载原因排除故障以后,将动作过的热继电器复位。另外,若电源电压太低,使电动机输出的转矩下降很多,拖不动负载而造成闷车事故,热继电器也会动作,从而避免电动机烧毁。接触器本身具有失电压和欠电压保护功能,当电压低于额定电压的 85%时,接触器线圈的电磁吸力将克服不了铁芯上弹簧力而自行释放,可以避免欠电压造成的事故。

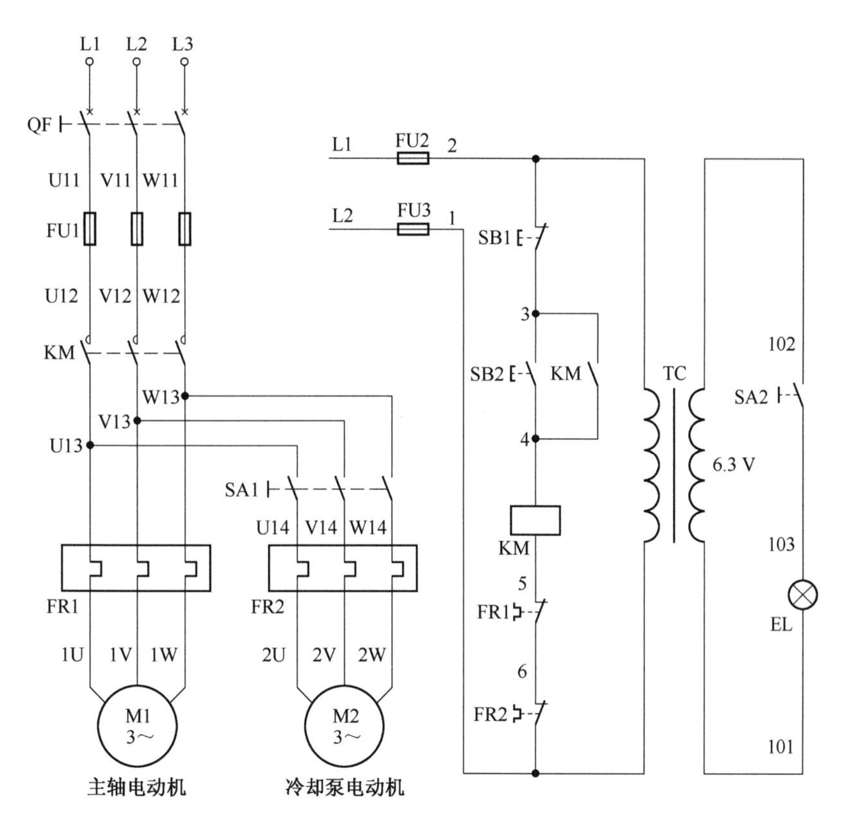

图 2-5-1　C620 型车床的电气控制电路原理图

四、实训内容与步骤

1. C620 型车床操作训练

C620 型车床操作包括开机、关机、设备正常工作操作过程，同时要求记录设备运行状态。

2. 故障检修训练

(1)由教师在电路图上设置故障。

(2)由学生开机操作，找出故障现象。

(3)根据故障现象，确定故障范围。

(4)在电路图上查找故障点，并排除。

(5)写出故障检修分析过程。

实训二　电动葫芦电气控制电路检修

一、实训目的

(1)掌握电动葫芦电气控制电路的工作原理。

(2)熟练掌握电动葫芦电气控制电路的故障分析与检修。

二、实训器材

序 号	名 称	数 量	单 位
1	电动葫芦电气柜	1	台
2	指针式万用表	1	块
3	工具	1	套

三、实训原理

电动葫芦的电气控制电路原理图如图 2-5-2 所示。

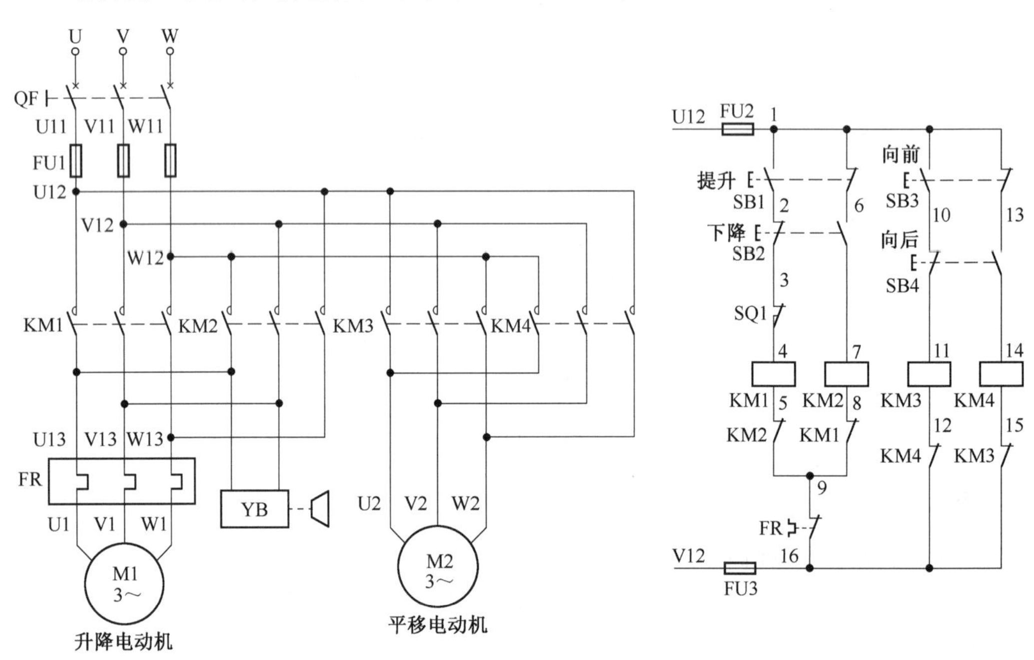

图 2-5-2 电动葫芦的电气控制电路原理图

1. 提升和下放控制

按下按钮 SB1，KM1 吸合，KM1 主触点闭合，电磁制动器 YB 得电松闸（实验中使用电磁铁模拟电磁制动器 YB），升降电动机 M1 转动，将物件提起。

松开按钮 SB1，KM1 释放，KM1 所有触点都断开，YB 失电，依靠弹簧的推力使制动器抱闸，使电动机 M1 和卷筒不能再转动。

要下放物件时，将 SB2 按下，KM2 得电吸合，其主触点闭合，YB 得电松闸，电动机 M1 反转下放物件。

松开 SB2，KM2 失电释放，主触点断开，YB 失电抱闸。

SQ1 为上限位开关，当提升到极限位置时，会将 SQ1 压下，其触点 SQ1（3-4）断开，KM1 失电，YB 抱闸，电动机 M1 停止。

2. 水平移动控制

M2 为平移电动机，用来水平移动货物，由 KM3、KM4 进行正反转控制。

按下 SB3，KM3 得电吸合，电动机 M2 正转，电动葫芦沿工字梁向前做水平移动；松开

SB3,KM3 失电释放,电动机 M2 停止,电动葫芦停止移动。

按下 SB4,KM4 得电吸合,电动机 M2 反转,电动葫芦向后做水平移动;松开 SB4,KM4 释放,电动机 M2 停止,电动葫芦停止移动。

四、实训内容及步骤

1. 电动葫芦操作训练

电动葫芦操作包括开机、关机、设备正常工作操作过程,同时要求记录设备运行状态。

2. 故障检修训练

(1)由教师在电路图上设置故障。

(2)由学生开机操作,找出故障现象。

(3)根据故障现象,确定故障范围。

(4)在电路图上查找故障点,并排除。

(5)写出故障检修分析过程。

实训三　Y3150 型滚齿机电气控制电路检修

一、实训目的

(1)掌握 Y3150 型滚齿机电气控制电路的工作原理。

(2)熟练掌握 Y3150 型滚齿机电气控制电路的故障分析与检修。

二、实训器材

序　号	名　称	数　量	单　位
1	Y3150 型滚齿机电气柜	1	台
2	指针式万用表	1	块
3	工具	1	套

三、实训原理

Y3150 型滚齿机电气控制电路原理图如图 2-5-3 所示。

1. 主轴电动机 M1 的控制

按下启动按钮 SB4,KM2 得电吸合并自锁,其主触点闭合,电动机 M1 启动运转,按下停止按钮 SB1,KM2 失电释放,M1 停转。

按下点动按钮 SB2,KM1 得电吸合,电动机 M1 反转,使刀架快速向下移动;松开 SB2,KM1 失电释放,M1 停转。

按下点动按钮 SB3,其动合触点 SB3(4-7)闭合,使 KM2 得电吸合,其主触头闭合,电动机 M1 正转,使刀架快速向上移动,SB3 的动断触点 SB3(9-8)断开,切断 KM2 的自锁回路;松开 SB3,KM2 失电释放,电动机 M1 失电停转。

2. 冷却泵电动机 M2 的控制

冷却泵电动机 M2 只有在主轴电动机 M1 启动后,闭合开关 SA1,使 KM3 得电吸合,其主触点闭合,电动机 M2 启动,供给冷却液。

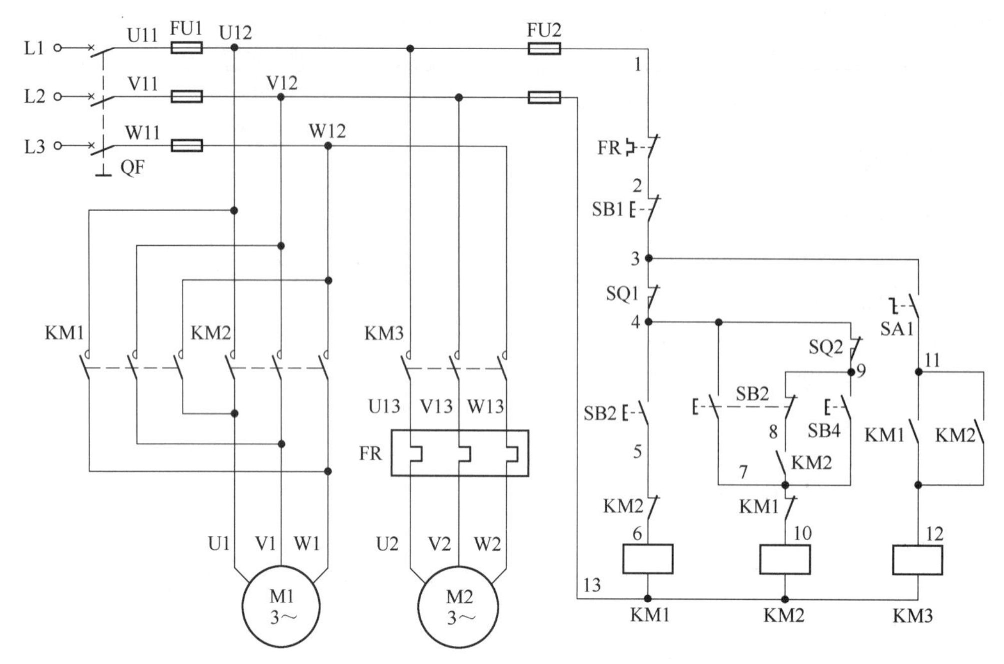

图 2-5-3　Y3150 型滚齿机电气控制电路原理图

在 KM1 和 KM2 线圈电路中有行程开关 SQ1。SQ1 为滚刀架工作行程的极限开关，当刀架超过工作行程时，挡铁撞到 SQ1，使其动断触点 SQ1(3-4)断开，切断 KM1、KM2 控制电路电源，使机床停车。这时若要开车，则必须先用机械手柄把滚刀架摇到使挡铁离开行程开关 SQ1，让行程开关 SQ1(3-4)复位闭合，然后机床才能工作。

在 KM2 线圈电路中还有行程开关 SQ2。SQ2 为终点极限开关，当工件加工完毕时，装在刀架滑块上的挡铁撞到 SQ2，使其动断触点 SQ2(4-9)断开，使 KM2 失电释放，电动机 M1 自动停转。

四、实训内容及步骤

1. Y3150 型滚齿机操作训练

Y3150 型滚齿机操作包括开机、关机、设备正常工作操作过程，同时要求记录设备运行状态。

2. 故障检修训练

(1)由教师在电路图上设置故障。

(2)由学生开机操作，找出故障现象。

(3)根据故障现象，确定故障范围。

(4)在电路图上查找故障点，并排除。

(5)写出故障检修分析过程。

实训四　CA6140 型普通车床电气控制电路检修

一、实训目的

(1)掌握 CA6140 型普通车床电气控制电路的工作原理。

(2)熟练掌握CA6140型普通车床电气控制电路的故障分析与检修。

二、实训器材

序 号	名 称	数 量	单 位
1	CA6140型普通车床电气柜	1	台
2	指针式万用表	1	块
3	工具	1	套

三、实训原理

CA6140型普通车床电气控制电路原理图如图2-5-4所示。

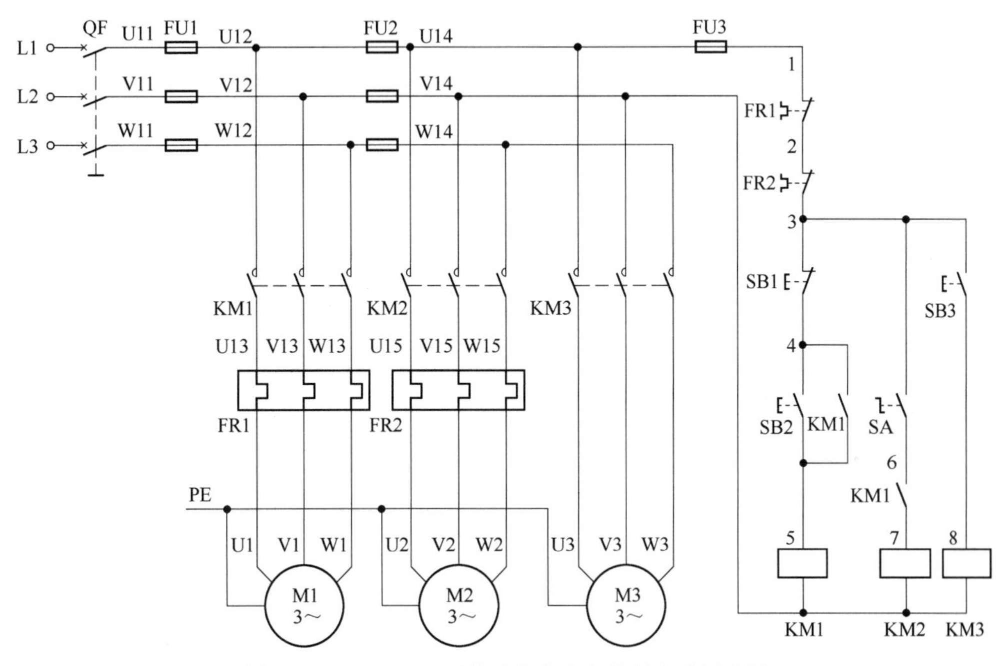

图2-5-4 CA6140型普通车床电气控制电路原理图

1. 车床的结构

CA6140型普通车床主要由床身、主轴箱、进给箱、溜板箱、刀架、丝杠、光杠、尾架等部分组成。

2. 车床的运动形式

车床的运动形式有切削运动和辅助运动。切削运动包括工件的旋转运动(主运动)和刀具的直线进给运动(进给运动),除此之外的其他运动皆为辅助运动。

(1)主运动。车床的主运动是指主轴通过卡盘带动工件旋转,主轴的旋轴是由主轴电动机经传动机构拖动,根据工件材料性质、车刀材料及几何形状、工件直径、加工方式及冷却条件的不同,要求主轴有不同的切削速度,另外,为了加工螺钉,还要求主轴能够正反转。

主轴的变速是由主轴电动机经V带传递到主轴变速器实现的。CA6140型普通车床的主轴正转速度有24种(10~1 400 r/min),反转速度有12种(14~1 580 r/min)。

(2)进给运动。车床的进给运动是刀架带动刀具纵向或横向直线运动,溜板箱把丝杠或光杠的转动传递给刀架部分,变换溜板箱外的手柄位置,经刀架部分使车刀做纵向或横向进给。刀架的进给运动也是由主轴电动机拖动的,其运动方式有手动和自动两种。

(3)辅助运动。车床的辅助运动是指刀架的快速移动、尾座的移动以及工件的夹紧与放松等。

3. 电力拖动的特点及控制要求

(1)主轴电动机一般选用三相笼形异步电动机。为满足螺钉加工要求,主运动和进给运动采用同一台电动机拖动,为满足调速要求,只进行机械调速,不进行电气调速。

(2)主轴要能够正反转,以满足螺钉加工要求。

(3)主轴电动机的启动、停止采用按钮操作。

(4)溜板箱的快速移动,应由单独的快速移动电动机来拖动并采用点动控制。

(5)为防止切削过程中刀具和工件温度过高,需要用切削液进行冷却,因此要配有冷却泵。

(6)电路必须有过载、短路、欠电压、失电压保护。

4. C6140 型普通车床的电气控制分析

(1)主轴电动机控制。主电路中的 M1 为主轴电动机,按下启动按钮 SB2,KM1 得电吸合,辅助触点 KM1(4-5)闭合自锁,KM1 主触点闭合,主轴电动机 M1 启动,同时辅助触点 KM1(6-7)闭合,为冷却泵启动做好准备。

(2)冷却泵电动机控制。主电路中的 M2 为冷却泵电动机。

在主轴电动机启动后,KM1(6-7)闭合,将开关 SA 闭合,KM2 吸合,冷却泵电动机启动,将 SA 断开,冷却泵电动机停止。将主轴电动机停止,冷却泵电动机也自动停止。

(3)刀架快速移动电动机控制。刀架快速移动电动机 M3 采用点动控制,按下 SB3,KM3 吸合,其主触点闭合,快速移动电机 M3 启动;松开 SB3,KM3 释放,快速移动电动机 M3 停止。

四、实训内容及步骤

1. CA6140 型普通车床操作训练

CA6140 型普通车床操作包括开机、关机、设备正常工作操作过程,同时要求记录设备运行状态。

2. 故障检修训练

(1)由教师在电路图上设置故障。

(2)由学生开机操作,找出故障现象。

(3)根据故障现象,确定故障范围。

(4)在电路图上查找故障点,并排除。

(5)写出故障检修分析过程。

实训五 Z3040B 型摇臂钻床电气控制电路检修

一、实训目的

(1)掌握 Z3040B 型摇臂钻床电气控制电路的工作原理。

(2)熟练掌握 Z3040B 型摇臂钻床电气控制电路的故障分析与检修。

二、实训器材

序　号	名　称	数　量	单　位
1	Z3040B 型摇臂钻床电气柜	1	台
2	指针式万用表	1	块
3	工具	1	套

三、实训原理

Z3040B 型摇臂钻床电气控制电路原理图如图 2-5-5 所示。

1. 主要结构

Z3040 型摇臂钻床由底座、内外立柱、摇臂、主轴箱、主轴和工作台等部件组成。内立柱固定在底座上，外面套着外立柱，外立柱可以绕内立柱回转，摇臂可上下移动。主轴箱是一组复合部件，它带有主轴及主轴旋转部件和主轴进给的全部变速和操纵机构。主轴箱可沿摇臂水平方向移动。在加工过程中必须夹紧主轴箱和摇臂导轨、外立柱和内立柱、摇臂和外立柱。

2. 工作原理分析

(1)主电路分析。本机床的电源开关采用接触器 KM，具有零电压保护和欠电压保护作用。主轴电动机 M2 由主接触器 KM1 控制，单向旋转，主轴正反转由机械手柄操作。电动机 M3 是立柱放松和夹紧电动机，用接触器 KM2 和 KM3 控制。M4 是摇臂升降电动机，用接触器 KM4 和 KM5 控制。

FU1 作为总的短路保护熔断器，FU2 作为 M2 和 M3 两台电动机短路保护。主轴电动机 M1 用热继电器 FR 作过载保护，其余电动机由于短期工作，所以不加过载保护。在安装机床电气设备时，应当注意三相交流电源的相序。如果三相交流电源的相序接错了，电动机的旋转方向就与规定的方向不符，在开动机床时容易发生事故，Z3040 型摇臂钻床三相交流电源的相序可以用立柱的夹紧机构来检查。

(2)控制电路分析：

①电源接触器的控制。按钮 SB3 和接触器 KM 代替了电源开关的作用，所以接触器 KM 的线圈直接接在 380 V 的电源上。按下按钮 SB3，接触器 KM 得电吸合并自锁，机床的三相电源接通。按钮 SB4 为断开电源的按钮，按下 SB4，接触器 KM 失电释放，机床电源断开。按钮 SB3 和 SB4 都是自动复位的按钮，它们与接触器 KM 配合，使机床得到了零电压和欠电压保护。接触器 KM 动作以后，接触器 KM 的一个动合触点接通指示灯 HL1，表示机床电源已接通。

②主轴电动机和摇臂升降电动机控制主轴旋转和摇臂升降，用十字开关操作，控制电路中的 SA1a、SA1b 和 SA1c 是十字开关的三个触点。十字开关的手柄有五个位置。当手柄处在中间位置，所有的触点都不通，手柄向右，触点 SA1a 闭合，接通主轴电动机接触器 KM1；手柄向上，触点 SA1b 闭合，接通摇臂上升接触器 KM4；手柄向下，触点 SA1c 闭合，接通摇臂下降接触器 KM5。操作形象化，不容易误操作。十字开关操作时，一次只能占有一个位置，KM1、KM4、KM5 三个接触器就不会同时得电，有利于防止主轴电动机和摇臂升降电动机同时启动运行，也减少了接触器 KM4 和 KM5 的主触点同时闭合而造成短路事故的机会。但是单靠十字开关还不能完全防止 KM1、KM4 和 KM5 三个接触器的主触点同时闭合的事故。在控制电路中，将 KM1、KM4 和 KM5 三个接触器的常闭触点进行联锁，使电路的动作更为安全可靠。

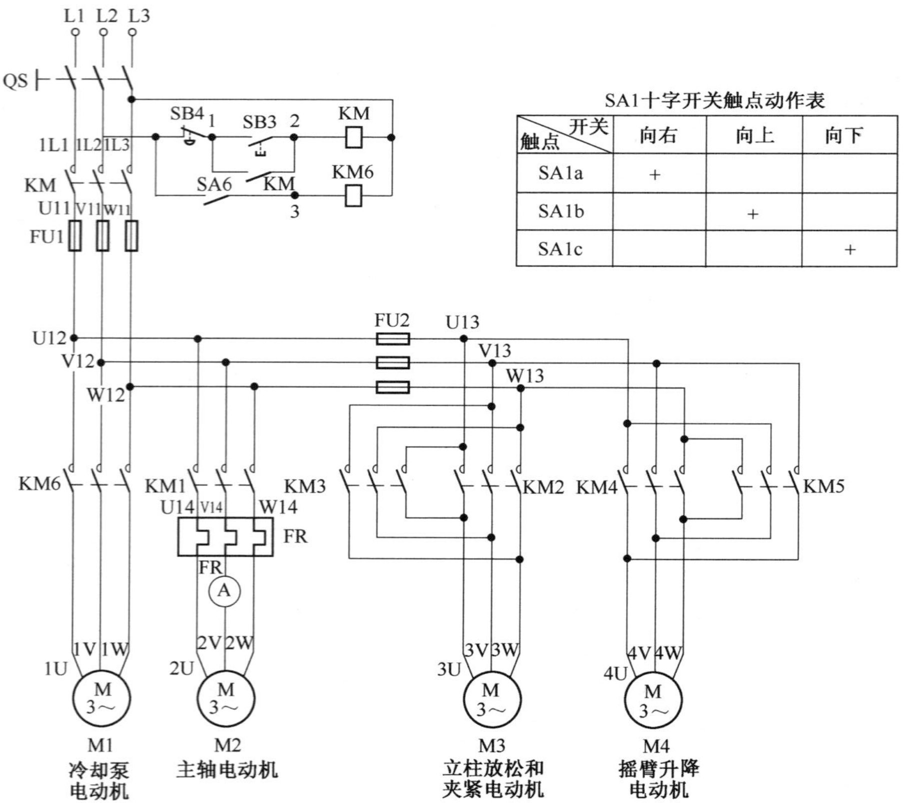

SA1十字开关触点动作表

触点＼开关	向右	向上	向下
SA1a	+		
SA1b		+	
SA1c			+

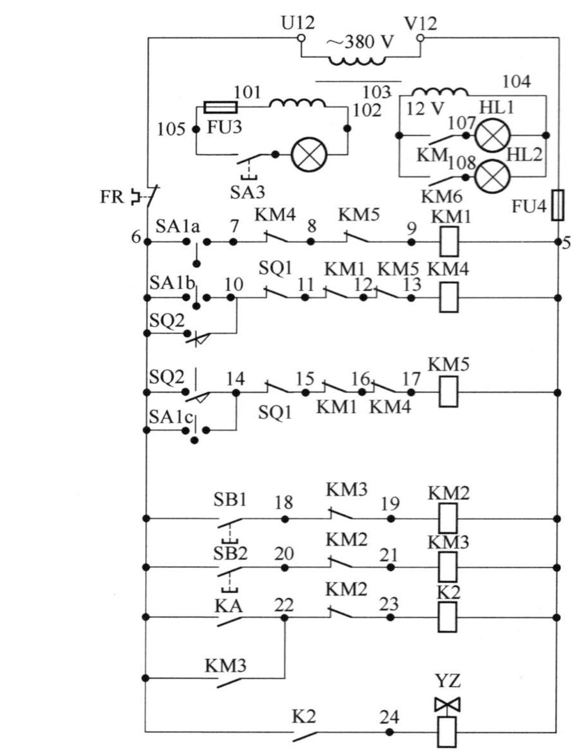

图 2-5-5　Z3040B 型摇臂钻床电气控制电路原理图

③摇臂上升和夹紧工作的自动循环。摇臂钻床正常工作时，摇臂应夹紧在立柱上。因此，在摇臂上升或下降之前，必须先松开夹紧装置。当摇臂上升或下降到指定位置时，夹紧装置又必须将摇臂夹紧。本机床摇臂的松开、升(或降)、夹紧过程能够自动完成。将十字开关扳到上升位置(即向上)，触点 SA1b 闭合，接触器 KM4 吸合，摇臂升降电动机启动正转。这时候，摇臂还不会移动，电动机通过传动机构，先使一个辅助螺母在丝杠上旋转上升，辅助螺母带动行程开关 SQ2，其触点 SQ2(6-14)闭合，为接通接触器 KM5 做好准备。摇臂松开后，辅助螺母继续上升，带动一个主螺母沿着丝杠上升，主螺母则推动摇臂上升，摇臂升到预定高度，将十字开关扳到中间位置，触点 SA1b 断开，接触器 KM4 失电释放。电动机停转，摇臂停止上升。由于行程开关 SQ2(6-14)仍旧闭合着，所以在 KM4 释放后，接触器 KM5 即得电吸合，摇臂升降电动机即反转，这时电动机只是通过辅助螺母使夹紧装置将摇臂夹紧，摇臂并不下降。当摇臂完全夹紧时，行程开关 SQ2(6-14)断开，接触器 KM5 失电释放，电动机 M4 停转。

摇臂下降的过程与上述情况相同。

SQ1 是一个组合行程开关，它的两个动断触点分别作为摇臂升降的极限位置控制，起终端保护作用。当摇臂上升或下降到极限位置时，由撞块使 SQ1 的动断触点(10-11)或(14-15)断开，切换接触器 KM4 和 KM5 的通路，使电动机停转，从而起到了保护作用。

摇臂升降机构除了电气限位保护以外，还有机械极限保护装置，在电气保护装置失灵时，机械极限保护装置可以起保护作用。

④立柱和主轴箱的夹紧控制。本机床的立柱分内外两层，外立柱可以围绕内立柱做360°的旋转。内外立柱之间有夹紧装置。立柱的夹紧和松开由液压装置进行，电动机拖动一台齿轮泵。电动机正转时，齿轮泵送出压力油使立柱夹紧；电动机反转时，齿轮泵送出压力油使立柱放松。

立柱夹紧电动机用按钮 SB1、SB2 及接触器 KM2、KM3 控制，SB1、SB2 都是自动复位的按钮。按下按钮 SB1 或 SB2，KM2 或 KM3 就得电吸合，使电动机正转或反转，将立柱夹紧或放松。松开按钮，KM2 或 KM3 就失电释放，电动机即停止。

立柱的夹紧松开与主轴的夹紧松开有电气上的联动，立柱松开，主轴箱也松开，立柱夹紧，主轴箱也夹紧，当接触器 KM2 吸合，立柱松开时，KM3 的动合触点(6-22)闭合，中间继电器 KA 得电吸合并自保。KA 的一个动合触点接通电磁阀 YV，使液压装置将主轴箱松开。在立柱放松的整个时期内，中间继电器 KA 和电磁阀 YV 始终保持工作状态。按下按钮 SB1，接触器 KM3 得电吸合，立柱被夹紧。KM2 的动断辅助触点(22-23)断开，KA 失电释放，电磁阀 YV 失电，液压装置将主轴箱夹紧。

在该控制电路中，不能用接触器 KM2 和 KM3 来直接控制电磁阀 YV，因为电磁阀必须保持得电状态，主轴箱才能松开。如果 YV 失电，液压装置立即将主轴箱夹紧。KM2 和 KM3 均是点动工作方式，立柱夹紧以后就可以放开按钮，使 KM2 失电释放，这时立柱不会松开，同样，当立柱松开后放开按钮，KM3 失电释放，立柱也不会再夹紧。这样，就必须用一只中间继电器 KA，在 KM3 失电释放后 KA 仍能保持吸合，使电磁阀 YV 也保持得电。只有当按下 SB1，使 KM2 吸合后，KA 才会释放，YV 才失电，主轴箱被夹紧。

⑤照明电路。照明电路由变压器供应 6.3 V 电压，SA3 作为接通或断开电灯的开关。

四、实训内容及步骤

1. Z3040B 型摇臂钻床操作训练

Z3040B 型摇臂钻床操作包括开机、关机、设备正常工作操作过程，同时要求记录设备运行状态。

2. 故障检修训练

(1)由教师在电路图上设置故障。

(2)由学生开机操作,找出故障现象。

(3)根据故障现象,确定故障范围。

(4)在电路图上查找故障点,并排除。

(5)写出故障检修分析过程。

实训六　M1432A 万能外圆磨床电气控制电路检修

一、实训目的

(1)了解 M1432A 万能外圆磨床电气柜的基本结构。

(2)掌握 M1432A 万能外圆磨床电气控制电路的工作原理。

(3)熟练掌握 M1432A 万能外圆磨床电气控制电路的故障分析与检修。

二、实训器材

序　号	名　称	数　量	单　位
1	M1432A 万能外圆磨床电气柜	1	台
2	指针式万用表	1	块
3	工具	1	套

三、实训原理

万能外圆磨床除了可以磨削外圆柱锥面,还可以磨削内圆柱锥面以及阶台端面和平面。

1. 主要结构与运动形式

M1432A 型万能外圆磨床主要由床身、工作台、砂轮架(或内圆磨具)、头架、砂轮主轴箱、液压操纵箱、尾架等几部分组成。其电气控制电路原理图如图 2-5-6 所示。

机床的主运动有砂轮架(或内圆磨具)主轴带动砂轮高速旋转,头架主轴带动工件做旋转运动,工作台做纵向(轴向)往复运动,砂轮架做横向(径向)进给运动,这些运动用以完成各种工件的磨削加工。机床的辅助运动是砂轮架的快速进退,可以缩短辅助工时。

2. 电力拖动特点及控制要求

(1)砂轮电动机只需单方向转动。

(2)内圆磨削和外圆磨削用两台电动机分别拖动,它们之间应有联锁。

(3)工作台轴向需平稳并能实现无级调速,采用液压传动。砂轮架快速移动也采用液压传动。

(4)当内圆磨头插入工件内腔时,砂轮架不许快速移动,以免造成事故。

3. 电气控制电路分析

主电路共有五台电动机,其中 M1 是油泵电动机,给液压传动系统供给压力油;M2 是双速电动机,是带动工件旋转的头架电动机; M3 是内圆砂轮电动机; M4 是外圆砂轮电动机; M5 是给砂轮和工件供应冷却液的冷却泵电动机。电路总的短路保护用熔断器 FU1,M1 和 M2 共用熔断器 FU2 作短路保护,M4 和 M5 共用熔断器 FU3 作短路保护。

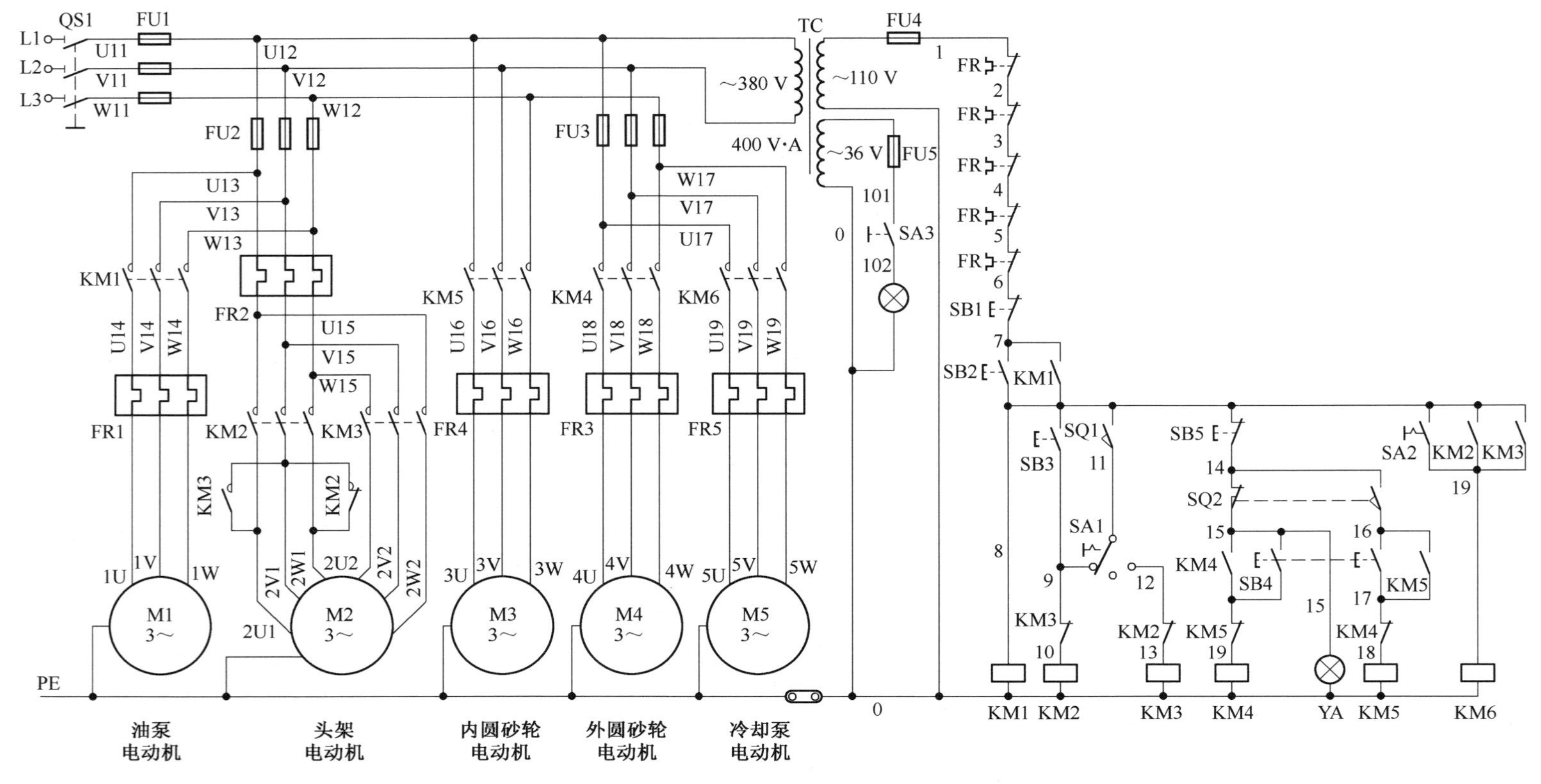

图 2-5-6　M1432A 型万能外圆磨床电气控制电路原理图

（1）油泵电动机 M1 的控制。M1432A 型万能外圆磨床砂轮架的横向进给、工作台纵向往复进给及砂轮架快速进退等运动，都采用液压传动。液压传动时需要的压力油由电动机 M1 带动液压油泵代给。

按下启动按钮 SB2，接触器 KM1 线圈得电吸合，KM1 主触点闭合，油泵电动机 M1 启动。按下停止按钮 SB1，接触器 KM1 线圈失电释放，KM1 主触点断开，M1 停转。

除了接触器 KM1 之外，其余的接触器所需的电源都从接触器 KM1 的自锁触头后面接出，所以，只有当油泵电动机 M1 启动后，其余的电动机才能启动。

（2）头架电动机 M2 的控制。头架电动机 M2 是安装在头架上的，头架中有主轴，它与尾架一起把工件沿轴线顶牢，然后带着工件旋转。

图 2-5-6 中，SA1 是转速选择开关，分“低”“停”“高”三挡位置。如将 SA1 扳到“低”挡的位置，按下油泵电动机的启动按钮 SB2，M1 启动，通过液压传动使砂轮架快速前进，当接近工件时，压合位置开关 SQ1，接触器 KM2 线圈得电吸合，它的主触点将头架电动机 M2 接成三角形，电动机 M2 低速运转。同理，若将 SA1 扳到“高”挡位置，砂轮架快速前进压合位置开关 SQ1，接触器 KM3 线圈得电吸合，它的主触点将头架电动机 M2 接成双星形，电动机 M2 高速运转。SB3 是点动控制按钮，以便对工件进行校正和调试。磨削完毕，砂轮退回原处，位置开关 SQ1 复位断开，电动机 M2 自动停转。

（3）内、外圆砂轮电动机 M3 和 M4 的控制。内圆砂轮电动机 M3 由接触器 KM4 控制，外圆砂轮电动机 M4 由接触器 KM5 控制。内、外圆砂轮电动机不能同时启动，由位置开关 SQ2 对它们实行联锁。当进行外圆磨削时，把砂轮架上的内圆磨具往上翻，它的后侧压住位置开关 SQ2，SQ2 的动断触点断开，动合触点闭合，按下启动按钮 SB4，接触器 KM5 线圈得电吸合，外圆砂轮电动机 M4 启动。当进行内圆磨削时，将内圆磨具翻下，原被内圆磨具压下的位置开关 SQ2 复原，它的动合触点恢复断开，动断触点恢复闭合；按下启动按钮 SB4，接触器 KM4 线圈得电吸合，使内圆砂轮电动机 M3 启动运行。内圆砂轮磨削时，砂轮架是不允许快速退回的，因为此时内圆磨头在工件的内孔，砂轮架若快速移动，易造成损坏磨头及工件损坏的严重事故。为此，内圆磨削与砂轮架的快速退回进行联锁。当内圆磨具往下翻时，由于位置开关 SQ2 复位，故电磁铁 YA 线圈得电动作，衔铁被吸下，砂轮架快速进退的操作手柄锁住液压回路，使砂轮架不能快速退回。

（4）冷却泵电动机 M5 的控制。当接触器 KM2 或 KM3 线圈得电吸合时，头架电动机 M2 启动，同时由于 KM2 或 KM3 的动合辅助触点闭合，使接触器 KM6 线圈得电吸合，冷却泵电动机 M5 自行启动。修整砂轮时，不需要启动头架电动机 M2，但要启动冷却泵电动机 M5。为此，备有转换开关 SA2，在修整砂轮时用来控制冷却泵电动机。

（5）照明及指示电路。

四、实训内容与步骤

1. M1432A 万能外圆磨床操作训练

按下 SB2，M1 启动同时自锁，8 号线保持有电；YA 灯亮。

（1）按下 SB3，KM2 得电，M2 在 940 r/min 下点动运行。

（2）压下 SQ1，扳动 SA1 接通 9，M2 低速启动运行。SA1 搬到 12，KM3 得电，M2 成双星形接法，高速运行。另外，当 KM2、KM3 吸合时，（8-19）接通 KM6 吸合，M5 启动运行。

(3)按下 SB4,KM4 吸合,M4 启动且自锁。

(4)扳动 SQ2(14-15)断开(14-16)接通,按下 SB4,KM5 吸合,M3 启动且自锁。

(5)转动 SA2,KM6 吸合,M5 启动。

(6)KM2 与 KM3,KM4 与 KM5 相互联锁。

2. M1432A 万能外圆磨床电气线路常见故障分析

1)五台电动机都不能启动

首先检查总熔断器的熔丝是否熔断;此外,应分别检查五台电动机所属热继电器是否因过载动作脱扣,因为只要有一台电动机过载,它的热继电器脱扣就会使整个控制电路的电源被切断。遇到这种情况,只需等热继电器复位即可,但应查明原因,并予以排除。其次,应检查接触器的线圈是否脱落或断线;启动按钮和停止按钮的接线是否脱落,接触是否良好等,这些故障都会造成接触器不能吸合及油泵电动机不能启动,其余电动机也因此不能启动。

2)其中两台电动机 M1、M2 或 M3、M5 不能启动

故障的主要原因是熔断器 FU2 或 FU3 的熔丝熔断。如果熔断器 FU2 熔丝熔断,电动机 M1、M2 不能启动;如果熔断器 FU3 熔丝熔断,电动机 M3、M5 不能启动;同时还应检查各个接触器的主触点是否良好。

3)电动机 M2 的一挡能启动,另一挡不能启动

故障的主要原因是转换开关有故障,可能是接触不良或开关已失效,需修复或更换新开关。再就是 KM2、KM3 中的某一个接触器的触点接触不良,导致电动机 M2 有一挡不能启动。

3. 故障检修训练

(1)由教师在电路图上设置故障。

(2)由学生开机操作,找出故障现象。

(3)根据故障现象,确定故障范围。

(4)在电路图上查找故障点,并排除。

(5)写出故障检修分析过程。

实训七　M7120 型平面磨床电气控制电路检修

一、实训目的

(1)了解 M7120 型平面磨床电气柜的基本结构。

(2)掌握 M7120 型平面磨床电气控制电路的工作原理。

(3)熟练掌握 M7120 型平面磨床电气控制电路的故障分析与检修。

二、实训器材

序　号	名　称	数　量	单　位
1	M7120 型平面磨床电气柜	1	台
2	指针式万用表	1	块
3	工具	1	套

三、实训原理

1. 主要结构和运动形式

M7120 型平面磨床共有四台电动机(见图 2-5-7),砂轮转动电动机是主运动电动机直接带动砂轮旋转对工件进行磨削加工;砂轮升降电动机使拖板沿立柱导轨上下移动,用以调整砂轮位置;工作台和砂轮和往复运动是靠液压泵电动机进行液压传动的,液压传动较平稳,能实现无级调速,换向时惯性小,换向平稳;冷却泵电动机带动冷却泵供给砂轮各工件冷却液,同时用冷却液带走磨下的铁屑。

2. 电气控制电路分析

M7120 型平面磨床的电气控制电路分为主电路、控制电路、电磁工作台控制电路与指示灯电路四部分。

1)主电路分析

主电路中共有四台电动机,其中 M1 是液压泵电动机,实现工作台的往复运动;M2 是砂轮转动电动机,带动砂轮转动来完成磨削加工工件;M3 是冷却泵电动机,它只要求单向旋转,分别用接触器 KM1、KM2 控制,M3 只有在 M2 运转后才能运转;M4 是砂轮升降电动机,用于磨削过程中调整砂轮与工件之间的位置。

M1、M2、M3 是长期工作的,所以都装有过载保护。四台电动机共用一组熔断器 FU1 作为短路保护。

2)控制电路分析

(1)液压泵电动机 M1 的控制。合上总开关 QS1 后,整流变压器一个二次侧输出 135 V 交流电压,经桥式整流器 VC 整流后得到直流电压,使电压继电器 KA 得电动作,其动合触点闭合,为启动电动机做好准备。如果 KA 不能可靠动作,各电动机均无法运行。因为平面磨床的工件靠直流电磁吸盘的吸力将工件吸牢在工作台上,只有具备可靠的直流电压后,才允许启动砂轮和液压系统,以保证安全。

当 K1 吸合后,按下启动按钮 SB3,接触器 KM1 得电吸合并自锁,液压泵电动机 M1 启动运转,EL 灯亮。若按下停止按钮 SB2,接触 KM1 线圈失电释放,电动机 M1 失电停转。

(2)砂轮转动电动机 M2 及冷却泵电动机 M3 的控制。按下启动按钮 SB5,接触器 KM2 线圈得电动作,砂轮转动电动机 M2 启动运转。由于冷却泵电动机 M3 通过接插器 X1 和 M2 联动控制,所以 M2 与 M3 同时启动运转。当不需要冷却时,可将插头拉出。按下停止按钮 SB4 时,接触器 KM2 线圈失电释放,M2 与 M3 同时失电停转。

两台电动机的热继电器 FR2 与 FR3 的动断触点都串联在 KM2 电路中,只要有一台电动机过载,就使 KM2 失电。因冷却液循环使用,经常混有污垢杂质,很容易引起 M3 过载,所以采用热继电器 FR3 进行过载保护。

(3)砂轮升降电动机 M4 的控制。砂轮升降电动机只有在调整工件和砂轮之间位置时使用,所以按下点动按钮 SB6,接触器 KM3 线圈得电吸合,电动机 M4 启动正转,砂轮上升;达到所需位置时松开 SB6,KM3 线圈失电释放,电动机 M4 停转,砂轮停止上升。

按下点动按钮 SB7,接触器 KM4 线圈得电吸合,电动机 M4 启动反转,砂轮下降;达到所需位置时松开 SB7,KM4 线圈失电释放,电动机 M4 停转,砂轮停止下降。

为了防止电动机 M4 的正、反转电路同时接通,常在双方控制电路中串入接触器 KM4 和 KM3 的动断触点进行联锁控制。

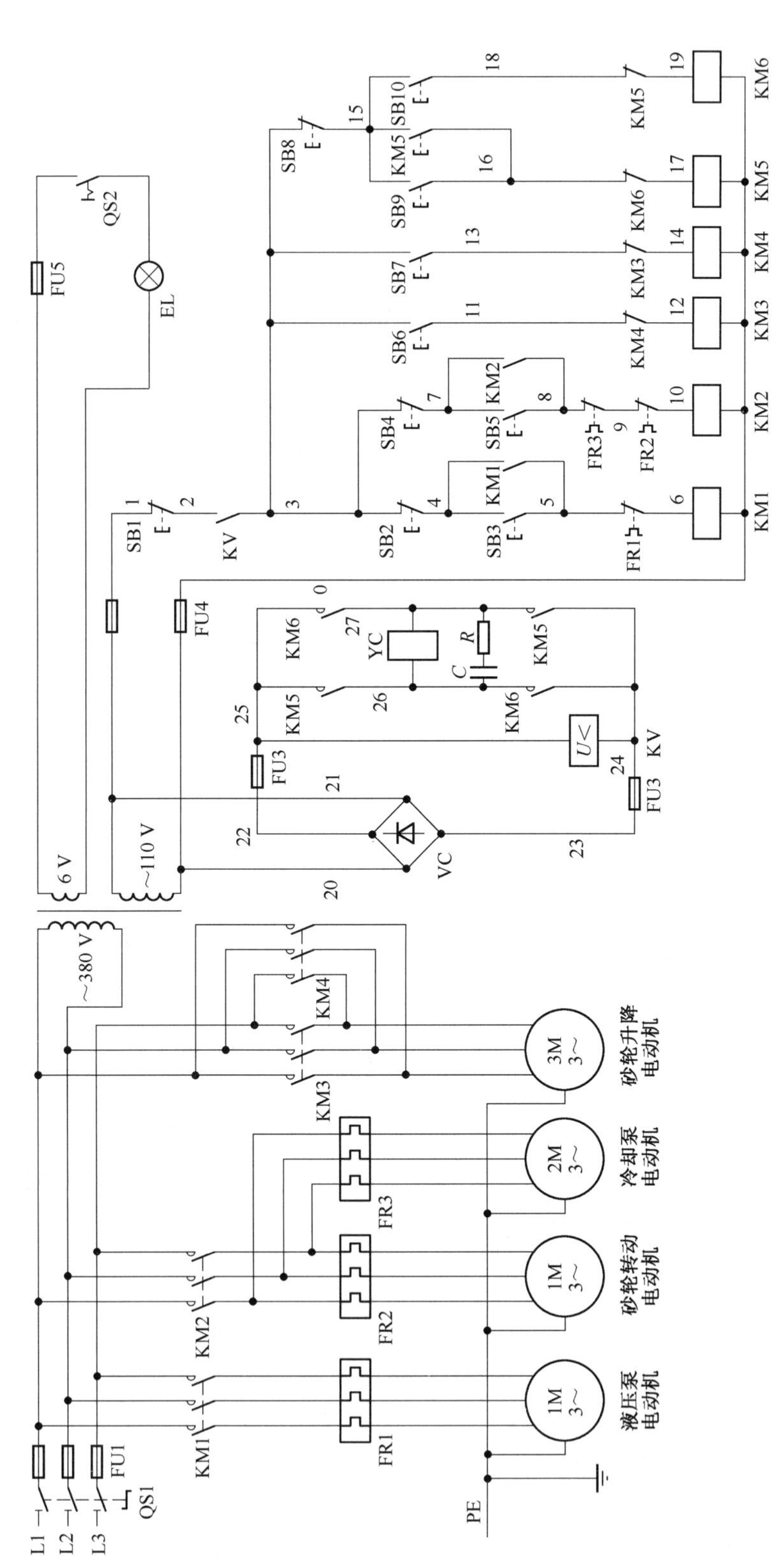

图 2-5-7　M7120 型平面磨床电气控制电路原理图

3)电磁吸盘控制电路分析

电磁吸盘是固定加工工件的一种夹具。利用通电导体在铁芯中产生的磁场吸牢铁磁材料的工件,以便加工。它与机械夹具比较,具有夹紧迅速,不损伤工件,一次能吸若干个小工件,以及工件发热可以自由伸缩等优点。因而电磁吸盘在平面磨床上用得十分广泛。

电磁吸盘的控制电路中包括整流装置、控制装置和保护装置三部分。

(1)整流装置由变压器 TC 和单相桥式全波整流器 VC 组成,供给 110 V 直流电源。

(2)控制装置由按钮 SB8、SB9、SB10 和接触器 KM5、KM6 等组成。

①充磁过程如下:按下充磁按钮 SB8,接触器 KM5 线圈得电吸合,KM5 主触点闭合,电磁吸盘 YH 线圈得电,工作台充磁,吸住工件。同时,其自锁触点闭合,联锁触点断开。

磨削加工完毕,在取下加工好的工件时,先按 SB9,切断电磁吸盘 YH 的直流电源,由于电磁吸盘和工件都有剩磁,所以需要对电磁吸盘和工件进行去磁。

②去磁过程如下:按下点动按钮 SB10,KM6 吸合,电磁吸盘通入反向直流电,使工作台去磁。

(3)保护装置由放电电阻 R 和电容 C 以及零压继电器 KA 组成。

4)M7120 磨床操作

(1)交流电压 110 V 经整流,使欠电压继电器 KV 线圈得电吸合,触点 KV(2-3)接通,以保证有足够电压时,才能开动其他系统。(KA 具有欠电压保护作用)

(2)按下按钮 SB9,KM5 吸合并自锁,经 25—26—24,YC 得电吸合,给电磁吸盘充电充磁。

(3)按下按钮 SB8,KM5 线圈失电。按下 SB10 使 KM6 点动吸合,给电磁吸盘反向充电去磁,以便调整工件位置或取下工件。

(4)与 YC 并联的 RC 电路作为 YC 失电时吸收 YC 的能量。

四、实训内容与步骤

1. M7120 型平面磨床操作训练

(1)合上总开关 QS,电压继电器 KV 得电吸合,其常开触点闭合,直流电磁吸盘的吸力将工件牢牢地吸在工作台上。

(2)按下启动按钮 SB3,接触器线圈 KM1 得电吸合并自锁,液压油泵电动机 M1 启动运转,EL 灯亮。若按下停止按钮 SB2,接触器线圈 KM1 失电释放,电动机 M1 断电停转。

(3)按下启动按钮 SB5,接触器线圈 KM2 得电动作,砂轮电动机 M2、冷却泵电动机 M3 同时启动运转;

(4)按下停止按钮 SB4,接触器线圈 KM2 失电释放,M2 与 M3 同时断电停转。

(5)按下点动按钮 SB6,接触器线圈 KM3 得电吸合,电动机 M4 启动正转,砂轮上升。达到所需位置时松开 SB6,KM3 线圈失电释放,电动机 M4 停转,砂轮停止上升。

(6)按下点动按钮 SB7,接触器线圈 KM4 得电吸合,电动机 M4 启动反转,砂轮下降,当到达所需位置时,松开 SB7,KM4 线圈失电释放,电动机 M4 停转,砂轮停止下降。

2. 电气线路常见故障分析

(1)电磁盘没有吸力。检查变压器 TC 的整流输入端熔断器 FU4 及电磁吸盘熔断器 FU5 的熔丝是否熔断;若未发现故障,可检查电磁吸盘 YH 线圈的两个出线头是否损坏。

(2)电磁吸盘吸力不足。原因之一是电源电压低,可用万用表检查整流输出电压是否达到 110 V,检查接触器 KM5 的两对主触点接触是否良好。原因之二是整流电路故障,电路中一个二极管断开,桥式整流变成半波整流。

3. 故障排查训练

(1)由教师在电路图上设置故障。

(2)由学生开机操作,找出故障现象。

(3)根据故障现象,确定故障范围。

(4)在电路图上查找故障点,并排除。

(5)写出故障检修分析过程。

实训八　M7475B 型平面磨床电气控制电路检修

一、实训目的

(1)了解 M7475B 型平面磨床电气柜的基本结构。

(2)掌握 M7475B 型平面磨床电气控制电路的工作原理。

(3)熟练掌握 M7475B 型平面磨床电气控制电路的故障分析与检修。

二、实训器材

序　号	名　称	数　量	单　位
1	M7475B 型平面磨床电气柜	1	台
2	指针式万用表	1	块
3	工具	1	套

三、实训原理

M7475B 型平面磨床采用立式磨头,用砂轮的端面进行磨削加工。工件用电磁工作台固定。它的主运动是砂轮的旋转,圆形工作台带动工件转动是进给运动。

1. 电力拖动特点及控制要求

(1)各种运动都采用电气控制,该机床没有安装液压装置,属于纯电气控制。

(2)砂轮电动机采用Y-△降压启动控制电路,因砂轮电动机容量较大,为降低启动电流,采用降压启动方式。

(3)工作台电动机为双速电动机,工作台慢速转动时,电动机绕组接成三角形;工作台快速转动时,电动机绕组接成双星形。

(4)为保证机床安全和电源不短路,该机床在工作台转动与磨头下降、工作台快转与慢转、工作台左移与右移、磨头上升与下降的控制电路中都设有电气联锁。

2. 电气控制电路分析

1)主电路分析

机床的主电路由五台交流异步电动机及其辅助电气元件组成。组合开关 QS 是总电源开关,如图 2-5-8 所示。

M1 是砂轮电动机,KM1 和 KM2 是 M1 的Y-△启动交流接触器。M1 的过载保护电器是热继电器 FR1,短路保护电器是电源开关柜中的熔断器。

M2 是工作台转动电动机,KM4 和 KM3 分别是 M2 的高速与低速转动启停接触器。M2 的短路保护电器是熔断器 FU1,过载保护电器是 FR2。

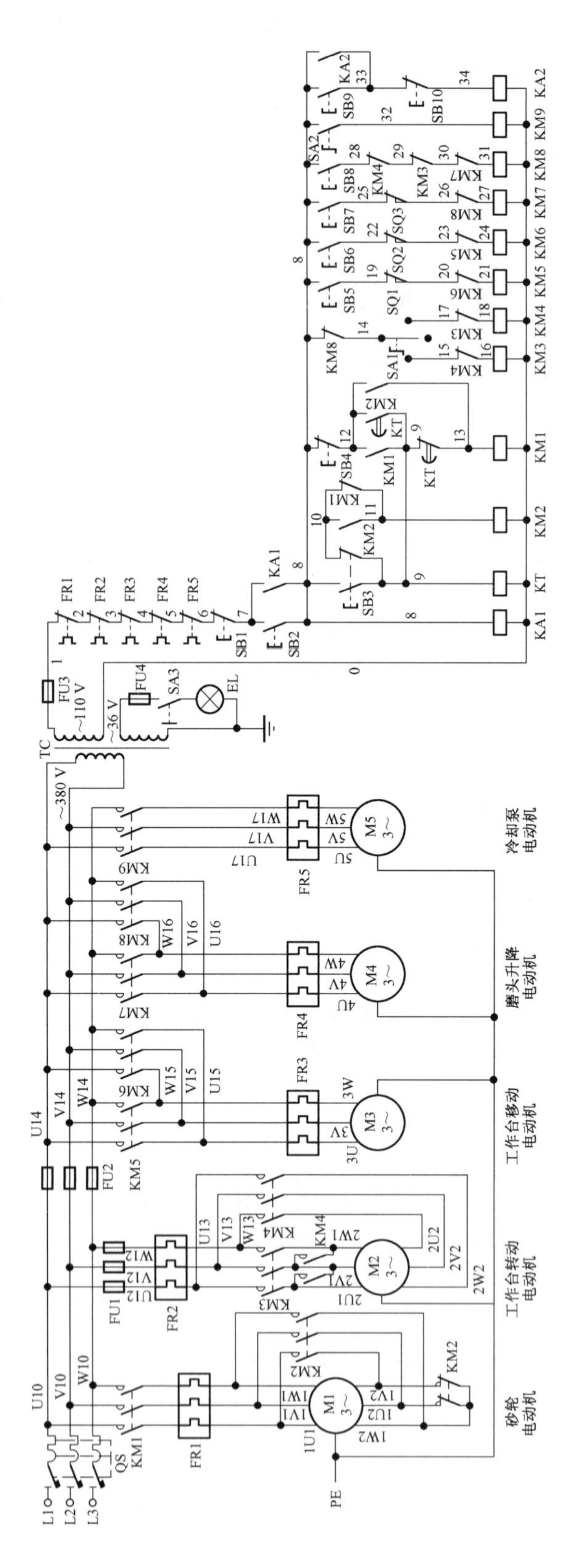

图 2-5-8 M7475B 型平面磨床电气控制电路原理图

M3 是工作台移动电动机,能够正反转。KM5 和 KM6 是 M3 的正反转启停接触器。M3 的过载保护电器是 FR3。

M4 是磨头升降电动机,也是一台双向电动机,功率为 0.75 kW。接触器 KM7 和 KM8 分别控制 M4 的正反转。M4 的过载保护电器是 FR4。

M5 是冷却泵电动机,KM9 是 M5 的启动与停止接触器,M5 的过载保护电器是 FR5。

M3、M4、M5 共用的短路保护电器是 FU2。

2)拖动控制电路分析

(1)砂轮电动机 M1 的启动与停止控制。合上开关 QS,引入三相电源。按下启动按钮 SB1,零电压保护继电器 KA1 的线圈得电吸合并自锁,其动合触点(17)闭合,电源接通信号灯 HL 亮,表示机床的电气电路已处于带电状态。按下砂轮电动机启动按钮 SB2,交流接触器 KM1、KM10 以及时间继电器 KT1 得电吸合,使砂轮电动机 M1 在定子绕组接成星形的情况下启动旋转。

经过一段时间,继电器 KT 的延时断开动断触点(20)断开,KM1 失电释放,KT1 的延时闭合动合触点(21)闭合,接触器 KM2 得电动作,M1 定子绕组成三角形连接,砂轮电动机进入正常运行。

停车时,按停止按钮 SB,接触器 KM1、KM2 和时间继电器 KT1 失电释放,砂轮电动机停转。

(2)工作台转动控制。工作台转动有两种速度,由开关 SA1 控制。若将开关 SA1 扳到低速位置,交流接触器 KM3 得电吸合。由于接触器 KM4 无电,工作台转动电动机 M2 定子绕组接成三角形,电动机启动低速旋转,通过传动机构带动工作台低速转动。若将 SA1 扳到高速位置,交流接触器 KM4 得电动作,因接触器 KM3 无电,KM4 的触点将工作台转动电动机的定子绕组接成双星形,M2 得电后带动工作台高速转动。若将开关 SA1 扳到中间位置,KM3 和 KM4 均失电,M2 和工作台停转。

工作台转动时,磨头不能下降。在磨头下降的控制电路中,串联了 KM3 和 KM4 的动断触点。只要工作台转动,KM3 和 KM4 的动断触点总有一个断开,切断磨头的下降控制电路。而当磨头下降时,接触器 KM8 的动断辅助触点断开,接触器 KM3、KM4 都不能得电吸合,所以工作台不能转动。

3)工作台移动控制电路分析

工作台移动控制。按下启动按钮 SB4,接触器 KM5 得电吸合,工作台移动电动机 M3 正向旋转,工作台向左移动(退出)。

按下启动按钮 SB5,接触器 KM6 得电吸合,工作台移动电动机 M3 反向转动,拖动工作台向右移动(进入)。

因为在按钮两端未装设并联的接触器动合触点,接触器不能自锁,所以工作台左右移动是点动控制。松开按钮,工作台移动停止。

限位开关 SQ1、SQ2 是工作台移动终端保护元件。当工作台移动到极限位置时,撞开限位开关 SQ1 或 SQ2,工作台移动控制电路失电,工作台停止移动。

四、实训内容与步骤

1. M7475B 型平面磨床操作训练

(1)按下 SB2,中间继电器 KA1 吸合自锁,使 8 号线带电。

(2)按下 SB3 , 时间继电器 KT、接触器 KM1 得电吸合,电动机 M1 星形启动、KM1(12-

9)闭合自锁,KM1(10-11)断开。过一段时间后,KT(9-13)断开,电动机 M1 星形启动结束。同时 KT(12-9)闭合,KM2 得电,电动机接成三角形,KM2(10-11)、KM2(12-13)闭合,电动机三角形运行。

(3)停止时,按下 SB1 或 SB4 均可。

(4)M2 启动运行,SA1 打到左边,KM3 得电吸合;M2 低速启动运行,SA1 打到右边,KM4 得电吸合;M2 高速双星形启动运行,KM8 得电吸合时,KM8(8-14)断开,KM3、KM4 都不能工作。

2. 常见故障分析

电动机不能启动。所有电动机均不能启动 首先确认是否有电,若电压正常,应检查各个热继电器是否已经动作;若有一台电动机过载,将导致控制电路失电,因而所有电动机都无法启动。此外,还要检查零电压保护继电器 KA1 能否正常动作。

3. 故障排查训练

(1)由教师在电路图上设置故障。

(2)由学生开机操作,找出故障现象。

(3)根据故障现象,确定故障范围。

(4)在电路图上查找故障点,并排除。

(5)写出故障检修分析过程。

实训九 X62W 型万能铣床电气控制电路检修

一、实训目的

(1)了解 X62W 万能铣床电气柜的基本结构。

(2) 掌握 X62W 万能铣床电气控制电路的工作原理。

(3)熟练掌握 X62W 万能铣床电气控制电路的故障分析与检修。

二、实训器材

序 号	名 称	数 量	单 位
1	X62W 型万能铣床电气柜	1	台
2	指针式万用表	1	块
3	工具	1	套

三、实训原理

万能铣床是一种通用的多用途机床,它可以用圆柱铣刀、圆片铣刀、成型铣刀等工具对各种零件进行平面、斜面、螺旋面及成型表面的加工,还可以加装万能铣头和圆工作台来扩大加工范围。目前,万能铣床常用的有两种,一种是卧式万能铣床,铣刀水平放置;另一种是立式万能铣床,铣头垂直放置。这两种机床结构大致相似,电气控制电路经过系列化以后,也是一样的。

1. 主要结构及运动形式

X62W 型万能铣床主要由床身、主轴、刀杆、横梁、工作台、回转盘、横溜板和升降台等几部分组成。工作台上的工件可以在三个坐标的六个方向上调整位置或进给。除了能在平行于或垂直于主轴轴线方向进给外,还能在倾斜方向进给,还可以加工螺旋槽,故称为万能铣床。

2. 电力拖动特点及控制要求

(1)主轴电动机需要正反转,但方向的改变并不频繁。因此,可用电源相序开关实现电动机的正反转,节省一个反向接触器。

(2)铣刀的切削是一种不连续的切削,容易使机械传动系统发生振动。为了避免这种现象,在主轴传动系统中装有惯性轮,但在高速切削后,停车很费时间,故采用电磁离合器制动。

(3)工作台既可以做六个方向的运动,又可以在六个方向上快速移动。

(4)为防止刀具和机床的损坏,要求只有主轴旋转后,才允许有进给运动。为了减少加工件表面的粗糙度,只有进给停止后主轴才能停止或同时停止。本机床电气上采用了主轴和进给同时停止的方式,但由于主轴运动的惯性大,实际上就保证了进给运动先停止,主轴运动后停止的要求。

(5)主轴运动和进给运动采用变速盘进行速度选择。为了保证变速齿轮进入良好啮合状态,两种运动都要求变速后做瞬时点动。

3. 电气控制电路分析

1)主电路分析

主电路共有三台电动机,M1 是主轴电动机,拖动主轴带动铣刀进行铣削加工;M2 是冷却泵电动机,供应冷却液;M3 是工作台进给电动机,拖动升降台及工作台进给,如图 2-5-9 所示。

2)控制电路分析

(1)主轴电动机的控制。控制电路中的启动按钮 SB1、SB2 是异地控制按钮,分别装在机床两处,方便操作。SB5、SB6 是停止按钮。KM1 是主轴电动机 M1 的启动接触器,YC1 是主轴制动用的电磁离合器,SQ1 是主轴变速冲动的行程开关。

①主轴电动机的启动。

②主轴电动机的停车制动。

③主轴换铣刀控制。主轴上更换铣刀时,为了避免主轴转动,造成更换困难,应将主轴制动。方法是,将转换开关扳到制动位置,

④主轴变速时的冲动控制。主轴变速时的冲动控制,是利用变速手柄与冲动行程开关 SQ1 通过机械上的联动机构进行控制的。

(2)工作台进给电动机的控制。转换开关 SA2 是控制圆工作台的,在不需要圆工作台工作时,转换开关 SA2 扳到“断开”位置,此时 SA2-1 闭合,SA2-2 断开,SA2-3 闭合;当需要圆工作台工作时,将转换开关 SA2 扳到“接通”位置,则 SA2-1 断开,SA2-2 闭合,SA2-3 断开。

①工作台纵向进给。工作台的左右(纵向)运动是由“工作台操作手柄”来控制的。手柄有三个位置:向左、向右、零位(停止)。

a. 工作台向右运动。主轴电动机 M1 启动后,将操作手柄向右扳,其联动机构压动位置开关 SQ5,动合触点 SQ5-1 闭合,动断触点 SQ5-2 断开,接触器 KM3 得电吸合;电动机 M3 正转启动,带动工作台向右运动。

b. 工作台向左运动。主轴电动机 M1 启动后,将操作手柄拨向左,这时位置开关 SQ6 被压动,动合触点 SQ6-1 闭合,动断触点 SQ6-2 断开,接触器 KM4 得电吸合;电动机 M3 反转,带动工作台向左运动。

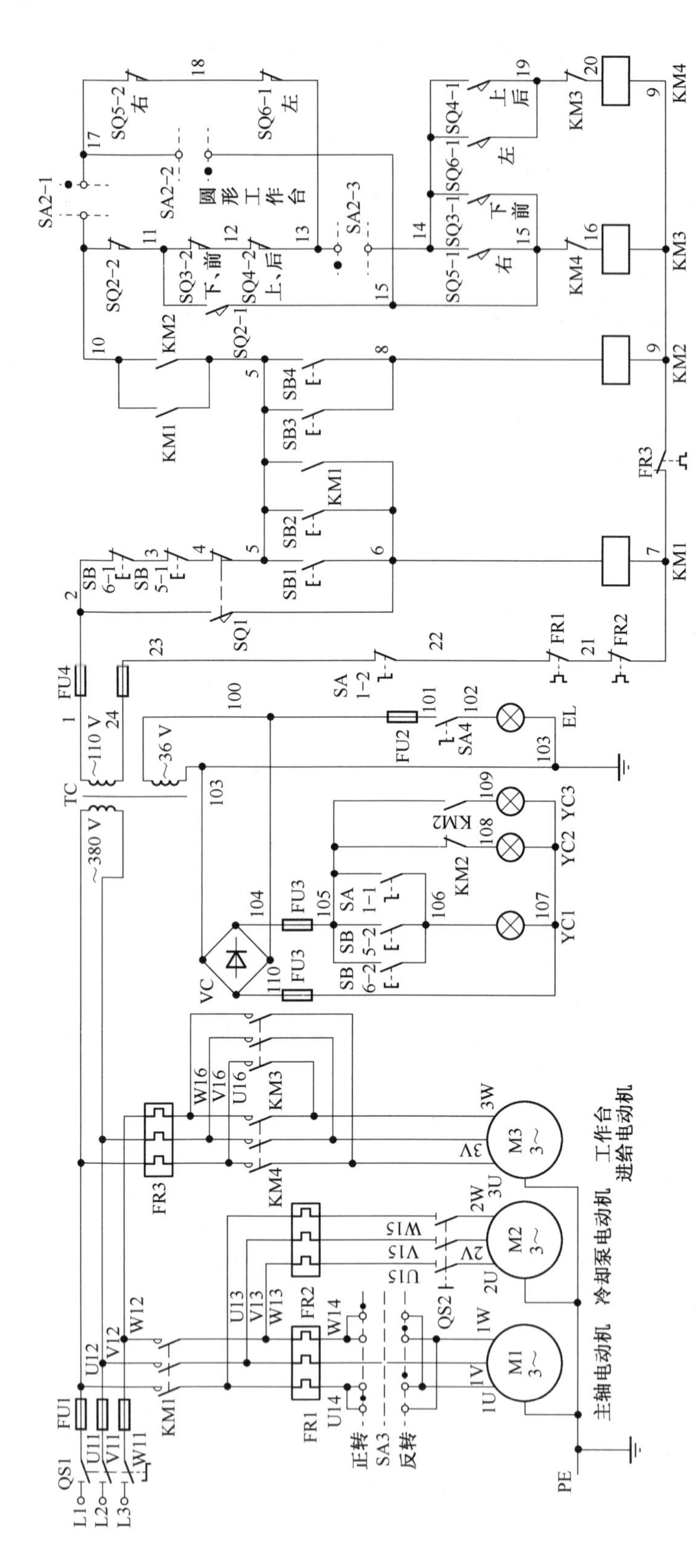

图 2-5-9 X62W 型万能铣床电气控制电路原理图

②工作台升降和横向(前后)进给。操作工作台上下和前后运动是用同一手柄完成的。该手柄有五个位置,即上、下、前、后和中间位置。当手柄向上或向下时,机械上接通了垂直进给离合器;当手柄向前或向后时,机械上接通了横向进给离合器;手柄在中间位置时,横向和垂直进给离合器均不接通。

在手柄扳到向下或向前位置时,手柄通过机械联动机构使位置开关 SQ3 被压动,接触器 KM3 得电吸合,电动机正转;在手柄扳到向上或向后位置时,位置开关 SQ4 被压动,接触器 KM4 得电吸合,电动机反转。

此五个位置是联锁的,各个方向的进给不能同时接通,所以不可能出现传动紊乱的现象。

③进给变速冲动。和主轴一样,进给变速时,为了齿轮进入良好的啮合状态,也要做变速后的瞬时点动。在进给变速时,只需将变速盘往外拉,使进给齿轮松开,待转动变速盘选择好速度以后,将变速盘向里推。

④工作台的快速移动。为了提高生产率,减少生产辅助时间,X62W 型万能铣床在加工过程中,不做铣削加工时,要求工作台快速移动;当进入铣切区时,要求工作台以原进给速度移动。

(3)圆形工作台的控制。为了扩大机床的加工能力,可在机床上安装圆形工作台,这样可以进行圆弧或轮的铣削加工。在拖动时,所有进给系统均停止工作,只让圆工作台绕轴心回转。

四、实训内容与步骤

1. X62W 铣床操作训练

(1)扳动 SQ1(2-6)接通。KM1 吸合。SQ1 不动,5 号线带电。

(2)按下 SB1 或 SB2,KM1 吸合自锁,使 10 号线带电。转动 SA3,QS2,M1、M2 电动机转动。

(3)按下 SB3 或 SB4,KM2 点动吸合,同时 10 号线带电。

(4)转动 SA1-2,(22-23)断开,控制回路失电。

(5)转换开关工作状态:SA2-1 与 SA2-3 同时接通时,SA2-2 断开;反之,SA2-2 接通时,SA2-1 与 SA2-3 同时断开。

(6)当 SA2-1、SA2-3 接通时,供给 14 号线有两条通路。其一为 10—17—18—13—14;其二为 10—11—12—13—14。

(7)压下 SQ5,SQ5-1 接通、SQ5-2 断开。电流经 10—11—12—13—14—15—16,KM3 吸合,M3 反转。

(8)压下 SQ6,SQ6-1 接通、SQ6-2 断开。电流经 10—11—12—13—14—19—20,KM4 吸合,M3 正转。

(9)压下 SQ3,SQ3-1 接通、SQ3-2 断开。电流经 10—17—18—13—14—15—16,KM3 吸合,M3 反转。

(10)压下 SQ4,SQ4-1 接通、SQ4-2 断开。电流经 10—17—18—13—14—19—20,KM4 吸合,M3 正转。

(11)压下 SQ2,SQ2-1 接通、SQ2-2 断开,电流经 10—17—18—13—12—11—15—16,KM3 吸合,M3 反转。

2. 电气线路常见故障分析

1)主轴电动机不能启动

这种故障和前面分析过的机床类似,主要检查三相电源、熔断器、热继电器的触点及有关按钮的接触情况。

2)工作台不能进给

(1)工作台各个方向都不能进给。先证实圆工作台开关是否在“断开”位置。接着用万用表检查控制回路电压是否正常,可扳动操作手柄至任一运动方向,观察其相关接触器是否吸合,若吸合则断定控制回路正常;这时应着重检查电动机主回路。常见故障有接触器主触点接触不良、电动机接线脱落和绕组断路等。

(2)工作台不能向上运动。这种现象往往是由操作手柄不在零位造成的。若操作手柄位置无误,则是因为机械磨损等因素,使相应的电气元件动作不正常或触点接触不良所致。

(3)工作台前后进给正常,但左右不能进给。由于工作台能横向进给,说明接触器 KM3 或 KM4 及 M3 的主回路都正常,故障只能发生在 SQ2-2、SQ3-3、SQ4-2 或 SQ5-1、SQ6-1 上。

(4)工作台不能快速进给,主轴制动失灵。这种故障的原因往往是电磁离合器工作不正常。首先检查整流电路,其次检查电磁离合器线圈,最后检查离合器的动触片和静触片。

(5)变速时冲动失灵。首要原因是冲动开关的动合触点在瞬间闭合时接触不良,其次是变速手柄或变速盘推回原位过程中,机械装置未碰上冲动行程开关所致。

3. 故障排查训练

(1)由教师在电路图上设置故障。

(2)由学生开机操作,找出故障现象。

(3)根据故障现象,确定故障范围。

(4)在电路图上查找故障点,并排除。

(5)写出故障检修分析过程。

实训十 T68 型卧式镗床电气控制电路检修

一、实训目的

(1)了解 T68 型 卧式镗床电气柜的基本结构。

(2)掌握 T68 型卧式镗床电气控制电路的工作原理。

(3)熟练掌握 T68 型卧式镗床电气控制电路的故障分析与检修。

二、实训器材

序 号	名 称	数 量	单 位
1	T68 型卧式镗床电气柜	1	台
2	指针式万用表	1	块
3	工具	1	套

三、实训原理

1. 主要结构及运动形式

T68 型卧式镗床主要由床身、前立柱、镗头架、工作台、后立柱和尾架等组成。

床身是一个整体的铸件,在它的一端固定有前立柱,在前立柱垂直导轨上装有镗头架,镗头架可沿导轨上下移动。镗头架里集中地装有主轴部分、变速器、进给箱与操纵机构等部件。切削刀具固定在镗轴前端的锥形孔里,或装在花盘上的刀具溜板上。在工作过程中,镗轴一面旋转,一面沿轴向做进给运动。而花盘只能旋转,装在其上的刀具溜板则可做垂直于主轴轴线方向的径向进给运动。镗轴和花盘主轴是通过单独的传动链传动的,因此它们可以独立转动。

后立柱的尾架用来支持装夹在镗轴上的镗杆末端,它与镗头架同时升降,保证两者的轴心始终在同一直线上。后立柱可沿着床身导轨在镗轴的轴线方向调整位置。

安装工件用的工作台安置在床身中的导轨上,它由下溜板、上溜板和可转动的工作台组成。工作台可在平行于(纵向)与垂直于(横向)镗轴轴线方向上移动。

T68 型卧式镗床的运动形式有:

(1)主运动。镗轴的旋转运动与花盘的旋转运动。

(2)进给运动。镗轴的轴向进给、花盘刀具溜板的径向进给、镗头架的垂直进给、工作台的横向进给、工作台的纵向进给。

(3)辅助运动。工作台的旋转、后立柱的水平移动及尾架的垂直移动。

2. 电气控制特点

镗床的工作范围广,因而它的调速范围大,运动多,其电气控制特点如下:

(1)为适应各种工件加工工艺的要求,主轴应在大范围内调速,多采用交流电动机驱动的滑移齿轮变速系统,目前国内有采用单电动机拖动的,也有采用双速或三速电动机拖动的。后者可精简机械传动机构。由于镗床主拖动要求恒功率拖动,所以采用△-YY双速电动机。

(2)由于采用滑移齿轮变速,为防止顶齿现象,要求主轴系统变速时做低速断续冲动。

(3)为适应加工过程中调整的需要,要求主轴可以正、反点动调整,这是通过主轴电动机低速点动来实现的。同时还要求主轴可以正、反向旋转,这是通过主轴电动机的正、反转来实现的。

(4)主轴电动机低速时可以直接启动,在高速运转时控制电路要保证先接通低速,经延时再接通高速,以减小启动电流。

(5)主轴要求快速而准确地制动,所以必须采用效果好的停车制动。卧式镗床常用反接制动(也有的采用电磁铁制动)。

(6)由于进给部件多,快速进给用另一台电动机拖动。

3. 电气控制电路分析

1)主电路分析

T68 型卧式镗床共由两台三相异步电动机驱动,即主拖动电动机 M1 和快速移动电动机 M2(见图 2-5-10)。熔断器 FU1 作为电路总的短路保护,FU2 作为快速移动电动机和控制电路的短路保护。M1 设置热继电器作过载保护,M2 是短期工作,所以不设置热继电器。M1 用接触器 KM1 和 KM2 控制正、反转,接触器 KM3、KM4 和 KM5 作△-YY变速切换。M2 用接触器 KM6 和 KM7 控制正、反转。

2)控制电路分析

(1)主轴电动机 M1 的控制:

①主轴电动机 M1 的正反转控制。按下正转启动按钮 SB2,中间继电器 KA1 线圈得电吸合,KA1 动合触点(12)闭合,接触器 KM3 线圈得电(此时位置开关 SQ3 和 SQ4 已被操纵手柄压合),KM3 主触点闭合,将制动电阻 R 短接,而 KM3 动合辅助触头(19 区)闭合,接触器 KM1 线圈得电吸合,KM1 主触头闭合,接通电源。KM1 的动合触点(22)闭合,KM4 线圈得电吸合,KM4 主触点闭合,电动机 M1 接成三角形正向启动, 空载转速 1 500 r/min。反转时,只需按下反转启动按钮 SB3,动作原理同上。所不同的是,中间继电器 KA2 和接触器 KM2 得电吸合。

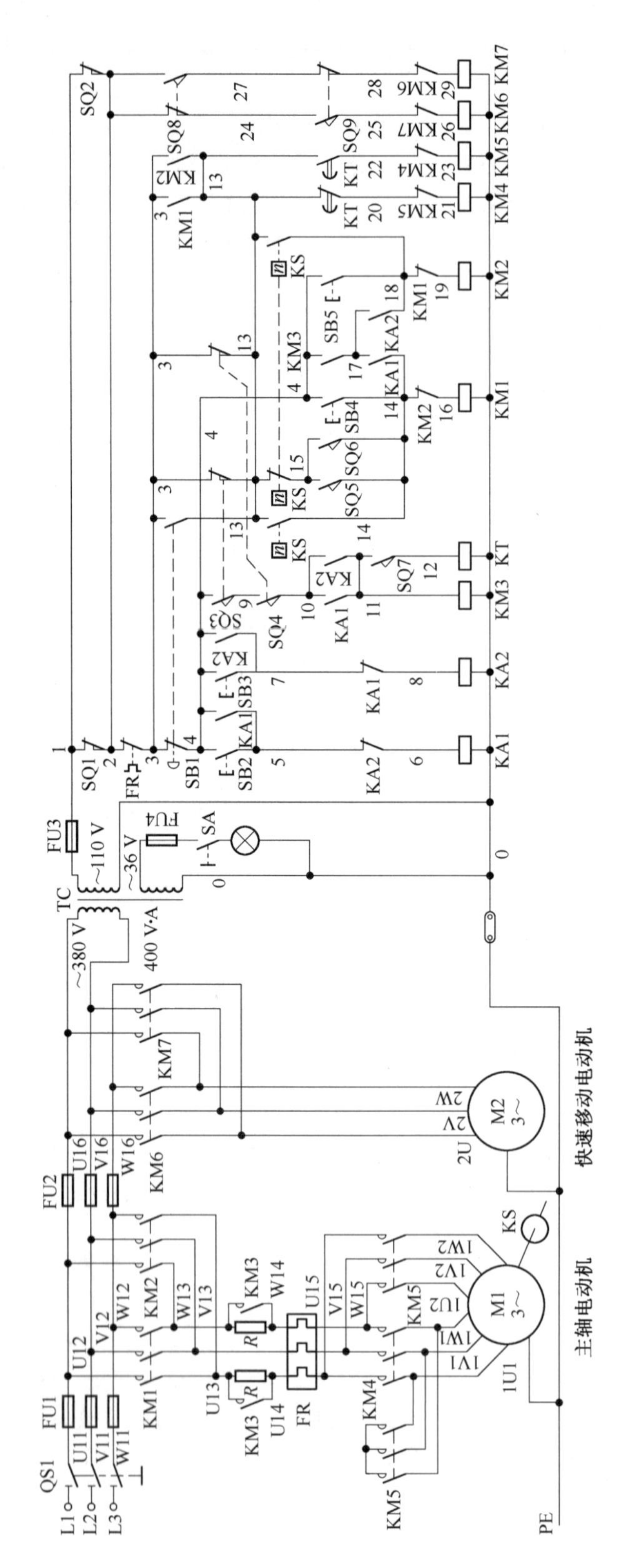

图 2-5-10　T68 型卧式镗床电气控制电路原理图

②主轴电动机 M1 的点动控制。按下正向点动按钮 SB4，接触器 KM1 线圈得电吸合，KM1 动合触点(22)闭合，接触器 KM4 线圈得电吸合。这样，KM1 和 KM4 的主触点闭合，便使电动机 M1 接成三角形并串电阻 *R* 点动。同理，按下反向点动按钮 SB5，接触器 KM2 和 KM4 线圈得电吸合，M1 反向点动。

③主轴电动机 M1 的停车制动。假设电动机 M1 正转，当速度达到 120 r/min 以上时，速度继电器 SR2 动合触点闭合，为停车制动做好准备。若要 M1 停车，就按 SB1，则中间继电器 KM1 和接触器 KM3 失电释放，KM3 动合触点(19)断开，KM1 线圈失电释放，KM4 线圈也失电释放，由于 KM1 和 KM4 主触点断开，电动机 M1 失电做惯性运转。紧接着，接触器 KM2 和 KM4 线圈得电吸合，KM2 和 KM4 主触点闭合，电动机 M1 串电阻 *R* 反接制动。当转速降至于 120 r/min 以下时，速度继电器 SR2 动合触点(21)断开，接触器 KM2 和 KM4 失电释放，停车反接制动结束。

如果 M1 反转，当转速达到 120 r/min 以上时，速度继电器 SR1 动合触点闭合，为停车制动做好准备。以后的动作过程与正转制动时相似，读者可自行分析。

④主轴电动机 M1 的高、低控制。若选择电动机 M1 在低速(△接法)运行，可通过变速手柄使变速行程开关 SQ(13)处于断开位置，相应的时间继电器 KT 线圈失电，接触器 KM5 线圈也失电，电动机 M1 只能由接触器 KM4 接成三角形。

如果需要电动机以高速运行，应首先通过变速手柄使限位开关 SQ 压合，然后按正转启动按钮 SB2(或反转启动按钮 SB3)，KM1 线圈(反转时应为 KA2 线圈)得电吸合，时间继电器 KT 和接触器 KM3 线圈同时得电吸合。由于 KT 两对触点延时动作，故 KM4 线圈先得电吸合，电动机 M1 接成三角形低速启动，以后 KT 的动断触点(22)延时断开，KM4 线圈失电释放，KT 的动合触点(23)延时闭合，KM5 线圈得电吸合，电动机 M1 成双星形连接，以高速运行。

⑤主轴变速及进给变速控制。本机床主轴的各种速度是通过变速操纵盘以改变传动比来实现的。当主轴在工作过程中欲要变速，可不必按停止按钮，而可直接进行变速。设 M1 原来运行在正转状态，速度继电器 SR1(21)早已闭合。将主轴变速操纵盘的操作手柄拉出，与变速手柄有机械联系的行程开关 SQ3 不再受压而断开，KM3、KM4 线圈先后失电释放，电动机 M1 失电，由于行程开关 SQ3 动断触点(15)闭合，KM2、KM4 线圈得电吸合，电动机 M1 串联电阻 *R* 反接制动，等速度继电器 SR2(21)动合触点断开，M1 停车，便可转动变速操纵盘进行变速。变速后，将变速手柄推回原位，SQ3 重新压合，接触器 KM3、KM1 和 KM4 线圈得电吸合，电动机 M1 启动，主轴以新选定的速度运转。

变速时，若因齿轮卡住，手柄推不上时，此时变速冲动行程开关 SQ6 被压合，速度继电器的动断触点 SQ2(15)已恢复闭合，接触器 KM1 线圈得电吸合，电动机 M1 启动。当速度高于 120 r/min 时，SR2 动断触点(15)又断开，KM1 线圈失电释放，电动机 M1 又失电，当速度降到 120 r/min 时，SR2 动断触点又闭合了，从而又接通低速旋转电路而重复上述过程。这样，主轴电动机就被间歇地启动和制动而低速旋转，以便齿轮顺利啮合。直到齿轮啮合好，手柄推上后，压下行程开关 SQ3，松开 SQ6，将冲动电路切断。同时，由于 SQ3 的动合触点(13)闭合，主轴电动机启动旋转，从而主轴获得所选定的转速。

进给变速的操作和控制与主轴变速的操作和控制相同。只是在进给变速时，拉出的操作手柄是给变速操纵盘的手柄，与该手柄有机械联系的是行程开关 SQ4，进给变速冲动的行程开关是 SQ5。

(2)快速移动电动机 M2 的控制。主轴的轴向进给、主轴箱(包括尾架)的垂直进给、工作台的纵向和横向进给等的快速移动,是由电动机 M2 通过齿轮、齿条来完成的。快速手柄扳到正向快速位置时,压合行程开关 SQ8,接触器 KM6 线圈得电吸合,电动机 M2 正转启动实现快速正向移动。将快速手柄扳到反向快速位置,压合行程开关 SQ7,KM7 线圈得电吸合,电动机 M2 反向快速移动。

(3)联锁保护装置。为了防止在工作台或主轴箱自动快速进给时又将主轴进给手柄扳到自动快速进给的误操作,就采用了与工作台和主轴箱进给手柄有机械连接的行程开关 SQ1(在工作台后面)。当上述手柄扳在工作台(或主轴箱)自动快速进给的位置时,SQ1 被压断开。同样,在主轴箱上还装有另一个行程开关 SQ2,它与主轴进给手柄有机械连接,当这个手柄动作时,SQ2 也受压分断。电动机 M1 和 M2 必须在行程开关 SQ1 和 SQ2 中有一个处于闭合状态时,才可以启动。如果工作台(或主轴箱)在自动进给(此时 SQ1 断开)时,再将主轴进给手柄扳到自动进给位置(SQ2 也断开),那么电动机 M1 和 M2 便都自动停车,从而达到联锁保护的目的。

四、实训内容与步骤

1. T68 型卧式镗床操作训练

(1)压下 SQ3、SQ4,按下 SB2,经 KA1—KM3—KM1—KM4,主轴电动机正转低速运行。

(2)按下 SB1、KA1、KM3、KM1、KM4 相继失电,接着,经 SB1(3-13)—KS(13-18)—KM1(18-19)KM2 得电,电动机进行反接制动,KS(13-18)断开,制动结束。

(3)压下 SQ3、SQ4,按下 SB3,经 KA2—KM3—KM2—KM4,主轴电动机反转低速运行。

(4)按下 SB1,KA2、KM3、KM2、KM4 相继失电,接着,经 SB1(3-13)—KS(13-14)—KM2(14-16),KM1 得电,电动机进行反接制动,KS(13-14)断开,制动结束。

(5)压下 SQ3、SQ4、SQ7,按下 SB2,经 KA1—KM3—KM1—KM4,主轴电动机正转低速运行, KT(13-20)断开,KM4 失电低速停止。KT(13-22)闭合,KM5 得电,电动机正转高速运行。

(6)压下 SQ3、SQ4、SQ7,按下 SB3,经 KA2—KM3—KM2—KM4,主轴电动机反转低速运行,KT(13-20)断开,KM4 失电低速停止。KT(13-22)闭合,KM5 得电,电动机反转高速运行。

2. 电气线路常见故障分析

T68 镗床常见故障的判断和处理方法与车、铣、磨床大致相同。但由于镗床的机械-电气联锁比较多,又采用了双速电动机,在运行中会出现一些特有的故障。

(1)主轴实际转速比标牌指示数多一倍或少一倍。T68 镗床主轴有十八种转速,是采用双速电动机和机械滑移齿轮来实现变速的。主轴电动机的高低速的转换靠行程开关 SQ 的通断来实现的。行程开关 SQ 安装在轴调速手柄的旁边,主轴调速机构转动时推动一个撞钉推动簧片使 SQ 通或断。所以,在安装调整时,应使撞钉的动作与标牌指示相符。如 T68 镗床的第一挡 12 r/min;第二挡 20 r/min,主轴电动机以 1 500 r/min 运转;第三挡 25 r/min,主轴电动机以 3 000 r/min 运转;第四挡 30 r/min,主轴电动机又以 1 500 r/min 运转,以后依此类推。所以,标牌指示在第一、二挡时,撞钉不推动簧片,行程开关 SQ 不动作;标牌指示在第三挡时,撞钉推动簧片,使 SQ 动作。如果安装调整不当,使 SQ 动作恰恰相反,则会发生主轴转速比标牌指数多一倍或少一倍。

(2)主轴电动机只有高速挡,没有低速挡,或只有低速挡,没有高速挡。这类故障原因较多,常见的有时间继电器 KT 不动作,或行程开关 SQ 安装的位置移动,造成 SQ 总是处于通或断状态。如果 SQ 总是处于开通的状态,则主轴电动机只有高速;如果 SQ 总是处于断开状态,则主轴电动机只有低速。此外如时间继电器 KT 的触点(23)损坏,接触器 KM5 的主触点不会通,则主轴电动机 M1 便不能转换到高速挡运转,只能停留在低速挡运转。

(3)主轴变速手柄拉出后,主轴电动机不能冲动;或者变速完毕,合上手柄后,主轴电动机不能自动开车。当主轴变速手柄拉出后,通过变速机构的杠杆、压板使行程开关 SQ3 动作,主轴电动机失电而制动停车。速度选好后推上手柄,行程开关动作,使主轴电动机低速冲动。行程开关 SQ3 和 SQ6 装在主轴箱下部,由于位置偏移、触点接触不良等原因而完不成上述动作。又因 SQ3、SQ6 是由胶木塑压成型的,由于质量等原因,有时绝缘击穿,造成手柄拉出后,SQ3 尽管已动作,但由短路接通,使主轴仍以原来转速旋转,此时变速将无法进行。

3. 故障排查训练

(1)由教师在电路图上设置故障。

(2)由学生开机操作,找出故障现象。

(3)根据故障现象,确定故障范围。

(4)在电路图上查找故障点,并排除。

(5)写出故障检修分析过程。

第二篇

试　题　库

第一部分　低压电工作业理论考试题库

第　一　套

1. 当电气火灾发生时，如果无法切断电源，就只能带电灭火，并选择干粉或者二氧化碳灭火器，尽量少用水基式灭火器。（×）

2. 旋转电器设备着火时不宜用干粉灭火器灭火。（√）

3. 使用电气设备时，由于导线截面选择过小，当电流较大时也会因发热过大而引发火灾。（√）

4. 组合开关在选作直接控制电机时，要求其额定电流可取电动机额定电流的 2~3 倍。（√）

5. 通用继电器可以更换不同性质的线圈，从而将其制成各种继电器。（√）

6. 热继电器的双金属片是由一种热膨胀系数不同的金属材料辗压而成的。（×）

7. 安全可靠是对任何开关电器的基本要求。（√）

8. 组合开关可直接启动 5 kW 以下的电动机。（√）

9. 行程开关的作用是将机械行走的长度用电信号传出。（×）

10. 熔断器的特性是，通过熔体的电压值越高，熔断时间越短。（×）

11. 接触器的文字符号为 KM。（√）

12. 漏电断路器在被保护电路中有漏电或有人触电时，零序电流互感器就产生感应电流，经放大使脱扣器动作，从而切断电路。（√）

13. 时间继电器的文字符号为 KT。（√）

14. 相同条件下，交流电比直流电对人体危害更大。（√）

15. 触电者神志不清，有心跳，但呼吸停止，应立即进行口对口人工呼吸。（√）

16. 按照通过人体电流的大小，人体反应状态的不同，可将电流划分为感知电流、摆脱电流和室颤电流。（√）

17. 使用万用表电阻挡能够测量变压器的线圈电阻。（×）

18. 测量交流电路的有功电能时，因是交流电，故其电压线圈、电流线圈的两个端可任意接在线路上。（×）

19. 交流钳形电流表可测量交直流电流。（×）

20. 钳形电流表可做成既能测量交流电流，也能测量直流电流。（√）

21. 使用兆欧表前不必切断被测设备的电源。（×）

22. 交流电流表和电压表测量所测得的值都是有效值。（√）

23. 万用表使用后，转换开关可置于任意位置。（×）

24. 并联电容器有减少电压损失的作用。（√）

25. 如果电容器运行时，检查发现温度过高，应加强通风。（×）

26. 并联补偿电容器主要用在直流电路中。（×）

27.《中华人民共和国安全生产法》第二十七条规定：生产经营单位的特种作业人员必

须按照国家有关规定经专门的安全作业培训，取得相应资格，方可上岗作业。(√)

28. 电工作业分为高压电工和低压电工。(×)

29. 有美尼尔氏症的人不得从事电工作业。(√)

30. 在直流电路中，常用棕色表示正极。(√)

31. 在安全色标中用红色表示禁止、停止或消防。(√)

32. 遮栏是为防止工作人员无意碰到带电设备部分而装设的屏护，分临时遮栏和常设遮栏两种。(√)

33. 使用脚扣进行登杆作业时，上、下杆的每一步必须使脚扣环完全套入并可靠地扣住电杆，才能移动身体，否则会造成事故。(√)

34. 当灯具达不到最低高度时，应采用 24 V 以下电压。(×)

35. 路灯的各回路应有保护，每一灯具宜设单独熔断器。(√)

36. 在没有用验电器验电前，线路应视为有电。(√)

37. 为了有明显区别，并列安装的同型号开关应不同高度，错落有致。(×)

38. 不同电压的插座应有明显区别。(√)

39. 白炽灯属热辐射光源。(√)

40. 锡焊晶体管等弱电元件应用 100 W 的电烙铁。(×)

41. 电工刀的手柄是无绝缘保护的，不能在带电导线或器材上剖切，以免触电。(√)

42. 电工钳、电工刀、螺钉旋具是常用电工基本工具。(√)

43. 移动电气设备可以参考手持电动工具的有关要求进行使用。(√)

44. 在断电之后，电动机停转，当电网再次来电，电动机能自行启动的运行方式称为失电压保护。(×)

45. 为保证零线安全，三相四线制线路中的零线必须加装熔断器。(×)

46. 导线接头的抗拉强度必须与原导线的抗拉强度相同。(×)

47. 水和金属比较，水的导电性能更好。(×)

48. 电缆保护层的作用是保护电缆。(√)

49. 在我国，超高压送电线路基本上是架空敷设。(√)

50. 雷击产生的高电压可对电气装置和建筑物及其他设施造成毁坏，电力设施或电力线路遭破坏可能导致大规模停电。(×)

51. 对于容易产生静电的场所，应保持地面潮湿，或者铺设导电性能较好的地板。(√)

52. 雷电可通过其他带电体或直接对人体放电，使人的身体遭到巨大的破坏直至死亡。(√)

53. 雷电时，应禁止在屋外高空检修、试验和屋内验电等作业。(√)

54. 交流发电机是应用电磁感应的原理发电的。(√)

55. 载流导体在磁场中一定受到磁场力的作用。(×)

56. 在三相交流电路中，负载为三角形接法时，其相电压等于三相电源的线电压。(√)

57. 220 V 的交流电压的最大值为 380 V。(×)

58. 电流和磁场密不可分，磁场总是伴随着电流而存在，而电流永远被磁场所包围。(√)

59. 无论在任何情况下，三极管都具有电流放大功能。(×)

60. 对于转子有绕组的电动机，将外电阻串入转子电路中启动，并随电动机转速升高而逐渐地将电阻值减小并最终切除，称为转子串电阻启动。(√)

61. 用星-三角降压启动时,启动转矩为直接采用三角形联结时启动转矩的1/3。(√)

62. 同一电器元件的各部件分散地画在原理图中,必须按顺序标注文字符号。(×)

63. 能耗制动这种方法是将转子的动能转化为电能,并消耗在转子回路的电阻上。(√)

64. 在电气原理图中,当触点图形垂直放置时,以“左开右闭”原则绘制。(√)

65. 电动机异常发响、发热的同时,转速急速下降,应立即切断电源,停机检查。(√)

66. 电气安装接线图中,同一电器元件的各部分必须画在一起。(√)

67. TT系统是配电网中性点直接接地、用电设备外壳也采用接地措施的系统。(√)

68. RCD的选择,必须考虑用电设备和电路正常泄漏电流的影响。(√)

69. 机关、学校、企业、住宅等建筑物内的插座回路不需要安装漏电保护装置。(×)

70. 保护接零适用于中性点直接接地的配电系统中。(√)

71. 当电气火灾发生时,应首先切断电源再灭火,但当电源无法切断时,只能带电灭火,500 V低压配电柜灭火可选用的灭火器是(A)。

A. 二氧化碳灭火器　　B. 泡沫灭火器　　C. 水基式灭火器

72. 交流接触器的额定工作电压,是指在规定条件下,能保证电器正常工作的(A)电压。

A. 最高　　B. 最低　　C. 平均

73. 低压电器可归为低压配电电器和(A)电器。

A. 低压控制　　B. 电压控制　　C. 低压电动

74. 在民用建筑物的配电系统中,一般采用(C)断路器。

A. 电动式　　B. 框架式　　C. 漏电保护

75. 在采用多级熔断器保护中,后级的熔体额定电流比前级大,目的是防止熔断器越级熔断而(C)。

A. 查障困难　　B. 减小停电范围　　C. 扩大停电范围

76. 电流从左手到双脚引起心室颤动效应,一般认为通电时间与电流的乘积大于(C)mA·s时就有生命危险。

A. 30　　B. 16　　C. 50

77. 当电气设备发生接地故障,接地电流通过接地体向大地流散,若人在接地短路点周围行走,其两脚间的电位差引起的触电称为(B)触电。

A. 单相　　B. 跨步电压　　C. 感应电

78. 选择电压表时,其内阻(A)被测负载的电阻为好。

A. 远大于　　B. 远小于　　C. 等于

79. 线路或设备的绝缘电阻的测量是用(B)测量。

A. 万用表的电阻挡　　B. 兆欧表　　C. 接地兆欧表

80. 万用表电压量程2.5V是当指针指在(A)位置时电压值为2.5V。

A. 满量程　　B. 1/2量程　　C. 2/3量程

81. 低压电容器的放电负载通常为(A)。

A. 灯泡　　B. 线圈　　C. 互感器

82. 生产经营单位的主要负责人在本单位发生重大生产安全事故后逃匿的,由(B)处15日以下拘留。

A. 检察机关　　B. 公安机关　　C. 安全生产监督管理部门

83. 绝缘安全用具分为(C)安全用具和辅助安全用具。

A. 直接　　B. 间接　　C. 基本

84. 下列(B)是保证电气作业安全的组织措施。

A. 停电　　B. 工作许可制度　　C. 悬挂接地线

85. 电感式荧光灯镇流器的内部是(B)。

A. 电子电路　　B. 线圈　　C. 振荡电路

86. 墙边开关安装时距离地面的高度为(B)m。

A. 1.5　　B. 1.3　　C. 2

87. 线路单相短路是指(C)。

A. 功率太大　　B. 电流太大　　C. 零线相线直接接通

88. 在狭窄场所如锅炉、金属容器、管道内作业时应使用(C)工具。

A. Ⅰ类　　B. Ⅱ类　　C. Ⅲ类

89. 导线接头的机械强度不小于原导线机械强度的(B)%。

A. 80　　B. 90　　C. 95

90. 低压线路中的零线采用的颜色是(A)。

A. 淡蓝色　　B. 深蓝色　　C. 黄绿双色

91. 在铝绞线中加入钢芯的作用是(C)。

A. 提高导电能力　　B. 增大导线面积　　C. 提高机械强度

92. 变压器和高压开关柜,防止雷电侵入产生破坏的主要措施是(B)。

A. 安装避雷线　　B. 安装避雷器　　C. 安装避雷网

93. 一般电器所标或仪表所指示的交流电压、电流的数值是(B)。

A. 最大值　　B. 有效值　　C. 平均值

94. 交流 10 kV 母线电压是指交流三相三线制的(B)。

A. 相电压　　B. 线电压　　C. 线路电压

95. 我们使用的照明电压为 220 V,这个值是交流电的(A)。

A. 有效值　　B. 最大值　　C. 恒定值

96. 国家标准规定,凡(A)kW 以上的电动机均采用三角形接法。

A. 4　　B. 3　　C. 7.5

97. 对电动机轴承润滑的检查,(B)电动机转轴,看是否转动灵活,听有无异声。

A. 通电转动　　B. 用手转动　　C. 用其他设备带动

98. 旋转磁场的旋转方向决定于通入定子绕组中的三相交流电源的相序,只要任意调换电动机(A)所接交流电源的相序,旋转磁场即反转。

A. 两相绕组　　B. 一相绕组　　C. 三相绕组

99. (GB/T 3805—2008)《特低电压(ELV)限值》中规定,在正常环境下,正常工作时工频电压有效值的限值为(A)V。

A. 33　　B. 70　　C. 55

100. PE 线或 PEN 线上除工作接地外,其他接地点的再次接地称为(C)接地。

A. 直接　　B. 间接　　C. 重复

第二套

1. 当电气火灾发生时,如果无法切断电源,就只能带电灭火,并选择干粉或者二氧化碳

灭火器,尽量少用水基式灭火器。(×)

2. 电气设备缺陷,设计不合理,安装不当等都是引发火灾的重要原因。(√)

3. 使用电气设备时,由于导线截面选择过小,当电流较大时也会因发热过大而引发火灾。(√)

4. 电动式时间继电器的延时时间不受电源电压波动及环境温度变化的影响。(√)

5. 交流接触器常见的额定最高工作电压达到 6 000 V。(×)

6. 热继电器的保护特性在保护电动机时,应尽可能与电动机过载特性贴近。(√)

7. 时间继电器的文字符号为 KT。(√)

8. 低压断路器是一种重要的控制和保护电器,断路器都装有灭弧装置,因此可以安全地带负荷合分闸。(√)

9. 频率的自动调节补偿是热继电器的一个功能。(×)

10. 热继电器是利用双金属片受热弯曲而推动触点动作的一种保护电器,它主要用于线路的速断保护。(×)

11. 行程开关的作用是将机械行走的长度用电信号传出。(×)

12. 铁壳开关安装时外壳必须可靠接地。(√)

13. 安全可靠是对任何开关电器的基本要求。(√)

14. 相同条件下,交流电比直流电对人体危害更大。(√)

15. 触电分为电击和电伤。(√)

16. 两相触电危险性比单相触电小。(×)

17. 摇测大容量设备吸收比是测量 60 s 时的绝缘电阻与 15 s 时的绝缘电阻之比。(√)

18. 使用万用表测量电阻,每换一次欧姆挡都要进行欧姆调零。(√)

19. 直流电流表可以用于交流电路测量。(×)

20. 交流电流表和电压表测量所测得的值都是有效值。(√)

21. 钳形电流表可做成既能测量交流电流,也能测量直流电流。(√)

22. 电流表的内阻越小越好。(√)

23. 接地电阻表主要由手摇发电机、电流互感器、电位器以及检流计组成。(√)

24. 当电容器爆炸时,应立即检查。(×)

25. 电容器室内应有良好的通风。(√)

26. 电容器放电的方法就是将其两端用导线连接。(×)

27.《中华人民共和国安全生产法》第二十七条规定:生产经营单位的特种作业人员必须按照国家有关规定经专门的安全作业培训,取得相应资格,方可上岗作业。(√)

28. 电工应严格按照操作规程进行作业。(√)

29. 电工作业分为高压电工和低压电工。(×)

30. 绝缘棒在闭合或拉开高压隔离开关和跌落式熔断器,装拆携带式接地线,以及进行辅助测量和试验时使用。(√)

31. 在安全色标中用红色表示禁止、停止或消防。(√)

32. 常用绝缘安全防护用具有绝缘手套、绝缘靴、绝缘隔板、绝缘垫、绝缘站台等。(√)

33. 试验对地电压为 50 V 以上的带电设备时,氖泡式低压验电器就应显示有电。(×)

34. 漏电开关只有在有人触电时才会动作。(×)

35. 在带电维修线路时,应站在绝缘垫上。(√)

36. 民用住宅严禁装设床头开关。(√)
37. 在没有用验电器验电前,线路应视为有电。(√)
38. 验电器在使用前必须确认验电器良好。(√)
39. 不同电压的插座应有明显区别。(√)
40. Ⅱ类设备和Ⅲ类设备都要采取接地或接零措施。(×)
41. 电工刀的手柄是无绝缘保护的,不能在带电导线或器材上剖切,以免触电。(√)
42. 手持式电动工具接线可以随意加长。(×)
43. 手持电动工具有两种分类方式,即按工作电压分类和按防潮程度分类。(×)
44. 绝缘老化只是一种化学变化。(×)
45. 吸收比是用兆欧表测定的。(√)
46. 在选择导线时必须考虑线路投资,但导线截面积不能太小。(√)
47. 为了安全,高压线路通常采用绝缘导线。(×)
48. 电缆保护层的作用是保护电缆。(√)
49. 绝缘体被击穿时的电压称为击穿电压。(√)
50. 雷击产生的高电压可对电气装置和建筑物及其他设施造成毁坏,电力设施或电力线路遭破坏可能导致大规模停电。(×)
51. 除独立避雷针之外,在接地电阻满足要求的前提下,防雷接地装置可以和其他接地装置共用。(√)
52. 雷电可通过其他带电体或直接对人体放电,使人的身体遭到巨大的伤害直至死亡。(√)
53. 雷雨天气,即使在室内也不要修理家中的电气线路、开关、插座等。如果一定要修,要把家中电源总开关拉开。(×)
54. 正弦交流电的周期与角频率的关系是互为倒数的。(×)
55. 几个电阻并联后的总电阻等于各并联电阻的倒数之和。(×)
56. 当导体温度不变时,通过导体的电流与导体两端的电压成正比,与其电阻成反比。(√)
57. 规定小磁针的北极所指的方向是磁感线的方向。(√)
58. 欧姆定律指出,在一个闭合电路中,当导体温度不变时,通过导体的电流与加在导体两端的电压成反比,与其电阻成正比。(×)
59. 符号"A"表示交流电源。(×)
60. 改变转子电阻调速的方法只适用于绕线转子异步电动机。(√)
61. 为改善电动机的启动及运行性能,笼形异步电动机转子铁芯一般采用直槽结构。(×)
62. 在电气原理图中,当触点图形垂直放置时,以"左开右闭"原则绘制。(√)
63. 电动机在检修后,经各项检查合格后,就可对电动机进行空载试验和短路试验。(√)
64. 电气控制系统图包括电气原理图和电气安装图。(√)
65. 能耗制动这种方法是将转子的动能转化为电能,并消耗在转子回路的电阻上。(√)
66. 电动机异常发响发热的同时,转速急速下降,应立即切断电源,停机检查。(√)
67. 当采用安全特低电压作直接电击防护时,应选用 25 V 及以下的安全电压。(√)

68. 单相 220 V 电源供电的电气设备,应选用三极式漏电保护装置。(×)

69. 保护接零适用于中性点直接接地的配电系统中。(√)

70. 剩余电流动作保护装置主要用于 1 000 V 以下的低压系统。(√)

71. 电气火灾发生时,应先切断电源再扑救,但不知道或不清楚开关在何处时,应剪断导线,剪断时要(B)。

A. 几根线迅速同时剪断　　B. 不同相线在不同位置剪断

C. 在同一位置一根一根剪断

72. 具有反时限安秒特性的元件就具备短路保护和(C)保护能力。

A. 机械　　B. 温度　　C. 过载

73. 热继电器具有一定的(C)自动调节补偿功能。

A. 时间　　B. 频率　　C. 温度

74. 属于配电电器的有(B)。

A. 熔断器　　B. 接触器　　C. 电阻器

75. 热继电器的保护特性与电动机过载特性贴近,是为了充分发挥电动机的(A)能力。

A. 过载　　B. 控制　　C. 节流

76. 引起电光性眼炎的主要原因是(C)。

A. 可见光　　B. 红外线　　C. 紫外线

77. 据一些资料表明,心跳、呼吸停止,在(A)min 内进行抢救,约 80% 可以救活。

A. 1　　B. 2　　C. 3

78. (C)仪表由固定的线圈,可转动的线圈及转轴、游丝、指针、机械调零机构等组成。

A. 电磁式　　B. 磁电式　　C. 电动式

79. 钳形电流表测量电流时,可以在(C)电路的情况下进行。

A. 断开　　B. 短接　　C. 不断开

80. 测量接地电阻时,电位探针应接在距接地端(A)m 的地方。

A. 20　　B. 5　　C. 40

81. 电容器属于(C)设备。

A. 危险　　B. 运动　　C. 静止

82. 生产经营单位的主要负责人在本单位发生重大生产安全事故后逃匿的,由(B)处 15 日以下拘留。

A. 检察机关　　B. 公安机关

C. 安全生产监督管理部门

83. (A)是登杆作业时必备的保护用具,无论用登高板或脚扣都要用其配合使用。

A. 安全带　　B. 梯子　　C. 手套

84. 高压验电器的发光电压不应高于额定电压的(B)%。

A. 50　　B. 25　　C. 75

85. 一般照明线路中,无电的依据是(B)。

A. 用兆欧表测量　　B. 用电笔验电　　C. 用电流表测量

86. 一般照明的电源优先选用(B)V。

A. 380　　B. 220　　C. 36

87. 在易燃、易爆场所使用的照明灯具应采用(A)灯具。

A. 防爆型　　B. 防潮型　　C. 普通型

88. 尖嘴钳 150 mm 是指(A)。

A. 其总长度为 150 mm　　B. 其绝缘手柄为 150 mm　　C. 其开口为 150 mm

89. 导线接头的绝缘强度应(B)原导线的绝缘强度。

A. 大于　　B. 等于　　C. 小于

90. 低压线路中的零线采用的颜色是(A)。

A. 淡蓝色　　B. 深蓝色　　C. 黄绿双色

91. 下列材料不能作为导线使用的是(B)。

A. 铜绞线　　B. 钢绞线　　C. 铝绞线

92. 防静电的接地电阻要求不大于(C)Ω。

A. 40　　B. 10　　C. 100

93. 在三相对称交流电源星形联结中,线电压超前于所对应的相电压(B)。

A. 120°　　B. 30°　　C. 60°

94. 确定正弦量的三要素为(A)。

A. 最大值、频率、初相角　　B. 相位、初相位、相位差

C. 周期、频率、角频率

95. 稳压二极管的正常工作状态是(C)。

A. 导通状态　　B. 截止状态　　C. 反向击穿状态

96. 频敏变阻器其构造与三相电抗相似,即由三个铁芯柱和(C)绕组组成。

A. 二个　　B. 一个　　C. 三个

97. 对电动机各绕组的绝缘检查,如测出绝缘电阻为零,在发现无明显烧毁的现象时,则可进行烘干处理,这时(B)通电运行。

A. 允许　　B. 不允许　　C. 烘干好后就可

98. 对电动机内部的脏污及灰尘清理,应用(C)。

A. 布上蘸汽油、煤油等抹擦

B. 湿布抹擦

C. 用压缩空气吹或用干布抹擦

99. 应装设报警式漏电保护器而不自动切断电源的是(C)。

A. 招待所插座回路　　B. 生产用的电气设备　　C. 消防用电梯

100. 几种线路同杆架设时,必须保证高压线路在低压线路(C)。

A. 右方　　B. 左方　　C. 上方

第　三　套

1. 在高压线路发生火灾时,应采用有相应绝缘等级的绝缘工具,迅速拉开隔离开关切断电源,选择二氧化碳或者干粉灭火器进行灭火。(×)

2. 电气设备缺陷,设计不合理,安装不当等都是引发火灾的重要原因。(√)

3. 对于在易燃、易爆、易灼烧及有静电发生的场所作业的工作人员,不可以发放和使用化纤防护用品。(√)

4. 分断电流能力是各类刀开关的主要技术参数之一。(√)

5. 电动式时间继电器的延时时间不受电源电压波动及环境温度变化的影响。(√)

6. 目前我国生产的接触器额定电流一般大于或等于 630 A。(×)

7. 自动切换电器是依靠本身参数的变化或外来信号而自动进行工作的。(√)

8. 漏电断路器在被保护电路中有漏电或有人触电时,零序电流互感器就产生感应电流,经放大使脱扣器动作,从而切断电路。(√)

9. 安全可靠是对任何开关电器的基本要求。(√)

10. 频率的自动调节补偿是热继电器的一个功能。(×)

11. 铁壳开关安装时外壳必须可靠接地。(√)

12. 刀开关在作隔离开关选用时,要求刀开关的额定电流要大于或等于线路实际的故障电流。(×)

13. 交流接触器的额定电流,是在额定的工作条件下所决定的电流值。(√)

14. 工频电流比高频电流更容易引起皮肤灼伤。(×)

15. 两相触电危险性比单相触电小。(×)

16. 按照通过人体电流的大小,人体反应状态的不同,可将电流划分为感知电流、摆脱电流和室颤电流。(√)

17. 兆欧表在使用前,无须先检查兆欧表是否完好,可直接对被测设备进行绝缘测量。(×)

18. 电能表是专门用来测量设备功率的装置。(×)

19. 万用表使用后,转换开关可置于任意位置。(×)

20. 万用表在测量电阻时,指针指在刻度盘中间最准确。(√)

21. 直流电流表可以用于交流电路的测量。(×)

22. 测量电流时应把电流表串联在被测电路中。(√)

23. 电压表内阻越大越好。(√)

24. 电容器室内要有良好的天然采光。(×)

25. 检查电容器时,只要检查电压是否符合要求即可。(×)

26. 电容器室内应有良好的通风。(√)

27. 日常电气设备的维护和保养应由设备管理人员负责。(×)

28. 电工应严格按照操作规程进行作业。(√)

29. 特种作业操作证每年由考核发证部门复审一次。(×)

30. “止步,高压危险”的标志牌的式样是白底、红边,有红色箭头。(√)

31. 在安全色标中用红色表示禁止、停止或消防。(√)

32. 使用竹梯作业时,梯子放置与地面夹角以50°左右为宜。(×)

33. 常用绝缘安全防护用具有绝缘手套、绝缘靴、绝缘隔板、绝缘垫、绝缘站台等。(√)

34. 漏电开关只有在有人触电时才会动作。(×)

35. 为安全起见,更换熔断器时,最好断开负载。(×)

36. 白炽灯属热辐射光源。(√)

37. 低压验电器可以验出500 V以下的电压。(×)

38. 高压水银灯的电压比较高,所以称为高压水银灯。(×)

39. 为了安全可靠,所有开关均应同时控制相线和中性线。(×)

40. 锡焊晶体管等弱电元件应用100 W的电烙铁。(×)

41. 手持电动工具有两种分类方式,即按工作电压分类和按防潮程度分类。(×)

42. 剥线钳是用来剥削小导线头部表面绝缘层的专用工具。(√)

43. 电工钳、电工刀、螺钉旋具是常用电工基本工具。(√)

44. 改革开放前我国强调以铝代铜作导线,以减轻导线的质量。(×)

45. 导线接头位置应尽量在绝缘子固定处,以方便统一扎线。(×)

46. 在我国,超高压送电线路基本上是架空敷设。(√)
47. 熔断器在所有电路中,都能起到过载保护。(×)
48. 为了安全,高压线路通常采用绝缘导线。(×)
49. 绝缘材料就是指绝对不导电的材料。(×)
50. 10 kV 以下运行的阀型避雷器的绝缘电阻应每年测量一次。(×)
51. 用避雷针、避雷带是防止雷电破坏电力设备的主要措施。(×)
52. 防雷装置应沿建筑物的外墙敷设,并经最短途径接地,如有特殊要求可以暗设。(√)
53. 雷电按其传播方式可分为直击雷和感应雷两种。(×)
54. 右手定则是判定直导体做切割磁感线运动时所产生的感生电流方向的。(√)
55. PN 结正向导通时,其内外电场方向一致。(×)
56. 在三相交流电路中,负载为三角形接法时,其相电压等于三相电源的线电压。(√)
57. 并联电路的总电压等于各支路电压之和。(×)
58. 对称的三相电源是由振幅相同、初相依次相差 120°的正弦电源,连接组成的供电系统。(×)
59. 磁感线是一种闭合曲线。(√)
60. 电动机运行时发出沉闷声是电动机在正常运行的声音。(×)
61. 因闻到焦臭味而停止运行的电动机,必须找出原因后才能再通电使用。(√)
62. 对电动机轴承润滑的检查,可通电转动电动机转轴,看是否转动灵活,听有无异声。(×)
63. 交流电动机铭牌上的频率是此电动机使用的交流电源的频率。(√)
64. 电动机在检修后,经各项检查合格后,就可对电动机进行空载试验和短路试验。(√)
65. 电气原理图中的所有元件均按未通电状态或无外力作用时的状态画出。(√)
66. 电动机异常发响发热的同时,转速急速下降,应立即切断电源,停机检查。(√)
67. RCD 的额定动作电流是指能使 RCD 动作的最大电流。(×)
68. 保护接零适用于中性点直接接地的配电系统中。(√)
69. 机关、学校、企业、住宅等建筑物内的插座回路不需要安装漏电保护装置。(×)
70. 单相 220 V 电源供电的电气设备,应选用三极式漏电保护装置。(×)
71. 在易燃、易爆危险场所,供电线路应采用(B)方式供电。
  A. 单相三线制,三相四线制
  B. 单相三线制,三相五线制
  C. 单相两线制,三相五线制
72. 更换熔体或熔管,必须在(A)的情况下进行。
  A. 不带电　　B. 带电　　C. 带负载
73. 主令电器很多,其中有(B)。
  A. 接触器　　B. 行程开关　　C. 热继电器
74. 交流接触器的电寿命约为机械寿命的(C)倍。
  A. 1　　B. 10　　C. 1/20
75. 属于配电电器的有(B)。
  A. 接触器　　B. 熔断器　　C. 电阻器
76. 脑细胞对缺氧最敏感,一般缺氧超过(A) min 就会造成不可逆转的损害,导致脑死亡。

A. 8 B. 5 C. 12

77. 人体直接接触带电设备或线路中的一相时，电流通过人体流入大地，这种触电现象称为(A)触电。

A. 单相 B. 两相 C. 三相

78. 钳形电流表是利用(B)的原理制造的。

A. 电压互感器 B. 电流互感器 C. 变压器

79. 万用表由表头、(A)及转换开关三个主要部分组成。

A. 测量电路 B. 线圈 C. 指针

80. 单相电能表主要由一个可转动铝盘和分别绕在不同铁芯上的一个(B)和一个电流线圈组成。

A. 电压互感器 B. 电压线圈 C. 电阻器

81. 电容器组禁止(B)。

A. 带电合闸 B. 带电荷合闸 C. 停电合闸

82. 接地线应用多股软裸铜线，其截面积不得小于(C)mm^2。

A. 10 B. 6 C. 25

83. (A)是登杆作业时必备的保护用具，无论用登高板或脚扣都要用其配合使用。

A. 安全带 B. 梯子 C. 手套

84. “禁止攀登，高压危险！”的标志牌应制作为(C)。

A. 红底白字 B. 白底红字 C. 白底红边黑字

85. 一般照明线路中，无电的依据是(B)。

A. 用兆欧表测量 B. 用电笔验电 C. 用电流表测量

86. 下列灯具中功率因数最高的是(B)。

A. 节能灯 B. 白炽灯 C. 荧光灯

87. 荧光灯属于(A)光源。

A. 气体放电 B. 热辐射 C. 生物放电

88. 在狭窄场所，如锅炉、金属容器、管道内作业时，应使用(C)工具。

A. Ⅱ类 B. Ⅰ类 C. Ⅲ类

89. 绝缘材料的耐热等级为E级时，其极限工作温度为(C)℃。

A. 90 B. 105 C. 120

90. 导线接头要求应接触紧密和(A)等。

A. 牢固可靠 B. 拉不断 C. 不会发热

91. 碳在自然界中有金刚石和石墨两种存在形式，其中石墨是(B)。

A. 绝缘体 B. 导体 C. 半导体

92. 变压器和高压开关柜，防止雷电侵入产生破坏的主要措施是(B)。

A. 安装避雷线 B. 安装避雷器 C. 安装避雷网

93. 下面(C)属于顺磁性材料。

A. 水 B. 铜 C. 空气

94. 感应电流的方向总是使感应电流的磁场阻碍引起感应电流的磁通的变化，这一定律称为(C)。

A. 特斯拉定律 B. 法拉第定律 C. 楞次定律

95. PN 结两端加正向电压时,其正向电阻(A)。

A. 小　　B. 大　　C. 不变

96. 三相异步电动机一般可直接启动的功率为(B)kW 以下。

A. 10　　B. 7　　C. 16

97. 旋转磁场的旋转方向决定于通入定子绕组中的三相交流电源的相序,只要任意调换电动机(B)所接交流电源的相序,旋转磁场即反转。

A. 一相绕组　　B. 两相绕组　　C. 三相绕组

98. 利用(B)来降低加在定子三相绕组上的电压的启动称为自耦降压启动。

A. 频敏变压器　　B. 自耦变压器　　C. 电阻器

99. 6~10 kV 架空线路的导线经过居民区时,线路与地面的最小距离为(C)m。

A. 6　　B. 5　　C. 6.5

100. 带电体的工作电压越高,要求其间的空气距离(A)。

A. 越大　　B. 一样　　C. 越小

第 四 套

1. 当电气火灾发生时,如果无法切断电源,就只能带电灭火,并选择干粉或者二氧化碳灭火器,尽量少用水基式灭火器。(×)

2. 在有爆炸和火灾危险的场所,应尽量少用或不用携带式、移动式的电气设备。(√)

3. 在带电灭火时,如果用喷雾水枪,应将水枪喷嘴接地,并穿上绝缘靴和戴上绝缘手套,才可进行灭火操作。(√)

4. 组合开关在选作直接控制电动机时,要求其额定电流可取电动机额定电流的 2~3 倍。(√)

5. 目前我国生产的接触器额定电流一般大于或等于 630 A。(×)

6. 从过载角度出发,规定了熔断器的额定电压。(×)

7. 铁壳开关安装时外壳必须可靠接地。(√)

8. 断路器可分为框架式和塑料外壳式。(√)

9. 中间继电器实际上是一种动作与释放值可调节的电压继电器。(×)

10. 频率的自动调节补偿是热继电器的一个功能。(×)

11. 低压断路器是一种重要的控制和保护电器,断路器都装有灭弧装置,因此可以安全地带负荷合分闸。(√)

12. 接触器的文字符号为 KM。(√)

13. 在供配电系统和设备自动系统中,刀开关通常用于电源隔离。(√)

14. 相同条件下,交流电比直流电对人体危害更大。(√)

15. 脱离电源后,触电者神志清醒,应让触电者来回走动,加强血液循环。(×)

16. 触电分为电击和电伤。(√)

17. 用钳表测量电动机空转电流时,不需要挡位变换,可直接进行测量。(×)

18. 使用万用表电阻挡能够测量变压器的线圈电阻。(×)

19. 交流电流表和电压表测量所测得的值都是有效值。(√)

20. 接地电阻测试仪就是测量线路的绝缘电阻的仪器。(×)

21. 交流钳形电流表可测量交直流电流。(×)

22. 电压表内阻越大越好。(√)

23. 直流电流表可以用于交流电路测量。(×)
24. 当电容器爆炸时,应立即检查。(×)
25. 如果电容器运行时,检查发现温度过高,应加强通风。(×)
26. 并联补偿电容器主要用在直流电路中。(√)
27. 特种作业人员必须年满 20 周岁,且不超过国家法定退休年龄。(×)
28. 有美尼尔氏症的人不得从事电工作业。(√)
29. 特种作业操作证每年由考核发证部门复审一次。(×)
30. 停电作业安全措施按保安作用依据安全措施分为预见性措施和防护措施。(√)
31. 验电是保证电气作业安全的技术措施之一。(√)
32. 使用竹梯作业时,梯子与地面的夹角以 50°左右为宜。(×)
33. 常用绝缘安全防护用具有绝缘手套、绝缘靴、绝缘隔板、绝缘垫、绝缘站台等。(√)
34. 可以用相线碰地线的方法检查地线是否接地良好。(×)
35. 路灯的各回路应有保护,每一灯具宜设单独熔断器。(√)
36. 为了有明显区别,并列安装的同型号开关应不同高度,错落有致。(×)
37. 不同电压的插座应有明显区别。(√)
38. 用电笔验电时,应赤脚站立,保证与大地有良好的接触。(×)
39. 用电笔检查时,电笔发光就说明线路一定有电。(×)
40. 多用螺钉旋具的规格是以它的全长(手柄加旋杆)表示。(√)
41. Ⅱ类手持电动工具比Ⅰ类工具安全可靠。(√)
42. 电工钳、电工刀、螺钉旋具是常用电工基本工具。(√)
43. 移动电气设备可以参考手持电动工具的有关要求进行使用。(√)
44. 黄绿双色的导线只能用于保护线。(√)
45. 根据用电性质,电力线路可分为动力线路和配电线路。(×)
46. 绝缘材料就是指绝对不导电的材料。(×)
47. 绝缘体被击穿时的电压称为击穿电压。(√)
48. 水和金属比较,水的导电性能更好。(×)
49. 过载是指线路中的电流大于线路的计算电流或允许载流量。(√)
50. 雷电后造成架空线路产生高电压冲击波,这种雷电称为直击雷。(×)
51. 对于容易产生静电的场所,应保持地面潮湿,或者铺设导电性能较好的地板。(√)
52. 雷电可通过其他带电体或直接对人体放电,使人的身体遭到巨大的破坏直至死亡。(√)
53. 除独立避雷针之外,在接地电阻满足要求的前提下,防雷接地装置可以和其他接地装置共用。(√)
54. 右手定则是判定直导体做切割磁感线运动时所产生的感生电流方向的。(√)
55. 正弦交流电的周期与角频率的关系互为倒数的。(×)
56. 在三相交流电路中,负载为三角形接法时,其相电压等于三相电源的线电压。(√)
57. 规定小磁针的北极所指的方向是磁感线的方向。(√)
58. 无论在任何情况下,三极管都具有电流放大功能。(×)
59. 交流电每交变一周所需的时间称为周期 T。(√)
60. 电动机运行时发出沉闷声是电动机在正常运行的声音。(×)
61. 为改善电动机的启动及运行性能,笼形异步电动机转子铁芯一般采用直槽结构。(×)

62. 转子串频敏变阻器启动的转矩大,适合重载启动。(×)

63. 电动机在检修后,经各项检查合格后,就可对电动机进行空载试验和短路试验。(√)

64. 电气原理图中的所有元件均按未通电状态或无外力作用时的状态画出。(√)

65. 在电气原理图中,当触点图形垂直放置时,以“左开右闭”原则绘制。(√)

66. 对电动机各绕组的绝缘检查,如测出绝缘电阻不合格,不允许通电运行。(√)

67. 在高压操作中,无遮拦作业人体或其所携带工具与带电体之间的距离应不小于0.7 m。(√)

68. RCD 的选择,必须考虑用电设备和电路正常泄漏电流的影响。(√)

69. 变配电设备应有完善的屏护装置。(√)

70. RCD 后的中性线可以接地。(×)

71. 在易燃、易爆危险场所,供电线路应采用(B)方式供电。

A. 单相三线制,三相四线制　B. 单相三线制,三相五线制

C. 单相两线制,三相五线制

72. 属于控制电器的是(B)。

A. 熔断器　B. 接触器　C. 刀开关

73. 属于配电电器的有(B)。

A. 接触器　B. 熔断器　C. 电阻器

74. 电流继电器使用时其吸引线圈直接或通过电流互感器(A)在被控电路中。

A. 串联　B. 并联　C. 串联或并联

75. 热继电器的保护特性与电动机过载特性贴近,是为了充分发挥电动机的(A)能力。

A. 过载　B. 控制　C. 节流

76. 电流从左手到双脚引起心室颤动效应,一般认为通电时间与电流的乘积大于(C)mA · s时就有生命危险。

A. 30　B. 16　C. 50

77. 人体直接接触带电设备或线路中的一相时,电流通过人体流入大地,这种触电现象称为(A)触电。

A. 单相　B. 两相　C. 三相

78. 接地电阻测量仪主要由手摇发电机、(B)、电位器,以及检流计组成。

A. 电压互感器　B. 电流互感器　C. 变压器

79. 万用表实质是一个带有整流器的(A)仪表。

A. 磁电式　B. 电磁式　C. 电动式

80. 指针式万用表测量电阻时标度尺最右侧是(A)。

A. 0　B. ∞　C. 不确定

81. 电容量的单位是(A)。

A. 法　B. 乏　C. 安 · 时

82. 特种作业操作证每(C)年复审一次。

A. 4　B. 5　C. 3

83. 绝缘安全用具分为(C)安全用具和辅助安全用具。

A. 直接　B. 间接　C. 基本

84. 使用竹梯时,梯子与地面的夹角以(A)左右为宜。

A. 60° B. 50° C. 70°

85. 当一个熔断器保护一只灯时,熔断器应串联在开关(B)

A. 前 B. 后 C. 中

86. 一般照明的电源优先选用(B)V。

A. 380 B. 220 C. 36

87. 下列现象中,可判定是接触不良的是(B)。

A. 荧光灯启动困难 B. 灯泡亮度忽明忽暗 C. 灯泡不亮

88. Ⅱ类手持电动工具是带有(C)绝缘的设备。

A. 防护 B. 基本 C. 双重

89. 熔断器在电动机的电路中起(B)保护作用。

A. 过载 B. 短路 C. 过载和短路

90. 更换熔体时,原则上新熔体与旧熔体的规格要(A)。

A. 相同 B. 不同 C. 更新

91. 在铝绞线中加入钢芯的作用是(C)。

A. 提高导电能力 B. 增大导线面积 C. 提高机械强度

92. 防静电的接地电阻要求不大于(C)Ω。

A. 40 B. 10 C. 100

93. 在一个闭合回路中,电流与电源电动势成正比,与电路中内电阻和外电阻之和成反比,这一定律称为(A)。

A. 全电路欧姆定律

B. 全电路电流定律

C. 部分电路欧姆定律

94. 我们使用的照明电压为220 V,这个值是交流电的(B)。

A. 最大值 B. 有效值 C. 恒定值

95. 电磁力的大小与导体的有效长度成(A)。

A. 正比 B. 反比 C. 不变

96. 笼形异步电动机降压启动能减少启动电流,但由于电动机的转矩与电压的二次方成(A),因此降压启动时转矩减少较多。

A. 正比 B. 反比 C. 对应

97. 利用(A)来降低加在定子三相绕组上的电压的启动称为自耦降压启动。

A. 自耦变压器 B. 频敏变压器 C. 电阻器

98. (C)的电动机,在通电前,必须先做各绕组的绝缘电阻检查,合格后才可通电。

A. 不常用,但电动机刚停止不超过一天

B. 一直在用,停止没超过一天

C. 新装或未用过

99. 6~10 kV架空线路的导线经过居民区时,线路与地面的最小距离为(C)m。

A. 6 B. 5 C. 6.5

100. 特别潮湿的场所应采用(C)V的安全特低电压。

A. 24 B. 42 C. 12

第 五 套

1. 在设备运行中,发生起火的原因是电流热量是间接原因,而火花或电弧则是直接原

因。(×)

2. 对于在易燃、易爆、易灼烧及有静电发生的场所作业的工作人员,不可以发放和使用化纤防护用品。(√)

3. 电气设备缺陷,设计不合理,安装不当等都是引发火灾的重要原因。(√)

4. 熔体的额定电流不可大于熔断器的额定电流。(√)

5. 电动式时间继电器的延时时间不受电源电压波动及环境温度变化的影响。(√)

6. 交流接触器常见的额定最高工作电压达到6 000 V。(×)

7. 断路器可分为框架式和塑料外壳式。(√)

8. 自动开关属于手动电器。(×)

9. 漏电断路器在被保护电路中有漏电或有人触电时,零序电流互感器就产生感应电流,经放大使脱扣器动作,从而切断电路。(√)

10. 组合开关可直接启动5 kW以下的电动机。(√)

11. 中间继电器的动作值与释放值可调节。(×)

12. 安全可靠是对任何开关电器的基本要求。(√)

13. 刀开关在作隔离开关选用时,要求刀开关的额定电流要大于或等于线路实际的故障电流。(×)

14. 相同条件下,交流电比直流电对人体危害更大。(√)

15. 按照通过人体电流的大小,人体反应状态的不同,可将电流划分为感知电流、摆脱电流和室颤电流。(√)

16. 两相触电危险性比单相触电小。(×)

17. 用钳形电流表测量电动机空转电流时,可直接用小电流挡一次测量出来。(×)

18. 兆欧表在使用前,无须先检查兆欧表是否完好,可直接对被测设备进行绝缘测量。(×)

19. 钳形电流表可做成既能测量交流电流,也能测量直流电流。(√)

20. 电压表在测量时,量程要大于或等于被测线路电压。(√)

21. 万用表在测量电阻时,指针指在刻度盘中间最准确。(√)

22. 使用兆欧表前不必切断被测设备的电源。(×)

23. 电压表内阻越大越好。(√)

24. 电容器室内要有良好的天然采光。(×)

25. 如果电容器运行时,检查发现温度过高,应加强通风。(×)

26. 补偿电容器的容量越大越好。(×)

27. 日常电气设备的维护和保养应由设备管理人员负责。(×)

28. 电工应严格按照操作规程进行作业。(√)

29. 电工应做好用电人员在特殊场所作业的监护作业。(√)

30. "止步,高压危险"的标志牌的式样是白底、红边,有红色箭头。(√)

31. 在安全色标中用红色表示禁止、停止或消防。(√)

32. 使用竹梯作业时,梯子放置与地面夹角以50°左右为宜。(×)

33. 遮栏是为防止工作人员无意碰到带电设备部分而装设备的屏护,分临时遮栏和常设遮栏两种。(√)

34. 电子镇流器的功率因数高于电感式镇流器。(√)

35. 可以用相线碰地线的方法检查地线是否接地良好。(×)

36. 危险场所室内的吊灯与地面距离不少于 3 m。(×)
37. 用电笔检查时,电笔发光就说明线路一定有电。(×)
38. 验电器在使用前必须确认验电器良好。(√)
39. 民用住宅严禁装设床头开关。(√)
40. 多用螺钉旋具的规格是以它的全长(手柄加旋杆)表示的。(√)
41. 剥线钳是用来剥削小导线头部表面绝缘层的专用工具。(√)
42. Ⅱ类手持电动工具比Ⅰ类工具安全可靠。(√)
43. 手持电动工具有两种分类方式,即按工作电压分类和按防潮程度分类。(×)
44. 在断电之后,电动机停转,当电网再次来电,电动机能自行启动的运行方式称为失电压保护。(×)
45. 导线连接后接头与绝缘层的距离越小越好。(√)
46. 电力线路敷设时严禁采用突然剪断导线的办法松线。(√)
47. 在我国,超高压送电线路基本上是架空敷设的。(√)
48. 熔断器在所有电路中,都能起到过载保护。(×)
49. 导线连接时必须注意做好防护措施。(√)
50. 雷电后造成架空线路产生高电压冲击波,这种雷电称为直击雷。(×)
51. 用避雷针、避雷带是防止雷电破坏电力设备的主要措施。(×)
52. 除独立避雷针之外,在接地电阻满足要求的前提下,防雷接地装置可以和其他接地装置共用。(√)
53. 雷雨天气,即使在室内也不要修理家中的电气线路、开关、插座等。如果一定要修,要把家中电源总开关拉开。(×)
54. 并联电路中各支路上的电流不一定相等。(√)
55. 交流发电机是应用电磁感应的原理发电的。(√)
56. 在串联电路中,电流处处相等。(√)
57. 电流和磁场密不可分,磁场总是伴随着电流而存在,而电流永远被磁场所包围。(√)
58. 导电性能介于导体和绝缘体之间的物体称为半导体。(√)
59. 磁感线是一种闭合曲线。(√)
60. 电动机在正常运行时,如闻到焦臭味,则说明电动机转速过快。(×)
61. 电动机运行时发出沉闷声是电动机正常运行时的声音。(×)
62. 能耗制动这种方法是将转子的动能转化为电能,并消耗在转子回路的电阻上。(√)
63. 使用改变磁极对数来调速的电动机一般都是绕线转子电动机。(×)
64. 电动机异常发响发热的同时,转速急速下降,应立即切断电源,停机检查。(√)
65. 电气控制系统图包括电气原理图和电气安装图。(√)
66. 对电动机轴承润滑的检查,可通电转动电动机转轴,看是否转动灵活,听有无异声。(×)
67. SELV 只作为接地系统的电击保护。(×)
68. 剩余电流动作保护装置主要用于 1 000 V 以下的低压系统。(√)
69. 保护接零适用于中性点直接接地的配电系统中。(√)
70. RCD 后的中性线可以接地。(×)
71. 当低压电气火灾发生时,首先应做的是(B)。

A. 迅速离开现场去报告领导

B. 迅速设法切断电源

C. 迅速用干粉或者二氧化碳灭火器灭火

72. 漏电保护断路器在设备正常工作时,电路电流的相量和(C),开关保持闭合状态。

A. 为负　　B. 为正　　C. 为零

73. 组合开关用于电动机可逆控制时,(C)允许反向接通。

A. 不必在电动机完全停转后就

B. 在电动机停转后就

C. 必须在电动机完全停转后才

74. 热继电器的保护特性与电动机过载特性贴近,是为了充分发挥电动机的(B)能力。

A. 控制　　B. 过载　　C. 节流

75. 万用表由表头、(A)及转换开关三个主要部分组成。

A. 测量电路　　B. 线圈　　C. 指针

76. 脑细胞对缺氧最敏感,一般缺氧超过(A)min 就会造成不可逆转的损害,导致脑死亡。

A. 8　　B. 5　　C. 12

77. 当电气设备发生接地故障,接地电流通过接地体向大地流散,若人在接地短路点周围行走,其两脚间的电位差引起的触电称为(B)触电。

A. 单相　　B. 跨步电压　　C. 感应电

78. (C)仪表由固定的线圈、可转动的线圈及转轴、游丝、指针、机械调零机构等组成。

A. 电磁式　　B. 磁电式　　C. 电动式

79. 测量电压时,电压表应与被测电路(A)。

A. 并联　　B. 串联　　C. 正接

80. 线路或设备的绝缘电阻是用(A)测量的。

A. 兆欧表　　B. 万用表的电阻挡　　C. 接地兆欧表

81. 电容器在用万用表检查时指针摆动后应该(B)。

A. 保持不动　　B. 逐渐回摆　　C. 来回摆动

82. 低压电工作业是指对(C)V 以下的电气设备进行安装、调试、运行操作等的作业。

A. 500　　B. 250　　C. 1 000

83. (C)可用于操作高压跌落式熔断器、单极隔离开关及装设临时接地线等。

A. 绝缘手套　　B. 绝缘鞋　　C. 绝缘棒

84. “禁止攀登,高压危险!”的标志牌应制作为(C)。

A. 红底白字　　B. 白底红字　　C. 白底红边黑字

85. 事故照明一般采用(B)。

A. 荧光灯　　B. 白炽灯　　C. 高压汞灯

86. 线路单相短路是指(C)。

A. 电流太大　　B. 功率太大　　C. 零火线直接接通

87. 荧光灯属于(A)光源。

A. 气体放电　　B. 热辐射　　C. 生物放电

88. 螺钉旋具的规格是以柄部外面的杆身长度和(C)表示的。

A. 厚度　　B. 半径　　C. 直径

89. 导线接头的机械强度不小于原导线机械强度的(B)%。

A. 80　　B. 90　　C. 95

90. 低压断路器又称(C)。

A. 总开关　　B. 闸刀　　C. 自动空气开关

91. 导线接头缠绝缘胶布时,后一圈压在前一圈胶布宽度的(B)。

A. 1/3　　B. 1/2　　C. 1

92. 静电防护的措施比较多,下面常用又行之有效的可消除设备外壳静电的方法是(B)。

A. 接零　　B. 接地　　C. 串接

93. 在一个闭合回路中,电流强度与电源电动势成正比,与电路中内电阻和外电阻之和成反比,这一定律称为(A)。

A. 全电路欧姆定律　　B. 全电路电流定律　　C. 部分电路欧姆定律

94. 载流导体在磁场中将会受到(B)的作用。

A. 磁通　　B. 电磁力　　C. 电动势

95. PN 结两端加正向电压时,其正向电阻(A)。

A. 小　　B. 大　　C. 不变

96. 国家标准规定,凡(A)kW 以上的电动机均采用三角形接法。

A. 4　　B. 3　　C. 7.5

97. 对电动机内部的脏污及灰尘清理,应用(C)。

A. 湿布抹擦

B. 布上蘸汽油、煤油等抹擦

C. 用压缩空气吹或用干布抹擦

98. 对电动机轴承润滑的检查,(A)电动机转轴,看是否转动灵活,听有无异声。

A. 用手转动　　B. 通电转动　　C. 用其他设备带动

99. (GB/T 3805—2008)《特低电压(ELV)限值》中规定,在正常环境下,正常工作时工频电压有效值的限值为(A)V。

A. 33　　B. 70　　C. 55

100. 对于低压配电网,配电容量在 100 kW 以下时,设备保护接地的接地电阻不应超过(B)Ω。

A. 6　　B. 10　　C. 4

第　六　套

1. 在设备运行中,发生起火的原因:电流热量是间接原因,而火花或电弧则是直接原因。(×)

2. 在带电灭火时,如果用喷雾水枪应将水枪喷嘴接地,并穿上绝缘靴和戴上绝缘手套,才可进行灭火操作。(√)

3. 当电气火灾发生时首先应迅速切断电源,在无法切断电源的情况下,应迅速选择干粉、二氧化碳等不导电的灭火器材进行灭火(√)

4. 在采用多级熔断器保护中,后级熔体的额定电流比前级大,以电源端为最前端。(×)

5. 热继电器的双金属片是由一种热膨胀系数不同的金属材料辗压而成的。(×)

6. 交流接触器常见的额定最高工作电压达到 6 000 V。(×)

7. 自动开关属于手动电器。(×)

8. 刀开关在作隔离开关选用时,要求刀开关的额定电流要大于或等于线路实际的故障

电流。(×)

9. 交流接触器的额定电流,是在额定的工作条件下所决定的电流值。(×)

10. 行程开关的作用是将机械行走的长度用电信号传出。(×)

11. 自动切换电器是依靠本身参数的变化或外来信号而自动进行工作的。(√)

12. 胶壳开关不适合用于直接控制 5.5 kW 以上的交流电动机。(√)

13. 铁壳开关安装时外壳必须可靠接地。(√)

14. 据部分省市统计,农村的触电事故要少于城市的触电事故。(×)

15. 脱离电源后,触电者神志清醒,应让触电者来回走动,加强血液循环。(×)

16. 触电事故是由电能以电流形式作用人体造成的事故。(√)

17. 兆欧表在使用前,无须先检查兆欧表是否完好,可直接对被测设备进行绝缘测量。(×)

18. 用万用表 $R\times1\ \text{k}\Omega$ 欧姆挡测量二极管时,红表笔接一只脚,黑表笔接另一只脚测得的电阻值约为几百欧,反向测量时电阻值很大,则该二极管是好的。(√)

19. 测量电流时应把电流表串联在被测电路中。(×)

20. 直流电流表可以用于交流电路测量。(×)

21. 电压表在测量时,量程要大于或等于被测线路电压。(√)

22. 电流的大小用电流表来测量,测量时将其并联在电路中。(×)

23. 电流表的内阻越小越好。(√)

24. 当电容器爆炸时,应立即检查。(×)

25. 电容器放电的方法就是将其两端用导线连接。(×)

26. 并联补偿电容器主要用在直流电路中。(×)

27. 日常电气设备的维护和保养应由设备管理人员负责。(×)

28. 电工作业分为高压电工和低压电工。(×)

29. 特种作业人员未经专门的安全作业培训,未取得相应资格,上岗作业导致事故的,应追究生产经营单位有关人员的责任。(√)

30. 在直流电路中,常用棕色表示正极。(×)

31. 试验对地电压为 50 V 以上的带电设备时,氖泡式低压验电器就应显示有电。(×)

32. 遮栏是为防止工作人员无意碰到带电设备部分而装设备的屏护,分临时遮栏和常设遮栏两种。(√)

33. 使用脚扣进行登杆作业时,上、下杆的每一步必须使脚扣环完全套入并可靠地扣住电杆,才能移动身体,否则会造成事故。(√)

34. 可以用相线碰地线的方法检查地线是否接地良好。(×)

35. 吊灯安装在桌子上方时,与桌子的垂直距离不少于 1.5 m。(×)

36. 漏电开关跳闸后,允许采用分路停电再送电的方式检查线路。(√)

37. 用电笔验电时,应赤脚站立,保证与大地有良好的接触。(×)

38. 危险场所室内的吊灯与地面距离不少于 3 m。(×)

39. 验电器在使用前必须确认验电器良好。(√)

40. 锡焊晶体管等弱电元件应用 100 W 的电烙铁。(×)

41. 电工钳、电工刀、螺钉旋具是常用电工基本工具。(√)

42. 手持式电动工具接线可以随意加长。(×)

43. 手持式电动工具有两种分类方式,即按工作电压分类和按防潮程度分类。(×)

44. 根据用电性质,电力线路可分为动力线路和配电线路。(×)

45. 低压绝缘材料的耐压等级一般为 500 V。(√)

46. 绝缘体被击穿时的电压称为击穿电压。(√)

47. 过载是指线路中的电流大于线路的计算电流或允许载流量。(√)

48. 导线连接时必须注意做好防腐措施。(√)

49. 电缆保护层的作用是保护电缆。(√)

50. 为了避免静电火花造成爆炸事故,凡在加工运输、储存各种易燃液体、气体时,设备都要分别隔离。(×)

51. 除独立避雷针之外,在接地电阻满足要求的前提下,防雷接地装置可以和其他接地装置共用。(√)

52. 雷电按其传播方式可分为直击雷和感应雷两种。(×)

53. 防雷装置应沿建筑物的外墙敷设,并经最短途径接地,如有特殊要求可以暗设。(√)

54. 并联电路中各支路上的电流不一定相等。(√)

55. 右手定则是判定直导体做切割磁感线运动时所产生的感生电流方向的。(√)

56. 交流电每交变一周所需的时间称为周期 T。(√)

57. 导电性能介于导体和绝缘体之间的物体称为半导体。(√)

58. 符号“A”表示交流电源。(×)

59. 无论在任何情况下,三极管都具有电流放大功能。(×)

60. 改变转子电阻调速这种方法只适用于绕线转子异步电动机。(√)

61. 带电动机的设备,在电动机通电前要检查电动机的辅助设备和安装底座、接地等,正常后再通电使用。(√)

62. 对电动机各绕组的绝缘检查,如测出绝缘电阻不合格,不允许通电运行。(√)

63. 在电气原理图中,当触点图形垂直放置时,以“左开右闭”原则绘制。(√)

64. 同一电器元件的各部件分散地画在原理图中,必须按顺序标注文字符号。(×)

65. 电气安装接线图中,同一电器元件的各部分必须画在一起。(√)

66. 电动机异常发响、发热的同时,转速急速下降,应立即切断电源,停机检查。(√)

67. 在高压操作中,无遮拦作业人体或其所携带工具与带电体之间的距离应不小于 0.7 m。(√)

68. 保护接零适用于中性点直接接地的配电系统中。(√)

69. 单相 220 V 电源供电的电气设备,应选用三极式漏电保护装置。(×)

70. 剩余电流动作保护装置主要用于 1 000 V 以下的低压系统。(√)

71. 电气火灾发生时,应先切断电源再扑救,但不知或不清楚开关在何处时,应剪断电线,剪切时要(B)。

A. 几根线迅速同时剪断

B. 不同相线在不同位置剪断

C. 在同一位置一根一根剪断

72. 漏电保护断路器在设备正常工作时,电路电流的相量和(C),开关保持闭合状态。

A. 为负　　B. 为正　　C. 为零

73. 在电力控制系统中,使用最广泛的是(B)式交流接触器。

A. 气动　　B. 电磁　　C. 液动

74. 正确选用电器应遵循的两个基本原则是安全原则和(A)原则。

A. 经济　　B. 性能　　C. 功能

75. 铁壳开关在作控制电动机启动和停止时,要求额定电流要大于或等于(B)倍电动机的额定电流。

A. 一　　B. 两　　C. 三

76. 在对可能存在较高跨步电压的接地故障点进行检查时,室内不得接近故障点(C)m以内。

A. 3　　B. 2　　C. 4

77. 如果触电者心跳停止,但有呼吸,应立即对触电者施行(B)急救。

A. 仰卧压胸法　　B. 胸外心脏按压法　　C. 俯卧压背法

78. 指针式万用表一般可以测量交直流电压(C)电流和电阻。

A. 交流　　B. 交直流　　C. 直流

79. 单相电能表主要由一个可转动铝盘和分别绕在不同铁芯上的一个(A)和一个电流线圈组成。

A. 电压线圈　　B. 电压互感器　　C. 电阻

80. 测量电动机线圈对地的绝缘电阻时,兆欧表的L、E两个接线柱应(A)。

A. L接在电动机出线的端子,E接电动机的外壳

B. E接在电动机出线的端子,L接电动机的外壳

C. 随便接,没有规定

81. 电容器组禁止(B)。

A. 带电合闸　　B. 带电荷合闸　　C. 停电合闸

82. 特种作业人员在操作证有效期内,连续从事本工种10年以上,无违法行为,经考核发证机关同意,操作证复审时间可延长至(A)年。

A. 6　　B. 4　　C. 10

83. (B)是保证电气作业安全的技术措施之一。

A. 工作票制度　　B. 验电　　C. 工作许可制度

84. 使用竹梯时,梯子与地面的夹角以(A)为宜。

A. 60°　　B. 50°　　C. 70°

85. 电感式荧光灯镇流器的内部是(B)。

A. 电子电路　　B. 线圈　　C. 振荡电路

86. 在易燃、易爆场所使用的照明灯具应采用(B)灯具。

A. 防潮型　　B. 防爆型　　C. 普通型

87. 下列灯具中功率因数最高的是(A)。

A. 白炽灯　　B. 节能灯　　C. 荧光灯

88. 在狭窄场所如锅炉、金属容器、管道内作业时应使用(C)工具。

A. Ⅰ类　　B. Ⅱ类　　C. Ⅲ类

89. 保护线(接地线或接零线)的颜色按标准应采用(C)。

A. 蓝色　　B. 红色　　C. 黄绿双色

90. 热继电器的整定电流为电动机额定电流的(B)%。

A. 120　　B. 100　　C. 130

91. 更换熔体时,原则上新熔体与旧熔体的规格要(B)。

A. 不同　　B. 相同　　C. 更新

92. 雷电流产生的(A)电压和跨步电压可直接使人触电死亡。
A. 接触　　B. 感应　　C. 直击

93. 交流电路中电流比电压滞后90°,该电路属于(B)电路。
A. 纯电阻　　B. 纯电感　　C. 纯电容

94. 安培定则又称(C)。
A. 右手定则　　B. 左手定则　　C. 右手螺旋定则

95. PN结两端加正向电压时,其正向电阻(A)。
A. 小　　B. 大　　C. 不变

96. 电动机定子三相绕组与交流电源的连接接法中Y为(A)。
A. 星形接法　　B. 三角形接法　　C. 延边三角形接法

97. 异步电动机在启动瞬间,转子绕组中感应的电流很大,使定子流过的启动电流也很大,约为额定电流的(B)倍。
A. 2　　B. 4~7　　C. 9~10

98. 对电动机轴承润滑的检查,(A)电动机转轴,看是否转动灵活,听有无异声。
A. 用手转动　　B. 通电转动　　C. 用其他设备带动

99. 应装设报警式漏电保护器而不自动切断电源的是(C)。
A. 招待所插座回路　　B. 生产用的电气设备　　C. 消防用电梯

100. TN-S俗称(A)。
A. 三相五线　　B. 三相四线　　C. 三相三线

第　七　套

1. 二氧化碳灭火器带电灭火只适用于600 V以下的线路,如果是10 kV或者35 kV线路,若要带电灭火只能选择干粉灭火器。(√)

2. 使用电气设备时,由于导线截面选择过小,当电流较大时也会因发热过大而引发火灾。(√)

3. 当电气火灾发生时首先应迅速切断电源,在无法切断电源的情况下,应迅速选择干粉、二氧化碳等不导电的灭火器材进行灭火。(√)

4. 目前我国生产的接触器额定电流一般大于或等于630 A。(×)

5. 分断电流能力是各类刀开关的主要技术参数之一。(√)

6. 按钮的文字符号为SB。(√)

7. 接触器的文字符号为KM。(√)

8. 组合开关可直接启动5 kW以下的电动机。(√)

9. 交流接触器的额定电流,是在额定的工作条件下所决定的电流值。(√)

10. 刀开关在作隔离开关选用时,要求刀开关的额定电流要大于或等于线路实际的故障电流。(×)

11. 中间继电器实际上是一种动作与释放值可调节的电压继电器。(×)

12. 漏电断路器在被保护电路中有漏电或有人触电时,零序电流互感器就产生感应电流,经放大使脱扣器动作,从而切断电路。(√)

13. 中间继电器的动作值与释放值可调节。(×)

14. 一般情况下,接地电网的单相触电比不接地的电网的危险性小。(×)

15. 按照通过人体电流的大小,人体反应状态的不同,可将电流划分为感知电流、摆脱

电流和室颤电流。(√)

16. 触电事故是由电能以电流形式作用于人体造成的事故。(√)

17. 用钳表测量电动机空转电流时,可直接用小电流挡一次测量出来。(×)

18. 摇测大容量设备吸收比是测量 60 s 时的绝缘电阻与 15 s 时的绝缘电阻之比。(√)

19. 万用表使用后,转换开关可置于任意位置。(×)

20. 钳形电流表可做成既能测量交流电流,也能测量直流电流。(√)

21. 测量电流时应把电流表串联在被测电路中。(√)

22. 电流的大小用电流表来测量,测量时将其并联在电路中。(×)

23. 电压表在测量时,量程要大于等于被测线路电压。(√)

24. 当测量电容器时,万用表指针摆动后停止不动,说明电容器短路。(√)

25. 检查电容器时,只要检查电压是否符合要求即可。(×)

26. 电容器放电的方法就是将其两端用导线连接。(×)

27. 日常电气设备的维护和保养应由设备管理人员负责。(×)

28. 有美尼尔氏症的人不得从事电工作业。(√)

29. 企业、事业单位的职工无特种作业操作证从事特种作业,属违章作业。(√)

30. “止步,高压危险”的标志牌的式样是白底、红边,有红色箭头。(×)

31. 试验对地电压为 50 V 以上的带电设备时,氖泡式低压验电器就应显示有电。(×)

32. 在安全色标中用红色表示禁止、停止或消防。(√)

33. 使用脚扣进行登杆作业时,上、下杆的每一步必须使脚扣环完全套入并可靠地扣住电杆,才能移动身体,否则会造成事故。(√)

34. 吊灯安装在桌子上方时,与桌子的垂直距离不少于 1.5 m。(×)

35. 幼儿园及小学等儿童活动场所插座安装高度不宜低于 1.8 m。(√)

36. 在没有用验电器验电前,线路应视为有电。(√)

37. 高压水银灯的电压比较高,所以称为高压水银灯。(×)

38. 低压验电器可以验出 500 V 以下的电压。(×)

39. 不同电压的插座应有明显区别。(√)

40. 多用螺钉旋具的规格是以它的全长(手柄加旋杆)表示。(√)

41. 电工钳、电工刀、螺钉旋具是常用电工基本工具。(√)

42. 一号电工刀比二号电工刀的刀柄长度长。(√)

43. 手持式电动工具有两种分类方式,即按工作电压分类和按防潮程度分类。(×)

44. 在断电之后,电动机停转,当电网再次来电,电动机能自行启动的运行方式称为失电压保护。(×)

45. 导线接头位置应尽量在绝缘子固定处,以方便统一扎线。(×)

46. 在我国,超高压送电线路基本上是架空敷设。(√)

47. 过载是指线路中的电流大于线路的计算电流或允许载流量。(√)

48. 截面积较小的单股导线平接时可采用绞接法。(√)

49. 在选择导线时必须考虑线路投资,但导线截面积不能太小。(√)

50. 静电现象是很普遍的电现象,其危害不小,固体静电可达 200 kV 以上,人体静电也可达 10 kV 以上。(√)

51. 对于容易产生静电的场所,应保持地面潮湿,或者铺设导电性能较好的地板。(√)

52. 雷电可通过其他带电体或直接对人体放电,使人的身体遭到巨大的破坏直至死亡。(√)

53. 除独立避雷针之外,在接地电阻满足要求的前提下,防雷接地装置可以和其他接地装置共用。(√)

54. 几个电阻并联后的总电阻等于各并联电阻的倒数之和。(×)

55. 交流发电机是应用电磁感应的原理发电的。(√)

56. 对称的三相电源是由振幅相同、初相依次相差 120°的正弦电源,连接组成的供电系统。(×)

57. 220 V 的交流电压的最大值为 380 V。(×)

58. 基尔霍夫第一定律是节点电流定律,是用来证明电路上各电流之间关系的定律。(√)

59. 无论在任何情况下,三极管都具有电流放大功能。(×)

60. 异步电动机的转差率是旋转磁场的转速与电动机转速之差与旋转磁场的转速之比。(√)

61. 电动机在正常运行时,如闻到焦臭味,则说明电动机速度过快。(×)

62. 对电动机各绕组的绝缘检查,如测出绝缘电阻不合格,不允许通电运行。(√)

63. 三相电动机的转子和定子要同时通电才能工作。(×)

64. 对电动机轴承润滑的检查,可通电转动电动机转轴,看是否转动灵活,听有无异声。(×)

65. 使用改变磁极对数来调速的电动机一般都是绕线转子异步电动机。(×)

66. 电动机在检修后,经各项检查合格后,就可对电动机进行空载试验和短路试验。(√)

67. 当采用安全特低电压作直接电击防护时,应选用 25 V 及以下的安全电压。(√)

68. 剩余电流动作保护装置主要用于 1 000 V 以下的低压系统。(√)

69. 机关、学校、企业、住宅等建筑物内的插座回路不需要安装漏电保护装置。(×)

70. RCD 的选择,必须考虑用电设备和电路正常泄漏电流的影响。(√)

71. 当电气火灾发生时,应首先切断电源再灭火,但当电源无法切断时,只能带电灭火,500 V 低压配电柜灭火可选用的灭火器是(A)。

A. 二氧化碳灭火器　　B. 泡沫灭火器　　C. 水基式灭火器

72. 螺旋式熔断器的电源进线应接在(A)。

A. 下端　　B. 上端　　C. 前端

73.  图是(B)触点。

A. 延时闭合动合　　B. 延时断开动合　　C. 延时断开动断

74. 胶壳刀开关在接线时,电源线接在(B)。

A. 下端(动触点)　　B. 上端(静触点)　　C. 两端都可

75. 交流接触器的电寿命约为机械寿命的(C)倍。

A. 10　　B. 1　　C. 1/20

76. 脑细胞对缺氧最敏感,一般缺氧超过(A) min 就会造成不可逆转的损害,导致脑死亡。

A. 8　　B. 5　　C. 12

77. 人体直接接触带电设备或线路中的一相时,电流通过人体流入大地,这种触电现象称为(A)触电。

A. 单相　　B. 两相　　C. 三相

78. 用兆欧表测量电阻的单位是(C)。

A. 千欧　　B. 欧　　C. 兆欧

79. 指针式万用表测量电阻时标度尺最右侧是(B)。

A. ∞　　B. 0　　C. 不确定

80. 测量电压时,电压表应与被测电路(B)。

A. 串联　　B. 并联　　C. 正接

81. 电容器属于(C)设备。

A. 危险　　B. 运动　　C. 静止

82. 低压电工作业是指对(C)V 以下的电气设备进行安装、调试、运行操作等的作业。

A. 500　　B. 250　　C. 1 000

83. (A)是登杆作业时必备的保护用具,无论用登高板或脚扣都要用其配合使用。

A. 安全带　　B. 梯子　　C. 手套

84. 使用竹梯时,梯子与地面的夹角以(A)为宜。

A. 60°　　B. 50°　　C. 70°

85. 当一个熔断器保护一只灯时,熔断器应串联在开关(B)

A. 前　　B. 后　　C. 中

86. 下列现象中,可判定是接触不良的是(A)。

A. 灯泡忽明忽暗　　B. 荧光灯启动困难　　C. 灯泡不亮

87. 相线应接在螺口灯头的(A)。

A. 中心端子　　B. 螺纹端子　　C. 外壳

88. 螺钉旋具的规格是以柄部外面的杆身长度和(C)表示。

A. 厚度　　B. 半径　　C. 直径

89. 穿管导线内最多允许(C)个导线接头。

A. 2　　B. 1　　C. 0

90. 碳在自然界中有金刚石和石墨两种存在形式,其中石墨是(A)。

A. 导体　　B. 绝缘体　　C. 半导体

91. 低压断路器又称(C)。

A. 闸刀　　B. 总开关　　C. 自动空气开关

92. 静电现象是十分普遍的电现象,(C)是它的最大危害。

A. 高电压击穿绝缘

B. 对人体放电,直接置人于死地

C. 易引发火灾

93. 当电压为 5 V 时,导体的电阻值为 5 Ω,那么当电阻两端电压为 2 V 时,导体的电阻值为(B)Ω。

A. 10　　B. 5　　C. 2

94. 确定正弦量的三要素为(A)。

A. 最大值、频率、初相角　　B. 相位、初相位、相位差

C. 周期、频率、角频率

95. 安培定则又称(C)。

A. 左手定则　　B. 右手定则　　C. 右手螺旋定则

96. 三相异步电动机一般可直接启动的功率为(B)kW以下。

A. 10　　B. 7　　C. 16

97. 降压启动是指启动时降低加在电动机(A)绕组上的电压,启动运转后,再使其电压恢复到额定电压正常运行。

A. 定子　　B. 转子　　C. 定子及转子

98. 对电动机各绕组的绝缘检查,如测出绝缘电阻为零,在发现无明显烧毁的现象时,则可进行烘干处理,这时(A)通电运行。

A. 不允许　　B. 允许　　C. 烘干好后就可

99. 在不接地系统中,如发生单相接地故障时,其他相线对地电压会(A)。

A. 升高　　B. 降低　　C. 不变

100. 特别潮湿的场所应采用(C)V的安全特低电压。

A. 24　　B. 42　　C. 12

第 八 套

1. 当电气火灾发生时,如果无法切断电源,就只能带电灭火,并选择干粉或者二氧化碳灭火器,尽量少用水基式灭火器。(×)

2. 当电气火灾发生时首先应迅速切断电源,在无法切断电源的情况下,应迅速选择干粉、二氧化碳等不导电的灭火器材进行灭火。(√)

3. 使用电气设备时,由于导线截面选择过小,当电流较大时也会因发热过大而引发火灾。(√)

4. 目前我国生产的接触器额定电流一般大于或等于630 A。(×)

5. 在采用多级熔断器保护中,后级熔体的额定电流比前级大,以电源端为最前端。(×)

6. 万能转换开关的定位结构一般采用滚轮卡转轴辐射型结构。(×)

7. 在供配电系统和设备自动系统中,刀开关通常用于电源隔离。(√)

8. 行程开关的作用是将机械行走的长度用电信号传出。(×)

9. 中间继电器实际上是一种动作与释放值可调节的电压继电器。(×)

10. 中间继电器的动作值与释放值可调节。(×)

11. 低压断路器是一种重要的控制和保护电器,断路器都装有灭弧装置,因此可以安全地带负荷合分闸。(√)

12. 断路器可分为框架式和塑料外壳式。(√)

13. 自动切换电器是依靠本身参数的变化或外来信号而自动进行工作的。(√)

14. 概率为50%时,成年男性的平均感知电流值约为1.1 mA,最小为0.5 mA,成年女性约为0.6 mA。(×)

15. 触电分为电击和电伤。(×)

16. 按照通过人体电流的大小,人体反应状态的不同,可将电流划分为感知电流、摆脱电流和室颤电流。(√)

17. 兆欧表在使用前,无须先检查兆欧表是否完好,可直接对被测设备进行绝缘测量。(×)

18. 摇测大容量设备吸收比是测量60 s时的绝缘电阻与15 s时的绝缘电阻之比。(√)

19. 电压的大小用电压表来测量,测量时将其串联在电路中。(×)

20. 接地电阻测试仪就是测量线路的绝缘电阻的仪器。(×)

21. 万用表使用后,转换开关可置于任意位置。(×)

22. 交流电流表和电压表测量所得的值都是有效值。(√)

23. 交流钳形电流表可测量交直流电流。(×)

24. 当电容器爆炸时,应立即检查。(×)

25. 检查电容器时,只要检查电压是否符合要求即可。(×)

26. 如果电容器运行时,检查发现温度过高,应加强通风。(×)

27. 特种作业人员必须年满 20 周岁,且不超过国家法定退休年龄。(×)

28. 电工应严格按照操作规程进行作业。(√)

29. 特种作业操作证每年由考核发证部门复审一次。(×)

30. 接地线是为了在已停电的设备和线路上意外地出现电压时保证工作人员安全的重要工具。按规定,接地线必须是截面积 25 mm^2 以上裸铜软线制成的。(√)

31. 试验对地电压为 50 V 以上的带电设备时,氖泡式低压验电器就应显示有电。(×)

32. 遮栏是为防止工作人员无意碰到带电设备部分而装设的屏护,分临时遮栏和常设遮栏两种。(√)

33. 验电是保证电气作业安全的技术措施之一。(√)

34. 荧光灯点亮后,镇流器起降压限流作用。(√)

35. 漏电开关只有在有人触电时才会动作。(×)

36. 为了安全可靠,所有开关均应同时控制相线和零线。(×)

37. 用电笔验电时,应赤脚站立,保证与大地有良好的接触。(×)

38. 验电器在使用前必须确认验电器良好。(√)

39. 白炽灯属热辐射光源。(√)

40. Ⅱ类设备和Ⅲ类设备都要采取接地或接零措施。(×)

41. 移动电气设备可以参考手持式电动工具的有关要求进行使用。(√)

42. Ⅱ类手持式电动工具比Ⅰ类工具安全可靠。(√)

43. 电工刀的手柄是无绝缘保护的,不能在带电导线或器材上剖切,以免触电。(√)

44. 在断电之后,电动机停转,当电网再次来电,电动机能自行启动的运行方式称为失电压保护。(×)

45. 绝缘老化只是一种化学变化。(×)

46. 铜线与铝线在需要时可以直接连接。(×)

47. 为了安全,高压线路通常采用绝缘导线。(×)

48. 在我国,超高压送电线路基本上是架空敷设。(√)

49. 导线连接时必须注意做好防腐措施。(√)

50. 为了避免静电火花造成爆炸事故,凡在加工运输、储存等各种易燃液体、气体时,设备都要分别隔离。(×)

51. 对于容易产生静电的场所,应保持地面潮湿,或者铺设导电性能较好的地板。(√)

52. 防雷装置应沿建筑物的外墙敷设,并经最短途径接地,如有特殊要求可以暗设。(√)

53. 除独立避雷针之外,在接地电阻满足要求的前提下,防雷接地装置可以和其他接地装置共用。(√)

54. 右手定则是判定直导体做切割磁感线运动时所产生的感生电流方向的。(√)

55. 载流导体在磁场中一定受到磁场力的作用。(×)

56. 符号“A”表示交流电源。(×)

57. 规定小磁针的北极所指的方向是磁感线的方向。(√)

58. 欧姆定律指出,在一个闭合电路中,当导体温度不变时,通过导体的电流与加在导体两端的电压成反比,与其电阻成正比。(×)

59. 无论在任何情况下,三极管都具有电流放大功能。(×)

60. 对于转子有绕组的电动机,将外电阻串入转子电路中启动,并随电动机转速升高而逐渐地将电阻值减小并最终切除,称为转子串电阻启动。(√)

61. 带电动机的设备,在电动机通电前要检查电动机的辅助设备和安装底座、接地等,正常后再通电使用。(√)

62. 同一电器元件的各部件分散地画在原理图中,必须按顺序标注文字符号。(×)

63. 电气控制系统图包括电气原理图和电气安装图。(√)

64. 能耗制动这种方法是将转子的动能转化为电能,并消耗在转子回路的电阻上。(√)

65. 电动机在检修后,经各项检查合格后,就可对电动机进行空载试验和短路试验。(√)

66. 三相电动机的转子和定子要同时通电才能工作。(×)

67. SELV 只作为接地系统的电击保护。(×)

68. 剩余电流动作保护装置主要用于 1 000 V 以下的低压系统。(√)

69. 保护接零适用于中性点直接接地的配电系统中。(√)

70. 变配电设备应有完善的屏护装置。(√)

71. 在易燃、易爆危险场所,供电线路应采用(B)方式供电。

A. 单相三线制,三相四线制

B. 单相三线制,三相五线制

C. 单相两线制,三相五线制

72. 漏电保护断路器在设备正常工作时,电路电流的相量和(C),开关保持闭合状态。

A. 为负　　B. 为正　　C. 为零

73. 属于配电电器的有(B)。

A. 接触器　　B. 熔断器　　C. 电阻器

74. 交流接触器的机械寿命是指不带负载的操作次数,一般达(A)。

A. 600 万次~1 000 万次　　B. 10 万次以下　　C. 10 000 万次以上

75. 组合开关用于电动机可逆控制时,(C)允许反向接通。

A. 不必在电动机完全停转后就

B. 在电动机停转后就

C. 必须在电动机完全停转后才

76. 人体体内电阻约为(C)Ω。

A. 300　　B. 200　　C. 500

77. 人体直接接触带电设备或线路中的一相时,电流通过人体流入大地,这种触电现象称为(A)触电。

A. 单相　　B. 两相　　C. 三相

78. 钳形电流表由电流互感器和带(A)的磁电式表头组成。

A. 整流装置　　B. 测量电路　　C. 指针

79. 测量接地电阻时,电位探针应接在距接地端(B)m 的地方。

A. 5　　B. 20　　C. 40

80. 万用表电压量程 2. 5 V 是当指针指在(A)位置时,电压值为 2. 5 V。

A. 满量程　　B. 1/2 量程　　C. 2/3 量程

81. 电容量的单位是(A)。

A. 法　　B. 乏　　C. 安・时

82. 特种作业人员在操作证有效期内,连续从事本工种 10 年以上,无违法行为,经考核发证机关同意,操作证复审时间可延长至(A)年。

A. 6　　B. 4　　C. 10

83. (C)可用于操作高压跌落式熔断器、单极隔离开关及装设临时接地线等。

A. 绝缘手套　　B. 绝缘鞋　　C. 绝缘棒

84. 绝缘手套属于(A)安全用具。

A. 辅助　　B. 直接　　C. 基本

85. 对颜色有较高区别要求的场所,宜采用(B)。

A. 彩灯　　B. 白炽灯　　C. 紫色灯

86. 在易燃、易爆场所使用的照明灯具应采用(B)灯具。

A. 防潮型　　B. 防爆型　　C. 普通型

87. 螺口灯头的螺纹应与(A)相接。

A. 零线　　B. 相线　　C. 地线

88. 在一般场所,为保证使用安全,应选用(A)电动工具。

A. Ⅱ类　　B. Ⅰ类　　C. Ⅲ类

89. 导线接头的机械强度不小于原导线机械强度的(B)%。

A. 80　　B. 90　　C. 95

90. 低压线路中的零线采用的颜色是(A)。

A. 淡蓝色　　B. 深蓝色　　C. 黄绿双色

91. 下列材料不能作为导线使用的是(B)。

A. 铜绞线　　B. 钢绞线　　C. 铝绞线

92. 变压器和高压开关柜,防止雷电侵入产生破坏的主要措施是(B)。

A. 安装避雷线　　B. 安装避雷器　　C. 安装避雷网

93. 将一根导线均匀拉长为原长的 2 倍,则它的阻值为原阻值的(C)倍。

A. 1　　B. 2　　C. 4

94. 载流导体在磁场中将会受到(B)的作用。

A. 磁通　　B. 电磁力　　C. 电动势

95. 下列的电工元件符号中属于电容器的是(B)。

A.

B.　　C.

96. 频敏变阻器其构造与三相电抗相似,即由三个铁芯柱和(C)绕组组成。

A. 二个　　B. 一个　　C. 三个

97. (C)电动机,在通电前,必须先做各绕组的绝缘电阻检查,合格后才可通电。

A. 一直在用,停止没超过一天的

B. 不常用,但电动机刚停止不超过一天的

C. 新装或未用过的

98. 在对 380 V 电动机各绕组的绝缘检查中,发现绝缘电阻(C),则可初步判定为电动机受潮所致,应对电动机进行烘干处理。

A. 大于 0.5 MΩ　　B. 小于 10 MΩ　　C. 小于 0.5 MΩ

99. (GB/T3805-2008)《特低电压(ELV)限值》中规定,在正常环境下,正常工作时工频电压有效值的限值为(A)V。

A. 33　　B. 70　　C. 55

100. 对于低压配电网,配电容量在 100 kW 以下时,设备保护接地的接地电阻不应超过(B)Ω。

A. 6　　B. 10　　C. 4

第 九 套

1. 二氧化碳灭火器带电灭火只适用于 600 V 以下的线路,如果是 10 kV 或者 35 kV 线路,若要带电灭火只能选择干粉灭火器。(√)

2. 在带电灭火时,如果用喷雾水枪应将水枪喷嘴接地,并穿上绝缘靴和戴上绝缘手套,才可进行灭火操作。(√)

3. 在有爆炸和火灾危险的场所,应尽量少用或不用携带式、移动式的电气设备。(√)

4. 万能转换开关的定位结构一般采用滚轮卡转轴辐射型结构。(×)

5. 电动式时间继电器的延时时间不受电源电压波动及环境温度变化的影响。(√)

6. 热继电器的双金属片是由一种热膨胀系数不同的金属材料辗压而成的。(×)

7. 熔断器的特性是,通过熔体的电压值越高,熔断时间越短。(×)

8. 接触器的文字符号为 KM。(√)

9. 铁壳开关安装时外壳必须可靠接地。(√)

10. 刀开关在作隔离开关选用时,要求刀开关的额定电流要大于或等于线路实际的故障电流。(×)

11. 漏电断路器在被保护电路中有漏电或有人触电时,零序电流互感器就产生感应电流,经放大使脱扣器动作,从而切断电路。(√)

12. 行程开关的作用是将机械行走的长度用电信号传出。(×)

13. 中间继电器实际上是一种动作与释放值可调节的电压继电器。(×)

14. 相同条件下,交流电比直流电对人体危害更大。(√)

15. 触电事故是由电能以电流形式作用于人体造成的事故。(√)

16. 触电者神志不清,有心跳,但呼吸停止,应立即进行口对口人工呼吸。(√)

17. 用万用表 $R\times1$ kΩ 欧姆挡测量二极管时,红表笔接一只脚,黑表笔接另一只脚,测得的电阻值约为几百欧,反向测量时电阻值很大,则该二极管是好的。(√)

18. 电动势的正方向规定为从低电位指向高电位,所以测量时电压表应正极接电源负极,而电压表负极接电源正极。(×)

19. 电压的大小用电压表来测量,测量时将其串联在电路中。(×)

20. 接地电阻测试仪就是测量线路的绝缘电阻的仪器。(×)
21. 电流的大小用电流表来测量,测量时将其并联在电路中。(×)
22. 电压表内阻越大越好。(√)
23. 万用表在测量电阻时,指针指在刻度盘中间最准确。(√)
24. 并联电容器所接的线停电后,必须断开电容器组。(√)
25. 电容器室内应有良好的通风。(√)
26. 并联补偿电容器主要用在直流电路中。(×)
27. 特种作业人员必须年满 20 周岁,且不超过国家法定退休年龄。(×)
28. 有美尼尔氏症的人不得从事电工作业。(√)
29. 电工作业分为高压电工和低压电工。(×)
30. 接地线是为了在已停电的设备和线路上意外地出现电压时保证工作人员安全的重要工具。按规定,接地线必须是截面积 25 mm^2 以上裸铜软线制成的。(√)
31. 遮栏是为防止工作人员无意碰到带电设备部分而装设的屏护,分临时遮栏和常设遮栏两种。(√)
32. 使用脚扣进行登杆作业时,上、下杆的每一步必须使脚扣环完全套入并可靠地扣住电杆,才能移动身体,否则会造成事故。(√)
33. 验电是保证电气作业安全的技术措施之 。(√)
34. 螺口灯头的台灯应采用三孔插座。(√)
35. 荧光灯点亮后,镇流器起降压限流作用。(√)
36. 为了有明显区别,并列安装的同型号开关应不同高度,错落有致。(×)
37. 在没有用验电器验电前,线路应视为有电。(√)
38. 低压验电器可以验出 500 V 以下的电压。(×)
39. 漏电开关跳闸后,允许采用分路停电再送电的方式检查线路。(√)
40. 使用手持式电动工具应当检查电源开关是否失灵、是否破损、是否牢固,接线是否松动。(√)
41. 剥线钳是用来剥削小导线头部表面绝缘层的专用工具。(√)
42. 电工刀的手柄是无绝缘保护的,不能在带电导线或器材上剖切,以免触电。(√)
43. Ⅱ类手持式电动工具比Ⅰ类工具安全可靠。(√)
44. 在断电之后,电动机停转,当电网再次来电,电动机能自行启动的运行方式称为失电压保护。(×)
45. 额定电压为 380 V 的熔断器可用在 220 V 的线路中。(√)
46. 水和金属比较,水的导电性能更好。(×)
47. 电缆保护层的作用是保护电缆。(√)
48. 导线连接时必须注意做好防腐措施。(√)
49. 电力线路敷设时,严禁采用突然剪断导线的办法松线。(√)
50. 静电现象是很普遍的电现象,其危害不小,固体静电可达 200 kV 以上,人体静电也可达 10 kV 以上。(√)
51. 雷电可通过其他带电体或直接对人体放电,使人的身体遭到巨大的破坏直至死亡。(√)
52. 雷雨天气,即使在室内也不要修理家中的电气线路、开关、插座等。如果一定要修,要把家中电源总开关拉开。(×)

53. 防雷装置应沿建筑物的外墙敷设,并经最短途径接地,如有特殊要求可以暗设。(√)

54. 电解电容器的图形符号为┤├$^{+}$(√)。

55. 几个电阻并联后的总电阻等于各并联电阻的倒数之和。(×)

56. 符号“A”表示交流电源。(×)

57. 电流和磁场密不可分,磁场总是伴随着电流而存在的,而电流永远被磁场所包围。(√)

58. 并联电路的总电压等于各支路电压之和。(×)

59. 220 V 的交流电压的最大值为 380 V。(×)

60. 对于转子有绕组的电动机,将外电阻串入转子电路中启动,并随电动机转速升高而逐渐地将电阻值减小并最终切除,称为转子串电阻启动。(√)

61. 电动机在正常运行时,如闻到焦臭味,则说明电动机速度过快。(×)

62. 能耗制动这种方法是将转子的动能转化为电能,并消耗在转子回路的电阻上。(√)

63. 电动机异常发响、发热的同时,转速急速下降,应立即切断电源,停机检查。(√)

64. 使用改变磁极对数来调速的电动机一般都是绕线转子异步电动机。(×)

65. 在电气原理图中,当触点图形垂直放置时,以“左开右闭”原则绘制。(√)

66. 电气控制系统图包括电气原理图和电气安装图。(√)

67. RCD 的额定动作电流是指能使 RCD 动作的最大电流。(×)

68. 变配电设备应有完善的屏护装置。(√)

69. RCD 后的中性线可以接地。(×)

70. 剩余电流动作保护装置主要用于 1 000 V 以下的低压系统。(√)

71. 电气火灾发生时,应先切断电源再扑救,但不知或不清楚开关在何处时,应剪断电线,剪切时要(B)。

A. 几根线迅速同时剪断

B. 不同相线在不同位置剪断

C. 在同一位置一根一根剪断

72. 漏电保护断路器在设备正常工作时,电路电流的相量和(C),开关保持闭合状态。

A. 为负　　B. 为正　　C. 为零

73. 行程开关的组成包括有(C)。

A. 线圈部分　　B. 保护部分　　C. 反力系统

74. 电流继电器使用时,其吸引线圈直接或通过电流互感器(A)在被控电路中。

A. 串联　　B. 并联　　C. 串联或并联

75. 铁壳开关在作控制电动机启动和停止时,要求额定电流要大于或等于(B)倍电动机的额定电流。

A. 一　　B. 二　　C. 三

76. 电流从左手到双脚引起心室颤动效应,一般认为通电时间与电流的乘积大于(C)mA·s 时就有生命危险。

A. 30　　B. 16　　C. 50

77. 人体直接接触带电设备或线路中的一相时,电流通过人体流入大地,这种触电现象称为(A)触电。

A. 单相　　B. 两相　　C. 三相

78. (A)仪表由固定的线圈,可转动的铁芯及转轴、游丝、指针、机械调零机构等组成。
A. 电磁式　　B. 磁电式　　C. 感应式

79. 万用表实质是一个带有整流器的(A)仪表。
A. 磁电式　　B. 电磁式　　C. 电动式

80. 接地电阻测量仪是测量(C)的装置。
A. 直流电阻　　B. 绝缘电阻　　C. 接地电阻

81. 电容量的单位是(A)。
A. 法　　B. 乏　　C. 安·时

82. 低压电工作业是指对(C)V 以下的电气设备进行安装、调试、运行操作等的作业。
A. 500　　B. 250　　C. 1 000

83. (B)是保证电气作业安全的技术措施之一。
A. 工作票制度　　B. 验电　　C. 工作许可制度

84. “禁止攀登,高压危险!”的标志牌应制作为(C)。
A. 红底白字　　B. 白底红字　　C. 白底红边黑字

85. 照明系统中的每一单相回路上,灯具与插座的数量不宜超过(B)个。
A. 20　　B. 25　　C. 30

86. 荧光灯属于(B)光源。
A. 热辐射　　B. 气体放电　　C. 生物放电

87. 碘钨灯属于(C)光源。
A. 气体放电　　B. 电弧　　C. 热辐射

88. 在一般场所,为保证使用安全,应选用(A)电动工具。
A. Ⅱ类　　B. Ⅰ类　　C. Ⅲ类

89. 一般照明场所的线路允许电压损失为额定电压的(A)。
A. ±5%　　B. ±10%　　C. ±15%

90. 碳在自然界中有金刚石和石墨两种存在形式,其中石墨是(A)。
A. 导体　　B. 绝缘体　　C. 半导体

91. 下列材料中,导电性能最好的是(B)。
A. 铝　　B. 铜　　C. 铁

92. 为避免高压变配电站遭受直击雷,引发大面积停电事故,一般可用(B)来防雷。
A. 阀型避雷器　　B. 接闪杆　　C. 接闪网

93. 纯电容元件在电路中(A)电能。
A. 储存　　B. 分配　　C. 消耗

94. 载流导体在磁场中将会受到(B)的作用。
A. 磁通　　B. 电磁力　　C. 电动势

95. 串联电路中各电阻两端电压的关系是(C)。
A. 各电阻两端电压相等
B. 阻值越小两端电压越高
C. 阻值越大两端电压越高

96. 笼形异步电动机采用电阻降压启动时,启动次数(C)。
A. 不允许超过 3 次/h　　B. 不宜太少　　C. 不宜过于频繁

97. 利用(A)来降低加在定子三相绕组上的电压的启动称为自耦降压启动。

A. 自耦变压器　　B. 频敏变压器　　C. 电阻器

98. 对电动机各绕组的绝缘检查,如测出绝缘电阻为零,在发现无明显烧毁的现象时,则可进行烘干处理,这时(A)通电运行。

A. 不允许　　B. 允许　　C. 烘干好后就可

99. 6~10 kV 架空线路的导线经过居民区时,线路与地面的最小距离为(C)m。

A. 6　　B. 5　　C. 6.5

100. 建筑施工工地的用电机械设备(A)安装漏电保护装置。

A. 应　　B. 不应　　C. 没规定

第　十　套

1. 为了防止电气火花,电弧等引燃爆炸物,应选用防爆电气级别和温度组别与环境相适应的防爆电气设备。(√)

2. 旋转电器设备着火时不宜用干粉灭火器灭火。(√)

3. 对于在易燃、易爆、易灼烧及有静电发生的场所作业的工作人员,不可以发放和使用化纤防护用品。(√)

4. 按钮根据使用场合,可选的种类有开启式、防水式、防腐式、保护式等。(√)

5. 在采用多级熔断器保护中,后级熔体的额定电流比前级大,以电源端为最前端。(×)

6. 热继电器的双金属片是由一种热膨胀系数不同的金属材料辗压而成的。(×)

7. 刀开关在作隔离开关选用时,要求刀开关的额定电流要大于或等于线路实际的故障电流。(×)

8. 在供配电系统和设备自动系统中,刀开关通常用于电源隔离。(√)

9. 熔断器的特性是,通过熔体的电压值越高,熔断时间越短。(×)

10. 频率的自动调节补偿是热继电器的一个功能。(×)

11. 铁壳开关安装时外壳必须可靠接地。(√)

12. 隔离开关是指承担接通和断开电流任务,将电路与电源隔开。(×)

13. 安全可靠是对任何开关电器的基本要求。(√)

14. 工频电流比高频电流更容易引起皮肤灼伤。(×)

15. 两相触电危险性比单相触电小。(×)

16. 按照通过人体电流的大小,人体反应状态的不同,可将电流划分为感知电流、摆脱电流和室颤电流。(√)

17. 兆欧表在使用前,无须先检查兆欧表是否完好,可直接对被测设备进行绝缘测量。(×)

18. 摇测大容量设备吸收比是测量 60 s 时的绝缘电阻与 15 s 时的绝缘电阻之比。(√)

19. 接地电阻测试仪就是测量线路的绝缘电阻的仪器。(×)

20. 电压表内阻越大越好。(√)

21. 钳形电流表可做成既能测量交流电流,也能测量直流电流。(√)

22. 交流电流表和电压表测量所测得的值都是有效值。(√)

23. 电压表在测量时,量程要大于或等于被测线路电压。(√)

24. 当测量电容器时，万用表指针摆动后停止不动，说明电容器短路。（√）

25. 检查电容器时，只要检查电压是否符合要求即可。（×）

26. 电容器室内应有良好的通风。（√）

27.《中华人民共和国安全生产法》第二十七条规定：生产经营单位的特种作业人员必须按照国家有关规定经专门的安全作业培训，取得相应资格，方可上岗作业。（√）

28. 企业、事业单位的职工无特种作业操作证从事特种作业，属违章作业。（√）

29. 特种作业操作证每年由考核发证部门复审一次。（×）

30. 停电作业安全措施按保安作用依据分为预见性措施和防护措施。（√）

31. 在安全色标中，用红色表示禁止、停止或消防。（√）

32. 常用绝缘安全防护用具有绝缘手套、绝缘靴、绝缘隔板、绝缘垫、绝缘站台等。（√）

33. 在安全色标中，用绿色表示安全、通过、允许、工作。（√）

34. 路灯的各回路应有保护，每一灯具宜设单独熔断器。（√）

35. 可以用相线碰地线的方法检查地线是否接地良好。（×）

36. 用电笔验电时，应赤脚站立，保证与大地有良好的接触。（×）

37. 民用住宅严禁装设床头开关。（√）

38. 漏电开关跳闸后，允许采用分路停电再送电的方式检查线路。（√）

39. 为了安全可靠，所有开关均应同时控制相线和零线。（×）

40. 多用螺钉旋具的规格是以它的全长（手柄加旋杆）表示的。（√）

41. 手持式电动工具接线可以随意加长。（×）

42. 手持式电动工具有两种分类方式，即按工作电压分类和按防潮程度分类。（×）

43. 剥线钳是用来剥削小导线头部表面绝缘层的专用工具。（√）

44. 根据用电性质，电力线路可分为动力线路和配电线路。（×）

45. 在断电之后，电动机停转，当电网再次来电，电动机能自行启动的运行方式称为失电压保护。（×）

46. 电缆保护层的作用是保护电缆。（√）

47. 在选择导线时必须考虑线路投资，但导线截面积不能太小。（√）

48. 水和金属比较，水的导电性能更好。（×）

49. 导线连接时必须注意做好防腐措施。（√）

50. 雷击产生的高电压可对电气装置和建筑物及其他设施造成毁坏，电力设施或电力线路遭破坏可能导致大规模停电。（×）

51. 雷电按其传播方式可分为直击雷和感应雷两种。（×）

52. 除独立避雷针之外，在接地电阻满足要求的前提下，防雷接地装置可以和其他接地装置共用。（√）

53. 对于容易产生静电的场所，应保持地面潮湿，或者铺设导电性能较好的地板。（√）

54. 交流发电机是应用电磁感应的原理发电的。（√）

55. 在串联电路中，电路总电压等于各电阻的分电压之和。（√）

56. 无论在任何情况下，三极管都具有电流放大功能。（×）

57. 对称的三相电源是由振幅相同、初相依次相差 120°的正弦电源连接组成的供电系统。（×）

58. 当导体温度不变时，通过导体的电流与导体两端的电压成正比，与其电阻成反比。（√）

59. 我国正弦交流电的频率为50 Hz。(√)

60. 对绕线转子异步电动机应经常检查电刷与集电环的接触及电刷的磨损、压力、火花等情况。(√)

61. 三相异步电动机的转子导体中会形成电流,其电流方向可用右手定则判定。(√)

62. 转子串频敏变阻器启动的转矩大,适合重载启动。(×)

63. 能耗制动这种方法是将转子的动能转化为电能,并消耗在转子回路的电阻上。(√)

64. 三相电动机的转子和定子要同时通电才能工作。(×)

65. 在电气原理图中,当触点图形垂直放置时,以"左开右闭"原则绘制。(√)

66. 电气原理图中的所有元件均按未通电状态或无外力作用时的状态画出。(√)

67. SELV 只作为接地系统的电击保护。(×)

68. RCD 后的中性线可以接地。(×)

69. 剩余电流动作保护装置主要用于1 000 V 以下的低压系统。(√)

70. 单相220 V 电源供电的电气设备,应选用三极式漏电保护装置。(×)

71. 在电气线路安装时,导线与导线或导线与电气螺栓之间的连接最易引发火灾的连接工艺是(A)。

A. 与铝线绞接　　B. 铝线绞接　　C. 过渡接头压接

72. 继电器是一种根据(B)来控制电路"接通"或"断开"的一种自动电器。

A. 电信号

B. 外界输入信号(电信号或非电信号)

C. 信号

73. 电工安全工作规程上规定,对地电压为(C)V 及以下的设备为低压设备。

A. 400　　B. 380　　C. 250

74. 属于配电电器的是(A)。

A. 熔断器　　B. 接触器　　C. 电阻器

75. 熔断器的保护特性又称为(B)。

A. 灭弧特性　　B. 安秒特性　　C. 时间性

76. 人体体内电阻约为(C)Ω。

A. 300　　B. 200　　C. 500

77. 电流对人体的热效应造成的伤害是(C)。

A. 电烧伤　　B. 电烙印　　C. 皮肤金属化

78. 选择电压表时,其内阻(A)被测负载的电阻为好。

A. 远大于　　B. 远小于　　C. 等于

79. 万用表实质是一个带有整流器的(A)仪表。

A. 磁电式　　B. 电磁式　　C. 电动式

80. 电流表的符号是(B)。

A. Ⓞ(Ω)　　B. Ⓐ　　C. Ⓥ

81. 电容量的单位是(A)。

A. 法　　B. 乏　　C. 安·时

82. 特种作业操作证每(C)年复审一次。

A. 4　　B. 5　　C. 3

83. (C)可用于操作高压跌落式熔断器、单极隔离开关及装设临时接地线等。

A. 绝缘手套　　B. 绝缘鞋　　C. 绝缘棒

84. 使用竹梯时,梯子与地面的夹角以(A)为宜。

A. 60°　　B. 50°　　C. 70°

85. 当空气开关动作后,用手触摸其外壳,发现开关外壳较热,则可能是(B)。

A. 短路　　B. 过载　　C. 欠电压

86. 导线接头连接不紧密,会造成接头(B)。

A. 绝缘不够　　B. 发热　　C. 不导电

87. 单相三孔插座的上孔接(C)。

A. 零线　　B. 相线　　C. 地线

88. 在一般场所,为保证使用安全,应选用(A)电动工具。

A. Ⅱ类　　B. Ⅰ类　　C. Ⅲ类

89. 根据线路电压等级和用户对象,电力线路可分为配电线路和(C)线路。

A. 动力　　B. 照明　　C. 送电

90. 在铝绞线中加入钢芯的作用是(C)。

A. 增大导线面积　　B. 提高导电能力　　C. 提高机械强度

91. 热继电器的整定电流为电动机额定电流的(A)%。

A. 100　　B. 120　　C. 130

92. 静电现象是十分普遍的电现象,(C)是它的最大危害。

A. 高电压击穿绝缘　　B. 对人体放电,直接置人于死地

C. 易引发火灾

93. 一般电器所标或仪表所指示的交流电压、电流的数值是(B)。

A. 最大值　　B. 有效值　　C. 平均值

94. 稳压二极管的正常工作状态是(C)。

A. 截止状态　　B. 导通状态　　C. 反向击穿状态

95. 确定正弦量的三要素为(B)。

A. 相位、初相位、相位差

B. 最大值、频率、初相角

C. 周期、频率、角频率

96. 国家标准规定,凡(A) kW 以上的电动机均采用三角形接法。

A. 4　　B. 3　　C. 7.5

97. 对电动机各绕组的绝缘检查,如测出绝缘电阻为零,在发现无明显烧毁的现象时,则可进行烘干处理,这时(B)通电运行。

A. 允许　　B. 不允许　　C. 烘干好后就可

98. 降压启动是指启动时降低加在电动机(B)绕组上的电压,启动运转后,再使其电压恢复到额定电压正常运行。

A. 转子　　B. 定子　　C. 定子及转子

99. (GB/T 3805—2008)《特低电压(ELV)限值》中规定,在正常环境下,正常工作时工频电压有效值的限值为(A)V。

A. 33　　B. 70　　C. 55

100. TN-S 俗称(A)。

A. 三相五线　　B. 三相四线　　C. 三相三线

第 十 一 套

1. 二氧化碳灭火器带电灭火只适用于 600 V 以下的线路,如果是 10 kV 或者 35 kV 线路,若要带电灭火只能选择干粉灭火器。(√)

2. 在爆炸危险场所,应采用三相四线制,单相三线制方式供电。(×)

3. 当电气火灾发生时首先应迅速切断电源,在无法切断电源的情况下,应迅速选择干粉、二氧化碳等不导电的灭火器材进行灭火。(√)

4. 按钮的文字符号为 SB。(√)

5. 目前我国生产的接触器额定电流一般大于或等于 630 A。(×)

6. 在采用多级熔断器保护中,后级熔体的额定电流比前级大,以电源端为最前端。(×)

7. 时间继电器的文字符号为 KT。(√)

8. 行程开关的作用是将机械行走的长度用电信号传出。(×)

9. 交流接触器的额定电流,是在额定的工作条件下所决定的电流值。(√)

10. 频率的自动调节补偿是热继电器的一个功能。(×)

11. 隔离开关承担接通和断开电流任务,将电路与电源隔开。(×)

12. 热继电器的双金属片弯曲的速度与电流大小有关,电流越大,速度越快,这种特性称为正比时限特性。(×)

13. 安全可靠是对任何开关电器的基本要求。(√)

14. 概率为 50% 时,成年男性的平均感知电流值约为 1.1 mA,最小为 0.5 mA,成年女性约为 0.6 mA。(×)

15. 触电事故是由电能以电流形式作用于人体造成的事故。(√)

16. 脱离电源后,触电者神志清醒,应让触电者来回走动,加强血液循环。(×)

17. 用钳表测量电流时,尽量将导线置于钳口铁芯中间,以减少测量误差。(√)

18. 测量电动机的对地绝缘电阻和相间绝缘电阻,常使用兆欧表,而不宜使用万用表。(×)

19. 万用表在测量电阻时,指针指在刻度盘中间最准确。(√)

20. 电压表在测量时,量程要大于或等于被测线路电压。(√)

21. 交流钳形电流表可测量交直流电流。(×)

22. 使用兆欧表前不必切断被测设备的电源。(×)

23. 电压表内阻越大越好。(√)

24. 电容器的容量就是电容量。(×)

25. 电容器的放电负载不能装设熔断器或开关。(√)

26. 电容器放电的方法就是将其两端用导线连接。(×)

27. 电工特种作业人员应当具有高中或相当于高中以上文化水平。(×)

28. 取得高级电工证的人员就可以从事电工作业。(×)

29. 特种作业人员未经专门的安全作业培训,未取得相应资格,上岗作业导致事故的,应追究生产经营单位有关人员的责任。(√)

30. 挂登高板时,应钩口向外并且向上。(√)

31. 使用脚扣进行登杆作业时,上、下杆的每一步必须使脚扣环完全套入并可靠地扣住电杆,才能移动身体,否则会造成事故。(√)

32. 在安全色标中,用红色表示禁止、停止或消防。(√)

33. 使用竹梯作业时,梯子放置与地面夹角以50°左右为宜。(×)

34. 接了漏电开关之后,设备外壳就不需要再接地或接零了。(×)

35. 当灯具达不到最低高度时,应采用24 V以下电压。(×)

36. 用电笔检查时,电笔发光就说明线路一定有电。(×)

37. 对于开关频繁的场所应采用白炽灯照明。(√)

38. 为了安全可靠,所有开关均应同时控制相线和零线。(×)

39. 漏电开关跳闸后,允许采用分路停电再送电的方式检查线路。(√)

40. 使用手持式电动工具应当检查电源开关是否失灵、是否破损、是否牢固,接线是否松动。(√)

41. 电工刀的手柄是无绝缘保护的,不能在带电导线或器材上剖切,以免触电。(√)

42. 电工钳、电工刀、螺钉旋具是常用电工基本工具。(√)

43. 手持式电动工具接线可以随意加长。(×)

44. 吸收比是用兆欧表测定的。(√)

45. 改革开放前,我国强调以铝代铜作导线,以减轻导线的质量。(×)

46. 绝缘材料就是指绝对不导电的材料。(×)

47. 导线接头的抗拉强度必须与原导线的抗拉强度相同。(×)

48. 过载是指线路中的电流大于线路的计算电流或允许载流量。(√)

49. 在电压低于额定值的一定比例后能自动断电的称为欠电压保护。(√)

50. 为了避免静电火花造成爆炸事故,凡在加工运输、储存等各种易燃液体、气体时,设备都要分别隔离。(×)

51. 雷电按其传播方式可分为直击雷和感应雷两种。(×)

52. 用避雷针、避雷带是防止雷电破坏电力设备的主要措施。(×)

53. 雷电时,应禁止在屋外高空检修、试验和屋内验电等作业。(√)

54. 交流发电机是应用电磁感应的原理发电的。(√)

55. 正弦交流电的周期与角频率互为倒数。(×)

56. 并联电路的总电压等于各支路电压之和。(×)

57. 导电性能介于导体和绝缘体之间的物体称为半导体。(√)

58. 对称的三相电源是由振幅相同、初相依次相差120°的正弦电源,连接组成的供电系统。(×)

59. 220 V的交流电压的最大值为380 V。(×)

60. 三相异步电动机的转子导体中会形成电流,其电流方向可用右手定则判定。(√)

61. 对绕线转子异步电动机应经常检查电刷与集电环的接触及电刷的磨损、压力、火花等情况。(√)

62. 转子串频敏变阻器启动的转矩大,适合重载启动。(×)

63. 能耗制动这种方法是将转子的动能转化为电能,并消耗在转子回路的电阻上。(√)

64. 使用改变磁极对数来调速的电动机一般都是绕线转子异步电动机。(×)

65. 三相电动机的转子和定子要同时通电才能工作。(×)

66. 电气安装接线图中,同一电器元件的各部分必须画在一起。(√)

67. RCD的额定动作电流是指能使RCD动作的最大电流。(×)

68. RCD 的选择,必须考虑用电设备和电路正常泄漏电流的影响。(√)
69. 机关、学校、企业、住宅等建筑物内的插座回路不需要安装漏电保护装置。(×)
70. 单相 220 V 电源供电的电气设备,应选用三极式漏电保护装置。(×)
71. 当低压电气火灾发生时,首先应做的是(B)。
A. 迅速离开现场去报告领导
B. 迅速设法切断电源
C. 迅速用干粉或者二氧化碳灭火器灭火
72. 交流接触器的额定工作电压,是指在规定条件下,能保证电器正常工作的(A)电压。
A. 最高　　B. 最低　　C. 平均
73. 漏电保护断路器在设备正常工作时,电路电流的相量和(C),开关保持闭合状态。
A. 为负　　B. 为正　　C. 为零
74. 正确选用电器应遵循的两个基本原则是安全原则和(A)原则。
A. 经济　　B. 性能　　C. 功能
75. 低压熔断器,广泛应用于低压供配电系统和控制系统中,主要用于(B)保护,有时也可用于过载保护。
A. 速断　　B. 短路　　C. 过流
76. 电伤是由电流的(C)效应对人体所造成的伤害。
A. 化学　　B. 热　　C. 热化学与机械
77. 人体直接接触带电设备或线路中的一相时,电流通过人体流入大地,这种触电现象称为(A)触电。
A. 单相　　B. 两相　　C. 三相
78. 用兆欧表测量电阻的单位是(C)。
A. 千欧　　B. 欧　　C. 兆欧
79. 电能表是测量(C)用的仪器。
A. 电流　　B. 电压　　C. 电能
80. 单相电能表主要由一个可转动铝盘和分别绕在不同铁芯上的一个(C)和一个电流线圈组成。
A. 电压互感器　　B. 电压线圈　　C. 电阻
81. 电容器组禁止(B)。
A. 带电合闸　　B. 带电荷合闸　　C. 停电合闸
82. 接地线应用多股软裸铜线,其截面积不得小于(C) mm^2。
A. 10　　B. 6　　C. 25
83. (C)可用于操作高压跌落式熔断器、单极隔离开关及装设临时接地线等。
A. 绝缘手套　　B. 绝缘鞋　　C. 绝缘棒
84. 登杆前,应对脚扣进行(A)。
A. 人体载荷冲击试验　　B. 人体静载荷试验　　C. 人体载荷拉伸试验
85. 电感式荧光灯镇流器的内部是(B)。
A. 电子电路　　B. 线圈　　C. 振荡电路
86. 在电路中,开关应控制(A)。
A. 相线　　B. 零线　　C. 地线

87. 一般照明的电源优先选用(A)V。

A. 220　　B. 380　　C. 36

88. 在一般场所,为保证使用安全,应选用(A)电动工具。

A. Ⅰ类　　B. Ⅱ类　　C. Ⅲ类

89. 绝缘材料的耐热等级为E级时,其极限工作温度为(C)℃。

A. 90　　B. 105　　C. 120

90. 热继电器的整定电流为电动机额定电流的(B)%。

A. 120　　B. 100　　C. 130

91. 下列材料中,导电性能最好的是(B)。

A. 铝　　B 铜　　C. 铁

92. 为避免高压变配电站遭受直击雷,引发大面积停电事故,一般可用(B)来防雷。

A. 阀型避雷器　　B. 接闪杆　　C. 接闪网

93. 当电压为5 V时,导体的电阻值为5 Ω,那么当电阻两端电压为2 V时,导体的电阻值为(B)Ω。

A. 10　　B. 5　　C. 2

94. 三相四线制的零线的截面积一般(A)相线截面积。

A. 小于　　B. 大于　　C. 等于

95. 确定正弦量的三要素为(B)。

A. 相位、初相位、相位差　　B. 最大值、频率、初相角　　C. 周期、频率、角频率

96. 笼形异步电动机采用电阻降压启动时,启动次数(C)。

A. 不允许超过3次/h　　B. 不宜太少　　C. 不宜过于频繁

97. 电动机在额定工作状态下运行时,定子电路所加的(A)称为额定电压。

A. 线电压　　B. 相电压　　C. 额定电压

98. (C)电动机,在通电前,必须先做各绕组的绝缘电阻检查,合格后才可通电。

A. 不常用,但刚停止不超过一天的

B. 一直在用,停止没超过一天的

C. 新装或未用过的

99. 应装设报警式漏电保护器而不自动切断电源的是(C)。

A. 招待所插座回路　　B. 生产用的电气设备　　C. 消防用电梯

100. 在选择漏电保护装置的灵敏度时,要避免由于正常(B)引起的不必要的动作而影响正常供电。

A. 泄漏电压　　B. 泄漏电流　　C. 泄漏功率

第十二套

1. 为了防止电气火花、电弧等引燃爆炸物,应选用防爆电气级别和温度组别与环境相适应的防爆电气设备。(√)

2. 使用电气设备时,由于导线截面选择过小,当电流较大时也会因发热过大而引发火灾。(√)

3. 在有爆炸和火灾危险的场所,应尽量少用或不用携带式、移动式的电气设备。(√)

4. 万能转换开关的定位结构一般采用滚轮卡转轴辐射型结构。(×)

5. 目前我国生产的接触器额定电流一般大于或等于630 A。(×)

6. 分断电流能力是各类刀开关的主要技术参数之一。(√)

7. 低压断路器是一种重要的控制和保护电器,断路器都装有灭弧装置,因此可以安全地带负荷合分闸。(√)

8. 行程开关的作用是将机械行走的长度用电信号传出。(×)

9. 热继电器是利用双金属片受热弯曲而推动触点动作的一种保护电器,它主要用于线路的速断保护。(×)

10. 频率的自动调节补偿是热继电器的一个功能。(×)

11. 自动开关属于手动电器。(×)

12. 组合开关可直接启动 5 kW 以下的电动机。(×)

13. 隔离开关承担接通和断开电流任务,将电路与电源隔开。(×)

14. 30~40 Hz 的电流危险性最大。(×)

15. 两相触电危险性比单相触电小。(×)

16. 触电事故是由电能以电流形式作用于人体造成的事故。(√)

17. 使用万用表电阻挡能够测量变压器的线圈电阻。(×)

18. 测量交流电路的有功电能时,因是交流电,故其电压线圈、电流线圈的两个端可任意接在线路上。(×)

19. 万用表在测量电阻时,指针指在刻度盘中间最准确。(√)

20. 电压表在测量时,量程要大于或等于被测线路电压。(√)

21. 测量电流时应把电流表串联在被测电路中。(√)

22. 电流表的内阻越小越好。(√)

23. 电流的大小用电流表来测量,测量时将其并联在电路中。(×)

24. 并联电容器所接的线停电后,必须断开电容器组。(√)

25. 补偿电容器的容量越大越好。(×)

26. 如果电容器运行时,检查发现温度过高,应加强通风。(×)

27. 特种作业人员必须年满 20 周岁,且不超过国家法定退休年龄。(×)

28. 电工应严格按照操作规程进行作业。(√)

29. 电工应做好用电人员在特殊场所作业的监护作业。(√)

30. 接地线是为了在已停电的设备和线路上意外地出现电压时保证工作人员安全的重要工具。按规定,接地线必须是截面积 25 mm^2 以上裸铜软线制成的。(√)

31. 试验对地电压为 50 V 以上的带电设备时,氖泡式低压验电器就应显示有电。(×)

32. 遮栏是为防止工作人员无意碰到带电设备部分而装设的屏护,分临时遮栏和常设遮栏两种。(√)

33. 使用脚扣进行登杆作业时,上、下杆的每一步必须使脚扣环完全套入并可靠地扣住电杆,才能移动身体,否则会造成事故。(√)

34. 可以用相线碰地线的方法检查地线是否接地良好。(×)

35. 接了漏电开关之后,设备外壳就不需要再接地或接零了。(×)

36. 用电笔检查时,电笔发光就说明线路一定有电。(×)

37. 验电器在使用前必须确认验电器良好。(√)

38. 民用住宅严禁装设床头开关。(√)

39. 当拉下总开关后,线路即视为无电。(×)

40. 移动电气设备电源应采用高强度铜芯橡皮护套硬绝缘电缆。(×)

41. 一号电工刀比二号电工刀的刀柄长度长。(√)

42. Ⅱ类手持式电动工具比Ⅰ类工具安全可靠。(√)

43. 电工钳、电工刀、螺钉旋具是常用电工基本工具。(√)

44. 为保证零线安全,三相四线的零线必须加装熔断器。(×)

45. 黄绿双色的导线只能用于保护线。(√)

46. 电缆保护层的作用是保护电缆。(√)

47. 绝缘体被击穿时的电压称为击穿电压。(√)

48. 在选择导线时必须考虑线路投资,但导线截面积不能太小。(√)

49. 水和金属比较,水的导电性能更好。(×)

50. 为了避免静电火花造成爆炸事故,凡在加工运输、储存等各种易燃液体、气体时,设备都要分别隔离。(×)

51. 雷雨天气,即使在室内也不要修理家中的电气线路、开关、插座等。如果一定要修,要把家中电源总开关拉开。(×)

52. 对于容易产生静电的场所,应保持地面潮湿,或者铺设导电性能较好的地板。(√)

53. 除独立避雷针之外,在接地电阻满足要求的前提下,防雷接地装置可以和其他接地装置共用。(√)

54. 在三相交流电路中,负载为星形接法时,其相电压等于三相电源的线电压。(×)

55. 二极管只要工作在反向击穿区,一定会被击穿。(×)

56. 无论在任何情况下,三极管都具有电流放大功能。(×)

57. 电流和磁场密不可分,磁场总是伴随着电流而存在,而电流永远被磁场所包围。(√)

58. 符号"A"表示交流电源。(×)

59. 规定小磁针的北极所指的方向是磁感线的方向。(√)

60. 对于异步电动机,国家标准规定 3 kW 以下的电动机均采用三角形联结。(×)

61. 用星-三角降压启动时,启动转矩为直接采用三角形联结时启动转矩的 1/3。(√)

62. 电气控制系统图包括电气原理图和电气安装图。(√)

63. 电气原理图中的所有元件均按未通电状态或无外力作用时的状态画出。(√)

64. 在电气原理图中,当触点图形垂直放置时,以"左开右闭"原则绘制。(√)

65. 能耗制动这种方法是将转子的动能转化为电能,并消耗在转子回路的电阻上。(√)

66. 三相电动机的转子和定子要同时通电才能工作。(×)

67. 在高压操作中,无遮拦作业人体或其所携带工具与带电体之间的距离应不少于0.7 m。(√)

68. RCD 后的中性线可以接地。(×)

69. 单相 220 V 电源供电的电气设备,应选用三极式漏电保护装置。(×)

70. RCD 的选择,必须考虑用电设备和电路正常泄漏电流的影响。(√)

71. 当低压电气火灾发生时,首先应做的是(B)。

A. 迅速离开现场去报告领导

B. 迅速设法切断电源

C. 迅速用干粉或者二氧化碳灭火器灭火

72. 交流接触器的额定工作电压,是指在规定条件下,能保证电器正常工作的(A)

电压。

A. 最高　　B. 最低　　C. 平均

73. 在半导体电路中,主要选用快速熔断器作为(A)保护。

A. 短路　　B. 过压　　C. 过热

74. 属于配电电器的有(A)。

A. 熔断器　　B. 接触器　　C. 电阻器

75. 电工安全工作规程上规定,对地电压为(C)V 及以下的设备为低压设备。

A. 400　　B. 380　　C. 250

76. 电伤是由电流的(C)效应对人体所造成的伤害。

A. 化学　　B. 热　　C. 热化学与机械

77. 据一些资料表明,心跳、呼吸停止,在(A)min 内进行抢救,约 80% 可以救活。

A. 1　　B. 2　　C. 3

78. (C)仪表由固定的线圈,可转动的线圈及转轴、游丝、指针、机械调零机构等组成。

A. 电磁式　　B. 磁电式　　C. 电动式

79. 万用表实质是一个带有整流器的(A)仪表。

A. 磁电式　　B. 电磁式　　C. 电动式

80. (C)仪表可直接用于交、直流测量,且精确度高。

A. 电磁式　　B. 磁电式　　C. 电动式

81. 电容器在用万用表检查时指针摆动后应该(B)。

A. 保持不动　　B. 逐渐回摆　　C. 来回摆动

82. 接地线应用多股软裸铜线,其截面积不得小于(C) mm^2。

A. 10　　B. 6　　C. 25

83. (C)可用于操作高压跌落式熔断器、单极隔离开关及装设临时接地线等。

A. 绝缘手套　　B. 绝缘鞋　　C. 绝缘棒

84. “禁止攀登,高压危险!”的标志牌应制作为(C)。

A. 红底白字　　B. 白底红字　　C. 白底红边黑字

85. 落地插座应具有牢固可靠的(B)。

A. 标志牌　　B. 保护盖板　　C. 开关

86. 线路单相短路是指(C)。

A. 电流太大　　B. 功率太大　　C. 零相线直接接通

87. 下列现象中,可判定是接触不良的是(B)。

A. 荧光灯启动困难　　B. 灯泡忽明忽暗　　C. 灯泡不亮

88. 在一般场所,为保证使用安全,应选用(A)电动工具。

A. Ⅱ类　　B. Ⅰ类　　C. Ⅲ类

89. 保护线(接地或接零线)的颜色按标准应采用(C)。

A. 蓝色　　B. 红色　　C. 黄绿双色

90. 我们平时称的瓷瓶,在电工专业中称为(C)。

A. 隔离体　　B. 绝缘瓶　　C. 绝缘子

91. 下列材料中,导电性能最好的是(B)。

A. 铝　　B. 铜　　C. 铁

92. 防静电的接地电阻要求不大于(C)Ω。

A. 40　　B. 10　　C. 100

93. 下面(C)属于顺磁性材料。

A. 水　　B. 铜　　C. 空气

94. 交流 10 kV 母线电压是指交流三相三线制的(B)。

A. 相电压　　B. 线电压　　C. 线路电压

95. 串联电路中各电阻两端电压的关系是(C)。

A. 各电阻两端电压相等

B. 阻值越小两端电压越高

C. 阻值越大两端电压越高

96. 对电动机各绕组的绝缘检查,要求是,电动机每 1 kV 工作电压,绝缘电阻(A)。

A. 大于或等于 1 MΩ　　B. 小于 0.5 MΩ　　C. 等于 0.5 MΩ

97. 对电动机各绕组的绝缘检查,如测出绝缘电阻为零,在发现无明显烧毁的现象时,则可进行烘干处理,这时(B)通电运行。

A. 允许　　B. 不允许　　C. 烘干好后就可

98. 电动机在正常运行时的声音,是平稳、轻快、(A)和有节奏的。

A. 均匀　　B. 尖叫　　C. 摩擦

99. 应装设报警式漏电保护器而不自动切断电源的是(C)。

A. 招待所插座回路　　B. 生产用的电气设备　　C. 消防用电梯

100. 建筑施工工地的用电机械设备(A)安装漏电保护装置。

A. 应　　B. 不应　　C. 没规定

第 十 三 套

1. 二氧化碳灭火器带电灭火只适用于 600 V 以下的线路,如果是 10 kV 或者 35 kV 线路,若要带电灭火只能选择干粉灭火器。(√)

2. 电气设备缺陷,设计不合理,安装不当等都是引发火灾的重要原因。(√)

3. 使用电气设备时,由于导线截面选择过小,当电流较大时也会因发热过大而引发火灾。(√)

4. 电动式时间继电器的延时时间不受电源电压波动及环境温度变化的影响。(√)

5. 熔体的额定电流不可大于熔断器的额定电流。(√)

6. 熔断器的文字符号为 FU。(√)

7. 频率的自动调节补偿是热继电器的一个功能。(×)

8. 低压配电屏是按一定的接线方案将有关低压一、二次设备组装起来,每一个主电路方案对应一个或多个辅助方案,从而简化了工程设计。(√)

9. 中间继电器的动作值与释放值可调节。(×)

10. 交流接触器的额定电流,是在额定的工作条件下所决定的电流值。(√)

11. 漏电断路器在被保护电路中有漏电或有人触电时,零序电流互感器就产生感应电流,经放大使脱扣器动作,从而切断电路。(√)

12. 安全可靠是对任何开关电器的基本要求。(√)

13. 隔离开关承担接通和断开电流任务,将电路与电源隔开。(×)

14. 一般情况下,接地电网的单相触电比不接地的电网的危险性小。(×)

15. 两相触电危险性比单相触电小。(×)

16. 触电者神志不清,有心跳,但呼吸停止,应立即进行口对口人工呼吸。(√)
17. 用钳表测量电流时,尽量将导线置于钳口铁芯中间,以减少测量误差。(√)
18. 用钳表测量电动机空转电流时,不需要挡位变换,可直接进行测量。(×)
19. 电压的大小用电压表来测量,测量时将其串联在电路中。(×)
20. 直流电流表可以用于交流电路测量。(×)
21. 使用兆欧表前不必切断被测设备的电源。(×)
22. 万用表在测量电阻时,指针指在刻度盘中间最准确。(√)
23. 钳形电流表可做成既能测量交流电流,也能测量直流电流。(√)
24. 并联电容器所接的线停电后,必须断开电容器组。(√)
25. 如果电容器运行时,检查发现温度过高,应加强通风。(×)
26. 补偿电容器的容量越大越好。(×)
27. 日常电气设备的维护和保养应由设备管理人员负责。(×)
28. 特种作业操作证每年由考核发证部门复审一次。(×)
29. 电工应做好用电人员在特殊场所作业的监护作业。(√)
30. 挂登高板时,应钩口向外并且向上。(√)
31. 使用脚扣进行登杆作业时,上、下杆的每一步必须使脚扣环完全套入并可靠地扣住电杆,才能移动身体,否则会造成事故。(√)
32. 在安全色标中,用红色表示禁止、停止或消防。(√)
33. 遮栏是为防止工作人员无意碰到带电设备部分而装设的屏护,分临时遮栏和常设遮栏两种。(√)
34. 电子镇流器的功率因数高于电感式镇流器。(√)
35. 接了漏电开关之后,设备外壳就不需要再接地或接零了。(×)
36. 为了有明显区别,并列安装的同型号开关应不同高度,错落有致。(×)
37. 用电笔验电时,应赤脚站立,保证与大地有良好的接触。(×)
38. 漏电开关跳闸后,允许采用分路停电再送电的方式检查线路。(√)
39. 不同电压的插座应有明显区别。(√)
40. 多用螺钉旋具的规格是以它的全长(手柄加旋杆)表示的。(√)
41. 手持式电动工具接线可以随意加长。(×)
42. 移动电气设备可以参考手持电动工具的有关要求进行使用。(√)
43. 电工钳、电工刀、螺钉旋具是常用电工基本工具。(√)
44. 导线连接后接头与绝缘层的距离越小越好。(√)
45. 低压绝缘材料的耐压等级一般为 500 V。(√)
46. 为了安全,高压线路通常采用绝缘导线。(×)
47. 绝缘材料就是指绝对不导电的材料。(×)
48. 导线连接时必须注意做好防腐措施。(√)
49. 电力线路敷设时严禁采用突然剪断导线的办法松线。(√)
50. 当静电的放电火花能量足够大时,能引起火灾和爆炸事故,在生产过程中静电还会妨碍生产和降低产品质量等。(√)
51. 用避雷针、避雷带是防止雷电破坏电力设备的主要措施。(×)
52. 防雷装置应沿建筑物的外墙敷设,并经最短途径接地,如有特殊要求可以暗设。(√)

53. 雷电按其传播方式可分为直击雷和感应雷两种。(×)

54. 载流导体在磁场中一定受到磁场力的作用。(×)

55. 在三相交流电路中,负载为星形接法时,其相电压等于三相电源的线电压。(×)

56. 基尔霍夫第一定律是节点电流定律,是用来证明电路上各电流之间关系的定律。(√)

57. 磁感线是一种闭合曲线。(√)

58. 对称的三相电源是由振幅相同,初相依次相差 120°的正弦电源,连接组成的供电系统。(×)

59. 符号“A”表示交流电源。(×)

60. 因闻到焦臭味而停止运行的电动机,必须找出原因后才能再通电使用。(√)

61. 对于异步电动机,国家标准规定 3 kW 以下的电动机均采用三角形联结。(×)

62. 对电动机各绕组的绝缘检查,如测出绝缘电阻不合格,不允许通电运行。(√)

63. 在电气原理图中,当触点图形垂直放置时,以“左开右闭”原则绘制。(√)

64. 电气原理图中的所有元件均按未通电状态或无外力作用时的状态画出。(√)

65. 能耗制动这种方法是将转子的动能转化为电能,并消耗在转子回路的电阻上。(√)

66. 转子串频敏变阻器启动的转矩大,适合重载启动。(×)

67. 当采用安全特低电压作直接电击防护时,应选用 25 V 及以下的安全电压。(√)

68. 剩余电流动作保护装置主要用于 1 000 V 以下的低压系统。(√)

69. RCD 后的中性线可以接地。(×)

70. RCD 的选择,必须考虑用电设备和电路正常泄漏电流的影响。(√)

71. 在易燃、易爆危险场所,电气设备应安装(C)的电气设备。

A. 安全电压　　B. 密封性好　　C. 防爆型

72. 非自动切换电器是依靠(B)直接操作来进行工作的。

A. 电动　　B. 外力(如手控)　　C. 感应

73. 在电力控制系统中,使用最广泛的是(B)式交流接触器。

A. 气动　　B. 电磁　　C. 液动

74. 行程开关的组成包括(C)。

A. 保护部分　　B. 线圈部分　　C. 反力系统

75. 交流接触器的电寿命约为机械寿命的(C)倍。

A. 10　　B. 1　　C. 1/20

76. 引起电光性眼炎的主要原因是(C)。

A. 可见光　　B. 红外线　　C. 紫外线

77. 人体直接接触带电设备或线路中的一相时,电流通过人体流入大地,这种触电现象称为(A)触电。

A. 单相　　B. 两相　　C. 三相

78. 用兆欧表测量电阻的单位是(C)。

A. 千欧　　B. 欧　　C. 兆欧

79. 钳形电流表测量电流时,可以在(C)电路的情况下进行。

A. 断开　　B. 短接　　C. 不断开

80. 万用表由表头、(B)及转换开关三个主要部分组成。

A. 线圈　　B. 测量电路　　C. 指针

81. 低压电容器的放电负载通常是(A)。

A. 灯泡　　B. 线圈　　C. 互感器

82. 生产经营单位的主要负责人在本单位发生重大生产安全事故后逃匿的,由(B)处15日以下拘留。

A. 检察机关

B. 公安机关

C. 安全生产监督管理部门

83. (C)可用于操作高压跌落式熔断器、单极隔离开关及装设临时接地线等。

A. 绝缘手套　　B. 绝缘鞋　　C. 绝缘棒

84. 高压验电器的发光电压不应高于额定电压的(B)%。

A. 50　　B. 25　　C. 75

85. 事故照明一般采用(B)。

A. 荧光灯　　B. 白炽灯　　C. 高压汞灯

86. 在易燃、易爆场所使用的照明灯具应采用(B)灯具。

A. 防潮型　　B. 防爆型　　C. 普通型

87. 下列现象中,可判定是接触不良的是(B)。

A. 荧光灯启动困难　　B. 灯泡忽明忽暗　　C. 灯泡不亮

88. 使用剥线+钳时应选用比导线直径(A)的刃口。

A. 稍大　　B. 相同　　C. 较大

89. 照明线路熔断器的熔体的额定电流取线路计算电流的(B)倍。

A. 0.9　　B. 1.1　　C. 1.5

90. 低压断路器又称(C)。

A. 总开关　　B. 闸刀　　C. 自动空气开关

91. 利用交流接触器作欠电压保护的原理是当电压不足时,线圈产生的(A)不足,触点分断。

A. 磁力　　B. 涡流　　C. 热量

92. 为避免高压变配电站遭受直击雷,引发大面积停电事故,一般可用(B)来防雷。

A. 阀型避雷器　　B. 接闪杆　　C. 接闪网

93. 纯电容元件在电路中(A)电能。

A. 储存　　B. 分配　　C. 消耗

94. 通电线圈产生的磁场方向不但与电流方向有关,而且还与线圈(B)有关。

A. 长度　　B. 绕向　　C. 体积

95. 稳压二极管的正常工作状态是(C)。

A. 导通状态　　B. 截止状态　　C. 反向击穿状态

96. 国家标准规定凡(A) kW 以上的电动机均采用三角形接法。

A. 4　　B. 3　　C. 7.5

97. (C)电动机,在通电前,必须先做各绕组的绝缘电阻检查,合格后才可通电。

A. 一直在用,停止没超过一天的

B. 不常用,但刚停止不超过一天的

C. 新装或未用过的

98. 异步电动机在启动瞬间,转子绕组中感应的电流很大,使定子流过的启动电流也很大,为额定电流的(A)倍。

A. 4~7　　B. 2　　C. 9~10

99. 在不接地系统中,如发生单相接地故障时,其他相线对地电压会(A)。

A. 升高　　B. 降低　　C. 不变

100. 带电体的工作电压越高,要求其间的空气距离(A)。

A. 越大　　B. 一样　　C. 越小

第 十 四 套

1. 在设备运行中,发生起火电流热量是间接原因,而火花或电弧则是直接原因。(×)

2. 使用电气设备时,由于导线截面选择过小,当电流较大时也会因发热过大而引发火灾。(√)

3. 对于在易燃、易爆、易灼烧及有静电发生的场所作业的工作人员,不可以发放和使用化纤防护用品。(√)

4. 通用继电器可以更换不同性质的线圈,从而将其制成各种继电器。(√)

5. 断路器在选用时,要求断路器的额定通断能力要大于或等于被保护线路中可能出现的最大负载电流。(×)

6. 按钮的文字符号为SB。(√)

7. 低压断路器是一种重要的控制和保护电器,断路器都装有灭弧装置,因此可以安全地带负荷合分闸。(√)

8. 胶壳开关不适合用于直接控制5.5 kW以上的交流电动机。(√)

9. 组合开关可直接启动5 kW以下的电动机。(√)

10. 频率的自动调节补偿是热继电器的一个功能。(×)

11. 低压配电屏是按一定的接线方案将有关低压一、二次设备组装起来,每一个主电路方案对应一个或多个辅助方案,从而简化了工程设计。(√)

12. 中间继电器实际上是一种动作与释放值可调节的电压继电器。(×)

13. 安全、可靠是对任何开关电器的基本要求。(√)

14. 一般情况下,接地电网的单相触电比不接地的电网的危险性小。(×)

15. 触电者神志不清,有心跳,但呼吸停止,应立即进行口对口人工呼吸。(√)

16. 脱离电源后,触电者神志清醒,应让触电者来回走动,加强血液循环。(×)

17. 摇测大容量设备吸收比是测量60 s时的绝缘电阻与15 s时的绝缘电阻之比。(√)

18. 使用万用表电阻挡能够测量变压器的线圈电阻。(×)

19. 电流表的内阻越小越好。(√)

20. 交流钳形电流表可测量交直流电流。(×)

21. 钳形电流表可做成既能测量交流电流,也能测量直流电流。(√)

22. 万用表在测量电阻时,指针指在刻度盘中间最准确。(√)

23. 接地电阻测试仪就是测量线路的绝缘电阻的仪器。(×)

24. 并联电容器所接的线停电后,必须断开电容器组。(√)

25. 电容器室内应有良好的通风。(√)

26. 补偿电容器的容量越大越好。(×)

27. 日常电气设备的维护和保养应由设备管理人员负责。(×)

28. 特种作业人员未经专门的安全作业培训,未取得相应资格,上岗作业导致事故的,应追究生产经营单位有关人员的责任。(√)

29. 电工应做好用电人员在特殊场所作业的监护作业。(√)

30. 挂登高板时,应钩口向外并且向上。(√)

31. 在安全色标中,用绿色表示安全、通过、允许工作。(√)

32. 使用脚扣进行登杆作业时,上、下杆的每一步必须使脚扣环完全套入并可靠地扣住电杆,才能移动身体,否则会造成事故。(√)

33. 验电是保证电气作业安全的技术措施之一。(√)

34. 电子镇流器的功率因数高于电感式镇流器。(√)

35. 荧光灯点亮后,镇流器起降压限流作用。(√)

36. 验电器在使用前必须确认验电器良好。(√)

37. 在没有用验电器验电前,线路应视为有电。(√)

38. 当拉下总开关后,线路即视为无电。(×)

39. 危险场所室内的吊灯与地面距离不少于 3 m。(×)

40. Ⅲ类电动工具的工作电压不超过 50 V。(√)

41. 电工钳、电工刀、螺钉旋具是常用电工基本工具。(√)

42. 手持式电动工具接线可以随意加长。(×)

43. 一号电工刀比二号电工刀的刀柄长度长。(√)

44. 额定电压为 380 V 的熔断器可用在 220 V 的线路中。(√)

45. 根据用电性质,电力线路可分为动力线路和配电线路。(×)

46. 电力线路敷设时严禁采用突然剪断导线的办法松线。(√)

47. 电缆保护层的作用是保护电缆。(√)

48. 截面积较小的单股导线平接时可采用绞接法。(√)

49. 铜线与铝线在需要时可以直接连接。(×)

50. 10 kV 以下运行的阀型避雷器的绝缘电阻应每年测量一次。(×)

51. 用避雷针、避雷带是防止雷电破坏电力设备的主要措施。(×)

52. 雷电按其传播方式可分为直击雷和感应雷两种。(×)

53. 雷电可通过其他带电体或直接对人体放电,使人的身体遭到巨大的破坏直至死亡。(√)

54. 正弦交流电的周期与角频率互为倒数。(×)

55. 二极管只要工作在反向击穿区,一定会被击穿。(×)

56. 符号“A”表示交流电源。(×)

57. 并联电路的总电压等于各支路电压之和。(×)

58. 磁感线是一种闭合曲线。(√)

59. 对称的三相电源是由振幅相同,初相依次相差 120°的正弦电源,连接组成的供电系统。(×)

60. 异步电动机的转差率是旋转磁场的转速与电动机转速之差与旋转磁场的转速之比。(√)

61. 电动机在正常运行时,如闻到焦臭味,则说明电动机速度过快。(×)

62. 对电动机轴承润滑的检查,可通电转动电动机转轴,看是否转动灵活,听有无异声。

(×)

63. 三相电动机的转子和定子要同时通电才能工作。(×)

64. 电气控制系统图包括电气原理图和电气安装图。(√)

65. 能耗制动这种方法是将转子的动能转化为电能,并消耗在转子回路的电阻上。(√)

66. 同一电器元件的各部件分散地画在原理图中,必须按顺序标注文字符号。(×)

67. TT系统是配电网中性点直接接地,用电设备外壳也采用接地措施的系统。(√)

68. 保护接零适用于中性点直接接地的配电系统中。(√)

69. 单相220 V电源供电的电气设备,应选用三极式漏电保护装置。(×)

70. 机关、学校、企业、住宅等建筑物内的插座回路不需要安装漏电保护装置。(×)

71. 在电气线路安装时,导线与导线或导线与电气螺栓之间的连接最易引发火灾的连接工艺是(A)。

A. 铜线与铝线绞接　　B. 铝线与铝线绞接　　C. 铜铝过渡接头压接

72. 接触器的图形符号为(B)。

A. 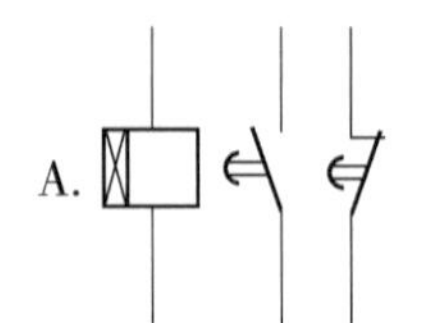　　B. 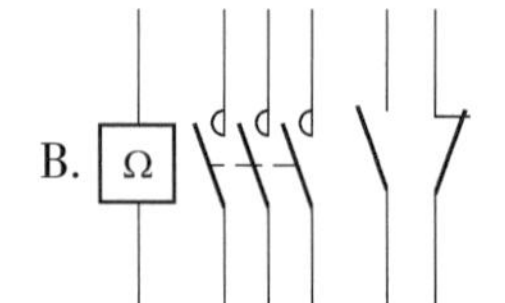

　　C. 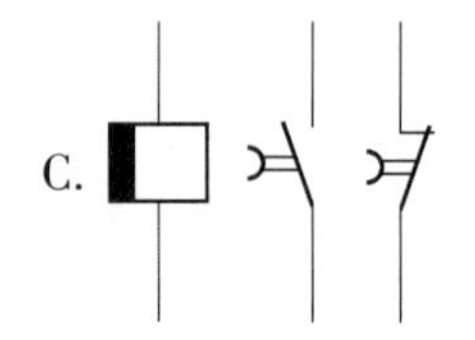

73. 低压熔断器,广泛应用于低压供配电系统和控制系统中,主要用于(B)保护,有时也可用于过载保护。

A. 速断　　B. 短路　　C. 过流

74. 组合开关用于电动机可逆控制时,(C)允许反向接通。

A. 可在电动机停转后就

B. 不必在电动机完全停转后就

C. 必须在电动机完全停转后才

75. 热继电器的保护特性与电动机过载特性贴近,是为了充分发挥电动机的(A)能力。

A. 过载　　B. 控制　　C. 节流

76. 电流从左手到双脚引起心室颤动效应,一般认为通电时间与电流的乘积大于(C) mA·s时就有生命危险。

A. 30　　B. 16　　C. 50

77. 人体同时接触带电设备或线路中的两相导体时,电流从一相通过人体流入另一相,这种触电现象称为(B)触电。

A. 单相　　B. 两相　　C. 感应电

78. 接地电阻测量仪主要由手摇发电机、(B)、电位器,以及检流计组成。

A. 电压互感器　　B. 电流互感器　　C. 变压器

79. 电能表是测量(C)用的仪器。

A. 电流　　B. 电压　　C. 电能

80. 测量电压时,电压表应与被测电路(B)。

A. 串联　　B. 并联　　C. 正接

81. 低压电容器的放电负载通常是(A)。

A. 灯泡　　B. 线圈　　C. 互感器

82. 生产经营单位的主要负责人在本单位发生重大生产安全事故后逃匿的,由(B)处15日以下拘留。

A. 检察机关

B. 公安机关

C. 安全生产监督管理部门

83. 按国际和我国标准,(C)线只能用作保护接地或保护接零线。

A. 黑色　　B. 蓝色　　C. 黄绿双色

84. 绝缘手套属于(A)安全用具。

A. 辅助　　B. 直接　　C. 基本

85. 对颜色有较高区别要求的场所,宜采用(B)。

A. 彩灯　　B. 白炽灯　　C. 紫色灯

86. 在检查插座时,电笔在插座的两个孔均不亮,首先判断是(A)。

A. 相线断线　　B. 短路　　C. 零线断线

87. 一般照明的电源优先选用(A)V。

A. 220　　B. 380　　C. 36

88. 螺钉旋具的规格是以柄部外面的杆身长度和(C)表示的。

A. 厚度　　B. 半径　　C. 直径

89. 照明线路熔断器的熔体的额定电流取线路计算电流的(B)倍。

A. 0.9　　B. 1.1　　C. 1.5

90. 下列材料中,导电性能最好的是(A)。

A. 铜　　B. 铝　　C. 铁

91. 碳在自然界中有金刚石和石墨两种存在形式,其中石墨是(B)。

A. 绝缘体　　B. 导体　　C. 半导体

92. 在雷暴雨天气,应将门和窗户等关闭,其目的是为了防止(B)侵入屋内,造成火灾、爆炸或人员伤亡。

A. 感应雷　　B. 球形雷　　C. 直接雷

93. 通电线圈产生的磁场方向不但与电流方向有关,而且还与线圈(B)有关。

A. 长度　　B. 绕向　　C. 体积

94. 稳压二极管的正常工作状态是(C)。

A. 截止状态　　B. 导通状态　　C. 反向击穿状态

95. 载流导体在磁场中将会受到(A)的作用。

A. 电磁力　　B. 磁通　　C. 电动势

96. 笼形异步电动机采用电阻降压启动时,启动次数(C)。

A. 不允许超过3次/h　　B. 不宜太少　　C. 不宜过于频繁

97. 旋转磁场的旋转方向决定于通入定子绕组中的三相交流电源的相序,只要任意调换电动机(B)所接交流电源的相序,旋转磁场即可反转。

A. 一相绕组　　B. 两相绕组　　C. 三相绕组

98. 降压启动是指启动时降低加在电动机(B)绕组上的电压,启动运转后,再使其电压恢复到额定电压正常运行。

A. 转子　　B. 定子　　C. 定子及转子

99. 特低电压限值是指在任何条件下,任意两导体之间出现的(B)电压值。

A. 最小　　B. 最大　　C. 中间

100. 对于低压配电网,配电容量在 100 kW 以下时,设备保护接地的接地电阻不应超过(B)Ω。

A. 6　　B. 10　　C. 4

第十五套

1. 在高压线路发生火灾时,应采用有相应绝缘等级的绝缘工具,迅速拉开隔离开关切断电源,选择二氧化碳或者干粉灭火器进行灭火。(×)

2. 在爆炸危险场所,应采用三相四线制、单相三线制方式供电。(×)

3. 在有爆炸和火灾危险的场所,应尽量少用或不用携带式、移动式的电气设备。(√)

4. 熔体的额定电流不可大于熔断器的额定电流。(√)

5. 断路器在选用时,要求断路器的额定通断能力要大于或等于被保护线路中可能出现的最大负载电流。(×)

6. 目前我国生产的接触器额定电流一般大于或等于 630 A。(×)

7. 在供配电系统和设备自动系统中,刀开关通常用于电源隔离。(√)

8. 中间继电器的动作值与释放值可调节。(×)

9. 熔断器的特性是,通过熔体的电压值越高,熔断时间越短。(×)

10. 胶壳开关不适合用于直接控制 5.5 kW 以上的交流电动机。(√)

11. 铁壳开关安装时外壳必须可靠接地。(√)

12. 频率的自动调节补偿是热继电器的一个功能。(×)

13. 中间继电器实际上是一种动作与释放值可调节的电压继电器。(×)

14. 一般情况下,接地电网的单相触电比不接地的电网的危险性小。(×)

15. 脱离电源后,触电者神志清醒,应让触电者来回走动,加强血液循环。(×)

16. 触电事故是由电能以电流形式作用于人体造成的事故。(√)

17. 电动势的正方向规定为从低电位指向高电位,所以测量时电压表应正极接电源负极,而电压表负极接电源的正极。(×)

18. 用钳表测量电动机空转电流时,可直接用小电流挡一次测量出来。(×)

19. 钳形电流表可做成既能测量交流电流,也能测量直流电流。(√)

20. 电压表内阻越大越好。(√)

21. 万用表使用后,转换开关可置于任意位置。(×)

22. 交流电流表和电压表测量所测得的值都是有效值。(√)

23. 测量电流时应把电流表串联在被测电路中。(√)

24. 当电容器测量时万用表指针摆动后停止不动,说明电容器短路。(√)

25. 检查电容器时,只要检查电压是否符合要求即可。(×)

26. 电容器放电的方法就是将其两端用导线连接。(×)

27. 特种作业人员必须年满 20 周岁,且不超过国家法定退休年龄。(×)

28. 特种作业操作证每年由考核发证部门复审一次。(×)

29. 企业、事业单位的职工无特种作业操作证从事特种作业,属违章作业。(√)

30. “止步,高压危险”的标志牌的式样是白底、红边,有红色箭头。(√)

31. 在安全色标中,用红色表示禁止、停止或消防。(√)

32. 遮栏是为防止工作人员无意碰到带电设备部分而装设的屏护,分临时遮栏和常设

遮栏两种。(√)

33. 试验对地电压为 50 V 以上的带电设备时,氖泡式低压验电器就应显示有电。(×)
34. 幼儿园及小学等儿童活动场所插座安装高度不宜低于 1.8 m。(√)
35. 当灯具达不到最低高度时,应采用 24 V 以下电压。(×)
36. 高压水银灯的电压比较高,所以称为高压水银灯。(×)
37. 漏电开关跳闸后,允许采用分路停电再送电的方式检查线路。(√)
38. 用电笔验电时,应赤脚站立,保证与大地有良好的接触。(×)
39. 为了有明显区别,并列安装的同型号开关应不同高度,错落有致。(×)
40. 移动电气设备电源应采用高强度铜芯橡皮护套硬绝缘电缆。(×)
41. 一号电工刀比二号电工刀的刀柄长度长。(√)
42. 剥线钳是用来剥削小导线头部表面绝缘层的专用工具。(√)
43. Ⅱ类手持式电动工具比Ⅰ类工具安全可靠。(√)
44. 绝缘老化只是一种化学变化。(×)
45. 低压绝缘材料的耐压等级一般为 500 V。(√)
46. 为了安全,高压线路通常采用绝缘导线。(×)
47. 绝缘体被击穿时的电压称为击穿电压。(√)
48. 电缆保护层的作用是保护电缆。(√)
49. 绝缘材料就是指绝对不导电的材料。(×)
50. 雷击产生的高电压可对电气装置和建筑物及其他设施造成毁坏,电力设施或电力线路遭破坏可能导致大规模停电。(×)
51. 雷电时,应禁止在屋外高空检修、试验和屋内验电等作业。(√)
52. 对于容易产生静电的场所,应保持地面潮湿,或者铺设导电性能较好的地板。(√)
53. 除独立避雷针之外,在接地电阻满足要求的前提下,防雷接地装置可以和其他接地装置共用。(√)
54. 并联电路中各支路上的电流不一定相等。(√)
55. 交流发电机是应用电磁感应的原理发电的。(√)
56. 当导体温度不变时,通过导体的电流与导体两端的电压成正比,与其电阻成反比。(√)
57. 我国正弦交流电的频率为 50 Hz。(√)
58. 磁感线是一种闭合曲线。(√)
59. 220 V 的交流电压的最大值为 380 V。(×)
60. 用星-三角降压启动时,启动转矩为直接采用三角形联结时启动转矩的 1/3。(√)
61. 电动机在正常运行时,如闻到焦臭味,则说明电动机速度过快。(×)
62. 转子串频敏变阻器启动的转矩大,适合重载启动。(×)
63. 对电动机各绕组的绝缘检查,如测出绝缘电阻不合格,不允许通电运行。(√)
64. 能耗制动这种方法是将转子的动能转化为电能,并消耗在转子回路的电阻上。(√)
65. 使用改变磁极对数来调速的电动机一般都是绕线转子异步电动机。(×)
66. 电气安装接线图中,同一电器元件的各部分必须画在一起。(√)
67. SELV 只作为接地系统的电击保护。(×)
68. RCD 后的中性线可以接地。(×)

69. 保护接零适用于中性点直接接地的配电系统中。(×)

70. 剩余电流动作保护装置主要用于1 000 V以下的低压系统。(√)

71. 在电气线路安装时,导线与导线或导线与电气螺栓之间的连接最易引发火灾的连接工艺是(A)。

A. 铜线与铝线绞接　　B. 铝线与铝线绞接　　C. 铜铝过渡接头压接

72. 属于控制电器的是(B)。

A. 熔断器　　B. 接触器　　C. 刀开关

73. 热继电器具有一定的(C)自动调节补偿功能。

A. 时间　　B. 频率　　C. 温度

74. 低压熔断器,广泛应用于低压供配电系统和控制系统中,主要用于(A)保护,有时也可用于过载保护。

A. 短路　　B. 速断　　C. 过流

75. 熔断器的保护特性又称(B)。

A. 灭弧特性　　B. 安秒特性　　C. 时间性

76. 人体体内电阻约为(C)Ω。

A. 300　　B. 200　　C. 500

77. 当电气设备发生接地故障,接地电流通过接地体向大地流散,若人在接地短路点周围行走,其两脚间的电位差引起的触电称为(B)触电。

A. 单相　　B. 跨步电压　　C. 感应电

78. (A)仪表由固定的线圈、可转动的铁芯及转轴、游丝、指针、机械调零机构等组成。

A. 电磁式　　B. 磁电式　　C. 感应式

79. 万用表电压量程2.5 V是当指针指在(B)位置时电压值为2.5 V。

A. 1/2量程　　B. 满量程　　C. 2/3量程

80. 测量电压时,电压表应与被测电路(B)。

A. 串联　　B. 并联　　C. 正接

81. 为了检查可以短时停电,在触及电容器前必须(A)。

A. 充分放电　　B. 长时间停电　　C. 冷却之后

82. 特种作业操作证有效期为(C)年。

A. 8　　B. 12　　C. 6

83. (C)可用于操作高压跌落式熔断器、单极隔离开关及装设临时接地线等。

A. 绝缘手套　　B. 绝缘鞋　　C. 绝缘棒

84. "禁止合闸,有人工作"的标志牌应制作为(B)。

A. 红底白字　　B. 白底红字　　C. 白底绿字

85. 当空气开关动作后,用手触摸其外壳,发现开关外壳较热,则动作的可能是(B)。

A. 短路　　B. 过载　　C. 欠电压

86. 下列现象中,可判定是接触不良的是(A)。

A. 灯泡忽明忽暗　　B. 荧光灯启动困难　　C. 灯泡不亮

87. 在电路中,开关应控制(B)。

A. 零线　　B. 相线　　C. 地线

88. Ⅱ类手持电动工具是带有(C)绝缘的设备。

A. 防护　　B. 基本　　C. 双重

89. 熔断器在电动机的电路中起(B)保护作用。

A. 过载　　B. 短路　　C. 过载和短路

90. 低压线路中的零线采用的颜色是(A)。

A. 淡蓝色　　B. 深蓝色　　C. 黄绿双色

91. 导线接头缠绝缘胶布时,后一圈压在前一圈胶布宽度的(B)。

A. 1/3　　B. 1/2　　C. 1

92. 变压器和高压开关柜,防止雷电侵入产生破坏的主要措施是(B)。

A. 安装避雷线　　B. 安装避雷器　　C. 安装避雷网

93. 三个阻值相等的电阻串联时的总电阻是并联时总电阻的(B)倍。

A. 6　　B. 9　　C. 3

94. 载流导体在磁场中将会受到(B)的作用。

A. 磁通　　B. 电磁力　　C. 电动势

95. 串联电路中各电阻两端电压的关系是(C)。

A. 各电阻两端电压相等

B. 阻值越小两端电压越高

C. 阻值越大两端电压越高

96. 国家标准规定,凡(A) kW 以上的电动机均采用三角形接法。

A. 4　　B. 3　　C. 7.5

97. 电动机在额定工作状态下运行时,(B)的机械功率称为额定功率。

A. 允许输入　　B. 允许输出　　C. 推动电机

98. 异步电动机在启动瞬间,转子绕组中感应的电流很大,使定子流过的启动电流也很大,约为额定电流的(A)倍。

A. 4~7　　B. 2　　C. 9~10

99. 6~10 kV 架空线路的导线经过居民区时,线路与地面的最小距离为(C)m。

A. 6　　B. 5　　C. 6.5

100. 带电体的工作电压越高,要求其间的空气距离(A)。

A. 越大　　B. 一样　　C. 越小

第二部分　电工初级考试题库

一、判断题

1. 抢救触电伤员时，可使用兴奋呼吸中枢的可拉明、洛贝林，或使心脏复跳的肾上腺素等强心针剂，代替人工呼吸和胸外心脏按压两种急救措施。（　）

2. 在易燃、易爆场所的照明灯具，应使用密闭型或防爆型灯具；在多尘、潮湿和有腐蚀性气体的场所，应使用防水、防尘型灯具。（　）

3. 多尘、潮湿的场所或户外场所的照明开关，应选用瓷质防水，拉线开关。（　）

4. 电源相线可直接接入灯具，而开关可以控制零线。（　）

5. 安全电压照明变压器可使用双线圈变压器，也可用自耦变压器。（　）

6. 可将单相三孔电源插座的保护接地端（面对插座的最上端）与接零端用导线连接起来，共用一根线。（　）

7. 电源线接在插座上或接在插头上是一样的（　）

8. 螺口灯头的相线应接于灯口中心的舌片上，零线接在螺纹口的螺钉上。（　）

9. 在易燃、易爆场所带电作业时，只要注意安全、防止触电，一般不会发生危险。（　）

10. 防爆电器出厂时涂的黄油是防止生锈的，使用时不应抹去。（　）

11. 电缆的保护层是保护电缆缆芯导体的。（　）

12. 电缆在搬运中，电缆线盘应平放在汽车内，以便固定。（　）

13. 纸绝缘电缆中，绕包型电缆较分相铅包型电缆的工作电压高。（　）

14. 中、低压聚氯乙烯电缆、聚乙烯电缆和交联聚乙烯电缆，一般也与纸绝缘电缆一样，有一个完全密封的金属护套。（　）

15. 电缆的保护层是保护电缆缆芯导体的。（　）

16. 变压器的额定容量是指变压器输出的视在功率。（　）

17. 电缆在运行中，只要监视其负荷不要超过允许值，不必监测电缆的温度，因为这两者是一致的。（　）

18. 锯割电缆钢甲时，先用直径为2.0 mm铜线将钢甲绑扎3~4匝，铜线的缠绕方向应与钢甲缠绕方向相反。（　）

19. 一般刀开关不能用于切断故障电流，也不能承受故障电流引起的电动力和热效应。（　）

20. 低压负荷开关能使其中的刀开关快速断开与闭合，这取决于手动操作机构手柄动作的快慢。（　）

21. 开启式负荷开关用作电动机的控制开关时，应根据电动机的容量选配合适的熔体并装入开关内。（　）

22. 接触器银及银基合金触点表面在分断电弧所形成的黑色氧化膜的接触电阻很大，应进行锉修。（　）

23. 用于经常反转及频繁通断工作的电动机,宜选用热继电器来保护。（　　）

24. 塑料外壳式低压断路器广泛用于工业企业变配电室交、直流配电线路的开关柜上。框架式低压断路器多用于保护容量不大的电动机及照明电路,作为控制开关。（　　）

25. 熔体的额定电流是指在规定工作条件下,长时间通过熔体而熔体不熔断的最大电流值。（　　）

26. 电动机的额定电压是指输入定子绕组的每相电压而不是线间电压。（　　）

27. 电动机启动时的动稳定和热稳定条件体现在制造厂规定的电动机允许启动条件(直接或降压)和连续启动次数两方面。（　　）

28. 异步电动机采用Y-△降压启动时,定子绕组先按△联结,后改换成Y联结运行。（　　）

29. 电动机"短时运行"工作制规定的短时持续时间不超过 10 min。（　　）

30. 电动机的绝缘等级,表示电动机绕组的绝缘材料和导线所能耐受温度极限的等级。如 E 级绝缘其允许最高温度为 120 ℃。（　　）

31. 自耦变压器降压启动的方法,适用于容量在 320 kW 以下笼形异步电动机频繁启动。（　　）

32. 绕线转子异步电动机的启动方法,常采用Y-△降压启动。（　　）

33. 绕线转子异步电动机在重载启动和低速下运转时宜选用频敏变阻器启动。（　　）

34. 采用频敏变阻器启动电动机的特点是,频敏变阻器的阻值能随着电动机转速的上升而自行平滑地增加。（　　）

35. 绕线转子异步电动机采用转子串电阻启动时,所串联的电阻阻值越大,启动转矩越大。（　　）

36. 检查低压电动机定子、转子绕组各相之间和绕组对地的绝缘电阻,用 500 V 绝缘电阻测量时,其数值不应低于 0.5 MΩ,否则应进行干燥处理。（　　）

37. 变压器的额定功率是指当一次侧施以额定电压时,在温升不超过允许值的情况下,二次侧所允许输出最大的功率。（　　）

38. 变压器在使用时,铁芯会逐渐氧化生锈,因此空载电流也就相应逐渐减小。（　　）

39. 三相异步电动机的转速取决于电源频率和磁极对数,而与转差率无关。（　　）

40. 三相异步电动机转子的转速越低,电动机的转差率越大,转子电动势频率越高。（　　）

41. 应用短路测试器检查三相异步电动机绕组是否一相短路时,对于多路并绕或并联支路的绕组,必须允将各支路拆开。（　　）

42. 变压器无论带什么性质的负载,只要负载电流继续增大,其输出电压就必然降低。（　　）

43. 凡有灭弧罩的接触器,一定要装灭弧罩后方能通电启动电动机。为了便于观察,空载、轻载试车时,允许不装灭弧罩启动电动机。（　　）

44. RL1 系列螺旋式熔断器的熔体熔断后有明显指示。（　　）

45. 交流接触器铁芯上的短路环断裂后会使动静铁芯不能释放。（　　）

46. 从空载到满载,随着负载电流的不断增加,变压器的铜损耗和温度都随之增加,一、二次绕组铁芯中的合成磁通也随之增加。（　　）

47. 变压器在空载时,其电流的有功分量较小,而无功分量较大,因此空载运行的变压器,其功率因数很低。 ( )

48. 带有额定负载转矩的三相异步电动机,若使电源电压低于额定电压,则其电流就会低于额定电流。 ( )

49. 油浸式变压器防爆管上的薄膜若因被外力损坏而破裂,则必须使变压器停电修理。 ( )

50. 单相异步电动机的体积虽然较同容量的三相异步电动机大,但功率因数、效率和过载能力都比同容量的三相异步电动机低。 ( )

51. 低压空气断路器同时装有分励脱扣器和失电压脱扣器时,称为复式脱扣装置 ( )

52. 装设电抗器的目的是:增大短路阻抗,限制短路电流,减小电压波动。 ( )

53. 电磁式交流接触器和直流接触器都装有短路环,以消除铁芯的振动和噪声。 ( )

54. 一般说来,继电器的质量越好,接线越简单,所包含的触点数目越少,则保护装置的动作越可靠。 ( )

55. 气体继电器能反映变压器的一切故障而做出相应的动作。 ( )

56. 更换熔断器的管内硅砂时,硅砂颗粒大小都一样。 ( )

57. 无载调压变压器,在变换分接头开关后,应测量各相绕组的直流电阻,每相直流电阻差值不大于三相中最小值的 10% 为合格。 ( )

58. 用万用表 $R\times1\ \Omega$ 挡测试电解电容器时,黑表笔接电容器正极,红表笔接负极,指针慢慢增大,若停在 10 kΩ 处,说明电容器是好的。 ( )

59. 锗管的基极与发射极之间的正向压降比硅管的正向压降大。 ( )

60. 对厚板开坡口的对接接头,第一层焊接要用较粗的焊条。 ( )

61. 对水平固定的管件对接焊接时,可采用自顶部顺时针或逆时针绕焊一周的方法焊接。 ( )

62. 电压互感器二次绕组不允许开路,电流互感器二次绕组不允许短路。 ( )

63. 直流电流表可以用于交流电路的测量。 ( )

64. 钳形电流表可做成既能测量交流电流,又能测量直流电流的仪表。 ( )

65. 使用万用表测量电阻时,每转换一次欧姆挡都要把指针调零一次。 ( )

66. 不可用万用表欧姆挡直接测量微安表、检流计或标准电池的内阻。 ( )

67. 无论是测直流电或交流电,验电器的氖泡发光情况是一样的。 ( )

68. 装有氖泡的低压验电器可以区分相线和地线,也可以验出交流电或直流电;数字显示低压验电器除了能检验带电体是否有电外,还能寻找导线的断线处。 ( )

69. 剥线钳可用于剥除芯线截面积为 6 mm^2 以下的塑料线或橡胶线或橡胶线的绝缘层,故应有直径 6 mm 及以下的切口。

70. 电烙铁的保护接线端可以接线,也可以不接线。 ( )

71. 电焊机的一、二次接线长度均不宜超过 20 m。 ( )

72. 交流电流表和电压表所指示的都是有效值。 ( )

73. 连接铝导线时,不能像铜导线那样用缠绕法或绞接法,只是因为铝导线机械强度差。 ( )

74. 导线的安全载流量,在不同环境温度下应有不同数值。环境温度越高,安全载流量

越大。 (   )

75. 钢芯铝绞线在通过交流电时,由于交流电的集肤效应,电流实际只从铝线中流过,故其有效截面积只是铝线的部分面积。 (   )

76. 电缆管(TC)和管壁较薄,其标称直径是指其内径。 (   )

77. 裸导线在室内敷设高度必须在 3.5 m 以上,低于 3.5 m 时不许架设。 (   )

78. 在测试晶体二极管正反向电阻时,当测得的电阻值较大时,与黑表笔相连的电极为二极管的负极。 (   )

79. 所有穿管线路,管内接头不得多于 1 个。 (   )

80. 电缆线芯有时压制圆形、半圆形、扇形等形状,这是为了缩小电缆外形尺寸,节约原材料。 (   )

81. 铜有良好的导电、导热性能,机械强度高,但易被氧化,熔化时间短,宜作快速熔体,保护晶体管。 (   )

82. 熔点低、熔化时间长的金属材料锡和铅,适宜作高压熔断器熔体。 (   )

83. 强电用的触点和弱电用的触点,性能要求是相同的,所用材料也相同。 (   )

84. HK 系列刀开关可以垂直安装,也可以水平安装。 (   )

85. HZ 系列组合开关无储能分合闸装置。 (   )

86. 低压断路器中电磁脱扣器的作用是实现失电压保护。 (   )

87. 在三相异步电动机控制电路中,熔断器只能用作短路保护。 (   )

88. 低压断路器各脱扣器的整定值一经调整,不允许随意变动,以免影响其动作值。 (   )

89. 一个额定电流等级的熔断器只能配一个额定电流等级的熔体。 (   )

90. 在装接 RL1 系列螺旋式熔断器时,电源线应接在上接线座,负载线应接在下接线座。 (   )

91. 安装熔丝时,熔丝应绕螺栓沿顺时针方向弯曲后压在垫圈下。 (   )

92. 按下复合按钮时,其动合触点和动断触点同时动作。 (   )

93. 当按下动合按钮然后再松开时,按钮便自锁接通。 (   )

94. 单轮旋转式行程开关在挡铁离开滚轮后能自动复位。 (   )

95. 接触器除用来接通大电流电路外,还具有欠电压和过电流保护功能。 (   )

96. 接触器按线圈通过的电流种类,分为交流接触器和直流接触器。 (   )

97. 交流接触器中发热的主要部件是铁芯。 (   )

98. 接触器的电磁线圈通电时,动合触点先闭合,动断触点再断开。 (   )

99. 所谓触点的动合和动断是指电磁系统通电动作后的触点状态。 (   )

100. 接线图主要用于接线、线路检查和维修,不能用来分析电路的工作原理。 (   )

101. 热继电器的触点系统一般包括一个动合触点和一个动断触点。 (   )

102. 带断相保护装置的热继电器只能对电动机作断相保护,不能作过载保护。 (   )

103. 空气阻尼式时间继电器的延时精度高,因此获得广泛应用。 (   )

104. 流过主电路和辅助电路中的电流相等。 (   )

105. 画电路图、接线图、布置图时,同一电器的各元件都要按其实际位置画在一起。 (   )

106. 交流接触器在线圈电压小于 85% U_N 时也能正常工作。 (   )

107. 安装控制电路时,对导线的颜色没有具体要求。 (   )

108. 按元件明细表选配的电器元件可直接安装,不用检验。 ( )

109. 接触器自锁控制电路具有失电压和欠电压保护功能。 ( )

110. 所谓点动控制是指按一下按钮就可以使电动机启动并连续运转的控制方式。 ( )

111. 根据电路图、接线图、布置图安装完毕的控制电路,不用自检校验,可以直接通电试车。 ( )

112. 在接触器联锁正反转控制电路中,正、反转接触器有时可以同时闭合。 ( )

113. 为了保证三相异步电动机实现反转,正、反转接触器的主触头必须按相序并联后串接在主电路中。 ( )

114. 接触器联锁正反转控制电路的优点是工作安全可靠,操作方便。 ( )

115. 接触器、按钮双重联锁正反转控制电路的优点是工作安全可靠,操作方便。 ( )

116. 互联图是表示各单元之间连接情况的,通常不包括单元内部的连接关系。( )

117. 倒顺开关进出线接错的后果是易造成两相电源短路。 ( )

118. 由于直接启动所用设备少,线路简单,维修量较小,故电动机一般都采用直接启动。 ( )

119. 在安装定子绕组串联电阻降压启动控制电路时,电阻器产生的热量对其他电器无任何影响,故装在箱体内或箱体外时,不需采用任何防护措施。 ( )

120. 时间继电器的安装位置应保证其失电时动铁芯释放的运动方向垂直向下。 ( )

121. 电动机转子弯曲时应将转子取出并根据具体情况加以校正。 ( )

122. 导线敷设在吊顶或大棚内时,可不穿管保护。 ( )

123. 晶体管的基本作用之一是组成放大电路。 ( )

124. 在电阻的标注方法中,色环与色点表示的含义不相同。 ( )

125. 将表笔接触电容器的两极,表头指针应先正向偏摆,然后又逐渐反向回摆,退至 $R=\infty$ 处,说明电容器是好的。 ( )

126. 电容器的电容量越大,表头指针偏摆幅度越大,指针复原的速度越慢。 ( )

127. 选用电容器,不仅要考虑到电容的多种性能,还应考虑它的体积、质量、价格等因素;同时,不仅要考虑电路要求,还应考虑电容所处的工作环境。 ( )

128. 在电子电路测试中,若输出电压不稳定,则应检查电压是否有波动。 ( )

129. 在焊接电子元器件时,不可把二极管的极性接反,滤波电容器的极性可以接反。 ( )

130. 石棉制品有石棉纱、线、绳、纸、板、编织袋等多种,具有保温、耐温、耐酸碱、防腐蚀等特点,但不绝缘。 ( )

131. 温升是指变压器在额定运行状态下允许升高的最高温度。 ( )

132. 钠灯的工作原理是利用惰性气体放电而发光的。 ( )

133. 车间电气照明按照明范围可分为三种类型。 ( )

134. 新的或长久未用的电焊机,常由于受潮使绕组间或与机壳间的绝缘电阻大幅降低,使用时容易发生短路和接地,造成设备和人身事故,因此在使用前应用兆欧表检查其绝缘电阻是否合格。 ( )

135. 晶体二极管的正向电阻大,反向电阻小 。 ( )

136. 异步电动机产生不正常的振动和异常声响主要有机械和电磁两方面的原因。
( )

137. 当传动带过紧或电动机与被带机械轴心不一致时,会使轴承负载增加而发热。
( )

二、选择题

1. 千分尺的分度值是( )。
A. 0.01 mm　B. 0.02 mm　C. 0.05 mm　D. 0.1 mm

2. 钻孔时用来中心定位的工具是( )。
A. 划针　B. 样冲　C. 直角尺　D. 钢直尺

3. 根据锯条锯齿牙距的大小分为粗齿、中齿和细齿三种,其中粗齿锯条适宜锯削( )。
A. 管料　B. 角铁　C. 硬材料　D. 软材料

4. 金属外壳的电钻使用时外壳必须( )。
A. 接零　B. 接地　C. 接相线

5. 直柄麻花钻头的最大规格是( )。
A. 10 mm　B. 12 mm　C. 13 mm　D. 15 mm

6. 电钻的钻夹头安装钻头时要使用( )夹紧,以免损坏钻夹头。
A. 锤子　B. 斜铁　C. 钻套　D. 钻夹头钥匙

7. 攻螺纹时要用切削液,攻钢件时要用( )。
A. 机油　B. 煤油　C. 柴油　D. 液压油

8. 维修电工通常利用手工电弧焊焊接的多为( )。
A. 工具钢　B. 结构钢　C. 铸铁　D. 不锈钢

9. 交流电弧焊机实际就是一种特殊的降压变压器,同普通变压器相比较主要有以下特点:良好的外特性、( )及输出电流可调。
A. 容量大　B. 输出电流大　C. 电压比高　D. 允许短时间短路

10. 焊接电流的调节有粗调和细调两种方式,其中细调是通过改变( )的大小,以实现焊接电流的细小调节。
A. 输入电压　B. 输入电流　C. 漏磁　D. 线圈匝数

11. 手工电弧焊操作时必须佩戴( ),以保护操作人员的眼睛和面部不受电弧光的辐射和灼伤。
A. 电焊面罩　B. 平光眼镜　C. 墨镜　D. 安全帽

12. 选择焊条规格时,一般情况下焊条的直径应( )。
A. 略大于焊件厚度　B. 略小于焊件厚度　C. 等于焊件厚度　D. 任意选取

13. 焊接集成电路、晶体管及其他受热易损元件时,应选用( )内热式电烙铁。
A. 20 W　B. 50 W　C. 100 W　D. 200 W

14. 电子线路的焊接通常采用( )作焊剂。
A. 焊膏　B. 松香　C. 弱酸　D. 强酸

15. 集成电路的安全焊接顺序为 ( )。
A. 输入端→输出端→电源端→地端　B. 地端→输入端→输出端→电源端
C. 电源端→输入端→输出端→地端　D. 地端→输出端→电源端→输入端

16. 低压验电器的测试范围为( )。

A. 6~36 V　　B. 220~380 V　　C. 60~500 V　　D. 500~1 000 V

17. 电工不可使用(　　)的螺钉旋具。

A. 塑料柄　　B. 橡胶柄　　C. 木柄　　D. 金属柄

18. 在砖混结构的墙面或地面等处钻孔且孔径较小时,应选用(　　)。

A. 电钻　　B. 冲击钻　　C. 电锤　　D. 台式钻床

19. 用于剥削较大线径的导线及导线外层护套的工具是(　　)。

A. 钢丝钳　　B. 剥线钳　　C. 断线钳　　D. 电工刀

20. 在螺钉平压式接线桩头上接线时,如果是较小截面单股芯线,则必须把线头(　　)。

A. 弯成接线鼻　　B. 对折　　C. 剪短　　D. 装上接线耳

21. 在 220 V 线路上恢复导线绝缘时,应包(　　)黑胶布

A. 一层　　B. 两层　　C. 三层　　D. 四层

22. 绝缘带存放时要避免高温,也不可接触(　　)。

A. 金属　　B. 塑料　　C. 油类　　D. 陶瓷

23. 白炽灯具有(　　)、使用方便、成本低廉、点燃迅速和对电压适应范围宽的特点。

A. 结构简单　　B. 结构复杂　　C. 发光效率高　　D. 光色好

24. 在移动灯具及信号指示中,广泛应用(　　)。

A. 白炽灯　　B. 荧光灯　　C. 高压汞灯　　D. 碘钨灯

25. 教室、图书馆、商场、地铁等对显色性要求较高的场合,通常选用(　　)作为光源。

A. 白炽灯　　B. 荧光灯　　C. 高压钠灯　　D. 碘钨灯

26. 节能型荧光灯基本结构和工作原理都与荧光灯相同,但由于其采用了(　　),故其更加节能。

A. 特殊的灯管形状　　B. 电子镇流器

C. 较小的外形尺寸　　D. 发光效率更高的三基色荧光粉

27. 白炽灯发生灯泡忽亮忽暗或忽亮忽熄故障,常见的原因是(　　)。

A. 线路中有断路故障　　B. 线路中发生短路

C. 灯泡额定电压低于电源电压　　D. 电源电压不稳定

28. 白炽灯灯泡发强烈的白光并瞬时烧坏,常见原因是(　　)。

A. 线路中有断路故障　　B. 线路中发生短路

C. 灯泡额定电压低于电源电压　　D. 电源电压不稳定

29. 我国规定的常用安全电压是(　　)V。

A. 42　　B. 36　　C. 24　　D. 6

30. 荧光灯工作时,镇流器有较大杂声,常见原因是(　　)。

A. 灯管陈旧,寿命将终　　B. 接线错误或灯座与灯角接触不良

C. 开关次数太多或灯光长时间闪烁　　D. 镇流器质量差,铁芯未夹紧或沥青未封紧

31. 万用表的转换开关是实现(　　)。

A. 各种测量种类及量程的开关　　B. 万用表电流接通的开关

C. 接通被测物的测量开关　　D. 万用表电压接通的开关

32. 荧光灯发生灯管两头发黑或生黑斑故障,常见原因是 (　　)。

A. 灯管陈旧,寿命将终

B. 接线错误或灯座与灯角接触不良

C. 开关次数太多或灯光长时间闪烁

D. 镇流器质量差,铁芯未夹紧或沥青未封紧

33. 安装碘钨灯时,必须保持(　　)位置。

A. 垂直　　B. 水平　　C. 倾斜　　D. 悬挂

34. 碘钨灯必须装在专用的有隔热装置的(　　)灯架上。

A. 金属　　B. 木制　　C 塑料　　D. 绝缘

35. 与白炽灯相比,高压汞灯的光色好、(　　)。

A. 结构简单　　B. 发光效率高　　C. 造价低　　D. 维护方便

36. 自镇式高压汞灯内部(　　),无须外接镇流器,旋入配套灯座即可使用。

A. 串联灯丝　　B. 压力较低　　C. 结构简单　　D. 有反射层

37. 高压汞灯启动时间长,需要点燃(　　)min 才能正常发光。

A. 2~3　　B. 3~5　　C. 8~10　　D. 15~30

38. 广场、车站、道路等大面积的照明场所,通常选用(　　)作为光源。

A. 碘钨灯　　B. 高压汞灯　　C. 荧光灯　　D. 高压钠灯

39. 以下常用灯具中,(　　)是属于不能迅速点亮的。

A. 白炽灯　　B. 碘钨灯　　C. 高压钠灯　　D. 节能荧光灯

40. 单相三孔插座接线时,中间孔接(　　)。

A. 相线　　B. 零线　　C. 保护线 PE

41. 对螺旋灯座接线时,应把来自开关的连接线线头连接在连接(　　)的接线桩上。

A. 中心簧片　　B. 螺纹圈　　C. 外壳

42. 室内使用塑料护套线配线时,铜芯截面积大于(　　)mm^2。

A. 0. 5　　B. 1　　C. 1. 5　　D. 2. 5

43. 护套线路离地距离不得小于(　　)m。

A. 0. 10　　B. 0. 15　　C. 0. 20　　D. 0. 25

44. 钢管配线时,钢管与钢管之间的连接,无论是明装管还是暗装管,最好采用(　　)连接。

A. 直接　　B. 管箍　　C. 焊接

45. 有缝管弯曲时应将焊缝放在弯曲的(　　)。

A. 上面　　B. 侧面　　C. 下面

46. 线槽配线时,槽底接缝与槽盖接缝应尽量(　　)。

A. 错开　　B. 对齐　　C. 重合

47. 用来减小电杆在架线后的受力不平衡,加强电杆的稳固性,改善电杆受力状况的是(　　)。

A. 横担　　B. 绝缘子　　C. 拉线

48. 为了保证配电装置的操作安全,有利于线路的走向简洁而不混乱,电能表应安装在配电装置的(　　)。

A. 左方或下方　　B. 左方或上方　　C. 右方或下方　　D. 右方或上方

49. 电能表总线的最小截面积不得小于(　　) mm^2

A. 1. 0　　B. 1. 5　　C. 2. 5　　D. 4. 0

50. 配电盘上装有计量仪表、互感器时,二次侧导线的使用截面积不小于(　　) mm^2 的铜芯导线。

A. 0.5　　B. 1.0　　C. 1.5　　D. 2.5

51. 为降低变压器铁芯中的(　　),硅钢片间要互相绝缘。

A. 无功损耗　　B. 空载损耗　　C. 线路损耗　　D. 涡流损耗

52. 用符号或带注释的框概略地表示系统、分系统、成套装置或设备的基本组成、相互关系及主要特征的一种简图称为(　　)。

A. 电路图　　B. 装配图　　C. 位置图　　D. 系统图

53. Y联结的三相异步电动机,在空载运行时,若定子一相绕组突然断路,则电动机(　　)。

A. 有可能连续运行　　B. 必然会停止转动

C. 肯定会继续运行

54. 使用钳形电流表测量时,下列叙述正确的是(　　)。

A. 被测电流导线应卡在钳口张开处

B. 被测电流导线卡在中央

C. 被测电流导线卡在钳口中后可以由大到小切换量程

D. 被测电流导线卡在钳口中后可以由小到大切换量程

55. 某正弦交流电压的初相角 $\varphi=-\pi/6$,在 $t=0$ 时,其瞬时值将(　　)。

A. 小于零　　B. 大于零　　C. 等于零

56. 电压表的内阻(　　)。

A. 越大越好　　B. 越小越好　　C. 适中为好

57. 对于特别重要的工作场所,应采用独立电源对事故照明供电,事故照明宜采用(　　)。

A. 碘钨灯　　B. 高压汞灯　　C. 荧光灯　　D. 白炽灯或卤钨灯

58. 测量 1 Ω 以下的电阻应选用(　　)。

A. 直流单臂电桥　　B. 直流双臂电桥　　C. 万用表的欧姆挡

59. 用(　　)可判别三相异步电动机定子绕组的首末端。

A. 功率表　　B. 电能表　　C. 频率表　　D. 万用表

60. 变压器的基本工作原理是(　　)。

A. 电磁感应　　B. 电流的热效应　　C. 电流的磁效应　　D. 能量平衡

61. 将绝缘导线穿在管内敷设的布线方式称为(　　)。

A. 线管布线　　B. 塑料管布线　　C. 瓷瓶布线　　D. 上述说法都不对

62. 自动Y-△降压启动控制电路是通过(　　)实现延时的。

A. 热继电器　　B. 时间继电器　　C. 接触器　　D. 熔断器

63. 电力变压器的变压器油起(　　)作用。

A. 绝缘和灭弧　　B. 绝缘和防锈　　C. 绝缘和散热

64. 某三相异步电动机的额定电压为 380 V,其交流耐压试验电压为(　　)V。

A. 380　　B. 500　　C. 1 000　　D. 1 760

65. 用万用表测二极管反向电阻,若(　　),此管可以使用。

A. 正反向电阻相差很大　　B. 正反向电阻相差不大

C. 正反向电阻都很小　　D. 正反向电阻都很大

66. 对于中小型电力变压器,投入运行后每隔(　　)要大修一次。

A. 1 年　　B. 2~4 年　　C. 5~10 年　　D. 15 年

67. 下列电动机不属于单相异步电动机的是(　　)。

A. 家用冰箱电动机 B. 吊扇电动机　　C 剃须刀电动机　　D. 吹风机电动机

68. 在 *RLC* 并联电路中,电源电压大小不变而频率从其谐波频率逐渐减小到零时,电路中的电流值将(　　)。

A. 由某一最大值渐变到零　　B. 由某一最小值渐变到无穷大

C. 保持某一定值不变

69. 绝缘导线型号 BLXF 的含义是(　　)。

A. 铜芯氯丁橡皮线　　B. 铝芯聚氯乙烯绝缘线

C. 铝芯聚氯乙烯绝缘护套圆形线　　D. 铝芯氯丁橡胶绝缘线

70. 叠加原理不适用于(　　)。

A. 含有电阻的电路　　B. 含有空芯电感的交流电路

C. 含有二极管的电路

71. 单相桥式整流电路由(　　)组成。

A. 一台变压器、四只三极管和负载

B. 一台变压器、四只三极管、一只二极管和负载

C. 一台变压器、四只二极管和负载

D. 一台变压器、三只二极管、一只三极管和负载

72. 真空断路器灭弧室的玻璃外壳起(　　)作用。

A. 真空密封　　B. 绝缘　　C. 真空密封和绝缘双重

73. 设三相异步电动机 $I_N = 10$ A,三角形联结,用热继电器作过载及断相保护。热继电器型号可选(　　)型。

A. JR16-20/3D　　B. JR0-20/3　　C. JR10-10/3　　D. JR16-40/3

74. 线圈产生感生电动势的大小与通过线圈的(　　)成正比。

A. 磁通量的变化量 B. 磁通量的变化率 C. 磁通量的大小

75. 普通功率表在接线时,电压线圈和电流线圈的关系是(　　)。

A. 电压线圈必须接在电流线圈的前面

B. 电压线圈必须接在电流线圈的后面

C. 视具体情况而定

76. 继电保护是由(　　)组成的。

A. 二次回路各元件 B. 各种继电器　　C. 各种继电器、仪表回路

77. 单相异步电动机根据其启动方法或运行方式的不同,可分为(　　)种类型。

A. 2　　B. 3　　C. 4　　D. 5

78. 两台电动机 M1 与 M2 为顺序启动、逆序停止控制,当停止时(　　)。

A. M1 停,M2 不停　　B. M1 与 M2 同时停

C. M1 先停,M2 后停　　D. M2 先停,M1 后停

79. 电动机铭牌的定额是指电动机的(　　)。

A. 运行状态　　B. 额定状态　　C. 额定转速　　D. 额定功率

80. 要测量 380 V 交流电动机绝缘电阻,应选用额定电压为(　　)的绝缘电阻表。

A. 250 V　　B. 500 V　　C. 1 000 V

81. 用绝缘电阻表摇测绝缘电阻时,要用单根导线分别将线路及接地 E 端与被测物连接。其中,(　　)端的连接线要与大地保持良好绝缘。

A. L　　　　B. E　　　　C. G

82. 氯丁橡胶绝缘导线的型号是(　　)。

A. BX,BLX　　　　B. BV,BLV　　　　C. BXF,BLXF

83. 银及其合金、金基合金适用于制作(　　)。

A. 电阻　　　　B. 电位器　　　　C. 弱电触点　　　　D. 强电触点

84. HK 系列开启式负荷开关用于控制电动机的直接启动和停止,应选用额定电流不小于电动机额定电流(　　)倍的三极开关。

A. 1.5　　　　B. 2　　　　C. 3

85. HH 系列封闭式负荷开关属于(　　)。

A. 非自动切换电器　B. 自动切换电器　　C. 无法判断

86. HZ3 系列组合开关用于直接控制电动机的启动和正反转,开关的额定电流一般为电动机额定电流的(　　)倍。

A. 1~1.5　　　　B. 1.5~2.5　　　　C. 2.5~3

87. DZ5-20 型低压断路器中电磁脱扣器的作用是(　　)。

A. 过载保护　　　　B. 短路保护　　　　C. 欠电压保护

88. 熔断器串联在电路中主要用作(　　)。

A. 短路保护　　　　B. 过载保护　　　　C. 欠电压保护

89. 熔断器的电流应(　　)所装熔体的额定电流。

A. 大于　　　　B. 大于或等于　　　　C. 小于

90. 当按下复合按钮时,触点的动作状态应是(　　)。

A. 动合触点先闭合　B. 动断触点先闭合　C. 动合、动断触点同时动作

91. 选用停止按钮接线时,应优先选用(　　)按钮。

A. 红色　　　　B. 白色　　　　C. 黑色

92. 双轮旋转式行程开关为(　　)结构。

A. 自动复位式　　　　B. 非自动复位式　　　　C. 自动或非自动复位式

93. 交流接触器的铁芯端面装有短路环的目的是(　　)。

A. 减小铁芯振动　　B. 增大铁芯磁通　　C. 减缓铁芯冲击

94. CJ0-40 型交流接触器采用(　　)灭弧装置灭弧。

A. 纵缝　　　　B. 栅片　　　　C. 磁吹式

95. 从人身和设备安全角度考虑,当线路较复杂且使用电器超过(　　)只时,接触器吸引线圈的电压要选低一些。

A. 2　　　　B. 5　　　　C. 8　　　　D. 10

96. (　　)是交流接触器发热的主要部件。

A. 线圈　　　　B. 铁芯　　　　C. 触点

97. 交流接触器操作频率过多会导致(　　)过热。

A. 铁芯　　　　B. 线圈　　　　C. 触点

98. 热继电器主要用于电动机的(　　)。

A. 短路保护　　　　B. 过载保护　　　　C. 欠电压保护

99. 热继电器中主双金属片的弯曲主要是由于两种金属材料的(　　)不同。

A. 机械强度　　　　B. 导电能力　　　　C. 热膨胀系数

100. 一般情况下,热继电器中热元件的整定电流为电动机额定电流的(　　)倍。

A. 4~7　　B. 0.95~1.05　　C. 1.5~2

101. 若热继电器出线端的连接导线过细,会导致热继电器(　　)。

A. 提前动作　　B. 滞后动作　　C. 过热烧毁

102. 空气阻尼式时间继电器电器调节延时的方法是(　　)。

A. 调节释放弹簧的松紧　　B. 调节铁芯与衔铁间的气隙长度

C. 调节进气孔的大小

103. JS7-A 系列时间继电器从结构上讲,只要改变(　　)的安装方向,即可获得两种不同的延时方式。

A. 电磁系统　　B. 触点系统　　C. 气室

104. 速度继电器的主要作用是实现对电动机的(　　)。

A. 运行速度限制　　B. 速度计量　　C. 反接制动控制

105. 能够充分表达电器设备和电器的用途以及线路工作原理的是(　　)。

A. 接线图　　B. 电路图　　C. 布置图

106. 同一电器的各元件在电路图和接线图中使用的图形符号、文字符号要(　　)。

A. 基本相同　　B. 不同　　C. 完全相同

107. 主电路的标号在电源开关的出线端按相序依次标为 (　　)。

A. U、V、W　　B. L1、L2、L3　　C. U1、V1、W1

108. 辅助电路按等电位原则从上至下、从左至右的顺序使用(　　)编号。

A. 数字　　B. 字母　　C. 数字或字母

109. 控制电路编号的起始数字是(　　)。

A. 1　　B. 100　　C. 200

110. 具有过载保护的接触器自锁控制电路中,实现过载保护的电器是(　　)。

A. 熔断器　　B. 热继电器　　C. 接触器

111. 具有过载保护的接触器自锁控制电路中,实现欠电压和失电压保护的电器是(　　)。

A. 熔断器　　B. 热继电器　　C. 接触器

112. 连续与点动混合正转控制电路中,点动控制按钮的动断触点与接触器自锁触点(　　)。

A. 并联　　B. 串联　　C. 串联和并联

113. 倒顺开关使用时,必须将接地线接到倒顺开关(　　)。

A. 指定的接地螺钉上　　B. 罩壳上

C. 手柄上

114. 为避免正、反转接触器同时得电动作,电气线路采取了(　　)。

A. 自锁控制　　D. 联锁控制　　C. 位置控制

115. 在操作接触器联锁正、反转控制电路时,要使电动机从正转变为反转,正确的操作方法是(　　)。

A. 可直接按下反转启动按钮　　B. 可直接按下正转启动按钮

C. 必须先按下停止按钮,再按下反转启动按钮

116. 在操作按钮联锁或双重联锁正、反转控制电路时,要使电动机从正转变为反转,正确的操作方法是(　　)。

A. 可直接按下反转启动按钮　　B. 可直接按下正转启动按钮

C. 必须先按下停止按钮，再按下反转启动按钮

117. 根据生产机械运动部件的行程或位置，利用（　　）来控制电动机的工作状况称为行程控制原则。

A. 电流继电器　B. 时间继电器　C. 位置开关

118. 利用（　　）按一定时间间隔来控制电动机的工作状况称为时间控制原则。

A. 电流继电器　B. 时间继电器　C. 位置开关

119. 根据电动机的速度变化，利用（　　）等电器来控制电动机的工作状况称为速度控制原则。

A. 速度继电器　B. 电流继电器　C. 时间继电器

120. 根据电动机主电路电流的大小，利用（　　）来控制电动机的工作状况称为电流控制原则。

A. 时间继电器　B. 电流继电器　C. 位置开关

121. 在干燥、清洁的环境中应选用（　　）。

A. 防护式电动机　B. 开启式电动机　C. 封闭式电动机

122. 用万用表欧姆挡测二极管极性和好坏时，应把欧姆挡拨在（　　）量程处。

A. $R\times100\ \Omega$ 或 $R\times10\ \Omega$　B. $R\times1\ \Omega$

C. $R\times1\ \mathrm{k}\Omega$　D. $R\times10\ \mathrm{k}\Omega$

123. 晶体管的放大参数是（　　）。

A. 电流放大倍数　B. 电压放大倍数　C. 功率放大倍数

124. 整流电路输出电压应属于（　　）。

A. 直流电压　B. 交流电压　C. 脉动直流电压　D. 稳恒直流电压

125. 整流电路加滤波器的主要作用是（　　）。

A. 提高输出电压　B. 减少输出电压脉动

C. 降低输出电压　D. 限制输出电流

126. 对二极管性能判别，下面说法正确的是（　　）。

A. 二极管正反向电阻相差越大越好　B. 两者都很大说明二极管被击穿

C. 两者都很小说明二极管已断路

127. 对电容器电容量的判别，下面说法正确的是（　　）。

A. 电容器的电容量越大，表头指针偏摆幅度越大

B. 电容器的电容量越小，表头指针偏摆幅度越大

C. 电容器的电容量越大，表头指针偏摆幅度越小

128. 三极管的选用及注意事项中下面说法错误的一项为（　　）。

A. 根据使用场合和电路性能选择合适类型的三极管

B. 根据电路要求和已知工作条件选择三极管

C. 三极管基本应用之一是组成放大电路，应根据工作要求选择合适的放大电路

D. 处于饱和工作状态的三极管，要设置合适的偏置电路

129. 在三极管引脚极性的判别中，使用万用表电阻量程 $R\times100\ \Omega$ 挡，将表笔接触一引脚，黑表笔分别接另两个引脚，对管型和基极判别正确的一项是（　　）。

A. 若测得两个电阻值均较小时，则红表笔接的是 NPN 型管的基极

B. 若测得两个电阻值中有一个较大，则红表笔接的是 NPN 型管的基极

C. 若测得两个电阻值均较大时，则红表笔接的是 NPN 型管的基极

130. 焊接强电元件要用（　　）W 以上的电烙铁。

A. 25　B. 45　C. 75　D. 100

131. 钻头的规格和标号一般标在钻头的(　　)。

A. 切削部分　B. 导向部分　C. 柄部　D. 颈部

132. 单相半波整流电路加电容滤波后,整流二极管承受的最高反向电压将(　　)。

A. 不变　B. 降低　C. 升高

133. 三极管电流放大的外部条件是(　　)。

A. 发射结反偏,集电结反偏　B. 发射结反偏,集电结正偏

C. 发射结正偏,集电结反偏　D. 发射结正偏,集电结正偏

134. 带电灭火应使用不导电的灭火剂,不得使用(　　)灭火剂。

A. 二氧化碳　B. 1211　C. 干粉　D. 泡沫

135. 保护接地适用于(　　)方式供电系统。

A. IT　B. TT　C. TN-C　D. TN-S

136. 一般按电动机额定电流 I_N 来选择热继电器的热元件电流等级,其整定值为(　　)I_N。

A. 0.3~0.5　B. 0.95~1.05　C. 1.2~1.3　D. 1.3~1.4

137. 环境十分潮湿的场合应采用(　　)铁芯。

A. 心式　B. 壳式　C. 立式　D. 混合

139. 交流电焊机二次侧与电焊钳间的连接线应选用(　　)。

A. 通用橡套电缆　B. 绝缘导线　C. 电焊机电缆　D. 绝缘软线

140. 绝缘材料的耐热性,按其长期正常工作所允许的最高温度可分为(　　)个耐热等级。

A. 7　B. 6　C. 5　D. 4

三、简答题

1. 什么是三相交流电?
2. 一次设备指的是什么?
3. 二次设备指的是什么?
4. 什么是高压断路器?
5. 什么是负荷开关?
6. 什么是低压断路器?
7. 什么是跨步电压?
8. 什么是电缆?
9. 什么是母线?
10. 什么是变压器?
11. 高压验电器的作用是什么?
12. 接地线的作用是什么?
13. 标示牌的作用是什么;
14. 遮栏的作用是什么?
15. 绝缘棒的作用是什么?
16. 什么是电流互感器?
17. 什么是相序?
18. 什么是电力网?
19. 什么是电力系统?
20. 什么是动力系统?

电工初级考试题库参考答案

一、判断题

1. ×　2. √　3. √　4. ×　5. ×　6. ×　7. ×　8. √　9. ×　10. ×
11. ×　12. ×　13. ×　14. ×　15. ×　16. √　17. ×　18. ×　19. ×　20. ×
21. √　22. ×　23. ×　24. ×　25. √　26. ×　27. √　28. ×　29. ×　30. √
31. ×　32. ×　33. ×　34. ×　35. ×　36. √　37. ×　38. ×　39. ×　40. √
41. √　42. ×　43. √　44. √　45. ×　46. ×　47. √　48. ×　49. ×　50. √
51. ×　52. √　53. ×　54. √　55. ×　56. ×　57. ×　58. ×　59. ×　60. ×
61. ×　62. ×　63. ×　64. √　65. √　66. √　67. ×　68. √　69. ×　70. ×
71. ×　72. √　73. ×　74. ×　75. √　76. ×　77. ×　78. √　79. ×　80. √
81. ×　82. ×　83. ×　84. ×　85. ×　86. ×　87. ×　88. √　89. ×　90. √
91. √　92. ×　93. ×　94. √　95. ×　96. ×　97. ×　98. ×　99. ×　100. √
101. ×　102. ×　103. ×　104. ×　105. ×　106. ×　107. ×　108. ×　109. √　110. ×
111. ×　112. ×　113. ×　114. ×　115. √　116. √　117. √　118. ×　119. √　120. √
121. √　122. ×　123. √　124. ×　125. √　126. √　127. √　128. √　129. ×　130. ×
131. ×　132. ×　133. √　134. √　135. ×　136. √　137. √

二、选择题

1. A　2. B　3. D　4. B　5. C　6. D　7. A　8. B　9. D　10. C
11. A　12. B　13. A　14. B　15. D　16. C　17. D　18. B　19. D　20. A
21. B　22. C　23. A　24. A　25. B　26. D　27. D　28. C　29. B　30. D
31. A　32. A　33. B　34. A　35. B　36. A　37. C　38. D　39. C　40. C
41. A　42. A　43. B　44. B　45. B　46. A　47. C　48. A　49. B　50. C
51. D　52. D　53. A　54. B　55. A　56. A　57. D　58. B　59. D　60. A
61. A　62. B　63. A　64. D　65. A　66. C　67. C　68. B　69. D　70. C
71. B　72. C　73. A　74. B　75. C　76. B　77. C　78. D　79. A　80. B
81. A　82. C　83. C　84. C　85. A　86. B　87. B　88. A　89. B　90. C
91. A　92. B　93. A　94. C　95. B　96. A　97. B　98. B　99. C　100. B
101. A　102. C　103. A　104. C　105. B　106. C　107. C　108. A　109. A　110. B
111. C　112. B　113. A　114. B　115. C　116. C　117. C　118. B　119. A　120. B
121. B　122. A　123. A　124. C　125. B　126. A　127. A　128. D　129. C　130. B
131. D　132. C　133. C　134. D　135. A　136. B　137. A　138. B　139. C　140. A

三、简答题

1. 由三个频率相同、电势振幅相等、相位差互差120°的交流电路组成的电力系统，称为三相交流电。

2. 直接与生产电能和输配电有关的设备称为一次设备。包括各种高压断路器、隔离开关、母线、电力电缆、电压互感器、电流互感器、电抗器、避雷器、消弧线圈、并联电容器及高压熔断器等。

3. 对一次设备进行监测、测量、操纵控制和保护的辅助设备。如各种继电器、信号装置、测量仪表及遥测、遥信装置和各种控制电缆、母线等。

4. 高压断路器又称高压开关，它不仅可以切断或闭合高压电路中的空载电流和负荷电流，而且当系统发生故障时，通过继电保护装置的作用，切断过负荷电流和短路电流。它具有相当完善的灭弧结构和足够的断流能力。

5. 负荷开关的构造与隔离开关相似，只是加装了简单的灭弧装置。它也有一个明显的断开点，有一定的断流能力，可以带负荷操作，但不能直接断开短路电流。如果需要，要依靠与它串联的高压熔断器来实现。

6. 低压断路器是用手动(或电动)合闸，用锁扣保持合闸位置，由脱扣机构作用于跳闸并具有灭弧装置的低压开关。目前被广泛用于500 V以下的交、直流装置中，当电路内发生过负荷、短路、电压降低或消失时，能自动切断电路。

7. 如果地面上水平距离为0.8 m的两点之间有电位差，当人体两脚接触该两点，则在人体上将承受电压，此电压称为跨步电压。最大的跨步电压出现在离接地体的地面水平距离0.8 m处与接地体之间。

8. 由芯线(导电部分)、外加绝缘层和保护层三部分组成的导线称为电缆。

9. 电气母线是汇集和分配电能的通路设备，它决定了配电装置设备的数量，并表明以什么方式来连接发电机、变压器和线路，以及怎样与系统连接来完成输配电任务。

10. 变压器是一种静止的电气设备，是用来将某一数值的交流电压变成频率相同的另一种或几种数值不同的交流电压的设备

11. 高压验电器是用来检查高压网络变配电设备、架空线、电缆是否带电的工具。

12. 接地线是为了在已停电的设备和线路上意外地出现电压时保证工作人员安全的重要工具。按部颁规定，接地线必须由25 mm^2以上裸铜软线制成。

13. 标示牌是用来警告人们不得接近设备和带电部分，指示为工作人员准备的工作地点，提醒采取安全措施，以及禁止使用某设备或某段线路合闸通电的告示牌。可分为警告类、允许类、提示类和禁止类等。

14. 遮栏是为防止工作人员无意碰到带电设备部分而装设的屏护，分临时遮栏和常设遮栏两种。

15. 绝缘棒又称绝缘拉杆、操作杆等。绝缘棒由工作头、绝缘杆和握柄三部分构成。它供在闭合或拉开高压隔离开关，装拆携带式接地线，以及进行测量和试验时使用。

16. 电流互感器又称仪用变流器，是一种将大电流变成小电流的仪器。

17. 相序是指相位的顺序，是交流电的瞬时值从负值向正值变化经过零值的顺序。

18. 电力网是电力系统的—部分，它是由各类变电站(所)和各种不同电压等级的输、配电线路连接起来组成的统一网络。

19. 电力系统是动力系统的一部分，它由发电厂的发电机及配电装置，升压及降压变电所、输配电线路及用户的用电设备所组成。

20. 发电厂、变电所及用户的用电设备，通过电力网及热力网(或水力)系统连接起来的总体称为动力系统。

第三部分　电工中级考试题库

一、选择题

1. 任何一个含源二端网络都可以用一个适当的理想电压源与一个电阻(　　)来代替。

A. 串联　　B. 并联　　C. 串联或并联　　D. 随意连接

2. 一含源二端网络，测得其开路电压为100 V，短路电流为10 A，当外接10 Ω负载电阻时，负载电流是(　　)。

A. 10 A　　B. A　　C. 15 A　　D. 20 A

3. 一含源二端网络，测得其开路电压为10 V，短路电流为5 A。若把它用一个电源来代替，电源内阻为(　　)。

A. 1 Ω　　B. 10 Ω　　C. 5 Ω　　D. 2 Ω

4. 一电流源的内阻为2 Ω，当把它等效变换成10 V的电压源时，电流源的电流为(　　)。

A. 5 A　　B. 2 A　　C. 10 A　　D. 2.5 A

5. 电动势为10 V、内阻为2 Ω的电压源变换成电流源时，电流源的电流和内阻分别为(　　)。

A. 10 A，2 Ω　　B. 20 A，2 Ω　　C. 5 A，2 Ω　　D. 2 A，5 Ω

6. 正弦交流电压 $u=100\sin(628t+60)$ V，它的频率为(　　)。

A. 100 Hz　　B. 50 Hz　　C. 60 Hz　　D. 628 Hz

7. 纯电感或纯电容电路无功功率等于(　　)。

A. 单位时间内所储存的电能　　B. 电路瞬时功率的最大值

C. 电流单位时间内所做的功　　D. 单位时间内与电源交换的有功电能

8. 在 RLC 串联电路中，视在功率 S 与有功功率 P、无功功率 Q_C、Q_L 的关系是(　　)。

A. $S=P+Q_L+Q_C$　　B. $S=P+Q_L-Q_C$

C. $S^2=P^2+(Q_L-Q_C)^2$　　D. $S^2=P^2+(Q_L+Q_C)^2$

9. 电力系统负载大部分是感性负载，要提高电力系统的功率因数，常采用(　　)。

A. 串联电容补偿　　B. 并联电容补偿

C. 串联电感　　D. 并联电感

10. 一阻值为3 Ω、感抗为4 Ω的电感线圈接在交流电路中，其功率因数为(　　)。

A. 0.3　　B. 0.6　　C. 0.5　　D. 0.4

11. 一台电动机的效率是0.75，若输入功率是2 kW时，它的额定功率为(　　) kW。

A. 1.5　　B. 2　　C. 2.4　　D. 1.7

12. 一台额定功率是15 kW，功率因数是0.5的电动机，效率为0.8，它的输入功率为(　　) kW。

A. 18.75　　B. 30　　C. 14　　D. 28

13. 在Y联结的三相对称电路中,相电流与线电流的相位关系是(　　)。
A. 相电流超前线电流 30°　　B. 相电流滞后线电流 30°
C. 相电流与线电流同相　　D. 相电流滞后线电流 60°
14. 在三相四线制中性点接地供电系统中,线电压指的是(　　)的电压。
A. 相线之间　B. 零线对地间　C. 相线对零线间　D. 相线对地间
15. 三相四线制供电的相电压为 200 V,与线电压最接近的值为(　　)V。
A. 280　B. 346　C. 250　D. 380
16. 低频信号发生器是用来产生(　　)信号的信号源。
A. 标准方波　B. 标准直流　C. 标准高频正弦　D. 标准低频正弦
17. 低频信号发生器的低频振荡信号由(　　)振荡器产生。
A. *LC*　B. 电感三点式　C. 电容三点式　D. *RC*
18. 用普通示波器观测一波形,若荧光屏显示由左向右不断移动的不稳定波形时,应当调整(　　)旋钮。
A. X 位移　B. 扫描范围　C. 整步增幅　D. 同步选择
19. 使用低频信号发生器时(　　)。
A. 先将"电压调节"放在最小位置,再接通电源
B. 先将"电压调节"放在最大位置,再接通电源
C. 先接通电源,再将"电压调节"放在最小位置
D. 先接通电源,再将"电压调节"放在最大位置
20. 疏失误差可以通过(　　)的方法来消除。
A. 校正测量仪表　　B. 正负消去
C. 加强责任心,抛弃测量结果　　D. 采用合理的测量方法
21. 采用合理的测量方法可以消除(　　)误差。
A. 系统　B. 读数　C. 引用　D. 疏失
22. 用单臂直流电桥测量电阻时,若发现检流计指针向"+"方向偏转,则需(　　)。
A. 增加比例臂电阻　　B. 增加比较臂电阻
C. 减小比例臂电阻　　D. 减小比较臂电阻
23. 用单臂直流电桥测量、估算阻值为 12 Ω 的电阻,比例臂应选(　　)。
A. 1　B. 0. 1　C. 0. 01　D. 0. 001
24. 使用直流双臂电桥测量小电阻时,被测电阻的电流端钮应接在电位端钮的(　　)。
A. 外侧　B. 内侧　C. 并联　D. 内侧或外侧
25. 电桥使用完毕后,要将检流计锁扣锁上,以防(　　)。
A. 电桥出现误差　　B. 破坏电桥平衡
C. 搬动时振坏检流计　　D. 电桥的灵敏度降低
26. 发现示波管的光点太亮时,应调节(　　)。
A. 聚焦旋钮　B. 辉度旋钮　C. Y 轴增幅旋钮　D. X 轴增幅旋钮
27. 调节普通示波器"X 轴位移"旋钮,可以改变光点在(　　)。
A. 垂直方向的幅度　　B. 水平方向的幅度
C. 垂直方向的位置　　D. 水平方向的位置
28. 搬动检流计或使用完毕后,应该(　　)。
A. 用导线将两接线端子短路　　B. 将两接线端子开路

C. 将两接线端子与电阻串联　　D. 将两接线端子与电阻并联

29. 使用检流计时发现灵敏度低，可(　　)以提高灵敏度。

A. 适当提高张丝张力　　B. 适当放松张丝张力

C. 减小阻尼力矩　　D. 增大阻尼力矩

30. 电桥所用的电池电压超过电桥说明书上要求的规定值时，可能造成电桥的(　　)。

A. 灵敏度上升　B. 灵敏度下降　C. 桥臂电阻被烧坏　D. 检流计被击穿

31. 用单臂直流电桥测量电感线圈的直流电阻时，发现检流计不指零，应该(　　)，然后调节比较臂电阻，使检流计指零。

A. 先松开电源按钮，再松开检流计按钮

B. 先松开检流计按钮，再松开电源按钮

C. 同时松开检流计按钮和电源按钮

D. 同时按下检流计按钮和电源按钮

32. 直流双臂电桥可以精确测量(　　)的电阻。

A. 1 Ω 以下　B. 10 Ω 以上　C. 100 Ω 以上　D. 100 kΩ 以上

33. 在潮湿的季节，对久置不用的电桥，最好能隔一定时间通电(　　)h，以驱除机内潮气，防止元件受潮。

A. 0.5　B. 6　C. 12　D. 24

34. 不要频繁开闭示波器的电源，防止损坏(　　)。

A. 电源　B. 示波管灯丝　C. 熔丝　D. X 轴放大器

35. 对于长期不使用的示波器，至少(　　)个月通电一次。

A. 3　B. 5　C. 6　D. 10

36. 使用检流计时要做到(　　)。

A. 轻拿轻放　B. 水平放置　C. 竖直放置　D. 随意放置

37. 示波器的光点太亮时，应调节(　　)。

A. 聚焦旋钮　B. 辉度旋钮　C. Y 轴增幅旋钮　D. X 轴增幅旋钮

38. 为了提高中、小型电力变压器铁芯的导磁性能，减少铁损耗，其铁芯多采用(　　)制成。

A. 0.35mm 厚、彼此绝缘的硅钢片叠装

B. 整块钢材

C. 2 mm 厚彼此绝缘的硅钢片叠装

D. 0.5 mm 厚、彼此不需绝缘的硅钢片叠装

39. 油浸式中、小型电力变压器中变压器油的作用是(　　)。

A. 润滑和防氧化 B. 绝缘和散热　C. 阻燃和防爆　D. 灭弧和均压

40. 变压器负载运行时，二次侧感应电动势的相位滞后于一次侧电源电压的相位应(　　)180°。

A. 大于　B. 等于　C. 小于　D. 小于或等于

41. 油浸电力变压器采用的绝缘纸、木材、棉纱是 A 级绝缘材料。A 级绝缘材料的最高工作温度为(　　)。

A. 105 ℃　B. 95 ℃　C. 85 ℃　D. 65 ℃

42. 变压器负载运行时的外特性是指当一次电压和负载的功率因数一定时，二次电压与(　　)的关系。

A. 时间　　B. 主磁通　　C. 负载电流　　D. 电压比

43. 提高企业用电负荷的功率因数可以使变压器的电压调整率(　　)。

A. 不变　　B. 减小　　C. 增大　　D. 基本不变

44. 当变压器的铜损耗(　　)铁损耗时,变压器的效率最高。

A. 小于　　B. 等于　　C. 大于　　D. 正比于

45. 一般按电动机额定电流 I_N 来选择热继电器的热元件电流等级,其整定值为(　　)I_N。

A. 0.3~0.5　　B. 0.95~1.05　　C. 1.2~1.3　　D. 1.3~1.4

46. 变压器的额定容量是指变压器在额定负载运行时(　　)。

A. 一次侧输入的有功功率　　B. 一次侧输入的视在功率

C. 二次侧输出的有功功率　　D. 二次侧输出的视在功率

47. 有一台电力变压器,型号为 SJL-560/10,其中字母"L"表示变压器的(　　)。

A. 绕组是用铝线绕制的　　B. 绕组是用铜线绕制的

C. 冷却方式是油浸风冷式的　　D. 冷却方式是油浸自冷式的

48. 一台三相变压器的连接组别为 Y、Y_0,其中"Y"表示变压器的(　　)。

A. 高压绕组为星形接法　　B. 高压绕组为三角形接法

C. 低压绕组为星形接法　　D. 低压绕组为三角形接法

49. 单相半波整流电路加电容滤波后,整流二极管承受的最高反向电压将(　　)。

A. 不变　　B. 降低 2 倍　　C. 升高 2 倍　　D. 升高 4 倍

50. 三相变压器并联运行时,要求并联运行的三相变压器的连接组别(　　)。

A. 必须相同,否则不能并联运行

B. 不可相同,否则不能并联运行

C. 组编号的差值不超过 1 即可

D. 只要组标号相等,Y、Y 联结和 Y、d 联结的变压器也可并联运行

51. 三相变压器并联运行时,要求并联运行的三相变压器短路电压(　　),否则不能并联运行。

A. 必须绝对相等　　B. 差值不能超过其平均值的 20%

C. 差值不能超过其平均值的 15%　　D. 差值不能超过其平均值的 10%

52. 我国标准变压器的接线组别中,(　　)一般用于容量不大的配电变压器和变电所内小型变压器中。

A. Y/Y_N-12(y,yN_0)　　B. Y/△-11(y,d11)

C. Y_N/△-11(yN,d11)

53. 为了适应电焊工艺的要求,交流电焊变压器的铁芯应(　　)。

A. 有较大且可调的空气隙　　B. 有很小且不变的空气隙

C. 有很小且可调的空气隙　　D. 没有空气隙

54. 直流弧焊发电机为(　　) 直流发电机。

A. 增磁式　　B. 去磁式　　C. 恒磁式　　D. 永磁式

55. 直流弧焊发电机在使用中,出现电刷下有火花且个别换向片有碳迹,可能的原因是(　　)。

A. 导线接触电阻过大　　B. 电刷盒的弹簧压力过小

C. 个别电刷刷绳线断　　D. 个别换向片突出或凹下

56. 直流弧焊发电机在使用中,发现火花,全部换向片发热的原因可能是(　　)。

A. 导线接触电阻过大　　B. 电刷盒的弹簧压力过小

C. 励磁绕组匝间短路　　D. 个别电刷刷绳线断

57. 为了满足电焊工艺的要求,交流电焊机在额定负载时的输出电压应在(　　)V左右。

A. 85　　B. 60　　C. 30　　D. 15

58. 整流式直流电焊机磁饱和电抗器的铁芯由(　　)字形铁芯组成。

A. 一个“口”　　B. 三个“口”　　C. 一个“日”　　D. 三个“日”

59. 整流式直流弧焊机具有(　　)的外特性。

A. 平直　　B. 陡降　　C. 上升　　D. 稍有下降

60. 整流式直流电焊机通过(　　)获得电弧焊所需的外特性。

A. 整流装置　　B. 逆变装置　　C. 调节装置　　D. 稳压装置

61. 他励加串励直流弧焊发电机焊接电流的粗调是靠(　　)来实现的。

A. 改变他励绕组的匝数　　B. 调节他励绕组回路中串联电阻的大小

C. 改变串励绕组的匝数　　D. 调节串励绕组回路中串联电阻的大小

62. 整流式直流电焊机焊接电流不稳定,其故障原因可能是(　　)。

A. 变压器一次线圈匝间短路　　B. 饱和电抗器控制绕组极性接反

C. 稳压器谐振线圈短路　　D. 稳压器补偿线圈匝数不恰当

63. 中、小型电力变压器控制盘上的仪表指示着变压器的运行情况和电压质量,因此必须经常检查。正常运行时。应每(　　)h 抄表一次。

A. 0.5　　B. 1　　C. 2　　D. 4

64. 在中、小型电力变压器的定期检查维护中,若发现变压器箱顶油面温度与室温之差超过(　　),则说明变压器过载或变压器内部已发生故障。

A. 35 ℃　　B. 55 ℃　　C. 105 ℃　　D. 120 ℃

65. 与直流弧焊发电机相比,整流式直流电焊机具有(　　)的特点。

A. 制造工艺简单,使用控制方便

B. 制造工艺复杂,使用控制不便

C. 使用直流电源,操作较安全

D. 使用调速性能优良的直流电动机拖动,使得焊接电流易于调整

66. 在检修中、小型电力变压器的铁芯时,用 1 kV 兆欧表测量铁轭夹件,穿心螺丝栓绝缘电阻的数值应不小于(　　) kΩ。

A. 0.5　　B. 2　　C. 4　　D. 10

67. 进行变压器耐压试验时,若试验中无击穿现象,要把变压器试验电压均匀降低,大约在 5 s 内降低到试验电压的(　　)% 或更小,再切断电源。

A. 15　　B. 25　　C. 45　　D. 55

68. 进行变压器耐压试验时,试验电压的上升速度,可先以任意速度上升到额定试验电压的(　　)%,以后再以均匀缓慢的速度升到额定试验电压。

A. 10　　B. 20　　C. 40　　D. 50

69. 整流式直流电焊机焊接电流调节范围小,其故障原因可能是(　　)。

A. 变压器一次线圈匝间短路　　B. 饱和电抗器控制绕组极性接反

C. 稳压器谐振线圈短路　　D. 稳压器补偿线圈匝数不恰当

70. 电力变压器大修后,耐压试验的试验电压应按“交接和预防性试验电压标准”选择,标准中规定电压为 3 kV 的油浸变压器试验电压为(　　) kV。

A. 5　　B. 10　　C. 15　　D. 21

71. 变压器在大修时无意中在绝缘中夹入了异物(非绝缘物),则在进行耐压试验时会(　　)。

A. 完全正常　　B. 发生局部放电

C. 损坏耐压试验设备　　D. 造成操作者人身伤害

72. 在中、小型电力变压器的定期检查维修中,若发现变压器箱顶油面温度与室温之差超过(　　),说明变压器过载或变压器内部发生故障。

A. 35 ℃　　B. 55 ℃　　C. 105 ℃　　D. 120 ℃

73. 中、小型电力变压器投入运行后,每年应小修一次,而大修一般为(　　)年进行一次。

A. 2　　B. 3　　C. 5~10　　D. 15~20

74. 在三相交流异步电动机的定子上布置有(　　)的三相绕组。

A. 结构相同,空间位置互差 90°电角度

B. 结构相同,空间位置互差 120°电角度

C. 结构不同,空间位置互差 180°电角度

D. 结构不同,空间位置互差 120°电角度

75. 三相异步电动机定子各相绕组在每个磁极下应均匀分布,以达到(　　)的目的。

A. 磁场均匀　　B. 磁场对称　　C. 增强磁场　　D. 减弱磁场

76. 绘制三相单速异步电动机定子绕组接线图时,要先将定子槽数按极数均分,每一等份代表(　　)电角度。

A. 90°　　B. 120°　　C. 180°　　D. 360°

77. 电力变压器大修后,耐压试验的试验电压应按“交接和预防性试验电压标准”选择,标准中规定电压为 0.3 kV 的油浸变压器试验电压为(　　) kV。

A. 1　　B. 2　　C. 5　　D. 6

78. 一台三相异步电动机,磁极对数为 4,定子槽数为 24,定子绕组形式为单层链式,节距为 5,并联支路数为 1。在绘制绕组展开图时,同相各线圈的连接方法应是(　　)。

A. 正串联　　B. 反串联　　C. 正并联　　D. 反并联

79. 中、小型单速异步电动机定子绕组概念图中。每个小方块上面箭头表示的是该段线圈组的(　　)。

A. 绕向　　B. 嵌线力向　　C. 电流方向　　D. 电流大小

80. 对照三相单速异步电动机的定子绕组,画出实际的概念图,若每相绕组都是顺着极相组电流箭头方向串联成的,这个定子绕组接线(　　)。

A. 一半接错　　B. 全部接错　　C. 全部接对　　D. 不能说明对错

81. 在三相交流异步电动机定子上布置结构完全相同、在空间位置上互差 120°电角度的三相绕组,分别通入(　　),则在定子与转子的空气隙间将会产生旋转磁场。

A. 直流电　　B. 交流电　　C. 脉动直流电　　D. 三相对称交流电

82. 采用YY/△接法的三相变极双速异步电动机变极调速时,调速前后电动机的(　　)基本不变。

A. 输出转矩　　B. 输出转速　　C. 输出功率　　D. 磁极对数

83. 按功率转换关系,同步电动机可分(　　)类。

A. 1　B. 2　C. 3　D. 4

84. 在变电站中,专门用来调节电网的无功功率,补偿电网功率因数的设备是(　　)。

A. 同步发电机　B. 同步补偿机　C. 同步电动机　D. 异步发电机

85. 一台三相异步电动机,磁极对数为2,定子槽数为36,则极距是(　　)槽。

A. 18　B. 9　C. 6　D. 3

86. 汽轮发电机的转子一般做成隐极式,采用(　　)。

A. 良好导磁性能的硅钢片叠成　B. 良好导磁性能的高强度胺合金钢锻成

C. 1~1.5 mm 厚的钢片冲制后叠成　D. 整块铸钢或锻钢制成

87. 同步发电机的定子上装有一套在空间上彼此相差(　　)的三相对称绕组。

A. 60°　B. 60°电角度　C. 120°　D. 120°电角度

88. 同步电动机转子的励磁绕组的作用是通电后产生一个(　　)磁场。

A. 脉动　B. 交变　C. 极性不变但大小变化的

D. 大小和极性都不变化的恒定

89. 一台三相异步电动机,定子槽数为36,磁极对数为4,则定子每槽电角度是(　　)。

A. 15°　B. 60°　C. 30°　D. 20°

90. 异步启动时,同步电动机的励磁绕组不能直接短路,否则(　　)。

A. 将引起电流太大,电动机发热　B. 将产生高电势,影响人身安全

C. 将发生触电,影响人身安全　D. 转速无法上升到接近同步转速,不能正常启动

91. 直流电动机励磁绕组不与电枢连接,励磁电流由独立的电源供给,称为(　　)直流电动机。

A. 他励　B. 串励　C. 并励　D. 复励

92. 直流电动机主磁极上两个励磁绕组,一个与电枢绕组串联,一个与电枢绕组并联,称为(　　)直流电动机。

A. 他励　B. 串励　C. 并励　D. 复励

93. 在水轮发电机中,如果 $n=100$ r/min,则发电机应有(　　)对极。

A. 10　B. 30　C. 50　D. 100

94. 直流电动机中的换向极由(　　)组成。

A. 换向极铁芯　B. 换向极绕组

C. 换向器　D. 换向极铁芯和换向极绕组

95. 直流电动机是利用(　　)的原理工作的。

A. 导体切割磁感线　B. 通电线圈产生磁场

C. 通电导体在磁场中受力运动　D. 电磁感应

96. 直流发电机电枢上产生的电动势是(　　)。

A. 直流电动势　B. 交变电动势

C. 脉冲电动势　D. 非正弦交变电动势

97. 同步电动机出现"失步"现象的原因是(　　)。

A. 电源电压过高　B. 电源电压太低

C. 电动机轴上负载转矩太大　D. 电动机轴上负载转矩太小

98. 直流发电机中换向器的作用是(　　)。

A. 把电枢绕组的直流电势变成电刷间的直流电势

B. 把电枢绕组的交流电势变成电刷间的直流电势
C. 把电刷间的直流电势变成电枢绕组的交流电势
D. 把电刷间的交流电势变成电枢绕组的直流电势

99. 直流电动机换向极的作用是(　　)。
A. 削弱主磁场　　B. 增强主磁场
C. 抵消电枢磁场　　D. 产生主磁场

100. 对于没有换向极的小型直流电动机,带恒定负载向一个方向旋转。为了改善换向,可将其电刷自几何中性面处沿电枢转向(　　)。
A. 向前适当移动 90°　　B. 向后适当移动 90°
C. 向前移动 90°　　D. 向后移到磁极轴线上

101. 直流电动机主磁极的作用是(　　)。
A. 产生换向磁场　　B. 产生主磁场
C. 削弱主磁场　　D. 削弱电枢磁场

102. 在复励直流发电机中,并励绕组起(　　)作用。
A. 产生主磁场　　B. 使发电机建立电压
C. 补偿负载时电枢回路的电压降
D. 电枢反应的去磁

103. 并励直流电动机的机械特性曲线是(　　)。
A. 双曲线　　B. 抛物线　　C. 一条直线　　D. 圆弧线

104. 串励直流电动机的机械特性曲线是(　　)。
A. 一条直线　　B. 双曲线　　C. 抛物线　　D. 圆弧线

105. 直流电动机的换向器是由(　　)而成的。
A. 相互绝缘的特殊形状的梯形硅钢片组装
B. 相互绝缘的特殊形状的梯形铜片组装
C. 特殊形状的梯形铸铁加工
D. 特殊形状的梯形整块钢板加工

106. 直流电动机无法启动,其原因可能是(　　)。
A. 串励电动机空载运行　　B. 电刷磨损过短
C. 通风不良　　D. 励磁回路断开

107. 测速发电机在自动控制系统中,常作为(　　)元件使用。
A. 电源　　B. 负载　　C. 测速　　D. 放大

108. 测速发电机在自动控制系统和计算装置中,常作为(　　)元件使用。
A. 电源　　B. 负载　　C. 放大　　D. 解算

109. 直流并励发电机空载时,可以认为发电机的电动势 E_0 与端电压 U 的关系是(　　)。
A. $E_0 \neq U$　　B. $E_0 > U$　　C. $E_0 = U$　　D. $E_0 < U$

110. 我国研制的(　　)系列高灵敏度直流测速发电机,其灵敏度比普通测速发电机高 1 000 倍,特别适合作为低速伺服系统中的速度检测元件。
A. CY　　B. ZCF　　C. CK　　D. CYD

111. 交流测速发电机的定子上装有(　　)。
A. 一个绕组　　B. 两个串联的绕组

C. 两个并联的绕组　D. 两个在空间上相差90°电角度的绕组

112. 交流测速发电机的杯形转子是用(　　)材料制成的。

A. 高电阻　B. 低电阻　C. 高导磁　D. 低导磁

113. 直流电动机出现振动现象,其原因可能是(　　)。

A. 电枢平衡未校好　B. 负载短路　C. 电动机绝缘老化　D. 长期过载

114. 若被测机械的转向改变,则交流测速发电机的输出电压(　　)。

A. 频率改变　B. 大小改变　C. 相位改变90°　(D)相位改变180°

115. 在自动控制系统中,把输入的电信号转换成电动机轴上的角位移或角速度的电磁装置称为(　　)。

A. 伺服电动机　B. 测速发电机　C. 交磁电动机　D. 步进电动机

116. 低惯量直流伺服电动机(　　)。

A. 输出功率大　B. 输出功率小

C. 对控制电压反应快　D. 对控制电压反应慢

117. 若按定子磁极的励磁方式来分,直流测速发电机可分为(　　)两大类。

A. 有槽电枢和无槽电枢　B. 同步和异步

C. 永磁式和电磁式　D. 空心杯形和同步

118. 交流伺服电动机的定子圆周上装有(　　)。

A. 一个绕组　B. 两个互差90°电角度的绕组

C. 两个互差180°电角度的绕组　D. 两个互差270°电角度的绕组

119. 直流伺服电动机的机械特性曲线是(　　)。

A. 双曲线　B. 抛物线　C. 圆弧线　D. 直线

120. 交流伺服电动机在没有控制信号时,定子内(　　)。

A. 没有磁场　B. 只有旋转磁场　C. 只有永久磁场　D. 只有脉动磁场

121. 交流测速发电机的输出电压与(　　)成正比。

A. 励磁电压频率　B. 励磁电压幅值　C. 输出绕组负载　D. 转速

122. 在工程上,信号电压一般多加在直流伺服电动机的(　　)两端。

A. 定子绕组　B. 电枢绕组　C. 励磁绕组　D. 启动绕组

123. 电磁调速异步电动机主要由一台单速或多速的三相笼形异步电动机和(　　)组成。

A. 机械离合器　B. 电磁离合器　C. 电磁转差离合器　D. 测速发电机

124. 把封闭式异步电动机的凸缘端盖与离合器机座合并成为一个整体的称为(　　)电磁调速异步电动机。

A. 组合式　B. 整体式　C. 分立式　D. 独立式

125. 交流伺服电动机实质上就是一种(　　)。

A. 交流测速发电机　B. 微型交流异步电动机

C. 交流同步电动机　D. 微型交流同步电动机

126. 在电磁转差离合器中,如果电枢和磁极之间没有相对转速差时,(　　),也就没有转矩去带动磁极旋转,因此取名为“转差离合器”。

A. 磁极中不会有电流产生　B. 磁极就不存在

C. 电枢中不会有集肤效应产生　D. 电枢中不会有涡流产生

127. 电磁转差离合器的主要缺点是(　　)。

A. 过载能力差　B. 机械特性曲线较软
C. 机械特性曲线较硬　D. 消耗功率较大

128. 被控制量对控制量能有直接影响的调速系统称为(　　)调速系统。
A. 开环　B. 闭环　C. 直流　D. 交流

129. 交流伺服电动机的控制绕组与(　　)相连。
A. 交流电源　B. 直流电源　C. 信号电压　D. 励磁绕组

130. 使用电磁调速异步电动机自动调速时,如要改变控制角,只需改变(　　)即可。
A. 主电路的输入电压　B. 触发电路的输入电压
C. 放大电路的放大倍数　D. 触发电路的输出电压

131. 交磁电机扩大机是一种用于自动控制系统小的(　　)元件。
A. 固定式放大　B. 旋转式放大　C. 电子式放大　D. 电流放大

132. 交磁电机扩大机的功率放大倍数达(　　)倍。
A. 20~50　B. 50~200　C. 200~50 000　D. 5 000~100 000

133. 电磁转差离合器中,磁极的转速应该(　　)电枢的转速。
A. 远大于　B. 大于　C. 等于　D. 小于

134. 交磁电动机扩大机直轴电枢反应磁通的方向(　　)。
A. 与控制磁通方向相同　B. 与控制磁通方向相反
C. 垂直于控制磁通　D. 不确定

135. 交磁电动机扩大机的补偿绕组与(　　)。
A. 控制绕组串联　B. 控制绕组并联　C. 电枢绕组串联　D. 电枢绕组并联

136. 交磁电动机扩大机的定子铁芯由(　　)。
A. 硅钢片冲叠而成,铁芯上有大、小两种槽形
B. 硅钢片冲叠而成,铁芯上有大、中、小三种槽形
C. 钢片冲叠而成,铁芯上有大、小、小三种槽形
D. 钢片冲叠而成,铁芯上有大、小两种槽形

137. 在使用电磁调速异步电动机调速时,三相交流测速发电机的作用是(　　)。
A. 将转速转变成直流电压　B. 将转速转变成单相交流电压
C. 将转速转变成三相交流电压　D. 将三相交流电压转变成转速

138. 线绕转子异步电动机的定子做耐压试验时,转子绕组应(　　)。
A. 开路　B. 短路　C. 接地　D. 严禁接地

139. 交流电动机做耐压试验时,试验时间应为(　　)。
A. 30 s　B. 60 s　C. 3 min　D. 10 min

140. 对额定电压为 380 V、功率为 3 kW 及以上的电动机做耐压试验时,试验电压应取(　　)V。
A. 300　B. 1 000　C. 1 500　D. 1 760

141. 交磁电动机扩大机中励磁绕组的作用是(　　)。
A. 减小主磁场　B. 增大主磁场　C. 减小剩磁电压　D. 增大剩磁电压

142. 交流电动机耐压试验中,绝缘被击穿的原因可能是(　　)。
A. 试验电压高于电动机额定电压两倍　B. 笼形转子断条
C. 长期停用的电动机受潮　D. 转轴弯曲

143. 直流电动机耐压试验的目的是,考核(　　)。

A. 导电部分的对地绝缘强度　　　B. 导电部分之间的绝缘强度
C. 导电部分对地绝缘电阻的大小　D. 导电部分所耐电压的高低

144. 直流电动机的耐压试验主要是考核(　　)之间的绝缘强度。
A. 励磁绕组与励磁绕组　　　B. 励磁绕组与电枢绕组
C. 电枢绕组与换向片　　　D. 各导电部分与地

145. 三相交流电动机耐压试验中,不包括(　　)之间的耐压。
A. 定子绕组相与相　　　B. 每相与机壳
C. 线绕转子绕组相对地　　　D. 机壳与地

146. 功率在 1 kW 以上的直流电动机做耐压试验时,成品试验电压为(　　)V。
A. $2U_n$+1 000　B. $2U_n$+500　C. 1 000　D. 500

147. 直流电动机耐压试验中,绝缘被击穿的原因可能是(　　)。
A. 换向器内部绝缘不良　　　B. 试验电压为交流
C. 试验电压偏高　　　D. 试验电压偏低

148. 直流电动机耐压试验中,绝缘被击穿的原因可能是 (　　)。
A. 试验电压高于电动机额定电压　B. 电枢绕组接反
C. 电枢绕组开路　　　D. 槽口击穿

149. 不会造成交流电动机绝缘被击穿的原因是(　　)。
A. 电动机轴承内缺乏润滑油　　　B. 电动机绝缘受潮
C. 电动机长期过载运行　　　D. 电动机长期过电压运行

150. 采用单结晶体管延时电路的晶体管时间继电器,其延时电路由(　　)等部分组成。
A. 延时环节、鉴幅器、输出电路、电源和指示灯
B. 主电路、辅助电源、双稳态触发器及其附属电路
C. 振荡电路、计数电路、输出电路、电源
D. 电磁系统、触点系统

151. 晶体管时间继电器与气囊式时间继电器在寿命长短、调节方便、耐冲击三项性能相比(　　)。
A. 差　　　B. 良
C. 优　　　D. 因使用场合不同而异

152. 晶体管时间继电器比气囊式时间继电器精度(　　)。
A. 相等　　　B. 低
C. 高　　　D. 因使用场所不同而异

153. 做直流电动机耐压试验时,加在被试部件上的电压由零上升至额定试验电压值后,应维持(　　)。
A. 30 s　B. 60 s　C. 3 min　D. 6 min

154. 功率继电器中,属于晶体管功率继电器的型号是(　　)。
A. LG-11　B. BG4、BG5　C. GG-11　D. LG-11 和 BG4

155. 检测各种金属,应选用(　　)型的接近开关。
A. 超声波　　　B. 永磁型及磁敏元件
C. 高频振荡　　　D. 光电

156. 检测不透光的所有物质,应选择工作原理为(　　) 型的接近开关。

A. 高频振荡　　B. 电容　　C. 电磁感应　　D. 光电

157. 晶体管时间继电器按电压鉴别线路的不同可分为（　　）类。

A. 5　　B. 4　　C. 3　　D. 2

158. 晶体管无触点开关的应用范围比普通位置开关更（　　）。

A. 窄　　B. 广　　C. 接近　　D. 小

159. 下列关于高压断路器用途的说法正确的是(　　)。

A. 切断空载电流

B. 控制分断或接通正常负荷电流

C. 既能切换正常负荷又可切除故障,同时承担着控制和保护双重任务

D. 接通或断开电路空载电流,严禁带负荷拉闸

160. 10 kV 高压断路器交流耐压试验的方法是(　　)。

A. 在断路器所有试验合格后,最后一次试验通过工频试验变压器,施加高于额定电压一定数值的试验电压并持续 1 min,进行绝缘观测

B. 通过试验变压器加额定电压进行,持续时间 1 min

C. 先做耐压试验,后做其他电气基本试验

D. 在被试物上通过工频实验变压器加一定数值的电压,持续 2 min

161. BG4 和 BG5 型功率继电器主要用于电力系统(　　)。

A. 二次回路功率的测量及过载保护　　B. 过电流保护

C. 过电压保护　　D. 功率方向的判别元件

162. 高压 10 kV,型号为 FN4-10 的户内用负荷开关的最高工作电压为(　　) kV。

A. 15　　B. 20　　C. 10　　D. 11.5

163. 型号为 GX8-10/600 型高压隔离开关,经大修后需进行交流耐压试验,应选耐压试验标准电压为(　　)kV。

A. 10　　B. 20　　C. 35　　D. 42

164. 高压 10 kV 隔离开关交流耐压试验方法正确的是(　　)。

A. 先做隔离开关的基本预防性试验,后做交流耐压试验

B. 做交流耐压试验取额定电压值即可,不必考虑过电压的影响

C. 做交流耐压试验前应先用 500 V 兆欧表测绝缘电阻合格后,方可进行

D. 做交流耐压试验时,升压至试验电压后,持续 5 min

165. 晶体管接近开关原理框图是由(　　)个方框组成。

A. 2　　B. 3　　C. 4　　D. 5

166. 高压 10 kV 互感器的交流耐压试验是指(　　)对外壳的工频交流耐压试验。

A. 一次线圈　　B. 二次线圈

C. 瓷套管　　D. 线圈连同套管一起

167. 高压 10 kV 以下油断路器做交流耐压前后,其绝缘电阻不下降(　　)% 为合格。

A. 15　　B. 10　　C. 30　　D. 20

168. 对于过滤及新加油的高压断路器,必须等油中气泡全部逸出后才能进行交流耐压试验,一般需静止(　　)h 左右,以免油中气泡引起放电。

A. 5　　B. 4　　C. 3　　D. 10

169. 高压负荷开关的用途是(　　)。

A. 用来切断和闭合线路的额定电流

B. 用来切断短路故障电流

C. 用来切断空载电流

D. 既能切断负载电流又能切断短路故障电流

170. FN4-10 型真空负荷开关是三相户内高压电器设备，在出厂做交流耐压试验时，应选用交流耐压试验标准电压（　　）kV。

A. 42　　B. 20　　C. 15　　D. 10

171. 大修后，在对 6 kV 隔离开关进行交流耐压试验时，应选耐压试验标准为(　　)kV。

A. 24　　B. 32　　C. 42　　D. 10

172. 运行 10 kV 隔离开关，在检修时对其有机材料传动杆，使用 2 500 V 兆欧表测得绝缘电阻阻值不得低于（　　）MΩ。

A. 200　　B. 300　　C. 500　　D. 1 000

173. 电压互感器可采用户内式或户外式电压互感器，通常电压在(　　)kV 以下的制成户内式。

A. 10　　B. 20　　C. 35　　D. 6

174. 额定电压 3 kV 的互感器在进行大修后做交流耐压试验，应选交流耐压试验标准为(　　) kV。

A. 10　　B. 15　　C. 28　　D. 38

175. 对 SN3-10G 型户内少油断路器进行交流耐压试验时，在刚加试验电压 15 kV 时，却出现绝缘拉杆有放电闪烁造成击穿，其原因是(　　)。

A. 绝缘油不合格　　B. 支柱绝缘子有脏污

C. 绝缘拉杆受潮　　D. 周围湿度过大

176. 对户外多油断路器 DW7-10 检修后做交流耐压试验时，合闸状态试验合格，分闸状态在升压过程中却出现"噼啪"声，电路跳闸击穿，其原因是(　　)。

A. 支柱绝缘子破损　　B. 油质含有水分

C. 绝缘拉杆受潮　　D. 油箱有脏污

177. FN3-10T 型负荷开关，在新安装之后用 2 500 V 兆欧表测量开关动触片和触点对地绝缘电阻，试验时应不少(　　) MΩ。

A. 300　　B. 500　　C. 1 000　　D. 800

178. 高压断路器和高压负荷开关在交流耐压试验时，标准电压数值均为(　　) kV。

A. 10　　B. 20　　C. 15　　D. 38

179. 对 GN5-10 型户内高压隔离开关进行交流耐压试验时，在升压过程中发现，在绝缘拉杆处有闪烁放电，造成跳闸击穿，其击穿原因是(　　)。

A. 绝缘拉杆受潮　　B. 支柱瓷瓶良好

C. 动静触点脏污　　D. 环境湿度增加

180. 对高压隔离开关进行交流耐压试验，在选择标准试验电压时应为 38 kV，其加压方法是在 1/3 试验电压前可以稍快，其后升压应按每秒(　　)% 试验电压均匀升压。

A. 5　　B. 10　　C. 3　　D. 8

181. LFC-10 型高压互感器额定电压比为 10 000/100，在二次绕组用 1 000 V 或 2 500 V兆欧表摇测绝缘电阻，其阻值应不低于(　　) MΩ。

A. 1　　B. 2　　C. 3　　D. 0.5

182. CJ10-20 型交流接触器采用的灭弧装置是(　　)。

A. 半封闭绝缘栅片陶土灭弧罩　　B. 半封闭式金属栅片陶土灭弧罩
C. 磁吹式灭弧装置　　D. 窄缝灭弧装置

183. B9~B25A电流等级B系列交流接触器是我国引进德国技术生产的产品，它采用的灭弧装置是(　　)。

A. 电动力灭弧　　B. 金属栅片陶土灭弧罩
C. 窄缝灭弧　　D. 封闭式灭弧室

184. 陶土金属灭弧罩的金属是(　　)。

A. 镀铜铁片或镀锌铁片　　B. 铝片
C. 薄锡片　　D. 锰薄片

185. 对FNl-10型户内高压负荷开关在进行交流耐压试验时，发现击穿，其原因是(　　)。

A. 支柱绝缘子破损，绝缘拉杆受潮B. 周围环境湿度减小
C. 开关动静触点接触良好　　D. 灭弧室功能完好

186. 熄灭直流电弧，常采取的途径是(　　)。

A. 使电弧拉长和强冷的方法　　B. 使电弧扩散
C. 复合　　D. 窄缝灭弧

187. 直流电弧稳定燃烧的条件是(　　)。

A. 输入气隙的能量大于因冷却而输出的能量
B. 输入气隙的能量等于因冷却而输出的能量
C. 没有固定规律
D. 输入气隙的能量小于因冷却而输出的能量

188. 直流电器灭弧装置多采用(　　)。

A. 陶土灭弧罩　　B. 金属栅片灭孤罩
C. 封闭式灭弧室　　D. 串联磁吹式灭弧装置

189. 额定电压为10 kV的JDZ-10型电压互感器，在进行交流耐压试验时，产品合格，但在试验后被击穿。其击穿原因是(　　)。

A. 绝缘受潮　　B. 互感器表面脏污
C. 环氧树脂浇注质量不合格　　D. 试验结束，试验者忘记降压就拉闸断电

190. 接触器检修后由于灭弧装置损坏，该接触器(　　)使用。

A. 仍能继续　　B. 不能
C. 在额定电流下可以　　D. 短路故障下也可

191. 检修接触器，当线圈工作电压在(　　)% U_N 以下时，交流接触器动铁芯应释放，主触点自动打开切断电路，起欠电压保护作用。

A. 85　　B. 50　　C. 30　　D. 90

192. 检修继电器，当发现触点接触部分磨损到银或银合金触点厚度的(　　)时，应更换新触点。

A. 1/3　　B. 2/3　　C. 1/4　　D. 3/4

193. CJ20系列交流接触器是全国统一设计的新型接触器，容量为6.3~25 A的采用(　　)灭弧罩的型式。

A. 纵缝灭弧室　B. 栅片式　　C. 陶土　　D. 不带

194. 对RN系列室内高压熔断器，检测其支持绝缘子的绝缘电阻，应选用额定电压为

(　　)的兆欧表进行测量。

A. 1 000 V　　B. 2 500 V　　C. 500 V　　D. 250 V

195. RW3-10 型户外高压熔断器作为小容量变压器的前级保护安装在室外,要求熔丝管底端对地面距离以(　　)m 为宜。

A. 3　　B. 3. 5　　C. 4　　D. 4. 5

196. 检修 SN10-10 高压少油断路器时,根据检修规程,应测断路器可动部分的绝缘电阻,应选取额定电压(　　)V 的兆欧表进行绝缘电阻摇测。

A. 250　　B. 500　　C. 2 500　　D. 1 000

197. 磁吹式灭弧装置的磁吹灭弧能力与电弧电流的大小关系是(　　)。

A. 电弧电流越大磁吹灭弧能力越小　B. 无关

C. 电弧电流越大磁吹灭弧能力越强　D. 没有固定规律

198. 检修交流电磁铁,发现交流噪声很大,应检查的部位是(　　)。

A. 线圈直流电阻　　B. 工作机械　　C. 铁芯及衔铁短路环　　D. 调节弹簧

199. 低压电磁铁的线圈的直流电阻用电桥进行测量,根据检修规程,线圈直流电阻与铭牌数据之差不得大于(　　)%。

A. 10　　B. 5　　C. 15　　D. 20

200. 异步电动机不希望空载或轻载的主要原因是(　　)。

A. 功率因数低　　B. 定子电流较大

C. 转速太高有危险　　D. 转子电流较大

201. 检修后,电磁式继电器的衔铁与铁芯闭合位置要正,其歪斜度要求(　　),吸合后不应有杂音、抖动。

A. 不得超过 1 mm　　B. 不得歪斜　　C. 不得超过 2 mm　　D. 不得超过 5 mm

202. 三相异步电动机的正反转控制关键是改变(　　)。

A. 电源电压　　B. 电源相序　　C. 电源电流　　D. 负载大小

203. 起重机电磁抱闸制动原理属于(　　)制动。

A. 电力　　B. 机械　　C. 能耗　　D. 反接

204. 三相异步电动机反接制动时,采用对称制电阻接法,可以在限制制动转矩的同时,也限制(　　)。

A. 制动电流　　B. 启动电流　　C. 制动电压　　D. 启动电压

205. SN10-10 系列少油断路器中的油是起灭弧作用的,两导电部分和灭弧室的对地绝缘是通过(　　)来实现的。

A. 变压器油　　B. 绝缘框架　　C. 绝缘拉杆　　D. 支持绝缘子

206. 由晶闸管整流器和晶闸管逆变器组成的调速装置,其调速原理是(　　)调速。

A. 变极　　B. 变频　　C. 改变转差率　　D. 降压

207. 直流电动机启动时,启动电流很大,可达额定电流的(　　)倍。

A. 4~7　　B. 2~25　　C. 10~20　　D. 5~6

208. 直流电动机采用电枢回路串变阻器启动时,启动电阻(　　)。

A. 由大往小调　　B. 由小往大调

C. 不改变其大小　　D. 不一定向哪个方向调

209. 改变三相异步电动机的旋转磁场方向就可以使电动机(　　)。

A. 停速　　B. 减速　　C. 反转　　D. 降压启动

210. 为使直流电动机反转,采取(　　)的措施可以改变主磁场的方向。

A. 改变励磁绕组极性　B. 减小电流
C. 增大电流　D. 降压

211. 将直流电动机电枢的动能变成电能消耗在电阻上,称为(　　)。

A. 反接制动　B. 回馈制动　C. 能耗制动　D. 机械制动

212. 直流电动机回馈制动时,电动机处于(　　)。

A. 电动状态　B. 发电状态　C. 空载状态　D. 短路状态

213. 三相异步电动机按转速高低划分,有(　　)种。

A. 2　B. 3　C. 4　D. 5

214. 直流电动机电枢回路串电阻调速,当电枢回路电阻增大时,其转速(　　)。

A. 升高　B. 降低　C. 不变　D. 不一定

215. 同步电动机不能自行启动,其原因是(　　)。

A. 本身无启动转矩　B. 励磁绕组开路
C. 励磁绕组串电阻　D. 励磁绕组短路

216. 三相同步电动机的转子在(　　)时才能产生同步电磁转矩。

A. 直接启动　B. 同步转速　C. 降压启动　D. 异步启动

217. 改变直流电动机励磁电流方向的实质是改变(　　)。

A. 电压的大小　B. 磁通的方向
C. 转速的大小　D. 电枢电流的大小

218. 三相同步电动机采用能耗制动时,电源断开后,保持转子励磁绕组的直流励磁,同步电动机就成为电枢被外电阻短接的(　　)。

A. 异步电动机　B. 异步发电机　C. 同步发电机　D. 同步电动机

219. 转子绕组串电阻启动适用于(　　)。

A. 笼形异步电动机　B. 绕线转子异步电动机
C. 串励直流电动机　D. 并励直流电动机

220. 适用于电动机容量较大且不允许频繁启动的降压启动方法是(　　)降压启动。

A. Y-△　B. 自耦变压器　C. 定子串电阻　D. 延边三角形

221. 改变直流电动机的电源电压进行调速,当电源电压降低时,其转速(　　)。

A. 升高　B. 降低　C. 不变　D. 不一定

222. 正反转控制电路,在实际工作中最常用、最可靠的是(　　)。

A. 倒顺开关　B. 接触器联锁
C. 按钮联锁　D. 按钮、接触器双重联锁

223. 对于要求制动准确、平稳的场合,应采用(　　)制动。

A. 反接　B. 能耗　C. 电容　D. 再生发电

224. 对存在机械摩擦和阻尼的生产机械和需要多台电动机同时制动的场合,应采用(　　)制动。

A. 反接　B. 能耗　C. 电容　D. 再生发电

225. 同步电动机采用能耗制动时,要将运行中的同步电动机定子绕组电源(　　)。

A. 短路　B. 断开　C. 串联　D. 并联

226. 三相绕线转子异步电动机的调速控制采用(　　)的方法。

A. 改变电源频率　B. 改变定子绕组磁极对数

C. 转子回路串联频敏变阻器　　D. 转子回路串联可调电阻

227. 直流电动机除极小容量外，不允许（　）启动。

A. 降压　B. 全压　C. 电枢回路串电阻　D. 降低电枢电压

228. 串励直流电动机启动时，不能（　）启动。

A. 串电阻　B. 降低电枢电压

C. 空载　D. 有载

229. 自动往返控制电路属于（　）电路。

A. 正反转控制　B. 点动控制　C. 自锁控制　D. 顺序控制

230. 他励直流电动机改变旋转方向，常采用（　）来完成。

A. 电枢绕组反接法　B. 励磁绕组反接法

C. 电枢绕组、励磁绕组同时反接　D. 断开励磁绕组、电枢绕组反接

231. 串励直流电动机的能耗制动方法有（　）种。

A. 2　B. 3　C. 4　D. 5

232. 直流电动机反接制动时，当电动机转速接近于零时，就应立即切断电源，防止（　）。

A. 电流增大　B. 电动机过载

C. 发生短路　D. 电动机反向转动

233. 双速电动机的调速属于（　）调速。

A. 变频　B. 改变转差率　C. 改变磁极对数　D. 降低电压

234. 改变电枢电压调速，常采用（　）作为调速电源。

A. 并励直流发电机　B. 他励直流发电机

C. 串励直流发动机　D. 交流发电机

235. 同步电动机采用异步法启动时，启动可分为（　）个过程。

A. 2　B. 3　C. 4　D. 5

236. 同步电动机的启动方法有同步启动法和（　）启动法。

A. 异步　B. 反接　C. 降压　D. 升压

237. 串励直流电动机的反转宜采用励磁绕组反接法。因为串励直流电动机的电枢两端电压很高，励磁绕组两端的（　），反接较容易。

A. 电压很低　B. 电流很低　C. 电压很高　D. 电流很高

238. 同步电动机采用能耗制动时，将运行中的定子绕组电源断开，并保留转子励磁绕组的（　）。

A. 直流励磁　B. 交流励磁　C. 电压　D. 交直流励磁

239. 半导体发光数码管由（　）个条状的发光二极管组成。

A. 5　B. 6　C. 7　D. 8

240. 工业上通称的 PC 是指（　）。

A. 顺序控制器　B. 工业控制器

C. 可编程控制器　D. PC 微型计算机

241. 改变励磁磁通调速法是通过改变（　）的大小来实现的。

A. 励磁电流　B. 电源电压　C. 电枢电压　D. 电源频率

242. C6140 型车床主轴电动机与冷却泵电动机的电气控制顺序是（　）。

A. 主轴电动机启动后，冷却泵电动机方可选择启动

B. 主轴电动机与冷却泵电动机可同时启动

C. 冷却泵电动机启动后,主轴电功机方可启动

D. 冷却泵电动机由组合开关控制,与主轴电动机无电气关系

243. 在 M7120 型磨床控制电路中,为防止砂轮升降电动机的正、反转电路同时接通,需进行(　　)控制。

A. 点动　B. 自锁　C. 联锁　D. 顺序

244. Z3050 型摇臂钻床的摇臂升降控制,采用单台电动机的(　　)控制。

A. 点动　B. 点动互锁

C. 自锁　D. 点动、双重联锁

245. 同步电动机采用能耗制动时,将运行中的同步电动机定子绕组(　　),并保留转子励磁绕组的直流励磁。

A. 电源短路　B. 电源断开　C. 开路　D. 串联

246. C5225 车床的工作台,电动机制动原理是(　　)。

A. 反接制动　B. 能耗制动　C. 电磁离合器制动　D. 电磁抱闸制动

247. T610 型卧式镗床主轴停车时的制动原理是　(　　)。

A. 反接制动　B. 能耗制动　C. 电磁离合器制动　D. 电磁抱闸制动

248. 起重机设备上的移动电动机和提升电动机均采用 (　　)。

A. 反接制动　B. 能耗制动　C. 电磁离合器制动　D. 电磁抱闸制动

249. M7120 型磨床的控制电路,当具备可靠的(　　)后,才允许启动砂轮和液压系统,以保证安全。

A. 交流电压　B. 直流电压　C. 冷却泵得电　D. 交流电流

250. 交磁电动机扩大机电压负反馈系统使发电机端电压(　　),因而使转速也接近不变。

A. 接近不变　B. 增大　C. 减少　D. 不变

251. 直流发电机-直流电动机自动调速系统在额定转速基速以下调速时,调节直流发电机励磁电路电阻的实质是(　　)。

A. 改变电枢电压　B. 改变励磁磁通

C. 改变电路电阻　D. 限制启动电流

252. 直流发电机-直流电动机自动调速系统在额定转速基速以上调速时,调节直流电动机励磁电路电阻的实质是(　　)。

A. 改变电枢电压　B. 改变励磁磁通

C. 改变电路电阻　D. 限制启动电流

253. 起重机各移动部分均采用(　　)作为行程定位保护。

A. 反接制动　B. 能耗制动　C. 限位开关　D. 电磁离合器

254. 电压负反馈自动调速电路中的被调量是(　　)。

A. 转速　B. 电动机端电压

C. 电枢电压　D. 电枢电流

255. 交磁电动机扩大机的(　　)自动调速系统需要一台测速发电机。

A. 转速负反馈　B. 电压负反馈

C. 电流正反馈　D. 电流截止负反馈

256. 交磁电动机扩大机在工作时,一般将共补偿程度调节在(　　)。

A. 欠补偿　　B. 全补偿　　C. 过补偿　　D. 无补偿

257. 电流截止负反馈在交磁电动机扩大机自动调速系统中起(　　)作用。

A. 限流　　B. 减少电阻　　C. 增大电压　　D. 增大电流

258. 直流发电机-直流电动机自动调速系统采用变电枢电压调速时,实际转速(　　)额定转速。

A. 等于　　B. 大于　　C. 小于　　D. 不小于

259. 采用比例调节器调速,避免了信号(　　)输入的缺点。

A. 串联　　B. 并联

C. 混联　　D. 电压并联、电流串联

260. 带有电流截止负反馈环节的调速系统,为使电流截止负反馈参与调节后机械特性曲线下垂段更陡一些,应把反馈采样电阻阻值选得(　　)。

A. 大一些　　B. 小一些　　C. 接近无穷大　　D. 接近零

261. 电流正反馈自动调速电路中,电流正反馈反映的是(　　)的大小。

A. 电压　　B. 转速　　C. 负载　　D. 能量

262. 根据实物测绘机床电气设备电气控制电路的布线图时,应按(　　)绘制。

A. 实际尺寸　　B. 比实际尺寸大

C. 比实际尺寸小　　D. 一定比例

263. 桥式起重机采用(　　)实现过载保护。

A. 热继电器　　B. 过电流继电器

C. 熔断器　　D. 空气开关的脱扣器

264. 桥式起重机主钩电动机放下空钩时,电动机工作在(　　)状态。

A. 正转电动　　B. 反转电动　　C. 倒拉反转　　D. 再生发电

265. 直流发电机-直流电动机自动调速系统的调速常采用(　　)种方式。

A. 2　　B. 3　　C. 1　　D. 5

266. T610型卧式镗床主轴进给方式有快速进给、工作进给、点动进给、微调进给几种。进给速度的变换是靠(　　)来实现的。

A. 改变进给装置的机械传动机构　B. 液压装置改变油路油压

C. 电动机变速　　D. 离合器变速

267. X62W型万能铣床的进给操作手柄的功能是(　　)。

A. 只操作电器　B. 只操作机械　　C. 操作机械和电器　　D. 操作冲动开关

268. M7473B型磨床电磁吸盘退磁时,YH中电流的频率等于(　　)。

A. 交流电源频率　　B. 多谐振荡器的振荡频率

C. 交流电源频率的两倍　　D. 零

269. 按实物测绘机床电气设备控制电路的接线图时,同一电器的各元件要画在(　　)处。

A. 1　　B. 2　　C. 3　　D. 4

270. Z37型摇臂钻床的摇臂升、降开始前,一定先使(　　)松开。

A. 立柱　　B. 联锁装置　　C. 主轴箱　　D. 液压装置

271. M7475Ⅱ型磨床中的电磁吸盘在进行可调励磁时,(　　)晶体管起作用。

A. V1　　B. V2　　C. V3　　D. V4

272. 阻容耦合多级放大器可放大(　　)。

A. 直流信号　B. 交流信号　C. 交、直流信号　D. 反馈信号

273. T610 型镗床工作台回转有(　　)种方式。

A. 1　B. 2　C. 3　D. 4

274. 欲使放大器净输入信号削弱,应采取的反馈类型是 (　　)。

A. 串联反馈　B. 并联反馈　C. 正反馈　D. 负反馈

275. 将一个具有反馈的放大器的输出端短路,即三极管输出电压为 0,反馈信号消失,则该放大器采用的反馈是 (　　)。

A. 正反馈　B. 负反馈　C. 电压反馈　D. 电流反馈

276. 正弦波振荡器由(　　)个部分组成。

A. 2　B. 3　C. 4　D. 5

277. Z37 型摇臂钻床零压继电器的功能是(　　)。

A. 失电压保护　B. 零励磁保护　C. 短路保护　D. 过载保护

278. 对功率放大电路最基本的要求是(　　)。

A. 输出信号电压大　B. 输出信号电流大

C. 输出信号电压和电流均大　D. 输出信号电压大、电流小

279. 推挽功率放大电路在正常工作过程中,晶体管工作在(　　)状态。

A. 放大　B. 饱和　C. 截止　D. 放大或截止

280. 二极管两端加上正向电压时(　　)。

A. 一定导通　B. 超过死区电压才导通

C. 超过 0.3 V 才导通　D. 超过 0.7 V 才导通

281. 放大电路的静态工作点是指输入信号(　　)三极管的工作点。

A. 为零时　B. 为正时　C. 为负时　D. 很小时

282. 直接耦合放大电路产生零点漂移的主要原因是 (　　)变化。

A. 温度　B. 湿度　C. 电压　D. 电流

283. 直流放大器克服零点漂移的措施是采用(　　)。

A. 分压式电流负反馈放大电路　B. 振荡电路

C. 滤波电路　D. 差分放大电路

284. 数字集成门电路,目前生产最多且应用最普遍的门电路是(　　)。

A. 与门　B. 或门　C. 非门　D. 与非门

285. 阻容耦合多级放大电路的输入电阻等于(　　)。

A. 第一级输入电阻　B. 各级输入电阻之和

C. 各级输入电阻之积　D. 末级输入电阻

286. 由一个三极管组成的基本门电路是(　　)。

A. 与门　B. 非门　C. 或门　D. 异或门

287. 在脉冲电路中,应选择(　　)的三极管。

A. 放大能力强　B. 开关速度快

C. 集电极最大耗散功率高　D. 价格便宜

288. 欲使导通晶闸管关断,错误的做法是(　　)。

A. 阳极、阴极间加反向电压

B. 撤去门极电压

C. 将阳极、阴极间正压减小至小于维持电压

D. 减小阴极电流,使其小于维持电流

289. 普通晶闸管管芯由(　　)层杂质半导体组成。

A. 1　　B. 2　　C. 3　　D. 4

290. IC 振荡器中,为容易起振而引入的反馈属于(　　)。

A. 负反馈　　B. 正反馈　　C. 电压反馈　　D. 电流反馈

291. 晶闸管外部的电极数目为(　　)个。

A. 1　　B. 2　　C. 3　　D. 4

292. 单结晶体管触发电路输出触发脉冲中的幅值取决于(　　)。

A. 发射极电压 U_E　　B. 电容 C　　C. 电阻 R_L　　D. 分压比

293. 用于整流的二极管型号是(　　)。

A. 2AP9　　B. 2CW14C　　C. 2CZ52B　　D. 2CK84A

294. 室温下,阳极加 6 V 正压,为保证可靠触发,所加的门极电流应(　　)门极触发电流。

A. 小于　　B. 等于　　C. 大于　　D. 任意

295. 在晶闸管寿命期内,若浪涌电流不超过 $6\pi I_{T(AV)}$,晶闸管能承受的次数是(　　)。

A. 1 次　　B. 20 次　　C. 40 次　　D. 100 次

296. 单相全波可控整流电路,若控制角 α 变大,则输出平均电压(　　)。

A. 不变　　B. 变小　　C. 变大　　D. 为零

297. TTL 与非门电路是以(　　)为基本元件构成的。

A. 电容器　　B. 双极型三极管　　C. 二极管　　D. 晶闸管

298. 关于同步电压为锯齿波的晶体管触发电路,叙述正确的是(　　)。

A. 产生的触发功率最大　　B. 适用于大容量晶闸管

C. 锯齿波线性度最好　　D. 适用于较小容量晶闸管

299. 单相半波可控整流电路,若负载平均电流为 10 mA,则实际通过整流二极管的平均电流为(　　) mA。

A. 5　　B. 0　　C. 10　　D. 20

300. 根据国标规定,低氢型焊条一般在常温下超过 4 h 应重新烘干,烘干次数不超过(　　)次。

A. 2　　B. 3　　C. 4　　D. 5

301. 晶闸管硬开通是在(　　)情况下发生的。

A. 阳极反向电压小于反向击穿电压　　B. 阳极正向电压小于正向转折电压

C. 阳极正向电压大于正向转折电压　　D. 阴极加正压,门极加反压

302. 三相半波可控整流电路,若变压器二次电压为 U_2,且 $0°<\alpha_2<30°$,则输出平均电压为(　　)。

A. $1.17\cos\theta$　　B. $0.9U_2\cos\theta$　　C. $0.45U_2\cos\theta$　　D. $1.17U_2$

303. 电工常用的电焊条是(　　)焊条。

A. 低合金钢　　B. 不锈钢　　C. 堆焊　　D. 结构钢

304. 焊缝表面缺陷的检查,可用表面探伤的方法来进行,常用的表面探伤方法有(　　)种。

A. 2　　B. 3　　C. 4　　D. 5

305. 同步电压为锯齿波的晶体管触发电路,以锯齿波电压为基准,再串入(　　)控制

晶体管状态。

A. 交流控制电压　　B. 直流控制电压

C. 脉冲信号　　D. 任意波形电压

306. 埋弧焊是电弧在焊剂下燃烧进行焊接的方法,分为（　　）种。

A. 2　　B. 3　　C. 4　　D. 5

307. 常见焊接缺陷按其在焊缝中的位置不同,可分为（　　）种。

A. 2　　B. 3　　C. 4　　D. 5

308. 起吊设备时,只允许(　　)指挥,指挥信号必须明确。

A. 1人　　B. 2人　　C. 3人　　D. 4人

309. 三相半波可控整流电路,若负载平均电流为18 A,则每个晶闸管实际通过的平均电流为(　　)A。

A. 10　　B. 9　　C. 6　　D. 3

310. 部件测绘时,首先要对部件(　　)。

A. 画零件图　　B. 拆卸成零件　　C. 画装配图　　D. 分析研究

311. 部件的装配略图可作为拆卸零件后(　　)的依据。

A. 画零件图　　B. 重新装配成部件

C. 画总装图　　D. 安装零件

312. 用电压测量法检查低压电气设备时,把万用表扳到交流电压(　　)挡上。

A. 10 V　　B. 50 V　　C. 100 V　　D. 500 V

313. 气焊低碳钢应采用(　　)火焰。

A. 氧化焰　　B. 轻微氧化焰

C. 中性焰或轻微碳化焰　　D. 中性焰或轻微氧化焰

314. 对从事产品生产制造和提供生产服务场所的管理,是(　　)。

A. 生产现场管理　　B. 生产现场质量管理

C. 生产现场设备管理　　D. 生产计划管理

315. 生产第一线的质量管理称为(　　)。

A. 生产现场管理　　B. 生产现场质量管理

C. 生产现场设备管理　　D. 生产计划管理

316. 降低电力线路的(　　),可节约用电。

A. 电流　　B. 电压　　C. 供电损耗　　D. 电导

317. 电焊钳的功用是夹紧焊条和(　　)。

A. 传导电流　　B. 减小电阻　　C. 降低发热量　　D. 保证接触良好

318. 电气设备用高压电动机,其定子绕组绝缘电阻为（　　）时,方可使用。

A. 0.5 MΩ　　B. 0.38 MΩ　　C. 1 MΩ/kV　　D. 1 MΩ

319. 检修后的机床电器装置,其操纵、复位机构必须（　　）。

A. 无卡阻现象　　B. 灵活可靠　　C. 接触良好　　D. 外观整洁

320. 工厂、企业供电系统的日负荷波动较大时,将影响供电设备效率,而使线路的功率损耗增加,所以应调整(　　),以达到节约用电的目的。

A. 线路负荷　　B. 设备负荷　　C. 线路电压　　D. 设备电压

二、判断题

1. 用戴维南定理解决任何复杂电路问题都方便。　　(　　)

2. 戴维南定理是求解复杂电路中某条支路电流的唯一方法。 ( )

3. 任何电流源都可转换成电压源。 ( )

4. 解析法是用三角函数式表示正弦交流电的一种方法。 ( )

5. 负载作△联结时的相电流,是指相线中的电流。 ( )

6. 三相对称负载作△联结,若每相负载的阻抗为 10 Ω。接在线电压为 380 V 的三相交流电路中,则电路的线电流为 38 A。 ( )

7. 低频信号发生器的频率完全由 *RC* 所决定。 ( )

8. 低频信号发生器开机后需加热 30 min 方可使用。 ( )

9. 测量检流计内阻时,必须采用准确度较高的电桥进行测量。 ( )

10. 电桥使用完毕后应将检流计的锁扣锁住,防止搬动电桥时检流计的悬丝被振坏。 ( )

11. 直流双臂电桥可以精确测量电阻值。 ( )

12. 光点在示波器荧光屏一个地方长期停留,该点将受损老化。 ( )

13. 变压器负载运行时效率等于其输入功率除以输出功率。 ( )

14. 为用电设备选择供电用的变压器时,应选择额定容量大于用电设备总的视在功率的变压器。 ( )

15. 表示三相变压器连接组别的“时钟表示法”规定:变压器高压边电势相量为长针,永远指向钟面上的 12 点:低压边电势相量为短针。指向钟面上哪一点,则该点数就是变压器连接组别的标号。 ( )

16. 三相电力变压器并联运行可提高供电的可靠性。 ( )

17. 直流电焊机使用中出现环火时,仍可继续使用。 ( )

18. 整流式直流电焊机是一种直流弧焊电源设备。 ( )

19. 整流式直流电焊机应用的是交流电源,因此使用较方便。 ( )

20. 电源电压过低会使整流式直流弧焊机二次电压太低。 ( )

21. 如果变压器绕组绝缘受潮,在耐压试验时会使绝缘击穿。 ( )

22 在交流电路中,视在功率就是电源提供的总功率,它等于有功功率与无功功率之和。 ( )

23. 三相异步电动机定子绕组同相线圈之间的连接,应顺着电流方向进行。 ( )

24. 只要在三相交流异步电动机的每相定子绕组中都通入交流电流,便可产生定子旋转磁场。 ( )

25. 同步发电机运行时,必须在励磁绕组中通入直流电来励磁。 ( )

26. 异步启动时,同步电动机的励磁绕组不准开路,也不能将励磁绕组直接短路。 ( )

27. 并励直流电动机的励磁绕组匝数多,导线截面较大。 ( )

28. 调节示波器“Y 轴增益”旋钮可以改变显示波形在垂直方向的位置。 ( )

29. 并励直流电动机的励磁绕组决不允许开路。 ( )

30. 进行变压器高压绕组的耐压试验时,应将高压边的各相线端连在一起,接到试验机高压端子上,低压边的各相线端也连在一起,并和油箱一起接地,试验电压即加在高压边与地之间。 ( )

31. 交流测速发电机的主要特点是,其输出电压与转速成正比。 ( )

32. 要改变直流电动机的转向,只要同时改变励磁电流方向及电枢电流的方向即可。
( )

33. 直流伺服电动机的优点是具有线性的机械特性,但启动转矩不大。 ( )

34. 中、小型三相变极双速异步电动机,欲使磁极对数改变一倍,只要改变定子绕组的接线,使其中一半绕组中的电流反向即可。 ( )

35. 电磁调速异步电动机又称多速电动机。 ( )

36. 在直流伺服电动机中,信号电压若加在电枢绕组两端,称为电枢控制;若加在励磁绕组两端,则称为磁极控制。 ( )

37. 交磁电动机扩大机的定子铁芯上分布有控制绕组、补偿绕组和换向绕组。 ( )

38. 电动机定子绕组相与相之间所能承受的电压称为耐压。 ( )

39. 交流电动机做耐压试验时,试验电压应从零逐步升高到规定的数值,历时 5 min 后,再逐步减小到零。 ( )

40. 晶体管延时电路可采用单结晶体管延时电路、不对称双稳态电路的延时电路及 MOS 型场效应管延时电路三种来实现。 ( )

41. BG-5 型晶体管功率方向继电器为零序方向时,可用于接地保护。 ( )

42. 接近开关作为位置开关,由于精度高,只适用于操作频繁的设备。 ( )

43. 油断路器的交流耐压试验一般在大修后进行。 ( )

44. 型号为 FW4-10/200 的户外柱上负荷开关,额定电压为 10 kV,额定电流为 200 A,主要用于 10 kV 电力系统在规定负荷电流下接通和切断线路。 ( )

45. 额定电压为 10 kV 的隔离开关,大修后进行交流耐压试验,其试验电压标准为10 kV。
( )

46. 磁吹式灭弧装置是交流电器最有效的灭弧方法。 ( )

47. 交流电弧的特点是电流通过零点时熄灭,在下个半波内经重燃而继续出现。
( )

48. 直流电弧从燃烧到熄灭的暂态过程中,会因回路存在恒定电感的作用而出现过电压现象,破坏线路和设备的绝缘。 ( )

49. 高压负荷开关虽有简单的灭弧装置,其灭弧能力有限,但可切断短路电流。
( )

50. 只要牵引电磁铁额定电磁吸力一样,额定行程相同,尽管通电持续率不同,两者在应用场合的适应性上也是相同的。 ( )

51. 绕线转子三相异步电动机转子串频敏变阻器启动是为了限制启动电流,增大启动转矩。 ( )

52. 要使三相异步电动机反转,只要改变定子绕组任意两相绕组的相序即可。 ( )

53. 电磁转差离合器的主要优点是它的机械特性曲线较软。 ( )

54. 直流电动机改变励磁磁通调速法是通过改变励磁电流的大小来实现的。 ( )

55. 同步电动机本身没有启动转矩,所以不能自行启动。 ( )

56. 同步电动机停车时,如需进行电力制动,最常用的方法是能耗制动。 ( )

57. 并励直流电动机的正反转控制可采用电枢反接法,即保持励磁磁场方向不变,改变电枢电流方向。 ( )

58. 并励直流电动机采用反接制动时,经常是将正在电动运行的电动机电枢绕组反接。
( )

59. 在小型串励直流电动机上,常采用改变励磁绕组的匝数或接线方式来实现调磁调速。 ( )

60. T68 型卧式镗床常采用能耗制动。 ( )

61. 铣床在高速切削后,停车很费时间,故采用能耗制动。 ( )

62. 交磁电动机扩大机自动调速系统采用转速负反馈时的调速范围较宽。 ( )

63. 并励直流发电机建立电势的两个必要条件是:①主磁极必须有剩磁;②励磁电流产生的磁通方向必须与剩磁方向相反。 ( )

64. 测绘较复杂机床电气设备电气控制电路图时,应按实际位置画出电路原理图。 ( )

65. 桥式起重机的大车、小车和副钩电动机一般采用电磁制动器制动。 ( )

66. T610 卧式镗床的钢球无级变速器达到极限位置,拖动变速器的电动机应当自动停车。 ( )

67. 10 kV 的油浸电力变压器大修后,耐压试验的试验电压为 30 kV。 ( )

68. 多级放大电路,要求信号在传输的过程中,失真要小。 ( )

69. 在输入信号一个周期内,甲类功放与乙类功放相比,输出功率相等。 ( )

70. 在输入信号一个周期内,甲类功放与乙类功放相比,单管工作的时间短。 ( )

71. 自激振荡器是一个需外加输入信号的选频放大器。 ( )

72. 数字信号是指在时间上和数量上都不连续变化,且作用时间很短的电信号。 ( )

73. 晶闸管都是用硅材料制作的。 ( )

74. 晶闸管无论加多大正向阳极电压,均不导通。 ( )

75. 晶闸管都是用硅材料制作的。 ( )

76. 工厂企业中的车间变电所常采用低压电容补偿装置,以提高功率因数。 ( )

77. 三相笼形异步电动机正反转控制电路,采用按钮和接触器双重联锁较为可靠。 ( )

78. 二极管正向电阻比反向电阻大。 ( )

79. 高压断路器交流工频耐压试验是保证电气设备耐电强度的基本试验,属于破坏性试验的一种。 ( )

80. 接触器触点为了保持良好接触,允许涂以质地优良的润滑油。 ( )

电工中级考试题库参考答案

一、选择题

1. A	2. B	3. D	4. A	5. C	6. A	7. D	8. C	9. B	10. B	11. A
12. A	13. C	14. A	15. B	16. D	17. D	18. C	19. A	20. C	21. A	22. B
23. C	24. A	25. C	26. B	27. D	28. A	29. B	30. C	31. B	32. A	33. A
34. B	35. A	36. B	37. B	38. A	39. B	40. A	41. A	42. C	43. B	44. B
45. C	46. D	47. A	48. A	49. D	50. A	51. D	52. A	53. A	54. B	55. D
56. B	57. C	58. D	59. B	60. C	61. D	62. B	63. B	64. B	65. A	66. B
67. B	68. C	69. B	70. B	71. B	72. B	73. C	74. B	75. B	76. C	77. C
78. B	79. C	80. C	81. D	82. C	83. C	84. B	85. B	86. B	87. D	88. D
89. D	90. D	91. A	92. D	93. B	94. D	95. C	96. B	97. C	98. B	99. B
100. B	101. B	102. B	103. C	104. C	105. B	106. D	107. C	108. C	109. C	110. D
111. D	112. A	113. A	114. D	115. A	116. C	117. C	118. B	119. D	120. D	121. D
122. B	123. C	124. A	125. B	126. D	127. B	128. B	129. C	130. B	131. B	132. C
133. D	134. B	135. B	136. D	137. C	138. C	139. B	140. D	141. C	142. C	143. A
144. D	145. D	146. A	147. A	148. D	149. A	150. A	151. C	152. C	153. B	154. B
155. C	156. D	157. C	158. B	159. C	160. A	161. D	162. D	163. D	164. A	165. B
166. D	167. C	168. C	169. A	170. A	171. B	172. B	173. B	174. C	175. C	176. B
177. C	178. D	179. A	180. C	181. B	182. A	183. D	184. A	185. A	186. A	187. B
188. D	189. D	190. B	191. A	192. D	193. D	194. B	195. D	196. C	197. C	198. C
199. A	200. A	201. B	202. B	203. B	204. A	205. D	206. B	207. C	208. A	209. C
210. A	211. C	212. B	213. B	214. B	215. A	216. B	217. B	218. C	219. B	220. B
221. B	222. D	223. B	224. D	225. B	226. D	227. B	228. C	229. A	230. A	231. A
232. D	233. C	234. B	235. A	236. A	237. A	238. A	239. C	240. C	241. A	242. A
243. C	244. D	245. A	246. B	247. C	248. D	249. B	250. A	251. A	252. B	253. C
254. B	255. A	256. A	257. A	258. C	259. A	260. A	261. C	262. D	263. A	264. B
265. A	266. C	267. C	268. B	269. A	270. A	271. B	272. B	273. B	274. D	275. C
276. B	277. A	278. C	279. D	280. B	281. A	282. A	283. A	284. D	285. A	286. B
287. B	288. B	289. D	290. B	291. C	292. D	293. C	294. C	295. B	296. B	297. B
298. D	299. C	300. B	301. C	302. A	303. D	304. A	305. B	306. A	307. A	308. A
309. C	310. D	311. B	312. D	313. C	314. A	315. B	316. C	317. A	318. C	319. B
320. A										

二、判断题

1. ×	2. ×	3. ×	4. √	5. ×	6. ×	7. √	8. ×	9. ×	10. √	11. ×

12. √ 13. × 14. √ 15. √ 16. √ 17. × 18. √ 19. √ 20. √ 21. √ 22. ×
23. √ 24. × 25. √ 26. √ 27. × 28. × 29. √ 30. √ 31. √ 32. × 33. ×
34. √ 35. × 36. √ 37. × 38. × 39. × 40. √ 41. √ 42. × 43. √ 44. √
45. × 46. √ 47. √ 48. √ 49. × 50. × 51. √ 52. √ 53. × 54. √ 55. √
56. √ 57. √ 58. √ 59. √ 60. × 61. × 62. √ 63. × 64. × 65. √ 66. √
67. √ 68. √ 69. × 70. × 71. × 72. × 73. √ 74. × 75. √ 76. √ 77. √
78. × 79. √ 80. ×